KB022678

Humanist

이 책을 천리포수목원 설립자 고 민병갈 원장님께 바칩니다.

추천의 글

천리포수목원을 통해 식물과 친해지는 길

사람의 삶은 숲을 떠나서 생각할 수 없다. 인간뿐 아니라 이 땅의 모든 생물은 숲으로부터 생명의 근원을 부여받았다. 삶의 터전인 숲은 그러나 현대 산업사회 발전 과정에서 큰 피해를 입게 되었다. 이런 안타까움에 일생을 바쳐 숲을 일군 사람들이 있다. 천리포수목원 설립자인 '푸른 눈의 한국인' 민병갈 원장(1921~2002)이 대표적 인물이다. 그는 천리포 지역에 터를 잡고 나무를 심으며 가장 자연스러운 숲을 가꾸고자 했다. 나무들이 차츰 숲의 모습을 갖출 무렵, 그는 수목원이라는 이름을 내걸고 식물 연구와 교육을 목적으로 삼았다.

마침내 천리포수목원이 세계수목협회가 '세상에서 가장 아름다운 수목원' 중의 하나로 인증할 만큼 훌륭한 수목원이 되었을 때 그는 세상을 떠났다. 아무 조건 없이 그는 천리포수목원을 '제2의 조국' 대한민국에 내놓았고, 그 아름다운 숲에는 지금 1만 5000종류에 가까운 식물이 자라고 있다. 그 많은 식물을 찾아보러 요즘은 해마다 25만 명 이상의 관람객이 찾아온다.

천리포수목원의 아름다움을 온전히 느끼기 위해서는 이곳 식물들에 대한 사전 지식을 가지고 천리포수목원을 찾는 것이 좋다. 우리 산과 들에서는 찾아보기 힘든 외국 식물이 즐비하기 때문이다. 그래서 천리포수목원을 효과적으로 관람하려면 전문 해설사의 안내가 필요하지만, 관람객 모두에게 일일이 식물을 해설할 인력은 부족하다. 게다가 워낙 종류가 많은 탓에 이 식물을 옳게 설명할 가이드북도 마련하지 못했다. 그래서 나는 천리포수목원의 식물을 하나하나 소개하고 있는 이 책을 보고 무척 반가웠다.

저자 고규홍의 식물에 대한 열정은 식물을 평생의 공부 과제로 삼아온 나를 놀라게 하곤 했다. 숲에 들어서면 그는 끊임없이 질문을 던지고, 지치는 기색 없이 공부한다. 그리고 어느 틈에 쉽고 편안한 글로 식물 이야기를 써낸다. 재미있되, 식물학의 깊이를 놓치지도 않는다. 더구나 인문학적 소양을 바탕으로 설명하는 저자의 흥미로운 글은 식물에 다가서는 시각과 인식의 폭을 넓혀준다. 이 책에서 저자는 식물학자들조차 지나쳐버린 식물의 신비로운 모습을 찾아내어 정겨운 필치로 풀어내고 있다.

저자가 손수 찍은 아름다운 식물 사진과 맛깔나는 글은 책을 읽는 내내 시간 가는 줄 모르게 했다. 천리포수목원을 찾는 이들에게는 물론이고, 세계의 다양한 식물에 대해 관심을 갖는 분들께도 자신 있게 일독을 권하고 싶다. 아울러 더 많은 사람에게 천리포수목원의 아름다움과 그 속에 살고 있는 모든 식물의 신비로운 삶을 알리고자 하는 저자의 뜻이 온전히 이루어지기를 기원한다.

2014년 9월

천리포수목원 이사장 이은복

세상에서 가장 아름다운 나무를 찾아서

천리포수목원의 나무들을 눈에 담기 시작한 것은 15년 전인 1999년 가을이었다. 한 세기를 마감하고 새 세기를 맞이하는 설렘으로 세상이 시끌벅적하던 때였다. 화려한 번거로움을 버리고, 천리포수목원 숲의 고요 속에 잦아들었다. 서해안고속도로가 개통하기 전이어서 서울에서 천리포수목원까지는 시골길을 굽이굽이 돌아 5시간 가까이 걸리는 먼 길이었다.

그해 가을, 천리포수목원은 고요했다. 단풍을 머리에 인 초록의 비밀 정원이었다. 두 달쯤 이드거니 머무르던 그날들을 잊을 수 없다. 그때는 건성건성 숲을 산책하며 아무도 만나지 못하는 날이 대부분이었다. 청솔모의 바쁜 몸짓과 새소리만 왁자한 침묵의 숲이었다. 숲 한 켠으로 스며드는 해조음 탓에 숲의 침묵은 남달랐다. 천리포 숲의 아름다움은 그 남다른 침묵에서 오지 싶었다. 깊은 적요가 좋았다. 은밀한 숲의 적요에 시나브로 묻혀 들자 나무들이 가만가만 말을 걸어왔다.

그렇게 15년이 흘렀다. 많은 것이 달라졌다. 천리포수목원도 세상일처럼 곰비임비 달라졌지만, 자연을 가장 자연스럽게 지켜온 숲은 언제나 아름다웠다. 황무지를 이토록 아름다운 숲으로 일궈온 설립자 민병갈 원장님은 그 숲을 '세상에서 가장 아름다운 수목원'으로 이 땅에 남기고 2002년에 세상을 떠났다.

비밀의 정원은 곡절 끝에 문을 열어 젖혔다. 그러자 숲이 창졸간에 달라졌다. 천리포수목원은 어느 틈에 우리나라의 대표 관광지가 됐다. 관광버스가 잇달아 드나들었고, 이른 아침부터 해 떨어지는 저녁까지 사람들의 발길은 끊이지 않았다. 15년 전에 없던 길이 저절로 난 건 자연스러운 순서였다.

물론 더 많은 사람들의 생각이 보태지면서 화려해지고 아름다워진 부분이 없는 건 아니지만, 자연 그대로의 아름다움을 지켜온 옛 천리포 숲을 떠올리면 사뭇 생경하기까지 했다. 안타까운 변화였지만, 나의 발걸음은 끊이지 않았다. 수굿이 찾아가 한 떨기의 풀꽃을 더 바라보고, 한 그루의 나무를 더 살갑게 어루만졌다.

그리고 또 다른 변화를 맞이하기 전에 천리포수목원의 식물 이야기를 차곡차곡 적어두고자 했다. 사람이 이룬 숲이 사람에 의해 변해가는 모습을 글과 사진으로나마 붙들어 안고 싶은 마음이 우선이었다. 또 불혹의 나이를 넘긴 뒤부터 줄곧 나무를 찾아 헤매 다닐 수 있는 난데없는 계기를 마련해준 천리포수목원의 아름다운 나무들과 이들을 애지중지 키워낸 '나무를 심은 사람'들에 대한 최소한의 보답이라는 생각도 있었다. 굳이 덧붙이자면 천리포수목원을 찾는 분들께는 필경 낯선 식물일 수 있는 천리포 숲의 식물들을 편안하게 소개할 필요도 염두에 두었다. 그건 어쩌면 천리포수목원을 더 잘 지키는 첫걸음이라는 생각이었다.

이 책은 순전히 개인적인 작업으로 이루어졌다. 그동안 재단법인 천리포수목원의 감사를 거쳐 이사라는 직책을 맡아왔으나, 천리포수목원의 공식적인 입장에서 쓰지 않았다. 평생 붓을 놓지 못할 천생 글쟁이로 식물을 만나고, 그들과 주섬주섬 나눈 이야기들을 적었을 뿐이다. 따라서 이 책에서 소개한 식물이 천리포수목원을 대표하는 식물은 아니다. 내가 만난 식물을 본 대로, 느낀 대로 드러내고자 했을 뿐이다.

15년이면 결코 짧은 시간이 아니건만 이제야 천리포수목원의 나무 이야기를 풀어내리라 생각한 것은 늦은 셈이다. 하지만 예나 지금이나 1만 5000종류가 넘는 천리포수목원의 식물 이야기를 엮어 쓴다는 건 내 깜냥을 훨씬 넘는 일이다. 용기를 낸 건, 몇 해 전에 펴낸 《천리포에서 보낸 나무편지》가 계기였다. 천리포수목원의 아름다운 숲에서 길어 올린 이런저런 감상을 편지글 형식으로 정리한 산문집이었다. 뜻밖에도 이 책에 대한 독자들의 사랑은 과분했다. 격려와 성원이 적지 않았고, 일부러 천리포수목원을 들러 나를 찾는 분이 눈에 띄게 늘기도 했다. 천리포수목원에 대한 독자들의 사랑을 확인하는 계기였다. 결국 한 걸음 더 나아가기로 작정했다.

책을 엮어내는 동안 가장 힘들었던 것은 어디에서 마무리할까를 결정하는 일이었다. 몇 종류의 나무 이야기를 모아서 한 편의 글을 완성하고 나면 다른 나무가 눈에 밟혀 또 한 편의 글을 덧붙이기를 숱하게 되풀이했다. 하기야 천리포수목원의 식물 이야기를 죄다 쓰려면 남은 인생을 모두 바쳐도 가당치 않은 일이겠다. 하릴없이 이쯤에서 마무리해야 한다는 생각에서 아쉬움을 접었다. 그 바람에 편집자의 고생은 이만저만이 아니었다. 몇 차례의 추가와 수정으로 공들여 세운 출판 계획은 번번이 어그러졌다. 미안했다. 하지만 그보다 더 미안한 건 이 책에 포함하지 못한 숱한 천리포수목원의 다른 식물들이다.

이 책을 쓰는 동안 누구보다 큰 도움을 준 사람은 지난 15년 동안 나에게 천리포수목원의 식물을 조근조근 가르쳐준 정문영 형이다. 큰 감사 인사 올린다. 그가 아니라면, 나는 여전히 차나무와 동백나무를 구별하지 못하는 청맹과니였을 게다. 식물을 넘어 자연과 더불어 살아가는 삶의 길을 가르쳐준 진정한 스승 이은복 선생님 역시, 내 모든 글에 큰 힘을 주신 분이다. 새로 피어난 자디잔 꽃들이 숨어 있는 자리를 손수 이끌어주고 확인시켜준 최창호 형 역시 내 나무 공부에 고마운 스승이다. 그는 심지어 꽃에 스며드는 햇살의 방향까지 알려주며, 나를 꽃향기에 빠져들게 했다. 그렇게 나무 곁으로 이끌어주는 천리포수목원의 벗들은 한두 명이 아니다. 일일이 이름을 다 적을 수 없을 뿐 아니라, 그 고마운 마음을 다 표현할 수조차 없다. 천리포수목원을 사람의 뜻이 아니라 자연 그대로 더 온전하게 지키느라 애쓰는 조연환 원장님과 모든 직원, 그리고 일 년을 기한으로 찾아오는 교육생들에 대한 감사 인사도 빼놓을 수 없다. 덧붙여 내가 천리포수목원을 처음 찾았을 때, '자연을 정복의 대상으로 삼지 말고, 깊이 동화되어 보라'고 격려해 주었던 큰 벗 한이심, 이 책의 출판을 흔쾌히 결정한 휴머니스트의 김학원 형, 번거로운 편집을 말없이 꼼꼼히 살펴준 전두현 편집자에게도 이 자리를 빌려 감사의 뜻 전한다. 모두에게 감사드린다.

이건 첫걸음이다. 그저 이 책이 천리포수목원을 찾는 관람객에게, 나아가 식물을 사랑하고 식물과 더불어 살아가는 많은 이에게 식물을 한 번 더 바라보고 마음에 담을 수 있는 계기가 되기를 바랄 뿐이다. 이 책에 담은 '세상에서 가장 아름다운 식물'들이 더 많은 독자의 관심과 사랑으로 이 땅에서 오래오래 평화롭게 자랄 수 있기를 바란다.

2014년 여름, 천리포수목원 바닷가 숲에서

고규홍

차례

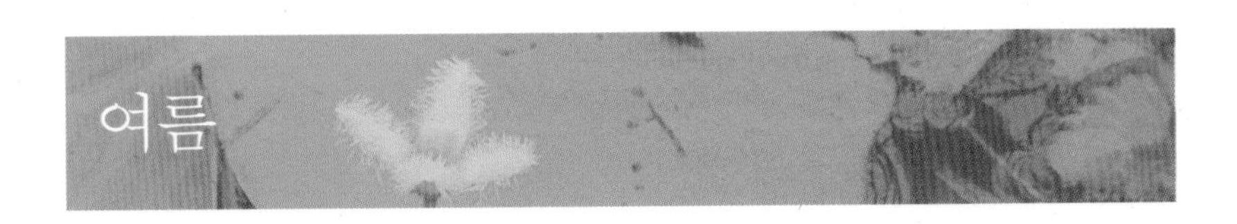
여름

가을 천리포수목원의 가을 식물

함께 읽으면 좋은 책

일러두기

1. 한글 식물명은 산림청 국립수목원과 한국식물분류학회의 공동 운영 협의체인 국가식물목록위원회가 펴낸 〈국가표준식물목록〉의 표기법을 바탕으로, 현재 천리포수목원에서 제정 중인 〈천리포수목원 식물명 국명화 기준안〉을 따르는 것을 원칙으로 했다.

2. 〈국가표준식물목록〉에 등록되지 않은 식물의 경우, 〈국가표준식물목록〉의 표기 원칙에 따라 영문 학명의 발음을 그대로 한글로 표기했다.

3. 학명과 품종명의 표기 순서는 〈국가표준식물목록〉과 달리, 우리 어순 방식을 선택했다. 이는 〈천리포수목원 식물명 국명화 기준안〉의 원칙이기도 하다. 예를 들어 *Magnolia grandiflora* 'Little Gem'을 〈국가표준식물목록〉에서는 태산목 '리틀 젬'으로 표기했는데, 그와 달리 이 책에서는 리틀젬태산목으로 표기했다. 품종명을 앞에 두는 게 우리말의 이름 부르는 방식으로 익숙하기 때문이다. 또 품종명을 앞으로 내놓을 때 따옴표는 불필요하다는 판단에서 표시하지 않았으며, 하나의 고유명사는 띄어쓰기를 하지 않는 우리말 관습에 따라 띄어 쓰지 않았다.

4. 〈국가표준식물목록〉에 등록되기 훨씬 전부터 천리포수목원에서 오랫동안 불러오면서 익숙해진 이름은 그대로 사용했지만, 이는 최소화했으며 이유를 각주에 표시했다.

5. 학명은 〈국가표준식물목록〉의 정명 표기법을 따르는 것을 원칙으로 했다. 〈국가표준식물목록〉에 등록되지 않은 식물의 경우, 가장 먼저 영국왕립원예협회(The Royal Horticultural Society, RHS)의 《The RHS Plant Finder 2013》을 따랐으며, 《The RHS Plant Finder 2013》에도 등록되지 않은 식물은 큐 왕립식물원(The Royal Botanic Gardens, Kew), 미주리 식물원(Missouri Botanical Garden) 등이 연합 운영하는 The Plant List 홈페이지(http://www.theplantlist.org)를 따랐다.

6. 학명 표기는 린네의 명명법에 따라 속명 종명 명명자를 나란히 표기했지만, 선발 품종은 특별한 경우가 아니라면 명명자를 표기하지 않았다.

7. 천리포수목원의 구역이나 건물 이름은 오래되어 많은 사람에게 더 익숙하고, 건립 초기의 뜻을 살릴 수 있는 표기를 따랐다. 이를테면 경내 곳곳의 건물을 천리포수목원 홈페이지에는 '힐링하우스'로 표기했지만, 이 책에서는 오랫동안 불러온 '게스트하우스'로 통칭하거나 '소사나무집' '배롱나무집' 등 각 건물의 이름으로 표시했다. 또 '에코힐링센터'로 홈페이지에 표기한 건물 역시 그의 오래된 이름인 '생태교육관'으로 표기했다.

천리포수목원 안내도
낭새섬
위성류집
해송집
C
소사나무집
D
사철나무집
동백나무집
B
A
매표소
정문

배롱나무집
온실
다정큼나무집
민병갈기념관
측백나무집
벚나무집
❶ 원추리원
❷ 수생식물원
❸ 동백원 Ⅰ
❹ 수국원
❺ 습지원
❻ 왜성침엽수원 Ⅰ
❼ 겨울정원
❽ 동백원 Ⅱ
❾ 호랑가시나무원
❿ 우드랜드
⓫ 무늬원
⓬ 억새원
⓭ 암석원
⓮ 왜성침엽수원 Ⅱ
⓯ 마취목원
⓰ 자생식물원
⓱ 노루오줌원
⓲ 만병초원
A 잔디광장
B 서해전망대
C 해안전망대
D 설립자 흉상

천리포수목원 숲의 봄을 기다리는 마음에는 꽃향기가 담긴다. 겨우내 얼어붙었던 땅이 사르르 녹아들고 땅 밑에서 올라오는 봄의 소리가 무르익으면, 숲에는 한가득 봄 향기가 피어오른다. 향기 따라 흙 빛깔도 봄마중에 나선다. 잿빛 겨울 빛을 벗어내고 땅 깊은 곳에서 물을 끌어올려 보드라운 촉감을 느끼게 하는 흙 빛이 바람결보다 먼저 따사롭다. 봄은 언제나 향기와 빛깔로, 천천히 그러나 성큼 다가온다.

봄

천리포수목원의 봄 식물
3
4
9
14
10
12
15
6
13
5
2
7
8

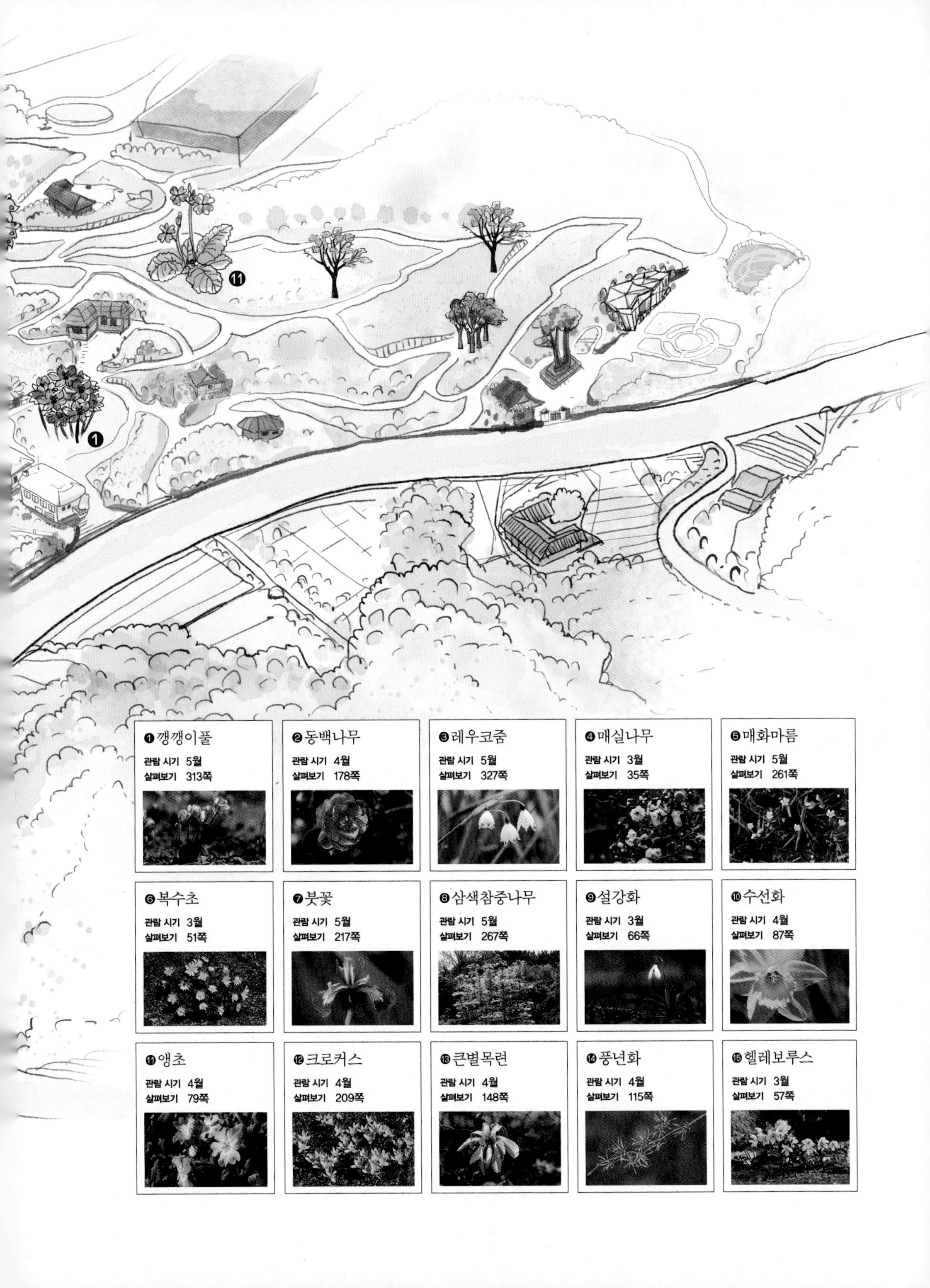

⓫
❶
❶깽깽이풀
관람 시기 5월
살펴보기 313쪽
❷동백나무
관람 시기 4월
살펴보기 178쪽
❸레우코줌
관람 시기 5월
살펴보기 327쪽
❹매실나무
관람 시기 3월
살펴보기 35쪽
❺매화마름
관람 시기 5월
살펴보기 261쪽
❻복수초
관람 시기 3월
살펴보기 51쪽
❼붓꽃
관람 시기 5월
살펴보기 217쪽
❽삼색참중나무
관람 시기 5월
살펴보기 267쪽
❾설강화
관람 시기 3월
살펴보기 66쪽
❿수선화
관람 시기 4월
살펴보기 87쪽
⓫앵초
관람 시기 4월
살펴보기 79쪽
⓬크로커스
관람 시기 4월
살펴보기 209쪽
⓭큰별목련
관람 시기 4월
살펴보기 148쪽
⓮풍년화
관람 시기 4월
살펴보기 115쪽
⓯헬레보루스
관람 시기 3월
살펴보기 57쪽

3월

매화꽃이 피었습니다
그렇게 봄이 성큼 다가옵니다

매실나무

매화음을 꿈꾸게 하는 매실나무

매실나무

숫자로 치면 1월이 한 해의 시작이겠지만, 누가 뭐래도 한 해의 시작은 봄이다. 하루의 시작이 12시가 아니라 해 뜨는 시각인 것과 마찬가지 셈법이다. 봄을 알리는 여러 상징으로 우리 민족은 오랫동안 매실나무*Prunus mume* (Siebold) Siebold & Zucc.의 꽃인 매화의 개화를 떠올렸다. 우리 땅의 매화는 지역에 따라서 한겨울에 피는 동매(冬梅)가 없는 건 아니지만, 대개는 아직 바람결에 찬 기운이 가시지 않은 이른 봄에 여느 나무보다 앞서서 피어난다.

천리포수목원의 겨울정원에 서 있는 한 그루의 매실나무도 대개는 3월 되어야 꽃을 피우는데, 날씨가 따뜻하면 2월 초에 피어나는 경우도 종종 있다. 지구의 기온이 차츰 오르고 있는 상황이니 아마도 앞으로 매화의 개화 시기는 더 빨라질지도 모른다.

토투어스드래곤매실나무

천리포수목원 토투어스드래곤매실나무*Prunus mume* 'Tortuous Dragon'는

▲ 가지가 꼬불꼬불하게 자라는 토투어스드래곤매실나무. 천리포수목에서는 '용틀임 매화'라는 별명으로 불린다.

우리 땅의 여느 매실나무에 비해 조금 일찍 꽃봉오리를 연다. 천리포수목원의 봄꽃들 가운데에서도 가장 앞서서 피어나는 꽃이다. 토투어스드래곤매실나무는 우리 토종의 매실나무와 꽃은 똑같이 생겼지만 나무 전체의 생김새가 다르다. 특히 꼬불꼬불 뻗어 난 가지는 매우 독특하다. 서로 엮일 듯 펼쳐진 가지가 심하게 비틀리고 꼬였다.

식물의 새 품종을 선발하고 붙인 이름 가운데 '구불구불하다'는 뜻을 가진 영문 '토투어스(tortuous)'라는 수식어가 붙는 경우는 적지 않다. 글자 그대로 가지가 꼬불꼬불한 특징을 가진 품종일 때에 그렇다. 때로는 가지뿐 아니라, 잎사귀가 비틀리고 꾸부러졌을 때에도 토투어스를 붙여 표기한다.

매실나무는 우리의 민족 문화를 이야기할 때 빼놓을 수 없는 나무다. 식물학에서는 이 나무에서 맺히는 열매인 매실의 이름을 따서 매실나무라고 부른다. 그러나 매화는 식물학적 의미뿐 아니라, 오랫동안 우리의 선비문화와 함께한 문화적 의미가 큰 식물이어서 그냥 '매화' 혹은 '매화나무'라고 부르는 게 더 알맞춤할 때가 많다.

매실나무는 중국에서 들어왔지만, 이미 기원전에 우리 땅에 자리 잡은 나무여서 굳이 원산지가 중국이라는 건 의미가 없다. 오랜 세월에 걸쳐 매실나무의 꽃 매화는 선비들의 사랑을 독차지하며 우리 문화를 대표하는 나무가 됐다. 우리 옛 시가(詩歌)와 그림에 매화만큼 자주 나오는 꽃도 없지 싶다.

매화는 번거로운 것보다 희귀한 것을, 젊음보다 늙음을, 비만보다 수척을, 활짝 피어난 것보다 꽃봉오리를 귀하게 여기는 꽃이다. 한 송이 한 송이 참 예쁘게 피어나지만, 그 생김생김이 번거롭거나 풍성하기보다는 은일한 선비의 모습을 지닌 나무다. 그래서 매화를 제대로 감상하려면 온 산을 매화로 뒤덮은 매실농원을 찾기보다는 선비들의 옛 서재나 정원, 혹은 오래된 절집의 뒷마당을 찾는 게 제격이다.

매화에 얽힌 이야기도 무척 많다. 그 가운데 하나가 매화음(梅花飮)이다. 조선시대의 화가 단원 김홍도(金弘道, 1745~?)에 얽힌 이야기다. 매화를 좋아한 김홍도는 자신의 집 뜰에 매화 한 그루를 키우고 싶었지만 가난한 화가에게 매화는 그야말로 그림의 떡이었다. 늘 아쉬운 마음으로 남의 집 매화만을 바라보던 어느 날 자신의 그림을 삼천 전에 팔 수 있는 좋은 기회가 생겼다. 그림 값을 받자 김홍도는 이천 전을 떼어 매화를 사는 데 머뭇거리지 않았다. 사들인 매화나무를 뜰에 심곤 매화꽃에서 풍겨오는 삽

▲ 토투어스드래곤매실나무 꽃. 꽃잎이나 꽃술은 매실나무와 비슷하지만 홑꽃이 아니라 겹꽃으로 피어난다.

상한 향기를 지인들과 나누고 싶었다. 단원은 팔백 전이나 들여 지인들과의 거나한 술자리를 마련해 매화 향을 즐겼다. 그가 생계를 위해 가족에게 남긴 돈은 겨우 이백 전뿐이었다. 그건 단 하루 계책도 되지 않는 적은 돈이었다.

토투어스드래곤매실나무의 특별한 생김새

매화의 그윽한 향기를 맡으며 벌이는 이 술 잔치를 '매화음'이라고 한다. 단원뿐 아니라 옛 선비들은 매화의 은은한 향기를 홀로 즐기지 않고 좋은

▲ 토투어스드래곤매실나무의 줄기 표면은 암회색을 띠며 불규칙하게 갈라진다.

벗을 불러 매화음을 즐겼다고 한다.

봄이면 언제나 성급하게 꽃잎을 여는 천리포수목원의 매실나무는 심하게 배배 꼬인 나뭇가지가 꽃보다 돋보이는 특별한 생김새의 나무다. 마치 용틀임하는 모양이다. 학명에 용을 뜻하는 드래곤(dragon)이 들어간 것도 그래서다. 천리포수목원 지킴이들 사이에서는 '용틀임 매화'라는 별명으로 불리기도 한다.

그 밖에 꽃의 생김새를 비롯하여 다른 생육 특징에서는 우리 매실나무와 차이가 없다. 꽃잎이나 안쪽의 무성한 꽃술까지 다를 게 하나 없다. 굳이 한 가지 보태자면 토투어스드래곤매실나무의 꽃은 홑꽃이 아니라 여러

만첩흰매실

겹으로 피어나는 겹꽃이라는 점이다. 우리의 매화 가운데 꽃잎이 여러 겹으로 피어나는 만첩흰매실*Prunus mume* f. *alboplena* (L. H. Bailey) Rehder을 닮았다고 보면 된다.

나무의 줄기와 가지가 보여주는 꿈틀거림 때문에 꽃송이가 더 싱그럽고 활기 있게 느껴지는 건지도 모른다. 까닭이 어디에 있든 '용틀임 매화'의 꽃 한 송이가 건네오는 봄노래는 향긋하기만 하다. 토투어스드래곤매실나무의 꽃은 우리의 매화가 그렇듯이 점잖게 조금도 서두르지 않고 제격에 맞도록 하나둘 꽃잎을 열 태세로 봄을 맞이한다.

천리포수목원의 봄은 매화 꽃 향기를 타고 은은하면서도 선명하게 다가온다. 매화는 단원 김홍도가 오래전에 그랬듯이 홀로 감상하기에 분에 넘칠 만큼 아름다운 꽃이다. 매화 꽃 필 무렵이면 오랜 벗들과 함께 매화꽃 찾아 떠나는 탐매(探梅) 여행을 꿈꾸는 이들이 많을 수밖에 없는 이유다. 한 그루의 나무에서 피어난 두어 송이의 꽃이 한 해의 시작인 봄이 바로 우리 곁에 다가왔음을 알려준다.

봄볕과 함께
보송한 버들강아지 피어나

버드나무

휘영청 늘어져 손짓하는 버드나무

바닷바람 탓인지, 봄빛 뚜렷해도 천리포수목원의 바람결은 차갑다. 까닭에 봄볕을 따스하게 느낄 즈음이면 이내 봄은 떠나고 초여름 더위가 찾아온다. 겨울을 무사히 지낸 나무들이 새로 피워 올린 잎새에 초록이 뚜렷해질 때, 천리포수목원의 여러 종류 버드나무들도 뒤질세라 눈길을 끌어 모은다.

황금능수버들

버드나무Salix 종류들은 물과 친한 나무여서 천리포수목원에서도 연못 가장자리에 자리 잡았다. 오래전부터 우리 시골 마을 개울가에서 자라던 것과 마찬가지다. 버드나무과에 속하는 나무도 종류가 많다. 그 가운데 천리포수목원에서는 가지가 휘영청 늘어지는 황금능수버들*Salix* x *sepulcralis* var. *chrysocoma* (Dode) Meikle이 가장 인상적이라 할 수 있겠다. 봄바람에 가지를 하늘거리는 아름다운 모습을 지닌 황금능수버들은 오래도록 우리들 마을에 함께 살아온 능수버들과 같은 종류의 나무다. 천리포수목원의 상징처럼 연못 가장자리에 서서 찬란한 수형을 뽐내던 이 나무는 최근에 수세가 약해져 휘늘어진 가지가 거의 잘라졌다. 예전만큼 아름다운 모습을 볼 수 없어 아쉽다.

버드나무

버드나무*Salix koreensis* Anderson는 우리나라 전국에서 고르게 잘 자라는 나무로 버들피리 또는 버들강아지를 먼저 떠올리게 한다. 버들피리는 버들잎으로 만들어 소리 내는 옛날 놀잇감이며, 버들강아지는 버드나무에서 피어나는 꽃의 다른 이름이다. 또 버들강아지는 버드나무의 종류 가운데 갯버들을 가리키는 우리 식의 이름이기도 하다.

버드나무과에 속하는 나무로는 갯버들*Salix gracilistyla* Miq.을 비롯하여 수양버들*Salix babylonica* L., 키버들*Salix koriyanagi* Kimura, 용버들*Salix matsudana* f. *tortuosa* Rehder, 들버들*Salix subopposita* Miq., 떡버들*Salix hallaisanensis* H. Lev. 등 무려 40여 종류나 된다.

천리포수목원에도 여러 종류의 품종이 있어 여느 곳보다 많은 버드나무를 볼 수 있다. 큰연못과 작은연못 사이에서 무척 크게 자란 황금능수버들은 천리포수목원의 상징처럼 여겨지던 나무다. 큰연못 쪽에서 민병갈기념관 쪽을 바라볼라치면 휘영청 늘어진 가지가 멋진 이 나무가 보인다. 천리포수목원 사진에 거의 빠짐없이 등장할 정도로 유명한 나무다. 이 밖에 아직 우리 식의 이름을 가지지 않은 버드나무도 꽤 많이 있다.

세카사칼리넨시스버들과 아카메야나기버들

세카사칼리넨시스버들

3월 되어 바람에 봄빛이 담기기 시작하면 여러 종류의 버드나무에서 꽃이 피어난다. 작은연못 가장자리에서 큼지막하게 화려한 꽃을 피우는 세카사칼리넨시스버들*Salix sachalinensis* 'Sekka'은 여러 버드나무 꽃 가운데 가장 눈에

▲ 3월 말 일찍 꽃을 피워 벌들이 많이 찾는 세카사칼리넨시스버들.

▲ 화사한 연초록빛 꽃을 피우는 아카메야나기버들.

띄는 꽃을 피운다. 꽃이 한창 피었을 때 유난히 벌들이 많이 찾아드는 나무다. 다른 꽃들처럼 꽃잎이 화려한 것도 아닌데 벌들이 모여 윙윙 댄다. 3월 말이면 아무래도 다른 꽃이 많이 피어나지 않고, 새로 기지개를 켠 벌들은 몹시 배가 고픈 때라서 자연히 먼저 피어난 꽃으로 몰리는 것이지 싶다.

작은연못뿐 아니라 큰연못 가장자리에도 버드나무 종류의 나무는 돋보인다. 특히 연못 안쪽을 향해 비스듬히 눕다시피 한 버드나무 역시 큰연못의 풍치를 아름답게 한다. 오랫동안 한자리를 지키고 있는 큰 나무인데, 지금의 상태는 자칫 쓰러지지 않을까 염려스럽다. 천리포수목원의 모든 나무를 자연 상태 그대로 키우고자 애썼던 설립자의 뜻이 지금처럼 비스듬히 누웠으면서도 자연스러운 아름다움을 이루게 했지만, 앞으로 나무를 더 오래 보존하기 위해서는 세심한 대책이 필요해 보인다.

아카메야나기버들

아카메야나기버들*Salix* 'Akame Yanagi' 역시 큰연못의 분위기를 한층 돋워주는 나무다. 버드나무의 꽃이 피어날 즈음이면 멀리서도 화사한 연초록빛 꽃차례가 은은하게 지어내는 풍경이 아름답다. 특히 천리포수목원 울타리를 낀 큰연못 가장자리로 난 길을 걷다보면 만나게 되는 곰솔을 비롯한 몇 그루의 큰 나무 사이로 살짝 비쳐드는 햇살을 받은 아카메야나기버들 꽃의 환상적인 아름다움에는 혼을 빼앗길 지경에 이른다.

뱀버들과 왕버들

뱀버들

역시 큰연못 가장자리에 서 있는 버드나무 종류 가운데 재미있는 이름을 가진 품종이 있었다. 우리 산과 들에서 흔히 볼 수 있는 용버들을 닮았지만 다른 품종의 버드나무다. 용버들은 가지가 꼬불꼬불 휘늘어지기 때문에 '파마버들'이라고 부르기도 하는 그리 생경하지 않은 나무다. 그 사촌쯤으로 보이는 나무인데, 용버들처럼 가지가 배배 꼬이며 난다는 게 재미있다. 학명이 *Salix alba* 'Snake'인 이 나무는 우리말 이름이 없지만, 품종 이름에 뱀(snake)을 뜻하는 단어가 붙었다는 이유로 '뱀버들'이라 부르고 싶어진다. 뱀이나 용이 제 몸을 배배 꼬는 특징이 있는 걸 봐서는 큰 차이가 없으니, 같은 종류로 보아도 무방하다. 용버들도 그렇지만 뱀버들 역시 보면 볼수록 정신없는 나무다. 어쩌자고 저리 꼬불꼬불 가지가 꼬였을까 싶다. 그렇다고 가지들이 서로 다툼을 하는 것처럼 보이지는 않는다. 꼬불꼬불 배배

▲ 줄기가 뱀처럼 꼬여서 자라는 뱀버들

꼬이긴 하지만 서로의 자람을 훼방하지 않으면서 제자리를 잘 지키는 우스꽝스러운 나무다.

천리포수목원의 뱀버들은 비교적 키도 크게 잘 자랐다. 큰연못 주위를 한 바퀴 돌면서 오리나무 품종 앞의 작은 벤치에 다다를 때쯤이면 어김없이 한번 올려다보게 되는 나무였다. 가운데 줄기만 곧게 서 있고 그 주위의 작은 가지들은 어느 하나 빼놓지 않고 배배 꼬이며 돋아난 게 여간 재미있는 게 아니다. 그런데 안타깝게도 이 나무는 2013년 가을, 고사한 탓에 베어냈다.

왕버들

버드나무 종류 가운데에 우리 땅에서 오래전부터 살아온 왕버들*Salix chaenomeloides* Kimura을 빼놓을 수 없다. 큰연못 가장자리에서 서해전망대로 이어지는 갈림길 중간에 서 있는 큰 나무다. 천리포수목원 조성 초기에 심은 나무이기도 하지만 비교적 빠르게 자라는 왕버들인지라 큰연못 주변의 갈림길에 서서 오가는 사람들의 안전을 지켜주는 수목원 지킴이 노릇을 하는 근사한 나무다.

버드나무 종류이면서도 왕버들은 전체적인 수형에서 풍기는 분위기가 여느 버드나무와 사뭇 다르다. 능수버들이나 수양버들처럼 가지가 하늘거리며 땅으로 처지지 않고 하늘을 향해 우뚝 서서 자라며, 크고 굵게 오랫동안 잘 자라는 웅장한 멋을 지닌 나무다. 버드나무를 이야기할 때 먼저 떠올리게 되는 여인의 이미지와는 정반대다. 버드나무 종류로는 잎도 크다.

정자나무로도 느티나무나 팽나무에 비해 손색이 없을 만큼 큰 나무여서 우리나라 남부지방에서는 마을의 좋은 쉼터 노릇을 해온 대표적인 나무다. 버드나무가 우리나라 대부분의 지역에서 잘 자라는 것과 달리 왕버들은 경기도 이남의 남부지방에서 자란다. 그래서 중부지방보다는 남부지방에서 큰 나무로 자란 개체를 여럿 볼 수 있고, 천연기념물로 지정 보호될 만큼 아름답고 큰 나무도 적지 않다.

왕버들에는 옛날부터 특별한 별명이 있다. '도깨비나무' 혹은 한자로 '귀류(鬼柳)'라는 생뚱맞은 별명이다. 물가에 사는 버드나무는 늘 습하게 자라다 보니 줄기가 잘 썩어 커다란 구멍을 내게 된다. 날벌레들이 날아다니다 그 구멍으로 들어가고도 남음이 있다. 뿐만 아니라 때로는 들쥐 같은 설치류가 빠져드는 경우도 적지 않다. 일단 안으로 들어간 벌레나 설치류는 어두운 구멍 안에서 출구를 찾지 못하고 죽어서 시체로 쌓이게 되고, 그렇게 쌓인 시체들에서 나온 인(燐) 성분은 빛을 낸다. 이 빛은 특히 비가 오거나 습한 날씨에 더욱 반짝이는데, 마치 밤에 도깨비가 내는 빛과 같다 하여 도깨비불이라 했다. 도깨비불을 내는 도깨비들이 사는 나무가 바로 도깨비버들, 즉 왕버들이다.

흑갯버들과 삼색개키버들

흑갯버들

천리포수목원의 버드나무 종류 가운데에 특별한 꽃을 피우는 나무가 있다. 흑갯버들*Salix gracilistyla* 'Melanostachys'*이다. 이 나무의 꽃을 보면 매우 알맞춤한 이름이지 싶다. 까만색 꽃을 피우는 때문이다. 갯버들을 원종으로 하여 선발한 품종인 흑갯버들의 뚜렷한 특징은 바로 까만색 꽃차례에 있다. 아마 처음 보았다면 깜짝 놀랄 만큼 까만 꽃이다. 특히 꽃차례를 껍질로 덮은 모습은 마치 뾰족한 모자를 뒤집어쓴 듯하다. 모자 아래로 보송하게 피

* 천리포수목원의 표찰에는 흑버들로 표기했으나 〈국가표준식물목록〉에는 흑갯버들로 표기돼 있다.

▲ 꽃차례를 껍질로 덮은 채 까만색 꽃을 피우는 흑갯버들.

어난 까만 꽃차례의 흑갯버들이 보여주는 모습을 만나게 되면 흠칫 놀라게 된다.

삼색개키버들

흑갯버들의 음험한 검은색과는 정반대로 밝고 화사한 잎으로 관찰자를 반기는 버드나무도 있다. 삼색개키버들*Salix integra* 'Hakuro-nishiki'[••]이다. 고작해야 5미터가량의 낮은 키로 자라는 삼색개키버들은 봄날 천리포수목원 관람객의 시선을 사로잡는 나무다. 나무 전체에 온통 환한 꽃이 피어난

•• 천리포수목원에서 삼색개키버들이라고 표기한 것과 달리 〈국가표준식물목록〉에서는 무늬개키버들이라고 표기했다.

▲ 밝고 화사한 분홍빛 잎이 돋아난 삼색개키버들.

것처럼 보이지만, 무성하게 돋아난 잎사귀가 꽃처럼 보이는 것이다. 가지에 피어나는 잎사귀에는 여느 나뭇잎에서 보기 어려운 분홍빛이 선명한 때문이다. 그뿐만 아니라 하얀 무늬가 들어간 초록의 잎까지 어우러져 세 가지 색이 화려한 아름다운 나무다.

천리포수목원의 봄 숲도 낭창낭창 흔들리는 버드나무 가지 따라 천천히 여름의 문턱을 넘어가는 채비를 마친다.

큰 복 큰 삶의 아름다운 기미,
복수초의 노란 꽃

복수초

복과 장수를 불러오는 복수초

복수초(福壽草)*Adonis amurensis* Regel et Radde의 노란 꽃은 필경 봄의 상징이다. 천리포수목원에서도 봄을 기다리는 마음은 복수초 꽃 피어나기를 기다리는 마음과 늘 함께한다. 여러 꽃봉오리가 언 땅을 뚫고 솟아오를 즈음이면 수목원 지킴이들의 가슴은 봄맞이로 설렌다. 땅 깊은 곳의 긴 수런거림 끝에 딱 한 송이가 마침내 입을 활짝 벌린다. 나머지 꽃송이들도 3월 오기 전에 모두 피어날 기세다. 천리포수목원의 숲에 봄소식이 다가온다는 기미다. 겨우내 얼어붙었던 땅이 사르르 녹고 땅 밑에서 올라오는 봄의 소리와 색깔은 한창 무르익는다.

복수초

모든 풀과 나무가 그렇지만, 어느 자리에서 자라느냐에 따라 개화 시기는 차이가 난다. 그늘 많이 지고 바람 많은 곳에 자리 잡은 식물은 아무래도 조금 늦게 꽃을 피운다. 특히 겨울바람 뚫고 봄을 먼저 알리는 꽃들은 그런 점에서 더 민감하다.

▲ 연둣빛 암술, 샛노란 수술, 꽃잎 20~30장으로 이루어진 복수초 꽃.

복수초는 민병갈기념관에서 겨울정원으로 오르는 길섶 화단에서 먼저 피어난다. 천리포수목원의 여러 공간 가운데에 따뜻한 봄볕이 가장 먼저 드는 곳 가운데 하나다. 같은 복수초이지만, 다른 나무의 그늘 아래 자리 잡은 복수초는 이때쯤 아직 꽃봉오리도 내밀지 않는다. 가장 먼저 봄을 알리는 건 언제나 민병갈기념관 옆의 작은 화단이다.

햇빛을 넉넉히 받아야 꽃잎을 활짝 여는 복수초는 이른 아침에 입을 열긴 하지만, 수줍음 많은 소녀처럼 살짝 보여줄 뿐이다. 바깥쪽에는 붉은 빛이 돌고, 노란 꽃잎 안쪽에는 꽃잎보다 더 샛노란 수술이 한가득이다. 연둣빛 암술을 중심으로 옹기종기 모여서 바깥 동정을 살피듯 조심스럽다. 복수초의 꽃 한 송이에는 20~30장의 꽃잎이 겹쳐 있다.

빛에 민감한 복수초 꽃은 아침에 입을 살짝 열고 해를 기다린다. 해 뜨면서부터 복수초는 서서히 꽃봉오리를 열지만, 꽃잎을 활짝 열려면 햇살

▲ 언 땅을 뚫고 나오는 듯한 사진이 많지만, 실제로는 꽃이 핀 뒤 눈이 내린 모습이 대부분이다.

이 완전히 따스해지는 오전 11시경은 돼야 한다. 그러고는 다시 조금씩 입을 다물기 시작한다. 해 질 무렵이면 이른 아침처럼 꽃봉오리를 완전히 오므리고 언제 입을 열었느냐는 듯이 시치미를 뗀다. 그래서 하루 종일 바라보고 있어도 지루한 줄 모르고 보게 되는 꽃이 복수초다. 가만히 바라보면 꽃잎이 오물오물 움직거리는 모습이 보일 듯도 하다. 복수초가 피어났다는 건, 봄꽃들이 곰비임비로 환하게 피어날 것이라는 이야기다.

복수초의 꽃은 사진가들이 매우 좋아하는 피사체 가운데 하나다. 특히 얼음을 뚫고 피어난 복수초의 꽃이 그렇다. 대부분 얼음을 뚫고 솟아오른 꽃이라고 표현하고, 실제 생김새도 마치 얼음을 뚫고 솟아오른 듯 보이지만, 실은 꽃을 피운 복수초 위로 눈이 내렸다고 해야 맞을 게다. 다른 봄꽃에 비해 일찍 피어나는 복수초의 꽃이 필 무렵에는 대개 산에 쌓인 눈은 녹게 마련이다. 그러다가 뒤늦은 눈이 내리면 그렇게 눈 속에서 피어난 복수초 꽃 사진을 찍을 수 있다.

복수초를 이야기하자면 그 독특한 이름 '복수(福壽)'를 뺄 수 없다. 식물 이름치고는 무척 상서로운 이름이다. 봄꽃 중에 눈에 잘 띄는 개불알풀 *Veronica didyma var. lilacina* (H. Hara) T. Yamaz.이라는 이름의 풀꽃이 있는 걸 생각하면 복수초는 분명 품격 높은 이름을 가진 셈이다. 복수는 같은 발음의 복수(復讐)와 구별하기 위해서 흔히 수복(壽福)이라는 같은 뜻의 다른 표현으로 더 많이 쓴다. 옛날 밥그릇에 많이 새겨두었던 '오래도록 행복하다'는 뜻의 한자말이다. 한자에 익숙한 중국과 일본에서도 복수초는 같은 이름으로 부른다.

사람들이 좋아하는 풀꽃의 대부분이 그렇듯, 복수초도 다른 이름을 여럿 가지고 있다. 우선 얼음 사이에서 피어난다 해서 얼음새꽃, 눈 속에 피어난 연꽃을 닮았다 해서 설련화(雪蓮花), 설날 즈음에 피어나서 원단화(元旦花)라고도 한다. 또 꽃의 생김새에서 옛사람들은 황금 술잔을 떠올린 듯, 황금 잔이라는 뜻의 측금잔화(側金盞花)라고 부르기도 했다. 어느 이름이든 상서로운 이름이기는 매한가지다. 얼음이나 눈 사이에서 피어나는 꽃의 생명력이라면 복 받은 생명 아니겠는가. 그런 분위기를 바탕으로 해서인지 복수초의 꽃말은 '영원한 행복'이다.

▲ 꽃잎과 길이가 비슷한 8~9개의 흑갈색 꽃받침잎이 노란 꽃잎을 받치고 있다.

복수초에 얽힌 신화

식물이나 문화가 모두 그렇듯이 지역에 따라서는 같은 매개체를 놓고도 받아들이는 느낌이 참 다르다. 복수초도 그렇다. 동양에서 행복을 기원하는 꽃인 복수초가 서양에서는 '슬픈 추억'이라는 전혀 다른 꽃말을 지녔다. 서양에서의 이 꽃말은 이름에서 기원했다. 복수초의 학명에 들어 있는 아도니스(Adonis)라는 이름이 그 실마리다.

그리스 로마 신화에 나오는 아도니스는 대표적인 미남 청년이다. 신화가 늘 여러 다른 이야기를 가지고 있지만, 오비디우스의 《변신 이야기》를 바탕으로 하면, 아도니스는 슬픈 추억을 남기고 죽은 불행한 꽃미남이다. 사랑의 여신 비너스의 혼을 빼앗은 아도니스는 어느 날 사냥에 나섰다가 멧돼지의 공격을 받고 죽음에 이른다. 비너스는 아도니스가 쏟아내는 붉은 피에 신의 술을 부으며 그의 죽음을 슬퍼했다. 그때 아도니스의 피가 묻은 자리에서 꽃이 피어났다. 그런데 그 꽃은 복수초가 아니라 복수초와 같은 과에 속한 '바람꽃'이다. '아네모네'라고도 부르는 풀꽃이다.

복수초의 학명이 아도니스이기는 하지만 아도니스가 변한 꽃은 복수초가 아니다. 다만 아도니스와 비너스의 사랑이 슬프게 끝났다는 생각에서 꽃말을 '슬픈 추억'이라고 부를 뿐이다. 아도니스가 죽어서 피어난 꽃이 복수초라고 이야기하는 경우가 많은데, 이는 학명이 아도니스라는 데에서 오는 혼동이다.

동서양을 불문하고 많은 사람들이 좋아하는 대표적 봄꽃 복수초, 겨울 산과 들의 무채색 땅을 뚫고 화사한 노란색으로 솟아오르는 작지만 큰 꽃이다. 가만가만 홀로 봄의 전주곡을 부르던 복수초 꽃 한 송이를 오래 바라보면 소리 없이 달려오는 봄을 실감할 수 있다. 봄은 그렇게 언제나 낮은 곳에서부터 찾아온다. 낮은 땅에 납작 엎드려 피어나는 복수초 한 송이가 그리 귀하게 여겨지는 것도 그런 까닭에서다.

멀리서 찾아와 꽃 피운 성탄절의 장미와 사순절의 장미

헬레보루스

봄을 알리는 풀꽃, 헬레보루스

언제나처럼 봄은 슬몃 다가온다. 슬몃이기는 하지만 큰 걸음이다. 아마도 이른 아침이나 늦은 밤 옷깃을 스치는 바람에 남아 있는 겨울바람의 싸늘함 때문에 봄의 걸음걸이를 느끼기 힘든 탓일 게다. 봄은 이미 와 있는데, 우리 몸이 채 느끼지 못하다가 어느 순간 갑자기 우리 안으로 봄이 성큼 들어온 걸 느끼게 된다.

천리포수목원에서 봄을 화려하게 알리는 풀꽃은 단연 헬레보루스*Helleborus* 종류다. 유럽, 특히 영국인들이 좋아하는 풀꽃이다. 우리 이름이 따로 없어 발음 그대로 헬레보루스라고 부른다. 미나리아재비과Ranunculaceae에 속하는 여러해살이풀로 유럽 지역에서 오랜 재배 역사를 가지는 원예식물이다. 헬레보루스에는 15종이 있고, 이를 바탕으로 다양한 품종을 선발해 키운다. 꽃송이의 생김새는 서로 비슷한데, 대개 지름 4센티미터 이상으로 피며 탐스러워 봄의 화려함을 만끽하기에 좋은 꽃이다. 품종별로 색

헬레보루스

깔이 다양하고 개화 시기에도 약간의 차이가 있다. 게다가 개화 기간이 길어서 정원의 관상용으로 더없이 좋은 식물이다.

이른 봄에 꽃 피우는 니게르헬레보루스

니게르헬레보루스

천리포수목원의 여러 헬레보루스 가운데 가장 먼저 꽃을 피우는 종류는 니게르헬레보루스*Helleborus niger* L.• 다. 이 식물을 많이 키워온 영국, 스페인, 포르투갈 지역에서는 대략 성탄절을 즈음해서 피어난다고 해서 '성탄절의 장미'라고 부르지만, 천리포수목원에서는 최소한 1월 지나야 꽃을 볼 수 있다. 그러나 기후에 따라서 3월까지 꽃을 피우지 않는 경우도 있다.

짧지 않은 개화 기간 동안 꽃의 색깔이 서서히 바뀐다는 사실도 흥미롭다. 니게르헬레보루스는 처음에 흰색으로 꽃을 피운다. 그러다가 시간이 지나면서 짙은 핑크색으로 변한다. 대개는 처음 개화하고 나서 보름쯤 지나면 새로운 빛깔을 드러낸다. 처음의 흰색도 예쁘지만, 차츰 붉게 진행하는 색의 변화가 볼 만하다. 또 며칠 더 지나 보게 되는 열매 또한 멋지다.

니게르헬레보루스가 꽃을 피울 때에는 다른 꽃들이 그리 많지 않은 이른 봄인데, 번식이 잘되는 바람에 천리포수목원 곳곳에 군락을 이뤄 화들짝 피어난다. 잘 자라면 높이 20센티미터 정도까지 올라온 꽃대 끝에서 지름 4~5센티미터의 하얀 꽃이 고개를 숙인 채 소담하게 피어난다.

니게르헬레보루스는 다른 봄꽃들이 화들짝 피었다가 금세 스러지는

• 〈국가표준식물목록〉의 표기인 니게르헬레보루스와 달리 천리포수목원에서는 오랫동안 헬러보루스 나이거로 표기해왔다.

▲ 흰색으로 피었다가 짙은 핑크색으로 변하는 니게르헬레보루스. 천리포수목원에서는 1월이 지나야 꽃이 피지만, 유럽에서는 성탄절 즈음에 피어 '성탄절의 장미'라고 부른다.

것과 달리 오랫동안 피어 있는 꽃이라는 점도 원예용으로 환영받는 까닭이다. 꽃이 오래 피어 있는 걸 싫어할 사람은 없다. 개화 기간이 긴 데에는 이유가 있다. 바로 꽃처럼 보이는 부분이 꽃잎이 아니기 때문이다. 모든 꽃은 번식을 위해 피어나기 때문에 제 본연의 존재 이유인 꽃가루받이를 마치면 이내 꽃잎을 떨구게 마련이다. 그런데 니게르헬레보루스의 꽃은 꽃잎이 아니라 꽃받침의 변형으로 이루어진 포(苞)라는 독특한 기관이다.

꽃가루받이를 마치고 꽃잎을 떨구는 다른 꽃들과 기본적으로 성격이 다른 꽃이다. 게다가 니게르헬레보루스는 매운 겨울 날씨를 잘 견뎌내고

▲ 약 20센티미터 꽃대 끝에 지름 4~5센티미터의 하얀색 꽃이 고개를 숙이며 피어나는 니게르헬레보루스.

꽃을 피울 만큼 추위에 강한 식물이다. 한여름의 무더위만 피해준다면 아파트에서도 가꿀 수 있어서 널리 사랑받을 조건을 두루 갖췄다.

서양에서는 성탄절의 장미라는 이름에 맞게 전하는 흥미로운 설화도 있다. 2000년 전, 아기 예수가 탄생한 날의 일이다. 베들레헴의 마구간 근처에 살던 가난한 양치기 소녀가 예수 탄생을 알리는 큰 별을 따라 마구간을 찾았다. 마구간에는 세 명의 동방박사가 값비싼 축하 선물을 들고 찾아와 예수 탄생을 경배했다. 문틈으로 이 광경을 엿보던 소녀도 이 찬란한 순간을 축하하고 싶었다. 그러나 가진 것 없는 양치기 소녀는 슬픔에 겨워 눈물만 흘려야 했다.

슬픈 소녀의 모습이 때마침 예수 탄생을 축하하기 위해 하늘에서 내려온 미카엘 천사의 눈에 띄었다. 천사는 소녀의 발치에 하얀 꽃을 피워 소녀를 위로했다. 소녀는 언 땅을 뚫고 솟아난 꽃으로 정성껏 꽃다발을 엮어서 아기 예수의 구유에 선물로 바쳤다. 마구간에 모여 있던 사람들은 소녀의 꽃다발을 '아기 예수 탄생에 드리는 가장 아름다운 선물'로 받아들였다. 이때부터 사람들은 니게르헬레보루스를 '성탄절의 장미'라고 불렀다고 한다.

우리나라에는 아직 흔하지 않은 식물인데, 차츰 기독교인을 중심으로 애호가들에게 사랑받는 식물이 됐다. 우리나라 대부분의 지역에서는 겨울 추위가 깊어지는 1월 중순쯤 꽃잎을 연 채로 겨울을 난다. 이 꽃과 함께 예수의 탄생을 축하한다면, 꽤 늦은 축하가 되겠지만 양치기 소녀처럼 정성이 돋보이는 축하가 되지 않을까 싶다.

오리엔탈리스헬레보루스와 포에티두스헬레보루스

하얗게 피어난 니게르헬레보루스 꽃송이의 포 부분이 차츰 보랏빛으로 바뀌고, 심지어 긴 개화 기간을 거쳐 꽃잎을 떨어뜨릴 즈음이면 그제야 비로소 피어나는 헬레보루스 종류가 있다. 오리엔탈리스헬레보루스*Helleborus orientalis* Lam.다. 붉은 자줏빛이 신비로운 꽃이다. 짙은 자줏빛은 그리 흔한 꽃빛깔이 아니다.

오리엔탈리스헬레보루스

오리엔탈리스헬레보루스 역시 꽃송이가 꽃가루받이 후 곧바로 떨어지는 꽃잎이 아니라 꽃받침이 변화한 포로 이루어진 까닭에 개화 기간이 무척 길다. 오리엔탈리스 종류의 헬레보루스가 꽃을 피우는 시기가 기독인들에게는 매우 중요한 시간이다. 예수 그리스도가 십자가에 못 박혀 죽음에

▲ 꽃받침이 변화한 포로 이루어진 까닭에 개화 기간이 무척 긴 오리엔탈리스헬레보루스. 사순절 기간에 꽃이 피어 '사순절의 장미'라는 이름이 붙었다.

들기 직전 사십 일 동안 고행했음을 기억하기 위해 기독인들이 정한 이른바 사순절 기간이다. 대개의 오리엔탈리스헬레보루스 꽃은 사순절이 시작할 즈음에 피어나기 시작해서 사순절 내내 붉은 꽃을 피운다.

기독인들은 그렇잖아도 금식 등 살림살이의 거의 모든 것을 예수의 수난에 맞추어 생활하는 이 시기에 신비로운 자줏빛으로 피어난 이 꽃에서 예수 그리스도의 수난을 생각했던 모양이다. 그래서 아예 이 꽃에는 성탄절의 장미와 같은 방식으로 '사순절의 장미'라는 이름을 붙였다.

또 하나의 독특한 헬레보루스 종류로 포에티두스헬레보루스*Helleborus foetidus* L.가 있다. 포에티두스헬레보루스는 니게르헬레보루스와 오리엔탈

▲ 높이 약 1미터까지 자라는 포에티두스헬레보루스. 초록색 꽃잎 가장자리에 짙은 보라색 무늬를 가진 꽃을 피운다.

리스헬레보루스가 중심 줄기 없이 여러 개의 꽃대가 나뉘어 올라오는 것과 달리 땅 위로 불쑥 올라온 중심 줄기가 돋보인다. 생육 조건이 좋으면 이 줄기는 120센티미터까지 자란다. 거의 어린아이 키 높이만큼 자란다는 이야기인데, 천리포수목원의 포에티두스헬레보루스는 그만큼 자라지 않는다. 기후의 문제이지 싶다. 그러나 땅 위로 솟아오른 중심 줄기가 유난히 곧게 잘 발달한 종류라는 것은 한눈에 알아볼 수 있다.

꽃도 독특하다. 키 큰 줄기에서 뻗어 나온 꽃자루 위에서 고개 숙인 채 피어난 꽃의 색깔은 잎이나 줄기와 같은 초록색인데, 그 가장자리 부분에 짙은 보라색이 올라온다. 꽃술을 포근히 감싸 안은 이 부분이 꽃잎처럼 보이지만, 여느 헬레보루스 종류와 마찬가지로 이건 꽃잎이 아니다. 꽃송이를 잘 관찰하면 꽃잎 주위에 있어야 할 꽃받침이 없는 걸 볼 수 있다. 포인 까닭이다.

포에티두스라는 이름은 이 식물에서 나는 냄새 때문에 붙었다. 포에티두스라는 말은 'foedid', 즉 '악취가 나는'이라는 뜻의 영어에서 온 말이다. 하지만 이 꽃의 냄새가 견디기 힘들 만큼은 아니다. 실제로 코를 꽃송이에 바투 들이밀고 냄새를 맡으면 약간의 냄새를 맡을 수 있지만 불쾌할 정도는 아니다.

꽃 색깔이 잎사귀와 같은 초록색이기도 하고 고개 숙인 채 암술과 수술을 살짝 가리고 있기도 해서 그냥 지나치기 쉽지만, 어쩌면 그렇게 몰래 숨어서 피어나는 꽃이어서 그 속을 바라보며 냄새를 맡아보는 새로운 경험을 건네주는 기쁨이 큰 꽃이다. 이처럼 이른바 악취가 난다는 꽃의 향을 직접 맡아보는 것도 좋은 경험이 될 것이다. 무엇보다 뜻밖의 결과가 지어내는 신비로움의 특별한 경험인 때문이다.

하얀색 꽃이 불러온 봄의 노란빛 노랫소리

설강화

희고 노란 봄빛 향연의 시작

독일의 대문호 괴테는《색채론》이라는 다소 생경한 책에서 땅속에서 씨앗이나 뿌리로 긴 시간을 보낸 식물은 흰색이나 노란색을 띤다고 했다. 그의 말대로 겨울 지나고 봄 오면서 천리포수목원 숲에도 겨울의 껍질을 걸친 희고 노란 빛깔이 땅 위로 올라왔다. 흰색과 노란색이 외장쳐 부르는 봄의 향연이다.

문인으로만 알고 있는 괴테가 말년에 보여준 자연과학에 대한 관찰과 이론의 깊이는 놀랍다. 괴테는 긴 겨울을 깊은 땅 어둠 속에서 보낸 식물들이 흰색이나 노란색을 띤다고 했다. 그의 말대로 이른 봄에 피어나는 꽃은 흰색과 노란색이 많다. 하얀 꽃의 설강화, 매화와 함께 이른 봄에 깊은 땅에서 솟아오르는 크로커스나 개나리도 화려한 노란색이다.

괴테는 이어서 "노란색은 아주 순수한 상태에서는 언제나 밝음의 성질을 수반하여 명랑하고 활발하며, 부드럽게 매혹시키는 속성을 유지한

▲ 높이 약 10센티미터로 자라 땅을 보고 꽃을 피우는 설강화.

다"며 노란색이 강하면 "화려하고 고귀한 느낌"을 만들어낸다고도 했다. 또 자신의 경험을 보태 "경험상으로 볼 때 노란색은 전적으로 따뜻하고 안락한 인상을 준다"고 썼다.

몸을 낮추어 설강화와 눈 맞추다

설강화

희고 노란 봄빛 향연의 첫 시작은 단연 설강화*Galanthus* 종류의 작은 풀꽃이다. 순백의 설강화 꽃이 코앞까지 봄이 다가왔음을 알린다. 한 해의 시작을 알리는 봄이 설강화처럼 순결한 하얀색으로 시작한다는 게 재미있다. 마치 이제 막 그림을 그리기 위해 펼쳐놓은 하얀 도화지를 떠올리게 한다. 눈부시게 환한 하얀빛의 도화지에 무얼 그려야 할지를 고민해야 하는 때가 바로 한 해의 시작인 봄 아닌가 싶어서다.

이름 그대로 눈송이를 뿌려놓은 듯 자잘한 꽃송이들이 무리를 지어 피어난 천리포수목원 동산의 풍경은 사진으로 혹은 그림으로 표현하기 어렵다. 그저 바라보는 수밖에 없다. 키도 작고, 꽃송이도 앙증맞게 작은 설강화 꽃송이를 하나둘 헤아리는 일은 봄마중에 나선 천리포수목원에서 즐길 수 있는 형언하기 어려운 행복이다. 영어 문화권에서는 'snowdrop'이라고 부르는데, 우리가 들여와서도 영문의 말뜻 그대로 한글로 옮겨 설강화(雪降花)라고 부른다.

> 봄의 메시지로 스노드롭이 있다. 이것은 처음에는 흙 속에서 가만히 엿보고 있는, 정말 눈곱만한 뾰족한 싹에 불과하다. 다음에는 머리가 갈라지면서 도톰한 두 장의 잎으로 변신한다. 그뿐이다. 물론 빠르면 2월 초순에 꽃이 피기도 한다. 제아무리 멋진 승리를 상징하는 야자나무라도, 또 아무리 지혜로운 나무나 명예로운 월계수라도 찬바람에 흔들리는 창백한 줄기에 핀 희고 부드러운 스노드롭 꽃의 아름다움에는 견줄 수 없다.
>
> – 카렐 차페크, 《원예가의 열두 달》 중에서.

체코의 대문호 카렐 차페크(Karel Cepek, 1890~1938)의 스노드롭 예찬이다. 보헤미아 지방에서 태어나 프라하대학에서 철학을 전공한 차페크는 20세기 초 체코 문학을 대표하는 대문호로 특히 SF 문학에서 독자적인

▲ 고개를 아래로 숙인 설강화 꽃. 햇빛을 받으면서 입을 열었다가 다시 오므린다.

업적을 남긴 작가다. 지금은 보통명사가 된 '로봇'이라는 말이 바로 그가 1920년에 발표한 희곡《로봇》에서 처음 쓴 말이기도 하다. 그는 자연 생태에도 관심이 커서 앞에 인용한《원예가의 열두 달》이라는 책을 통해 자연을 예찬한 글을 내놓은 바 있다.

니발리스설강화

코카서스설강화

설강화는 세계적으로 19종이 있고, 이를 바탕으로 다양한 품종을 선발해 널리 키우고 있다. 우리나라에서는 아직 흔히 볼 수 있는 식물이 아니라 몇몇 식물원에서 볼 수 있는 정도다. 천리포수목원에는 그동안 니발리스설강화*Galanthus nivalis* L.와 코카서스설강화*Galanthus caucasicus* Baker 두 종류가 있었다. 코카서스설강화와 니발리스설강화는 생김새만으로 차이를 구별하기

▲ 하얀 꽃잎이 겹으로 피어나는 겹꽃 설강화.

가 쉽지 않다. 또 꽃잎이 열리는 시기도 비슷하다. 햇빛이 잘 비치는 곳에 자리 잡은 설강화가 조금 먼저 피어날 뿐이다.

천리포수목원에서는 최근 몇 가지 설강화 품종을 새로 들여와 심었다. 천리포수목원의 봄을 상징하는 설강화가 차츰 널리 알려지면서 새로운 품종에 대한 궁금증이 늘어난 일반의 요구에 부응한 일이다. 새로 들여와 심은 설강화 종류의 생김새가 생경하다. 그 가운데 작고 하얀 꽃잎이 겹으로 피어나는 겹꽃의 설강화 종류는 특히 그렇다. 다른 한 종류는 그동안 보았던 설강화와 꽃은 비슷한데 잎사귀가 넓적하다는 차이를 가지고 있어서 그다지 생경하지 않지만, 겹꽃의 설강화는 새롭다. 겹꽃의 설강화는 생육 조건이 잘 맞으면 20센티미터 정도까지 자란다.

천리포수목원의 소사나무집 아래쪽 뜰에서는 2월 중순부터 설강화가 군락을 이뤄 꽃을 피운다. 앞에서 이야기한 겹꽃의 설강화 등 새로 들여온 품종은 주로 우드랜드 구역에 군락을 이뤄 심었다. 차페크의 예찬처럼 봄의 메시지로 이보다 더 아름다운 게 있나 싶다.

설강화에는 생김새에 걸맞은 전설도 전한다. 옛날 아담과 이브가 에덴동산에서 쫓겨나 눈 내린 벌판에서 추워 떨고 있을 때였다고 한다. 그때 한 천사가 나타나 이제 봄이 다가왔다며 그들을 위로하고는 벌판을 어루만지자 하얀 눈송이들이 설강화의 하얀 꽃으로 변했다는 이야기다. 동산에 아직 채 눈이 녹기 전인 이른 봄에 서둘러 피어나는 눈송이를 닮은 이 풀꽃의 앙증맞은 생김새에 맞춰 연상해낸 전설이겠다.

대개의 봄꽃들은 키가 작다. 복수초도 그렇고, 설강화도 그렇다. 공연히 고개를 삐쭉 내밀었다가는 꽃샘바람을 견디지 못할까 두려워하는 까닭이다. 그나마 설강화는 꽃송이도 작고 몸집도 날씬해서 홀로 선 모습을 또렷이 바라볼 수 있다. 그래서 더 좋다. 저 가냘픈 몸으로 꽃샘바람을 견뎌내야 하는 설강화가 애처로워 보이기도 하지만 거꾸로 그래서 더 용해 보이기도 한다. 차가운 바람에 맞서서 봄을 알려주는 용한 꽃이다. 설강화는 비교적 개화 기간이 긴 편이다. 봄을 가장 먼저 알리는 꽃이지만, 복수초와 노루귀의 꽃이 이미 다 시들어 떨어져도 계속 피어 있는 강인한 꽃이다.

작은 꽃이 전하는 봄소식

다시 보아도 설강화는 참 예쁘다. 하얀 꽃잎, 기껏해야 1센티미터 조금 넘

▲ 천리포수목원에서는 2월 중순부터 설강화가 군락을 이루어 꽃잔치를 벌인다.

는 정도로 아주 작은 꽃이다. 그 안에서도 초록의 예쁜 무늬로 알록달록 몸단장을 했다. 저리 작은 몸을 한 설강화, 게다가 고개를 깊이 숙인 채로 어찌 벌과 나비를 불러 모을까? 벌과 나비를 불러 모아 암술머리에 수술의 꽃가루를 묻히는 일, 즉 수분(受粉)이야말로 저들이 저리 예쁜 꽃을 피운 까닭일 텐데 말이다.

고개를 숙이고 꽃을 피우는 식물들에는 나름대로의 특징이 있다. 이런 꽃들은 꽃에 살포시 내려앉는 재주가 능한 벌을 겨냥한다. 다른 곤충을 피하고 오로지 꽃에서 꽃으로 빠르게 이동하는 성질을 가진 꿀벌류의 곤충만을 겨냥하는 것이다. 꿀벌의 방문을 수월하게 하기 위해서 꽃잎의 가장 자리는 살짝 젖혀준다. 그래서 날아온 벌이 발을 걸고 잠시 머무를 수 있게 한다. 게다가 꽃송이가 아래를 향하다 보면 잎에 가려지는 경우가 생길 수 있어서 대개는 약한 빛에서도 눈에 잘 띄는 흰색으로 꽃을 피우는 식물이 많다. 설강화가 그런 경우다. 또 흰색은 자외선을 흡수하기 때문에 한낮에 햇살을 받으면 푸른 풀잎 사이에서도 벌들의 눈에 잘 띄게 된다.

언제나처럼 천리포수목원의 봄은 설강화가 가만가만 불러온다. 그사이에 우리에게도 봄이 성큼성큼 다가온다. 그러고는 다시 아무도 모르는 사이에 봄은 슬그머니 여름에게 숲의 주인공 자리를 내어줄 준비를 서두른다. 봄 가기 전에 설강화의 아름다움에 한껏 빠져볼 일이다.

황금색을 내는 염료로 쓴 오래된 보물

황칠나무

귀하디 귀한 황칠나무

예로부터 우리가 귀하게 여겨온 전통 염색의 재료인 황칠나무*Dendropanax morbiferus* H. Lév.의 잎사귀가 찬란히 빛난다. 무늬원을 바라보고 앉힌 온실 앞 모퉁이에 서 있는 아담한 크기의 황칠나무에서 뻗어 나온 이파리다. 아직 어리고 작은 나무가 단정한 모습으로 서서 지나는 관람객들의 눈길을 끈다.

황칠나무

황칠나무는 쓰임새 때문에 많은 사람들에게 오래도록 잊히지 않는 식물이다. 이름 그대로 황칠나무는 예로부터 황금색의 칠을 하는 데 요긴하게 쓰였다. 황칠나무의 줄기 껍질에 상처를 내서 수액을 받아 정제하면 귀한 염료가 만들어진다. 황칠나무의 수액 염료로 내는 빛깔이 워낙 화려해 고려시대에는 아예 '금칠'이라고 했다. 당시 이 수액은 멀리 몽골에까지 보냈다고 한다. 조선시대에도 황칠의 전통은 이어졌지만, 요즘에는 황칠나무가 희귀해진 까닭에 황칠을 이용하기 어려워진 상황이다. 최근 들어서 전통 황칠에 대한 관심과 연구는 크게 늘어났지만, 그렇다고 해서 황칠나무 자체가 늘어난 것은 아니다.

황칠나무를 이야기할 때에 함께 이야기하게 되는 시(詩)가 다산 정약용의 〈황칠〉이라는 시이다. "아름드리나무에서 겨우 한 잔 넘칠 정도. 상자에 칠을 하면 검붉은색 없어지니 잘 익은 치자 물감 어찌 이와 견주리오"라는 시이다. 옛날에는 민간에서 옻칠이 널리 쓰였지만, 황칠은 그보다 훨씬 고급이었다. '옻칠이 천년이면 황칠은 만년'이라는 말도 그래서 나온 것이다. 그래서 황칠은 대부분 고급 공예품을 칠하는 데 썼다. 칠이 아름다울 뿐 아니라, 내구성도 뛰어나 만년을 간다고 했다. 2007년 경주 계림 북편의 유적지에서 발굴된 토기에서 황칠 유물이 발견되기도 했다. 오래전부터 황칠을 활용했다는 증거가 될 것이다.

자잘하게 피어나는 꽃

여름 깊어지면서부터 피어나는 황칠나무의 꽃은 흥미롭다. 가지 끝에 자잘하게 피어나는 꽃송이가 수십 개 동그랗게 모여 피어나는 모습은 여름 지나 피어나는 팔손이나 음나무의 꽃을 닮았다. 음나무, 팔손이와 마찬가지로 황칠나무도 두릅나무과에 속하는 나무인 까닭이다.

활짝 피어도 꽃봉오리와 큰 차이가 없을 정도로 황칠나무 꽃은 앙증맞다. 특히 꽃잎을 열기 직전에 꼼지락거리는 자디잔 꽃잎은 볼수록 귀엽다. 꽃잎을 열면 5장의 황록색 꽃잎이 5개의 수술과 함께 앙증맞게 벌어진다. 꽃송이 하나가 겨우 5밀리미터 정도밖에 되지 않지만 여러 송이가 함께 모여 피어나기 때문에 화려하게 보인다.

▲ 예로부터 황금색의 염료로 귀하게 여긴 황칠나무.

황칠나무는 꽃봉오리와 어린 열매를 함께 달고 있어 흥미롭다. 끝 부분에 작은 돌기가 나 있고 작은 도토리처럼 생긴 것이 모여 있는 부분이 어린 열매이고, 뒤쪽으로 조금 작고 부드럽게 생긴 것이 꽃봉오리다. 황칠나무는 꽃과 열매도 나쁘지 않지만 싱그러운 잎이 더 좋다. 높이 15미터까지 자라는 황칠나무의 푸른 잎은 상록인데 그리 두껍지 않고 부드럽다. 햇살 좋을 때는 햇살이 비칠 정도로 얄팍하다. 그 상큼한 빛깔의 단정한 잎이 좋다. 비 내려 잎 위에 물방울이라도 맺힐라치면 그 싱그러움은 더 말할 나위 없다.

▲ 황칠나무는 잎이 햇살에 비칠 만큼 매우 얇고, 한 나무에 양성화만 피는 꽃차례와 양성화와 수꽃이 섞여 피는 꽃차례가 있는 웅성양성동주다. 꽃송이가 5밀리미터로 매우 작으며, 열매는 10~11월에 흑색으로 익는다.

우드랜드 구역에서 암석원 쪽으로 내려오는 데크를 따라 걷다보면 걸음을 멈추고 황칠나무를 아주 가까이에서 관찰할 수 있다. 옛사람들이 귀하게 여겼던 나무임을 떠올리며 가만히 바라보면 오래전에 이 나무를 바라보던 옛 목공들과 이야기를 나눌 수 있을지도 모른다.

4월

마음의 보석 상자를 여는 예쁜 열쇠 뭉치, 앵초

앵초

이름만큼이나 예쁜 앵초

비교적 꽃 피어 있는 시기가 긴 앵초*Primula sieboldii* E. Morren가 홍자색의 꽃송이를 함초롬히 피운다. 겨울의 추위를 장하게 버텨낸 생명의 노래다. 노란빛에서부터 흰색과 보라색, 그리고 한 송이의 꽃에 다양한 색을 동시에 머금고 피어나는 종류까지 앵초는 빛깔이 참 여러 가지다. 그 많은 앵초 가운데 언 땅을 뚫고 솟아오른 홍자색 앵초가 가장 싱그럽다. 그가 부르는 봄 노래가 더없이 향긋하다.

앵초

북유럽에서는 앵초 꽃이 피어나면 운명을 지배하는 사랑의 여신 프레이아에게 봉헌했다고 한다. 큰 병을 앓는 어머니를 극진히 모시던 마음씨 착한 소녀가 보석으로 지은 성의 문을 이 꽃으로 열 수 있다는 따뜻한 전설도 간직한 꽃이다.

앵초는 종류가 많아서 제가끔 개화 시기에 약간의 차이가 있을 뿐 아니라, 개화 시기도 길어서 천리포수목원에서는 비교적 오래 볼 수 있는 봄

▲ 노란색 꽃을 피운 앵초. 보라색, 흰색, 노란색 등 색이 다양하며 꽃잎에 무늬가 들어 있는 꽃도 있다.

꽃이다. 앵초 종류의 풀꽃은 잎사귀나 꽃의 생김새에서 종류별로 그다지 큰 차이가 나지 않기 때문에 조금만 유심히 바라보면 구별이 가능하지만 색깔만큼은 매우 다양하다. 우리의 산과 들에서 보는 보랏빛 앵초에서부터 노란색과 흰색이 있고, 또 꽃잎에 무늬가 들어 있는 꽃도 있다.

우리나라의 산과 들에 자생하는 앵초 중에도 둥근 잎사귀를 가진 큰앵초*Primula jesoana*, Miq., 높은 산 바위 곁에서 사는 설앵초*Primula modesta var. hannasanensis* T.Yamaz, 백두산 지역에서 자라는 좀설앵초*Primula sachalinensis* Nakai, 함경도 지역에서 자라는 돌앵초*Primula saxatilis* Kom. 등이 있다.

이들이 속하는 앵초과의 대표 식물인 앵초는 우리나라를 비롯해 일본

▲ 5~20개의 꽃송이가 모여서 피어나는 앵초.

과 중국 등 동아시아 지역에서는 물론이고, 유럽에서도 잘 자라는 풀꽃이다. 봄볕 따스한 4월 즈음에 꽃을 피우는데 다 자라면 15~40센티미터에 이른다. 대개는 15센티미터 높이로 자라고, 무리 지어 피어나기 때문에 땅바닥에 붙어 있는 듯 보인다. 꽃잎이 5장인 것처럼 보이지만 하나로 된 화관(통꽃뿌리)으로 이루어져 끝이 5개로 갈라진 것을 알 수 있다. 그리고 5개로 갈라진 각각의 끝 부분이 다시 또 한 번 예쁘게 갈라져 있다.

꽃은 대략 2센티미터가 채 되지 않을 만큼 작다. 꽤 길게 뻗어 오르는 하나의 꽃자루에 5~20개의 꽃이 한꺼번에 모여 피어나기 때문에 가냘파 보이면서도 풍성한 느낌을 준다. 땅바닥에 붙어서 피어나기 때문에 정원의 화단에 심어 키우면 봄날의 화려한 빛깔을 감상할 수 있는 좋은 꽃이다.

앵초의 꽃은 여러 장의 꽃잎이 다소곳이 모여 있다가 볕이 따스해지면, 화관을 수평이 되게 활짝 펼쳐 보인다. 우리 숲을 산책하다가 봄에 흔하게 만나는 꽃 가운데 하나다. 가녀린 꽃자루 위에 피어난 화려한 보라색 꽃이 봄날 한낮의 햇살처럼 따뜻하다.

앵초에 얽힌 전설

유럽 사람들은 앵초 꽃을 참 좋아했다. 사랑을 이루기 위해 이 꽃을 이용한 풍습도 있다. 앵글로색슨 지역의 여자들에게 전하는 재미있는 이야기가 있다. 사랑에 빠진 여자들은 아침 이슬에 젖은 앵초 꽃을 따서 맑은 빗물에 넣고 햇볕을 쪼이면 그 물이 사랑의 묘약이 된다고 믿었다. 그 물을 사랑하는 이의 베개에 뿌려놓으면 그의 마음이 열린다는 것이다.

또 북유럽에서는 운명을 지배하는 사랑의 여신 프레이야에게 앵초 꽃을 봉헌했다고 한다. 북유럽에 기독교가 전해진 뒤에는 프레이야 여신 대신에 성모마리아에게 이 꽃을 봉헌했기에 '성모마리아의 열쇠'라는 뜻의 '마리엔 슐뤼셀(Marien Schlüssel)'이라고 부르기도 한다. '열쇠'라고 한 것은 하나의 꽃자루에 여러 송이의 꽃이 뭉쳐나는 모양에서 열쇠 꾸러미를 연상해서 붙인 이름이다.

그러고 보니 앵초 꽃차례는 열쇠 꾸러미를 닮아 보인다. 평소에 주머니 안에서 덜그럭거리는 열쇠 꾸러미들은 귀찮은 존재이지만 이렇게 예쁜 열쇠 꾸러미라면 언제라도 들고 다니고 싶을 것이다. 열쇠처럼 생긴 탓에 앵초 꽃에 얽힌 재미있는 전설은 열쇠와 관련한 이야기로 전한다. 독일에서 전하는 전설이다.

옛날 독일의 어느 마을에 병든 홀어머니와 사는 리스베스라는 소녀가 있었다. 어느 해 봄, 어머니는 들판의 꽃을 보고 싶어 했다. 그러자 리스베스는 꽃을 꺾어 어머니께 보여드릴 생각에 들로 달려 나갔다. 한창 예쁘게 피어난 앵초 꽃을 꺾으려다가 문득 생명체인 앵초가 가여워졌다. 리스베스는 꽃을 꺾지 않고 뿌리째 뽑아 화분에 심어서 오랫동안 기르겠다고 생각했다. 정성 들여 앵초 한 뿌리를 파낸 순간 어디선가 요정이 날아왔다. 요정은 "너는 세상에서 가장 운이 좋은 아이로구나. 네가 지금 찾은 것은 보물성으로 들어가는 열쇠란다"라고 말하고는 소녀를 이끌었다. 요정을 따라 깊은 숲 속으로 들어가자 눈부실 만큼 아름다운 성이 나타났다. 요정은 소녀에게 "성안에는 보물이 가득한데, 성문을 여는 열쇠가 바로 네가 골라낸 앵초란다"라고 했다.

요정의 안내로 리스베스가 앵초 꽃을 성문에 갖다 대자 성문이 스르르 열렸다. 요정은 소녀에게 성안에 수북이 쌓인 보석을 마음대로 가지라고 했다. 소녀는 요정이 시키는대로 몇 개의 아름다운 보석을 주머니에 넣었다. 그러고는 곧바로 성 밖으로 나오자 요정도 보물성도 순식간에 사라졌다. 뜻밖에 보석을 얻은 소녀는 병든 어머니가 걱정돼 한달음에 집으로 돌아와 어머니에게 앵초 꽃을 보여드렸다. 어머니는 소원대로 봄을 상징하는 아름다운 꽃 앵초를 보고 병이 나았고, 소녀가 가지고 온 보석을 팔아 오래오래 행복하게 살았다는 이야기다.

▲ 앵초과 식물 중 천리포수목원에서 가장 먼저 꽃을 피우는 시브스로피불가리스앵초. 보랏빛 화관 안쪽에 곤충을 불러들이는 노란 무늬가 돋보인다.

천리포수목원의 여러 앵초

시브스로피 불가리스앵초

콜럼나이황산앵초

천리포수목원의 앵초과 풀 가운데에서 가장 먼저 꽃을 피우는 건 시브스로피불가리스앵초*Primula vulgaris* ssp. sibthorpii다. 예쁜 꽃을 감상하기 위해 키우는 앵초과의 원예종 식물이다. 가을부터 겨울까지 꽃을 피우는 가을벚나무

▲ 꽃송이가 작아 앙증맞아 보이는 콜럼나이황산앵초와 유난히 꽃자루가 길게 솟아오른 알바데나쿨라타앵초.

옆 길모퉁이에서 해마다 3월 중순께면 어김없이 꽃잎을 열고 봄노래를 부르는 꽃이다. 시브스로피불가리스앵초에 이어 꽃송이를 여는 건 콜럼나이황산앵초*Primula veris* ssp. columnae로, 키는 시브스로피불가리아앵초보다 크지만 꽃송이는 그보다 조금 작아 앙증맞아 보인다. 크기만 작다 뿐이지, 화관의 생김새는 똑같은데 색깔이 노란색이다.

알바데나쿨라타앵초

3월 말부터 시작해 5월 들어서도 계속 꽃을 피우는 알바데나쿨라타앵초*Primula denalculata* 'Alba'는 꽃을 오래 볼 수 있어 더 좋다. 잎사귀는 뿌리에 모여 났고, 그 한가운데에서 꽃자루가 불쑥 솟아올라 여러 송이의 꽃을 피운다. 이 꽃은 앞의 꽃들과 달리 하얀색을 띠며 유난히 꽃자루가 길게 솟아

올라온다.

천리포수목원에는 90여 가지의 앵초 종류가 있다. 꽃송이가 저마다 다른 경우도 있고, 꽃잎 안쪽에 무늬가 있는 경우도 있으며, 꽃잎 가장자리를 다른 빛깔로 치장한 독특한 앵초도 있다. 또 알바데나쿨라타앵초처럼 개화 시기가 조금 다른 품종도 있다. 모두가 봄의 상큼함을 오래 느끼게 하는 인상적인 풀꽃이다.

낮은 곳에서부터 울려오는 향긋한 '새봄' 전주곡

수선화

부화관, 수선화의 특징

봄이면 어김없이 천리포수목원의 수선화*Narcissus tazetta* var. *chinensis* Roem.는 노란 꽃으로 봄노래를 부른다. 알뿌리 상태로 움츠리고 땅 밑에서 추운 겨울을 보낸 수선화다. 수선화는 무르익은 봄볕을 확인시켜주는 천리포수목원의 대표적인 봄꽃이다. 천리포수목원에는 50여 종의 수선화가 있다. 노란빛의 수선화가 수줍은 듯 고개를 살짝 수그린 채 꽃을 피워내면 차츰 수목원 안의 다양한 수선화 꽃이 잇달아 피어난다.

수선화

수선화의 가장 큰 특징은 활짝 펼쳐진 바깥쪽 6장의 꽃잎을 배경으로 가운데에 '부화관(副花冠)'이라고 부르는 나팔 모양의 독특한 부분이다. 여느 꽃에서는 보기 힘든 수선화 꽃만의 특징이다. 이 부화관은 수선화의 다양한 종류들을 서로 구별하는 중요한 기준이기도 하다. 어떤 수선화 꽃은 바깥쪽의 꽃잎이 눈에 뜨이지 않을 정도로 작은데, 안쪽의 부화관이 크게 발달하고 또 꽃잎과 다른 색깔로 안쪽이 무늬처럼 도드라지기도 한다.

▲ 나팔 모양의 부화관이 특징인 수선화. 부화관은 수선화 종류를 구별하는 중요한 기준이기도 하다.

부화관의 안쪽에는 암술과 수술이 모여 있다. 대개의 경우 암술은 부화관의 길이와 비슷하게 나오고, 꽃잎의 수와 같은 6개의 수술은 그 주변에 둘러서 난다. 수선화의 암술은 다른 꽃들의 암술과 형태가 같지만 열매를 맺지 않는다. 수선화는 인경(鱗莖), 즉 비늘줄기(bulb)에 의해 번식하는 식물이기 때문이다. 비늘줄기는 줄기 둘레에 양분을 많이 저장한 두툼해진 땅속줄기 부분으로 마치 물고기의 피부 겉에 난 비늘을 닮았다 하여 비늘줄기라 한다. 수선화처럼 비늘줄기로 번식하는 식물로는 '파' '백합' '튤립' 등이 있다. 모두 암술과 수술을 제대로 갖추고 있지만, 파를 제외하고는 대개 번식을 위한 것이 아니다. 그래서인지 수분 생물인 벌과 나비를 불러들이는 데도 그리 적극적이지 않다.

수선화와 천리포수목원의 봄

수선화의 중국식 이름은 수선(水仙)이다. '물의 선녀'라는 뜻이다. 하늘에 사는 선녀를 '천선(天仙)'이라 하고, 땅의 선녀를 지선(地仙)이라 하는 것과 같은 방식으로 부르는 이름이다. 수목원 연못가에서 피어난 수선화가 유난히 돋보이는 것도 그런 까닭인지 모르겠다. 삽상한 연못가의 바람에 어우러져 피어난 수선화는 그야말로 봄을 봄답게 만들어주는 대표 식물 가운데 하나다.

테이트어테이트 수선화

천리포수목원의 다양한 수선화 종류 가운데 가장 먼저 피어나는 수선화는 테이트어테이트수선화*Narcissus* 'Tete-A-Tete'다. 개체 수로 헤아려도 천리포수목원의 수선화 중 가장 많은 종류라 할 수 있다. 큰연못 주변은 물론이고, 설강화가 무리 지어 피어나는 소사나무집 앞 너른 화단에도 온통 노란 수선화 천지다. 생명력이 강한 설강화가 여전히 하얀 꽃을 간당거리고 있는 그 자리에 샛노란 수선화 꽃이 올라온다.

테이트어테이트수선화를 시작으로 4월 내내 천리포수목원은 수선화 천국이다. '마주 보다' 혹은 '대화' 등을 뜻하는 프랑스어 'tête à tête'를 품종 이름으로 가진 테이트어테이트수선화는 그 이름처럼 꽃송이 안쪽의 부화관이 마치 입술을 쫑긋 내밀고 마주한 다른 꽃들과 이야기를 나누는 듯한 이미지를 가진 앙증맞은 수선화다. 천리포수목원의 수선화는 색깔이나 생김새가 한없이 다양할 뿐 아니라, 개화 기간이 길어 봄이 오는 길목에서

▲ '마주 보다' '대화' 등을 뜻하는 프랑스어 '테이트어테이트'를 품종명으로 가진 테이트어테이트수선화. 이름처럼 마주한 꽃들과 이야기를 나누는 듯하다.

부터 이마에 땀이 몽글몽글 맺히는 초여름까지 내내 숲 곳곳에서 반짝이며 피어난다.

수목원이라 하면 초본식물보다는 목본식물이 더 많은 곳으로 생각하기 십상이지만 꼭 그런 건 아니다. 건강한 숲은 목본과 초본 등 식물 종의 다양성을 확보한 상태에서 자연스러운 어울림을 확보한 숲이다. 천리포수목원이 지향하는 숲의 모습이 그렇다. 하늘 향해 쭉쭉 뻗어 오르는 나무들 곁의 낮은 곳에서는 노랗고 붉은 초본식물의 꽃이 화려한 꽃잔치를 벌이는 게 바로 천리포수목원의 봄 숲 풍경이다.

지중해 연안이 고향인 수선화는 유럽에서부터 동아시아에 이르기까지 전 세계에 고루 분포되어 있다. 약 30종이 있지만 재배 품종을 포함하면 그 종류는 훨씬 더 늘어난다. 대개는 부화관의 생김새와 색깔에 따라 종을 구분하는데, 전문가가 아니라 해도 수선화를 관찰할 때 이 부화관의 차이를 짚어보면 매우 흥미롭다. 어떤 수선화는 길쭉한 종 모양이고, 어떤 것은 납작한 술잔 모양이기도 하다. 또 어떤 경우는 아예 여러 장의 꽃잎으로 뭉쳐 나기도 한다. 또 부화관 가장자리에 독특하게 짙은 색깔로 테두리를 두른 것도 있다. 또 지나치게 크게 발달하여 6장의 꽃잎보다 큰 경우도 있고, 거꾸로 확인하기 어려울 정도로 작은 경우도 있다.

키클라미네우스수선화

부화관이 꽃잎보다 큰 종류로는 키클라미네우스수선화*Narcissus cyclamineus* DC.를 들 수 있다. 수선화임이 분명한데, 수선화에 대한 고정관념을 깨뜨릴 정도로 독특한 생김새를 가졌다. 기껏해야 10센티미터 미만으로 자라는 작은 식물이며 꽃도 아주 작다. 마음먹고 찾지 않으면 찾아보기 어려울 정도다. 그 작은 꽃에서 가장 도드라지는 부분이 바로 부화관이다. 6장의 앙증맞은 꽃잎은 꽃잎이라 하기에도 겸연쩍을 정도로 작다.

나팔수선

비슷하게 부화관이 발달하고 꽃잎이 지나치게 작은 꽃으로 나팔수선 *Narcissus bulbocodium* L.이 있다. 키클라미네우스수선화와 마찬가지로 앙증맞은 분위기를 가진 수선화다. 6장의 꽃잎보다 나팔이나 고깔처럼 나온 부화관이 더 예쁘다. 대개는 무리 지어 피어나기 때문에 마치 예쁜 나비넥타이를 매고 모여서 노래하는 어린이 합창단을 보는 듯하다.

나팔수선은 겨우 15센티미터 정도 크기로 자라는 앙증맞은 수선화다. 아주 작은 꽃이지만, 천리포수목원 곳곳에서 나팔수선이 무리 지어 피어나기 때문에 봄에는 언제든지 이 꽃을 관찰할 수 있다. 비교적 이른 시기에

▲ 부화관이 꽃잎보다 크게 피어나는 키클라미네우스수선화.

▲ 부화관이 나팔이나 고깔처럼 발달한 나팔수선.

피어나기 때문에 이 앙증맞은 수선화가 불러 젖히는 싱그러운 봄노래를 제대로 감상하려면 서두르는 게 좋다.

부화관이 변형된 수선화

몇몇 종류를 빼고 대부분의 수선화는 6장의 꽃잎이 탐스럽게 발달하고, 그 안쪽에 부화관이 도드라진다. 그러나 특별하게 부화관이 변형된 모습으로 피어나는 수선화도 있다. 수선화라 하기에 사뭇 망설여질 만큼 독특하게 생긴 꽃이다. 민간에서는 흔히 겹수선화라고 부르는 종류의 하나다.

겹수선화는 꽃에 아예 부화관이 없다. 부화관 대신에 부화관이 변형한 여러 장의 꽃잎이 뭉쳐나 있다. 그래서 분위기가 전혀 다르다. 잎사귀에서부터 꽃잎까지 전체적인 분위기는 분명히 수선화이건만, 그렇다고 그냥 수선화라고 이야기하기가 참 어렵다. 이처럼 변형된 부화관을 가진 수선화도 여럿 있다.

이레네코플랜드 수선화

천리포수목원의 수선화 가운데 가장 특이한 모습으로 피어나는 종류가 바로 겹꽃을 피우는 이레네코플랜드수선화*Narcissus* 'Irene Coprland'다. 수선화라 생각하기 어려울 만큼 독특한 모양과 색깔을 가졌다. 이레네코플랜드수선화는 하얀색과 노란색이 한 꺼풀씩 반복되면서 돋아나서 강렬하다기보다 싱그러운 느낌을 전해준다. 천리포수목원에서 해안전망대 앞 길을 가다가 겹벚꽃이 예쁘게 피는 길가 오른쪽에 좁다랗게 낸 사잇길을 따라 안으로 들어서면 볼 수 있다. 가느다란 오솔길이 둘로 나눠지는 갈림길에 서 있는 꽃산딸나무 아래다.

브라이덜크라운수선화*Narcissus* 'Bridal Crown'와 더블윈터컵수선화*Narcissus* 'Double Wintercup'도 겹꽃을 피우는 종류의 수선화다. 이 밖에 천리포수목원에서 볼 수 있는 종류는 아니지만 겹꽃에 속하는 수선화로 골든더캇수선화*Narcissus* 'Golden Ducat', 펜크리바수선화*Narcissus* 'Pencrebar', 타히티수선화*Narcissus* 'Tahiti' 등이 있다.

모두가 예쁘기도 하지만 독특한 생김새를 가진 꽃들이다. 크기도 다양하다. 6장의 꽃잎을 포함해서 종 모양의 부화관까지 합해도 고작 1.5센티미터밖에 되지 않는 게 있는가 하면, 7~8센티미터에 이르는 크기의 탐스러운 꽃도 있다. 또 부화관 바깥의 꽃잎도 어떤 것은 심하게 뒤로 젖혀진 꽃이 있는가 하면, 나팔 모양으로 활짝 벌어진 부화관 아래쪽에 6장의 꽃

▲ 하얀색 꽃잎과 노란색 꽃잎이 한 꺼풀씩 반복되어 돋아나는 이레네코플랜드수선화.

잎이 보일락 말락 할 정도로 조그마하게 달린 꽃도 있다.

월콤아이수선화

수선화 가운데에도 애처로울 만큼 작지만 분위기만큼은 얄미울 정도로 예쁜 수선화 꽃도 있다. 꽃잎이 가늘고 기다랗게 났다는 점이 그렇다. 윌콤아이수선화*Narcissus willkommii* (Samp.) A. Fern.이다. 6장의 가늘고 길쭉한 꽃잎을 활짝 펼치고 가운데에는 여느 수선화와 마찬가지로 부화관을 돋웠지만 부화관 역시 작다.

수선화의 다양한 빛깔

다양한 수선화 종류를 색깔로 구별해볼 수도 있다. 수선화 꽃 가운데에는 노란색 꽃을 피우는 종류가 가장 많다. 천리포수목원뿐 아니라 식물도감을 살펴봐도 그렇다. 노란 꽃 다음으로 많은 건 하얀 꽃이다. 우선 나팔처럼 불쑥 튀어나온 부화관이 노란색이거나 주홍색이고, 꽃잎이 하얀색인 꽃이 여러 가지 있다. 이런 꽃의 경우 대개는 부화관이 꽃잎보다 조금 짙은 색깔을 띤다.

두비우스수선화

두비우스수선화*Narcissus dubius* Gouan는 부화관까지 모두 하얗게 피어난다. 조금 더 다른 점은 부화관 바깥쪽에 피어난 여섯 장의 꽃잎이다. 작은 꽃잎이 마치 통통하게 살이 오른 듯 토실토실하다. 활짝 벌어진 꽃송이의 지름은 1센티미터 남짓이다. 꽃잎 안쪽의 부화관이나 그 속의 암술과 수술은 다른 수선화와 똑같다. 두비우스수선화는 주로 바위 지대에서 잘 자란다. 부화관 안쪽으로 노랗게 돋아난 꽃술이 선명하다. 워낙 작은 꽃이어서 부화관 안쪽의 꽃술은 얼핏 보면 그냥 노란 점으로 보인다. 이 작은 꽃이 들려주는 봄 이야기에 귀를 기울이려면 가만히 몸을 낮추어야 한다.

마운트후드수선화

마운트후드수선화*Narcissus* 'Mount Hood'도 꽃잎과 부화관이 모두 하얀색으로 이뤄졌다. 꽃술의 노란색 때문에 부화관 부분에 노란빛이 돌긴 하지만 그냥 하얀 수선화라고 불러도 될 만한 꽃이다. 워낙 화려한 색깔의 꽃들이 많은 계절이어서 하얀 꽃이 가지는 아름다움은 남다르게 다가온다. 청초하다는 표현이 가장 어울리는 표현이지 싶다.

▲ 꽃잎과 부화관이 모두 하얀 두비우스수선화와 마운트후드수선화.

스탠다드밸른스카벨루스수선화

스탠다드밸른스카벨루스수선화*Narcissus scaberulus* 'Standard Valne'처럼 흰색과 노란색이 어울려 피어나는 꽃도 있다. 테이트어테이트수선화보다 조금 덩치가 큰 수선화이지만 꽃의 생김새는 똑같다.

탐스럽게 무리 지어 피어나는 수선화 군락에는 분명히 그 나름의 풍성한 멋이 있어 좋다. 이처럼 작은 크기로 피어나는 앙증맞은 꽃들이 펼치는 재잘거림에 귀를 기울인다면 온몸으로 무르익어가는 봄의 소리를 깊이 느낄 수 있다.

수선화에 얽힌 신화

수선화 이야기를 하면서 수선화에 얽힌 신화를 이야기하지 않을 수 없다. 수선화의 학명인 나르시서스*Narcissus*에 얽힌 이야기다. 잘생긴 목동인 나르키소스는 자신을 사랑하다가 연못에 빠져 죽는 비운의 청년이다. 자기도취 혹은 병적인 자기 사랑을 나르시시즘이라고 부르는 것도 바로 신화 속의 나르키소스에서 나온 이야기다.

신화 속의 나르키소스가 죽음에 이를 정도로 깊은 자기 사랑에 빠지게 된 사건의 시작은 숲 속의 님프인 에코로부터였다. 에코는 스스로 말을 할 수 없고, 남의 말을 되풀이할 수밖에 없다. 원래 에코는 지나친 수다쟁이였으나, 그 수다로 헤라 여신의 노여움을 사는 바람에 말을 못하게 됐다. 남의 말만 따라해야 하는 에코가 어느 날 사냥하러 나온 나르키소스를 보고 단박에 사랑에 빠졌다. 그러나 에코는 나르키소스에게 자신의 사랑을 고백할 수 없었다. 말을 할 수 없는 운명이었기 때문이다. 에코는 나르키소스의 뒤를 쫓아다니다가 겨우 나르키소스가 하는 말의 뒤꼬리를 한두 마디 따라 하는 게 전부였다.

그러자 나르키소스는 말도 못하는 에코를 무시했다. 에코의 사랑을 받아들이지 않았다. 에코는 자신의 사랑이 무시당하자, 수치심으로 괴로워하며 깊은 병에 빠졌다. 에코는 온몸이 바짝 마르고 뼈만 남았다가 마침내는 숲 속의 바위로 변하고, 겨우 목소리만 남아서 숲을 지나는 사람들이 하는 말만 따라하게 됐다. 메아리가 된 것이다.

스스로 자신의 미모에 교만했던 나르키소스는 에코의 죽음에도 아랑곳하지 않았다. 그뿐 아니라 그에게 사랑의 마음을 가진 어떤 님프의 구애

▲ 봄이면 어김없이 천리포수목원의 숲을 천상의 화원으로 수놓는 온갖가지 수선화 군락.

도 받아들이지 않았다. 그러자 숲 속의 님프들은 복수의 여신 네메시스에게 나르키소스도 응답 없는 사랑의 상처가 얼마나 괴로운지 알게 해달라고 청하였다. 네메시스 여신은 님프의 소원을 받아들여 나르키소스에게 이루어질 수 없는 사랑을 하게 했다. 나르키소스가 사랑하게 된 것은 다름 아닌

자기 자신이었다. 그는 마침내 연못에 비친 자신의 모습을 보고 사랑에 빠졌다. 그러고는 연못 속의 자신에게 사랑을 고백하지만 어떤 대답도 듣지 못한다. 에코가 나르키소스에게 받았던 슬픈 운명을 겪게 된 것이다. 나르키소스는 그때부터 연못 주위를 떠나지 않고 애만 태우다 목숨을 잃었다. 그가 죽은 자리에 시체는 없고 한 송이 멋진 꽃이 피어났는데, 그게 바로 수선화였다.

봄에 천리포수목원에서 가장 눈에 띄는 식물이 수선화다. 특히 가운데 볼록 튀어나온 부화관이 마치 입을 맞추어 한목소리로 봄노래를 부르는 듯해서 더 그렇다. 나팔 모양으로 꽃송이를 부풀린 수선화 꽃송이가 무리 지어 솟아올라 일제히 한 방향으로 몸을 틀고 노래하는 모습은 봄을 오래오래 기억하게 하는 아름다운 풍경임에 틀림없다.

가만히 봄꽃 바라볼 수 있는 평화가 고맙습니다

영춘화 | 개나리 | 미선나무

봄맞이 꽃 영춘화와 개나리

영춘화

봄 햇살 또렷해지면 천리포수목원 언덕 위 돌담에 자리 잡은 영춘화(迎春花)*Jasminum nudiflorum* Lindl.가 점점이 노랗게 피어난다. 영춘화는 개나리처럼 한꺼번에 화들짝 피어나지 않고 천천히 오래 피어난다.

영춘화는 이름 그대로 '봄마중 꽃'이다. 대개는 매화가 피어날 즈음에 함께 꽃을 피우는데, 천리포수목원에서는 매화보다 좀 늦게 피어난다. 천리포수목원의 영춘화는 수목원 앞으로 난 길가 언덕 위 담장에 붙어서 자라는데, 개체 수가 그리 많지 않아서 돌담 전체를 뒤덮는 정도는 아니다.

영춘화는 중국에서 들어온 나무다. 우리나라에서는 비교적 따뜻한 남쪽 마을에서 정원의 둘레에 관상용으로 많이 심어 가꾼다. 꽃잎의 노란색이 선명하여 개체 수가 그리 많지 않아도 눈에 확 들어온다. 개나리처럼 번식력이 강해 가지가 많이 갈라져 넓게 퍼지는데, 그러다가 가지가 땅에 닿으면 그곳에서 다시 뿌리를 내리며 하나의 개체를 이룬다.

▲ 봄을 맞이하는 꽃, 영춘화. 개나리와 비슷하지만 꽃잎이 6장이고, 수술이 2개다.

꽃이 개나리와 비슷해 일쑤 개나리와 혼동하기도 하지만 가만히 바라보면 분명 다르다. 이른 봄 잎 나기 전에 먼저 꽃이 피어나는 것은 개나리와 같지만, 개나리의 꽃잎이 넷으로 갈라지는 것과 달리 영춘화의 꽃잎은 6개다. 꽃에 별다른 향기가 없으며, 수술은 2개로 난다.

개나리

영춘화에 이어 피어나는 개나리*Forsythia koreana* (Rehder) Nakai는 우리의 봄을 알리는 대표적인 나무다. 제아무리 폭설과 영하의 날씨가 이어져도 개나리는 어김없이 꽃을 피워 봄을 알린다. 기상청은 해마다 각각의 표준 지역에서 자라는 개나리 한 그루에서 세 송이가 활짝 피어날 때를 개화 시기

▲ 주변에서 보는 개나리꽃은 대부분 수꽃으로, 수술보다 암술대가 솟아오른 암꽃은 보기 힘들다. 그런 이유로 개나리 열매를 보기도 참 어렵다.

로 예상하여 발표한다. 그때부터 일주일에서 열흘 정도 지나면 온 가지에 노란 개나리 꽃이 만개한다. 그쯤 되면 이제 병아리 솜털처럼 보송보송한 봄기운이 짙어진다. 개나리는 우리나라가 고향인 토종식물이다. 일본식 이름으로 불리는 우리 토종식물이 적지 않지만, 개나리는 엄연히 세계 학계에 '*koreana*'라는 이름으로 등록된 몇 되지 않는 식물이다.

일본인 분류학자 나카이 다케노신(1882~1952)은 한반도 식물 4000여 종류를 체계적으로 분류하면서 우리 식물 대부분에 일본식 이름을 붙였다. '*japonica*'라는 학명으로 일본산 식물인 것처럼 등록한 것은 물론이고, 일본

정치인의 이름을 붙이기도 했다. 하지만 개나리만큼은 한국 토종식물임을 인정할 수밖에 없었다. 그만큼 개나리는 오랫동안 우리 곁에서 자라온 우리 민족의 상징이라 할 만하다.

물푸레나무과Oleaceae에 속하는 개나리에는 일본과 중국에서 자라는 종류를 포함해 모두 여덟 가지가 있다. 그 가운데 우리나라에서는 개나리 외에 산개나리*Forsythia saxatilis* (Nakai) Nakai, 만리화*Forsythia ovata* Nakai, 장수만리화*Forsythia velutina* Nakai 등 네 가지가 자라는데 개나리 꽃의 노란색이 가장 선명하고 화려하다.

물푸레나무과의 나무들이 죄다 그런 것은 아니지만, 대부분의 물푸레나무과 나무들과 같이 개나리의 꽃은 끝이 넷으로 갈라지며 피어난다. 얼핏 보기에는 똑같아 보이지만, 개나리의 꽃은 암꽃과 수꽃이 따로 있다. 개나리 꽃에는 1개의 암술과 2개의 수술이 있는데, 그 가운데 암술이 퇴화하여 수술보다 작게 자라나는 꽃이 수꽃이고, 그 반대로 수술보다 크게 암술대가 솟아오른 것이 암꽃이다. 그런데 특이한 것은 우리 주변에서 찾아보게 되는 대부분의 개나리 꽃은 수꽃이라는 사실이다.

암꽃과 수꽃이 따로 있다는 것은 수꽃의 꽃가루가 암꽃의 암술에 수정이 돼야 비로소 열매를 맺고 열매를 맺어야 자손을 번식할 수 있다는 이야기인데, 수꽃만 있고 암꽃을 찾아보기 힘들다면 개나리는 어떻게 종족을 늘려갈까?

개나리는 가지 하나만 꺾어서 양지바른 땅에 꽂아주어도 그리 어렵지 않게 잘 자란다. 어떻게 보면 자손을 늘려가는 방식이 아니라, 자신과 꼭 닮은 복제 생명체를 늘려가는 방식인 셈이다. 이같은 꺾꽂이 형식의 번식이 워낙 쉽게 이루어지다 보니 개나리는 스스로 수정을 해서 자손을 번식시킬 필요를 가지지 못하고, 계속 자기 복제품을 만드는 데 익숙해진 것이다. 암꽃을 찾아보기 힘들고, 또 암꽃의 최대 생명 활동인 열매 맺는 일을 하지 못하는 이유다.

개나리 꽃을 가까이 관찰하다 보면 의아한 사실을 찾을 수 있다. 한겨울에도 날씨가 조금만 따뜻해지면 노란 꽃이 피어나는 것을 볼 수 있다는 것이다. 제철을 모르고 피어나는 개나리는 이른 봄에 화창하게 피어나는 개나리 꽃과 달리 을씨년스러운 느낌을 주기도 한다.

대부분의 식물들은 겨울에 성장을 멈춘다. 마치 동물이 겨울잠을 자듯, 식물도 영양분을 충분히 공급하기 어려운 겨울에는 생명 유지에 필요한 최소한의 활동만 할 뿐 겨울잠을 잔다고 해도 틀리지 않는다. 광합성을 하는 잎도 다 내려놓은 상태에서 식물이 가장 많은 에너지를 필요로 하는 꽃을 피우고 열매를 맺기에는 무척 버거운 때가 겨울이다. 그래서 식물은 겨울을 나기 위해 낙엽산이라는 독특한 호르몬을 내뿜는다. 성장 억제제와 같은 호르몬이다. 영양이 부족한 겨울철에 꽃이 피어나지 못하도록 식물의 성장을 억제하는 것이다. 낙엽산은 추운 날씨에 어린 꽃눈이 얼어 죽지 않도록 비늘잎을 만들어주는 작용도 한다. 식물의 낙엽산은 그래서 겨우내 조금씩 분해되면서 스스로의 생명 활동을 유지하다가 겨울을 다 보낼 때쯤이면 모두 소진하고 꽃 피울 준비를 한다. 성장을 억제하는 낙엽산이 모두 분해되어야 꽃을 피울 수 있기에 봄마중 채비에 꼭 필요한 게 낙엽산의 소진이라 이야기할 수 있다.

그런데 개나리는 낙엽산이 무척 부족한 나무다. 겨울이 다 가기 전에 낙엽산이 남김없이 분해되는 경우가 적지 않다. 다른 나무들은 이상기후 현상으로 따뜻한 날씨를 보여도 꽃을 피우지 않지만, 개나리는 유독 한겨

▲ 나무는 겨울나기를 위해 생장억제 작용을 하는 낙엽산이라는 호르몬을 뿜어 잎을 떨어뜨리는데, 개나리는 낙엽산이 부족하여 이따금 한겨울에도 꽃봉오리를 내민다.

울 따뜻한 한낮에 꽃을 피운다. 워낙 모자랐던 낙엽산이 이미 다 분해됐기 때문이다. 이처럼 한겨울에 피어난 개나리 꽃을 민간에서는 아예 '미친 개나리'라고 이야기하기도 한다.

황금빛을 닮았다 해도 될 만한 노란색의 개나리 꽃은 예부터 생울타리로 많이 심어 키웠다. 생명력이 강해서 특별히 돌보지 않아도 잘 자라는 나무이기도 하지만 희망의 황금빛 봄을 조금이라도 가까이에서 느끼려는 옛 사람들의 정취가 묻어 있는 까닭이다.

서양개나리

천리포수목원에도 개나리가 있다. 그러나 이 개나리는 우리 토종 개나

▲ 토종의 개나리를 원종으로 선발한 서양개나리. 개나리보다 풍성하게 꽃을 피우고 꽃송이도 큰 편이다.

리를 원종으로 하여 선발한 서양개나리*Forsythia* x *intermedia*다. 얼핏 보아서는 개나리 원종과 별다른 차이를 발견하기 어렵다. 전문가들도 구별하기 어려울 정도다. 서양개나리 옆을 지나가는 관람객들은 누구라도 개나리 꽃이 정말 풍성하게 잘 피었다고 이야기하는 걸 들을 수 있다. 바로 그 이야기에 품종에서 오는 작은 차이가 담겨 있다. 서양개나리는 원종 개나리보다 훨씬 풍성하게 꽃을 피울 뿐 아니라 꽃송이도 비교적 큰 편이다. 그래서 여느 개나리보다 풍성하게 보인다.

개나리를 이야기할 때 꼭 덧붙이고 싶은 이야기가 있다. 대부분은 노란 꽃에만 관심을 갖지만, 실은 꽃을 떨어뜨리고 난 뒤 축축 늘어진 가지 위에서 싱그럽게 피어나는 초록의 잎도 꽃 못지않게 아름답다는 사실이다. 무성한 초록 잎의 개나리는 그래서 봄부터 시작해 겨울 올 때까지 우리 주변에 아름다운 나무로 남아 있는 것이다.

한국의 토종식물 미선나무

미선나무

개나리와 같이 물푸레나무과에 속하는 나무이며 꽃 모양도 똑같은 나무 가운데에 '하얀 개나리'라고도 부르는 미선나무*Abeliophyllum distichum* Nakai가 있다. 전 세계에서 우리나라에서만 자라는 특산식물이다. 미선나무는 천리포수목원의 겨울정원 한 모퉁이에서 봄을 맞이해 새잎을 돋아내지만, 잎만으로는 구별이 쉽지 않다. 미선나무를 정확히 알아보려면 꽃을 보아야 한다. 개나리의 꽃처럼 꽃잎이 네 개로 갈라져 피어나고, 꽃의 크기도 비슷해 왜 미선나무를 '하얀 개나리'라고 부르는지 금세 이해할 수 있다. 높은 키로 자라지 않고 잘 자라봐야 1미터 남짓 자라는 데 그치니 그 역시 개나리를 닮았다.

흰색의 꽃을 피우는 게 미선나무의 기본종인데, 흔치 않게 분홍색이나 상아색의 꽃을 피우는 미선나무도 있어서 분홍미선나무*Abeliophyllum distichum* f. *lilacinum* Nakai, 상아미선나무*Abeliophyllum distichum* f. *eburneum* T. B. Lee라고 따로 부른다. 또 꽃받침이 연한 녹색을 띠는 미선나무는 푸른미선나무*Abeliophyllum distichum* f. *viridicalycinum* T. B. Lee, 열매의 끝이 둥글게 맺히는 것을 둥근미선나무*Abeliophyllum distichum* var. *rotundicarpum* T. B. Lee라고 부른다.

미선(美扇)이라는 이름의 '선(扇)'은 부채를 가리키는 한자어다. 열매

▲ 미선나무는 우리나라에서만 자라는 토종식물로, 환경부 지정 멸종위기 식물 2급으로 지정되어 있다. 꽃 모양이 개나리와 똑같아 '하얀 개나리'라고도 부른다.

가 예쁜 부채를 닮은 모습으로 맺힌다는 데 착안해 붙인 이름이다. 옛날 우리의 전통 부채 모습을 닮았다고 본 것이다. 가로세로가 제가끔 2.5센티미터쯤 되는 미선나무의 열매는 꽃보다 훨씬 크게 달린다. 봄에 꽃이 필 때까지 열매가 매달려 있어서 봄이면 한 번에 꽃과 열매를 볼 수 있다. 미선나무의 꽃은 부지런해야 볼 수 있다. 개화 기간이 짧은 탓이다.

천리포수목원에서도 멸종위기 식물인 미선나무를 잘 보전하고 있지만, 미선나무를 이야기할 때마다 눈에 선한 것은 충청북도 괴산군의 미선나무 군락지다. 노거수가 많기로 유명한 괴산에는 천연기념물로 지정된 미

▲ 부채를 닮은 미선나무 열매.

선나무 자생지가 세 곳이나 있다. 장현면 송덕리와 추점리, 칠성면 율지리가 그곳이다. 괴산 외에도 전라북도 부안과 충청북도 영동에 천연기념물로 지정된 군락지가 있다. 또 지금은 천연기념물에서 해제됐지만, 충청북도 진천에도 미선나무 자생지가 있었다. 미선나무를 처음 발견해 학계에 보고한 곳도 진천의 초평면 용정리였다.

세계적으로 우리나라의 일부 지역에서만 자라는 특산식물이자 희귀식물인 미선나무는 오래도록 보존해야 할 귀중한 식물인데, 안타깝게도 갈수록 개체 수가 줄어들고 있다. 환경부에서 멸종위기 식물 2급으로 지정해 특별히 보호하고 있지만 자생지는 차츰 줄어드는 추세여서 안타까움도 갈수록 늘어난다. 새로운 자생지가 나타나기를 기대하기는 어렵지만, 그나마 몇몇 연구자들의 인공 증식 노력이 성공하는 등의 성과가 있어 그나마 다행으로 여길 뿐이다.

미선나무는 웬만한 꽃샘추위쯤은 너끈히 이겨낼 만큼 생명력이 강하지만 깊은 숲에서 다른 나무들과 어울려서는 자라지 못한다. 그런 탓에 다른 나무들이 자라기 어려운 자갈밭이나 바위가 많은 곳에 무리를 이뤄 자라는 게 대부분이다. 미선나무는 꽃잎이 넷으로 갈라져 피어나는 꽃은 물론이고 자라나는 과정 등 대개의 생태적 특징이 개나리와 같고, 꽃 색깔이 하얗다는 점만 다르다. 미선나무의 하얀 꽃은 개나리 꽃과 마찬가지로 4월 초쯤 초록 잎이 돋기 전에 피어난다. 군락을 이뤄 자라는 미선나무가 가지 전체에 순결의 빛깔로 하얀 꽃을 줄줄이 피웠을 때의 광경은 쉬이 잊히지 않는 장관이라 할 만하다.

제가끔 알맞춤하게 어우러진 조화의 아름다움

산수유 | 생강나무 | 풍년화 | 너도바람꽃

헷갈리기 쉬운 산수유와 생강나무

산수유

괴테는 봄을 알리는 첫 색깔이 흰빛과 노란빛이라 했다. 괴테의 이야기처럼 천리포수목원에서는 흰빛의 설강화가 가장 먼저 봄소식을 전해온다. 이어서 노란빛의 우리 꽃으로는 복수초를 비롯해 영춘화와 개나리가 있다. 그보다 조금 앞서서 역시 노란 꽃을 피우는 나무가 산수유*Cornus officinalis* Siebold & Zucc.다. 우리네 남녘 농촌의 봄을 떠올리면 반드시 생각나는 나무 가운데 하나다. 개화가 비교적 늦은 천리포수목원의 산수유에서도 3월 말이면 꽃이 피어난다.

산수유 꽃은 작은 생명이 보여주는 신비를 확인할 수 있는 몇 되지 않는 꽃이다. 그의 신비를 보기 위해서는 시간이 필요하다. 처음 꽃망울을 맺을 때부터 천천히 살펴보아야 한다. 처음에 꽃망울을 맺으면 견고한 껍질에 둘러싸인 작은 구슬 모양이다. 그리고 바람결에 따스한 봄기운이 담기

▲ 잎보다 꽃이 먼저 피는 산수유. 줄기는 연한 갈색 또는 회갈색이며 얇은 조각으로 떨어져 너덜너덜해 보인다.

면 껍질을 살짝 깨고 안쪽으로 살짝 노란 꽃잎의 기미를 보인다. 그로부터 며칠 뒤인 3월 초가 되면 꽃봉오리에서 완연히 노란 빛깔이 눈에 들어온다. 하늘에서 내려오는 따스한 햇살과 작은 꽃봉오리 안에서 껍질을 깨고 피어나려 안간힘 하는 작은 꽃봉오리들의 줄탁(啐啄)이 이뤄진다.

작은 꽃봉오리 하나에서 20~30개, 많게는 40개의 꽃이 한꺼번에 피어난다. 그 많은 꽃들이 송이마다 제가끔 2밀리미터 정도 되는 노란 꽃잎을 4장씩 정확하게 갖추었고, 그 안쪽에는 다시 또 4개의 수술과 1개의 암술을 가졌다. 작지만 모두가 제 모습을 갖추고 피어난다. 저 작은 꽃봉오리

▲ 산수유는 꽃자루가 길고 꽃잎이 뾰족하며, 생강나무는 꽃자루가 매우 짧고 꽃잎이 둥글다.

하나에서 그리 많은 꽃들이 제가끔 자기에게 맞는 형태를 갖추고 노랗게 피어난다는 게 여간 장한 게 아니다. 볼수록 신비로운 나무의 생명이다.

생강나무

산수유와 거의 같은 시기에 꽃을 피우는 나무 가운데 곧잘 헷갈리는 나무가 있다. 물론 꽃송이 하나하나는 분명 다르건만, 얼핏 보아서는 구별이 쉽지 않다. 생강나무*Lindera obtusiloba* Blume다. 전혀 다른 두 나무에는 여러 차이점이 있지만, 무엇보다 산수유는 작은 꽃 하나하나가 기다란 꽃자루에 매달리는데 생강나무의 꽃은 꽃자루가 짧아 나뭇가지에 바짝 붙어서 피어난다는 점이 다르다. 그러니 멀리서 보아도 산수유는 노란 꽃들 사이가 조금은 넉넉해 보이지만, 생강나무는 많은 꽃송이들이 하나로 뭉쳐 피어난 것처럼 보인다는 차이만으로도 산수유와 생강나무는 구별할 수 있다.

생강나무 꽃을 강원도를 비롯한 내륙 지역에서는 '동백꽃'이라고 부른다. 이를테면 강원도 춘천이 고향인 소설가 김유정이 단편소설 〈동백꽃〉에서 '노란 동백꽃'이라고 표현한 것이 바로 생강나무 꽃이다.

농사의 풍년을 점쳤다는 풍년화

풍년화

산수유, 생강나무와 함께 노란색 꽃을 피우는 천리포수목원의 봄 나무 가운데 하나를 더 꼽자면, 풍년화*Hamamelis japonica* Siebold & Zucc.를 꼽을 수밖에 없다. 설강화가 낮은 곳에서 봄을 알리는 꽃이라면, 풍년화는 그보다 조금 위쪽 나뭇가지에서 꽃을 피우는 대표적인 봄꽃이다. 천리포수목원에는 약 30종류의 풍년화 품종이 있다.

산수유보다 꽃이 먼저 피어나는 나무이기에 봄의 전령사라는 말이 더 잘 어울리는 나무이기도 하다. 조록나무과*Hamamelidaceae*에 속하는 풍년화는 고향이 아시아 동부, 북아메리카 동부 지역이다. 잘 자라야 5~6미터 정도 자라며, 조경수로 많이 심어 키운다. 풍년화의 독특한 꽃은 가만히 들여다보면 참 재미있다. 4장의 가느다란 꽃잎이 삐뚤빼뚤 꼬이듯 피어나는데, 대개는 노란색이지만 주홍색을 띠는 꽃도 있다. 어떤 품종은 노란색이라고 해야 할지 붉은색이라고 해야 할지 모를 듯한 야릇한 색깔로 꽃을 피우기도 한다. 품종마다 꽃 색깔은 다르지만, 다른 여러 요소들은 원종 풍년화와 똑같다.

천리포수목원의 풍년화 중에 노란색 꽃을 피우는 풍년화는 3월 말이면 이미 꽃을 다 떨어뜨린다. 그만큼 일찍 꽃을 피운다는 이야기다. 풍년화의 꽃은 가지에 빽빽이 피어나기 때문에 금세 눈에 들어온다.

조록나무과에 속하는 풍년화 가운데에는 몰리스풍년화*Hamamelis mollis* Oliv. ex Forb. & Hemsl., 베르날리스풍년화*Hamamelis vernalis* Sarg., 버지니아풍년

▲ 가지에 달라붙어 빽빽이 피어나는 버지니아풍년화 꽃.

화*Hamamelis virginiana* L. 등 다양한 종류가 있다. 앞에서는 풍년화가 봄의 전령사라고 했지만 풍년화의 종류 가운데에는 한겨울에 꽃을 피우는 나무도 있다. 그러나 대개는 이른 봄에 꽃을 피운다.

풍년화가 우리나라에 처음 들어온 것은 1931년이다. 서양에서는 이 나무를 수맥 탐사에 요긴하게 쓴다고 해서 '마법의 개암나무(Witch Hazel)'라고도 부른다. 그런데 풍년화라는 이름은 왜 붙었을까. 우리나라에 처음 들어올 때 일본을 통해서 들어왔다는 데 실마리가 있다. 일본에서는 이 나무를 '망사쿠(まんさく, 万作)'라고 부른다. 이는 곧 풍년을 뜻하는 일본어 '풍작(豊作)' 혹은 '만작(満作)'이다.

일본에서든 우리나라에서든, 풍년을 기원하는 마음이 깊었던 농촌에서 한 해 농사를 잘 준비해야 할 때임을 알리려는 듯 이른 봄에 피어나는 이 독특한 꽃을 보고 풍년을 기원하는 마음이 깊었기 때문에 그런 이름이 붙은 것이다. 한 해를 시작하는 이른 봄, 농촌에서는 풍년을 이루기 위해 온갖 정성을 다 쏟는다. 겨우내 묵혀두었던 농기구를 정성껏 손질하고 새로 심을 씨앗을 보살피는 건 물론이고, 풍년을 기원하는 마을 잔치를 벌이기까지 한다. 무엇보다 자연의 힘에 기대야 하는 농부들은 또 주변의 자연물에 소망을 담기도 했다. 나무의 잎이 한꺼번에 돋아나거나 꽃이 활짝 피어나면 풍년이 든다고 생각해온 것도 그런 연유에서였다.

한창 풍년을 기원하는 마음으로 설레는 이른 봄, 평범하지 않은 모습으로 피어나는 풍년화 꽃을 사람들은 상서로운 조짐으로 받아들였다. 야릇한 모양의 풍년화 꽃이 일찌감치 예쁘게 피어나면 올 농사가 풍년일 것이라고 믿었다. 아니 그렇게 믿고 싶었을 것이다. 그렇게 한 해 두 해 흐르자 아예 나무 이름을 '풍년화'라 부르면서 꽃의 개화를 기다렸다. 풍년화의 개화를 기다리는 건, 달리 이야기하면 풍년을 기다리는 마음과 다르지 않았다. 기다림 끝에 피어나는 꽃을 보고 농부들은 위안 받을 수 있었고, 그렇게 시작되는 농사일은 한결 가벼울 수 있었다. 나무의 이름에는 그렇게 사람살이의 소망이 스며들었다.

풍년화의 꽃은 예쁘다기보다 독특하다. 가느다란 리본처럼 길쭉한 꽃잎 4장이 꾸불꾸불 피어난 모습은 여느 꽃의 분위기와 전혀 다르다. 다른 나무들이 아직 꽃봉오리조차 제대로 피워 올리지 않은 이른 봄에 피어나기 때문에 아직 회색빛투성이 겨울정원에서 가장 화려한 나무이기도 하다. 노란색이든 빨간색이든 원색의 꽃이 가지 전체에 풍성하게 피어나는 꽃을 맞

▲ 4장의 길쭉한 꽃잎이 꾸불꾸불하게 피어나 독특하게 보이는 풍년화 꽃.

이하면서 한 해의 시작을 상징하는 나무다.

천리포수목원의 풍년화는 여러 곳에서 볼 수 있지만, 겨울정원 안에서 찾아보는 게 가장 좋다. 빛깔도 다르고 꽃송이의 생김새에서도 약간의 차이를 가지는 다양한 종류의 풍년화를 한꺼번에 볼 수 있기 때문이다. 하지만 겨울정원에 심어 키우는 풍년화 종류들이 같은 시기에 꽃을 피우는 것은 아니다. 어느 한 종류가 활짝 피었을 때에 다른 종류는 아직 꽃봉오리 상태였다가, 덜 피었던 꽃봉오리가 꽃잎을 열면 이미 피었던 꽃송이는 시들어 떨어지곤 한다. 식물 관찰에는 그래서 오랜 시간이 필요할 수밖에 없다.

▲ 하얀색의 너도바람꽃과 달리 노란색이 선명한 히에말리스너도바람꽃.

봄바람 타고 바람꽃이 피다

히에말리스
너도바람꽃

겨울정원에서 갖가지 풍년화가 매운바람 뚫고 하늘을 향해 꽃을 피우고 봄 노래를 불러젖히는 동안 겨울정원의 낮은 땅에서는 살금살금 봄바람을 탐색하며 노란색으로 꽃 피우는 식물이 몇 가지 있다. 그중에 가장 눈에 띄는 풀꽃으로 히에말리스 너도바람꽃*Eranthis hyemalis* Salisb.을 꼽을 수 있다.

꼼꼼히 짚어보자면 복수초를 비롯해 노란빛으로 봄을 알리는 풀꽃은 헤아릴 수 없이 많다. 히에말리스너도바람꽃은 그 많은 노란 꽃 가운데 하나일 뿐인데, 겨울정원으로 불어오는 매운바람을 날려 보내는 풍년화의 노란 봄노래에 화답하듯 낮은 땅에 피어나는 꽃이어서 함께 바라보며 봄을 즐길 수 있는 꽃일 뿐이다.

너도바람꽃

히에말리스너도바람꽃은 이름에서 보듯이 미나리아재비과Ranunculaceae의 식물인 우리나라의 너도바람꽃*Eranthis stellata* Maxim.과 가까운 친척 관계에 있는 식물이다. 히에말리스너도바람꽃이라는 긴 이름보다는 에란시스라고 부르기도 한다. 그러나 에란시스라고만 하면 너도바람꽃 종류와 헷갈리기 쉽다.

히에말리스너도바람꽃은 우리의 너도바람꽃과 비슷한 분위기를 가졌지만, 너도바람꽃이 티 없이 맑은 하얀색 꽃을 피우는 것과 달리 히에말리스너도바람꽃은 노란색 꽃을 피운다는 점에서 다르다. 히에말리스너도바람꽃도 대개의 봄꽃과 마찬가지로 이른 아침에 꽃잎을 열기 시작해서 햇빛 잘 드는 한낮에 꽃잎을 활짝 펼친다.

봄은 노랗거나 하얀색으로 시작한다는 괴테의 이야기처럼 천리포수목원의 겨울정원도 그렇게 노란색 꽃을 앞세우고 봄이 성큼성큼 다가온다.

한 걸음 더 가까이 다가서고 싶었지만

노루귀 | 얼레지

잎이 노루의 귀를 닮은 노루귀

노루귀

봄 숲을 걷는 일은 조심스러워야 한다. 아직 눈에 뜨이지 않을 만큼 작은 풀꽃이라 하더라도 가녀린 몸으로 기지개를 켜고 간신히 땅을 뚫고 나오다가 무심한 발길에 짓밟힐지도 모르는 때문이다. 우리 땅에서 봄기운을 알리는 풀꽃 가운데 노루귀*Hepatica asiatica* Nakai가 있다. 노루귀라는 이름은 꽃이 피어난 뒤에 돋는 잎사귀가 노루의 귀를 닮았다 해서 붙은 이름이다.

노루귀는 대개 흰색이나 연분홍색으로 꽃을 피우지만 깊은 푸른색이 나는 꽃도 있다. 청초한 푸른색 꽃의 노루귀를 따로 '청노루귀'라고 부르기는 하지만 식물분류학에서는 노루귀의 경우 꽃의 색깔이 달라도 하나의 식물로 보기 때문에 학명은 같다.

노루귀나 청노루귀는 모두 지름이 고작 1.5~2센티미터밖에 되지 않는 작은 꽃이다. 노루귀의 꽃에서 돋아난 6~8장의 희거나 푸른 꽃잎처럼 보이는 부분은 꽃잎이 아니라 꽃받침이 변형한 부분이다. 노루귀에는 꽃잎

▲ 우윳빛 수술과 노란색 암술이 선명한 노루귀.

이 없다. 우윳빛의 수술과 노란색의 암술을 선명하게 드러내며 꽃을 피우고 꽃잎 대신 흰색, 분홍색, 혹은 짙은 푸른색의 꽃받침이 이 작은 꽃을 화려하게 꾸민다.

우리 산과 들에 많이 피어나는 노루귀는 들꽃 사진을 찍는 사진가들이 봄소식의 상징으로 자주 찍어 보여주기에 복수초와 함께 잘 알려진 꽃에 속한다. 노루귀는 우리나라 전 지역에서 골고루 잘 자라는 미나리아재비과의 여러해살이풀로, 잘 자라야 10센티미터까지도 못 자란다. 아직 추운 이른 봄에 먼저 꽃을 피우고는 꽃샘추위로부터 자신을 지키기 위해서는 꽃샘바람에 몸을 조금이라도 덜 노출하기 위해 땅바닥에 납작 엎드린 채 살아가는 노루귀의 생존전략이다.

봄은 언제나 낮은 곳에서 먼저 찾아온다고 이야기할 때 떠오르는 풀이 바로 노루귀다. 다른 화려한 봄꽃들이 피어날 수 있도록 낮은 곳에 가만히 앉아서 봄을 불러오지만, 언제나 누구 앞에 나서지 않고 가만히 봄 오는 소리를 바라보며 한 생을 마치는 순박하고도 예쁜 우리 꽃이다.

새끼노루귀

노루귀는 잎이 나기 전에 꽃부터 먼저 피우는 풀인데, 같은 노루귀 종류에 속하면서도 잎과 꽃이 동시에 돋아나는 종류가 있다. 바로 새끼노루귀*Hepatica insularis* Nakai라고 부르는 풀꽃이다.

잎사귀에 무늬가 선명하게 드러나는 새끼노루귀는 노루귀보다 전반적으로 작은 편이어서 '새끼'라는 접두사가 붙었지 싶다. 꽃받침잎으로 이루어진 꽃의 지름이 기껏해야 1센티미터를 조금 넘는 정도밖에 안 된다. 노루귀 종류에는 새끼노루귀 외에 울릉도에서 자라는 섬노루귀*Hepatica maxima* (Nakai) Nakai도 있다.

작은 생명체이지만 노루귀 역시 살아 있는 다른 모든 생명체들과 마찬가지로 생로병사를 겪는다. 겨우내 땅 깊은 곳에서 생명을 키우기 위해 몸을 숨겼다가 살며시 봄볕을 맞으러 나왔다가 빠르게 수분을 마치고는 곧바로 꽃잎을 떨어뜨린다.

땅바닥에 납작하게 엎드려 피어나는 봄꽃을 보면 채 기지개를 켜지 못한 벌과 나비들이 저 작은 꽃들을 찾아낼 수 있을지 궁금해진다. 아직 아침저녁으로 불어오는 바람은 차기만 한데, 어떻게 꽃가루를 옮겨서 수분을 하며 씨앗은 어떻게 맺을지 궁금하다. 저들은 저들 나름의 살림살이에 꼭 알맞게 우리보다 긴 세월을 이 땅에 자리 잡고 살아오는 동안 자신에게 알맞춤한 생존 전략이 있겠지만, 사람의 기준으로는 어렵게만 느껴진다.

▲ 꽃이 먼저 피는 노루귀와 달리 잎과 꽃이 동시에 나는 새끼노루귀.

천리포수목원에서는 이른 봄에 복수초와 함께 노루귀를 곳곳에서 만날 수 있다. 다정큼나무집 주변의 풀꽃 화단에서도 노루귀를 볼 수 있는데, 이곳은 사실 좀 위험하다. 사람이 위험한 게 아니라 식물이 위험한 곳이다. 천리포수목원을 일반에 개방하기 훨씬 전에 우리나라에서 자생하는 풀꽃들을 비롯해 키 작은 야생화를 모아 심은 화단이다. 그래서 이른 봄이면 갖가지 풀꽃들이 꽃을 피우는 환상적인 풍경을 이루는 곳이다. 당시만 해도 화단에서 피어나는 꽃을 보려고 안으로 들어서는 사람이라 봐야 천리포수목원의 회원 몇몇이었기에 큰 문제가 없었다.

그러나 일반에 개방한 뒤로는 문제가 심각해졌다. 작은 화단에는 제대로 된 길이나 밭고랑 같은 통로가 없다고 해도 과언이 아니다. 그냥 편안한 숲과 마찬가지 형태다. 그런데 봄에 여러 종류의 꽃이 앞 다퉈 피어날 때면, 여러 관람객이 앞다퉈 화단 안으로 들어가 사진을 찍으려 애쓴다. 더구나 이때 피어나는 꽃들의 대부분은 키가 작아서 몸을 낮추고 사진을 찍을 수밖에 없는데, 더러는 아예 땅바닥에 털썩 주저앉는 사람도 있다. 그럴 경우, 바로 그 엉덩이가 닿는 자리에서 또 하나의 풀꽃이 짓눌러 죽어간다는 걸 눈치 채기가 사실상 불가능한 일이다.

결국 화단을 보호하기 위해 어쩔 수 없이 화단 둘레에 울타리를 치고, 한창 봄꽃이 피어날 때에는 울타리 주변에 수목원 직원들이 지켜 서 있기로 했다. 그러나 잠시라도 자리를 비울 때면 어김없이 적잖은 사람들이 울타리 안으로 들어서는 바람에 많은 풀꽃들이 몸살을 앓고 있다. 이 풀꽃들을 더 가까이에서 관찰할 수 있도록 다른 화단을 따로 조성하기도 해야겠지만, 여러해살이풀의 자리를 옮기는 데에는 적잖은 시간이 걸릴 수밖에 없으니 당분간은 관람객들의 자제를 부탁하는 수밖에 없다.

요염한 자태를 뽐내는 얼레지

그 아름다운 화단에서만 볼 수 있는 또 하나의 우리 풀꽃 가운데 얼레지 *Erythronium japonicum* (Balrer) Decne.가 있다. 얼레지는 봄 숲에서 볼 수 있는 가장 화려한 꽃 가운데 하나다. 고개를 숙이고 피어나지만, 6장의 꽃잎을 하늘로 치켜든 모습이 참 요염하다. 땅바닥에 바짝 붙인 채 널찍하게 돋아난 두 장의 잎사귀, 그 사이로 도도하게 솟아오르다가 꽃잎 바로 곁에서 갑자기 땅으로 고개 숙인 초록의 꽃자루, 어느 하나 놓치기 아까운 화려한 자

얼레지

▲ 잎과 꽃 색이 대조되어 특별히 눈에 잘 띄는 얼레지.

태다. 잘 들여다보이지 않는 꽃잎의 안쪽에는 짙은 자주색의 무늬가 영문 W 자 모양으로 들어 있다. 땅바닥에 낮게 엎드려서는 고개를 외로 비틀어야만 겨우 볼 수 있는 얼레지 꽃의 속살에는 짙은 청색의 무늬가 들어 있어 더 예쁘다. 보이지 않는 곳을 더 예쁘게 꾸미는 꽃이다. 그 사이에 6개의 수술은 제가끔 크기가 다르게 돋아나고, 가운데 보랏빛의 암술이 바라보는 이를 유혹한다.

고개를 숙였지만, 전혀 다소곳하지 않고 도도하다. 땅에 붙어 나는 잎사귀는 가녀린 꽃자루와 어울리지 않을 만큼 넙적하고 두껍게 돋아나서 울긋불긋한 얼룩으로 치장했다. 높이 25센티미터까지 자라지만, 천리포수목원의 얼레지는 겨우 15센티미터쯤밖에 되지 않는 작은 크기로 돋아난다. 작지만 어느 한 곳 허투루 나지 않았다. 일일이 꽃단장을 하고 화려하게 제 몸을 뽐내는 아름다운 우리 토종 풀꽃이다.

우리 산과 들에 지천으로 피어나는 봄꽃

개불알풀 | 민들레 | 씀바귀 | 자주광대나물 | 괭이밥 | 토끼풀

개불알풀과 개불알꽃

개불알풀

지천으로 흐드러지게 피어나는 봄꽃들 가운데 개불알풀*Veronica didyma var. lilacina* (H. Hara) T. Yamaz.을 빼놓을 수 없다. 봄 내내 천리포수목원 곳곳에서 피어나는 작은 풀꽃이다. 개불알풀은 천리포수목원뿐 아니라 우리나라 어느 곳에서도 봄이면 흔히 만날 수 있는 풀꽃이다. 초록으로 빛나는 숲길에서 파란색의 꽃을 점점이 피워서 눈에 확 뜨이는 꽃이기도 하다.

큰개불알풀

개불알꽃

그냥 개불알풀이라고 이야기했지만, 사실 천리포수목원뿐 아니라 우리 산과 들에서 더 많이 볼 수 있는 꽃은 큰개불알풀*Veronica persica* Poir.이다. 개불알풀은 우리나라 남부지방에서 자생하는 현삼과의 두해살이풀로 연한 홍자색으로 꽃을 피우고, 큰개불알풀은 파란색의 영롱한 꽃을 피운다. 얼핏 보아 비슷하지만 서로 다른 식물이다. 점잖지 않은 이 식물의 이름은 꽃 모양이 아니라 열매를 놓고 붙였다. 열매가 마치 개의 그것처럼 까만 알갱이 두 개가 모여 맺힌다는 데에서 붙인 이름이다. 부르기 어색한 이름을 대

▲ 주변에서 흔히 볼 수 있는 큰개불알풀. 개불알풀은 홍자색 꽃이 피고, 큰개불알풀은 파란색 꽃이 핀다.

신할 다른 이름으로 '봄까치꽃'이라는 이름도 있다. 비슷한 이름을 가진 풀로 개불알꽃*Cypripedium macranthos* Sw.[•]이 있다. 개불알꽃은 주머니꽃이나 복주머니란이라고도 부르는 난초과의 식물로, 개불알풀과는 전혀 다른 종류의 풀이다.

큰개불알풀은 높이 10센티미터를 조금 넘길 정도로 작은 풀이어서 존재감이 크지 않은데, 봄에 꽃을 피울 때만큼은 유난스레 눈에 띈다. 큰개불알풀은 높이 30센티미터까지 자라고 꽃도 개불알풀보다 훨씬 크게 피어난

• 〈국가표준식물목록〉에서는 개불알꽃을 복주머니란으로 표기했다.

다. 천리포수목원에서 봄이면 발에 밟힐 만큼 많이 피어나는 꽃이다. 하도 흔하게 피어나기에 도무지 귀한 걸 느끼지 못할 수 있다. 지나는 발에 밟힌다 해도 별로 놀라지 않고 그냥 스쳐 지나게 된다.

민들레와 서양민들레

민들레

봄 내내 흔하게 눈에 띄는 꽃이라 할 때 민들레*Taraxacum platycarpum* Dahlst.만 한 꽃이 없다. 같은 이야기가 되겠지만, 민들레만큼 우리와 친밀한 꽃이 또 있을까 싶기도 하다. 봄에 나물로도 무쳐 먹는 민들레는 우리 생활 깊숙이 자리 잡은 풀꽃으로 우리네 봄 풍경에 빼놓을 수 없다.

물론 천리포수목원에도 민들레는 발길 닿는 곳마다 어김없이 노랗게 점점이 피어난다. 따로 표찰을 만들고 보존할 필요도 없을 만큼 흔하게 잘 자라는 식물이다. 민들레가 원래부터 이리 흔하게 피었던 것은 아닐 것이다. 이처럼 왕성하게 우리 땅에 널리 퍼진 것은 아무래도 서양민들레가 우리 땅에 들어오면서부터 아닐까 싶다.

서양민들레

국화과의 민들레에도 여러 종류가 있다. 우선 양지바른 곳에서 자라는 우리 토종의 민들레를 필두로, 주로 제주도 지역에서 자라는 좀민들레*Taraxacum hallaisanensis* Nakai. 흰색 꽃을 피우는 흰민들레*Taraxacum coreanum* Nakai, 양지에서 자라는 민들레와 달리 산지의 습한 곳에서 자라는 산민들레*Taraxacum ohwianum* Kitam.가 있고, 요즘 가장 흔하게 볼 수 있는 서양민들레*Taraxacum officinale* Weber가 있다.

이 가운데 서양민들레의 번식력은 대단히 뛰어나다. 토종 민들레와 달리 서양민들레는 자가수분을 하기 때문이다. 주변에 다른 꽃이 없어도 스

▲ 외총포가 꽃잎 쪽에 붙어 있는 민들레와 달리 땅바닥으로 젖혀진 서양민들레.

스로 씨앗을 맺고 번식할 수 있다는 이야기다. 그래서 서양민들레가 우리 산과 들에 빠른 속도로 널리 퍼지게 됐다. 토종 민들레와 서양민들레의 꽃은 얼핏 보아 큰 차이가 없지만 꽃차례를 떠받치듯 감싸고 있는 외총포•가 다르다. 외총포가 꽃잎 쪽으로 바짝 붙어 있으면 우리 민들레이고, 땅바닥 쪽으로 완전히 젖혀 있으면 서양민들레다.

민들레 꽃이 필 때마다 토종 민들레가 없나 땅바닥에 코를 처박고 외

• 민들레를 포함한 국화과 식물의 꽃에서 꽃받침은 털 모양으로 변해 있고, 대신 꽃차례의 아랫부분에는 포엽이라고 부르는 외총포가 있다.

총포를 들여다보지만 서양민들레가 대부분이고 토종 민들레를 찾기는 매우 어렵다. 그러나 서양민들레나 토종 민들레나 예쁘기는 매한가지다. 오랫동안 이 땅에서 살아오던 토종식물들의 살림살이를 방해하지만 않는다면 아무리 외래식물이라 해도 우리 땅에 들어와 자리 잡고 애면글면 살아가는 생명체를 미워할 필요는 없다.

지천으로 피어나는 씀바귀와 광대나물

씀바귀

좀씀바귀

민들레 꽃과 생김새도 비슷한 노란 꽃을 피우는 우리 식물로 씀바귀*Ixeridium dentatum* (Thunb.) Tzvelev 종류가 있다. 씀바귀 종류 가운데 천리포수목원의 곳곳에서 바라보는 사람 없이 홀로 피어나는 예쁜 꽃으로 좀씀바귀*Ixeris stolonifera* A. Gray가 있다. 국화과의 여러해살이풀인 좀씀바귀는 씀바귀와 가까운 친척이지만 생김새에서 약간의 차이를 가진다.

좀씀바귀 꽃은 '좀'이라는 접두사에서 보여주는 이미지와 달리 오히려 꽃송이가 씀바귀 꽃보다 크다. 씀바귀는 꽃의 지름이 약 1.5센티미터, 좀씀바귀는 2~2.5센티미터 된다. 잎사귀도 다르다. 9센티미터까지 되는 길쭉하고 가장자리에 톱니가 삐죽하게 난 씀바귀의 잎사귀와 달리, 좀씀바귀의 잎은 가장자리가 밋밋하고 양 끝이 둥글다.

아무렇게나 피어 있지만 결코 다른 꽃들에 비해 멋이 덜하지 않다. 꽃대를 한껏 추켜올리고 노랗게 피어난 꽃은 제 나름대로 최고의 멋을 부린 것이다. 좀씀바귀는 우리 숲에서 흔하게 자라는 들풀로 특별히 표찰을 세운다거나 따로 구역을 나눠주지 않아도 아무런 불평 없이 잘 자라는 귀여운 우리 꽃이다.

▲ 좀씀바귀는 잎이 난형 또는 타원형이고 가장자리에 톱니가 거의 없으며 잎자루가 길다.

자주광대나물

역시 표찰 하나 없지만, 천리포수목원 숲의 낮은 곳에서 여느 식물 못지않게 흔히 피어나는 풀꽃으로 자주광대나물*Lamium purpureum* L.이 있다. '광대꽃'으로도 부르는 이 작은 풀꽃은 광대나물*Lamium amplexicaule* L.을 닮은 외래식물로 유럽에서 들어왔다. 어느 식물도감에는 아예 '천리포에서 자란다'고 돼 있을 정도로 천리포수목원 지역에서 흔히 볼 수 있는 풀꽃이다. 자주광대나물이 처음 발견된 것은 1996년 제주 지역이라고 보고돼 있지만, 지금은 전국 각지에서 볼 수 있다.

자주광대나물은 층층이 규칙적으로 돋아난 잎사귀 사이의 잎겨드랑이에서 봄이면 보랏빛의 앙증맞은 꽃을 피우는데, 작아서 더 신비롭게 바라

▲ 층층이 규칙적으로 난 잎이 특징인 자주광대나물. 광대나물에 비해 잎이 자줏빛을 띤다.

보게 되는 꽃이다. 대개는 15센티미터 크기로 자란 뒤에 꽃을 피우는데, 촛대처럼 오뚝하니 솟아난 모습으로 군락을 이룬 모습이 장관이다. 굳이 꽃이 아니라 해도 검붉은 자줏빛이 도는 맨 위쪽의 새잎만으로 충분히 봄 식물 관찰의 즐거움을 전해주는 풀꽃이다.

자주광대나물과 비슷한 종류의 우리 식물로는 앞에서 이야기한 광대나물을 비롯해 광대수염*Lamium album* var. *barbatum* (Siebold & Zucc.) Franch. & Sav., 섬광대수염*Lamium takesmimense* Nakai, 호광대수염*Lamium cuspidatum* Nakai 등이 있다. 모두 꿀풀과에 속하는 풀꽃으로 무엇보다 층층이 규칙적으로 돋는 잎 모양이 근사하다는 점에서 공통적이다.

괭이밥
토끼풀

대접은 소홀해도 스스로 당당하게 제 살림살이를 이어가는 작은 풀꽃으로 괭이밥*Oxalis corniculata* L.과 토끼풀*Trifolium repens* L.도 빼놓을 수 없다. 표찰이 없는 것은 물론이고, 심지어 최근에 정리한 '천리포수목원 보유식물 목록'에도 누락될 정도로 대접이 소홀하기만 하다. 하긴 어느 곳에서 솟아오를지 모를 만큼 흐드러지게 돋아나는 이 작은 풀꽃들 앞에 모두 표찰을 꽂아주는 일은 불가능하다.

'행운의 클로버'를 이야기할 때 흔히 두 풀꽃을 혼동해 이야기하는 세 잎 풀꽃이다. 그러나 콩과의 토끼풀과 괭이밥과의 괭이밥은 서로 다른 식물이다. 두 식물 모두 앞의 큰개불알풀, 좀씀바귀, 자주광대나물 등과 마찬가지로 천리포수목원의 여러 식물들이 그늘을 드리우는 낮은 곳에서 말도 없이 조용하게 봄볕을 즐겨 노래하는 풀꽃이다.

토끼풀의 하얀 꽃은 그렇다 하더라도 괭이밥의 노란 꽃은 작지만 예쁘다고 이야기할 만하다. 지름 1센티미터도 채 되지 않는 작은 크기로 피어나는 괭이밥 꽃은 수목원 곳곳의 낮은 땅에 점점이 피어난다. 괭이밥은 또 햇살이 풍성한 한낮에는 활짝 펼쳤다가 해가 서쪽으로 넘어가면 다소곳이 오므리는 3장의 하트 모양 잎사귀만으로도 가만히 바라보기에 좋은 풀이다.

이 귀엽고 좋은 들꽃들이 지금은 하도 흔해서 따로 대접해야 할 필요를 느끼지 못하지만 언젠가 아무도 모르는 사이에 순식간에 우리 곁을 떠나는 일이 벌어질 수도 있다. 생명의 역사 속에서 진화는 언제나 그렇게 예측대로, 혹은 예정된 대로 진행되지 않았다.

혹시 멀지 않은 미래에 우리의 봄을 상징할 만큼 흔했던 큰개불알풀의

▲ 괭이밥. 한낮에는 작고 노란 꽃과 3장의 하트 모양 잎사귀를 활짝 펼친다.

푸른 꽃이나 노란 민들레 꽃이 그리워 온 산을 헤매는 일은 생기지 않으리라고 장담할 수 없는 노릇이다. 이 작은 풀꽃들이 사라짐으로써 나타나는 영향이나 결과에 대해서 우리가 지금 알 수 없다는 건 참으로 얄궂은 일이다. 한 종류의 식물이 이 자리에 살아 있는 이유는 분명히 있을 것이다. 그런데 어떤 변화와 충격에 의해서 그들이 우리 곁에서 사라진다면 지금으로서는 예측하기 어려운 변화가 닥쳐올 게 분명하다. 그걸 우리는 금방 느끼지 못한다. 불행하게도 그가 사라진 결과가 치명적임을 알게 되는 데에는 오랜 시간이 걸릴 것이고, 그때는 이미 돌이킬 수 없는 상황이 됐을 때라는 점이 아쉬운 일이다.

꽃향기 싣고 온 바람결 따라, 꽃에게 말을 걸기 위해

할미꽃

허리를 굽히지 않고 피어나는 동강할미꽃

할미꽃

동강할미꽃

노루귀와 얼레지의 꽃이 피어날 즈음이면 우리의 할미꽃*Pulsatilla koreana* (Yabe ex Nakai) Nakai ex Nakai도 피어난다. 할미꽃 가운데에 특별한 종류가 있다. 우리나라 동강 지역에서만 자라는 특산종인 동강할미꽃*Pulsatilla tongkangensis* Y. N. Lee & T. C. Lee이다. 여느 할미꽃과 달리 허리를 굽히지 않고 하늘을 바라보며 피어나는 예쁜 풀꽃이다. 지구상에서 오로지 우리나라에서만 자라는 희귀한 동강할미꽃은 강원도 영월의 동강 절벽에서 자라기에 '동강'이라는 이름이 붙었다.

동강할미꽃은 허리를 곧게 펴고 고개까지 하늘을 향해 똑바로 세워 올린 모양새로 꽃을 피운다. 할미꽃과 동강할미꽃의 가장 큰 차이가 이 특징이다. 색깔에서도 다양한 변이를 보인다. 천리포수목원의 동강할미꽃은 짙은 보랏빛을 띤 종류이지만, 자주색·분홍색·흰색 꽃을 피우는 동강할미꽃도 있다. 살아가는 자리를 보면 동강할미꽃은 무척 생명력이 강한 식물이

▲ 동강 지역에서 처음 발견된 동강할미꽃. 할미꽃과 달리 꽃이 하늘을 향해 핀다.

라고 볼 수 있다. 대부분 동강할미꽃은 절벽의 바위틈에서도 자라고, 3월 말 아직 바람 찬 즈음에도 전혀 굴하지 않고 예쁜 꽃을 피운다. 절벽의 비탈진 바위틈에서 피어난 꽃 모양은 무척 장해 보인다.

꽃 모양이 독특해 인상적인 사진을 남기려는 사진가들은 동강할미꽃이 피어날 즈음이면 동강 주변을 많이 찾는다. 여기에서 이슬 맺힌 꽃 모양을 연출하기 위해 스프레이를 이용해 물을 뿌리고 사진을 찍는 사진가들도 흔히 볼 수 있다. 그러나 물까지는 그렇다 치더라도, 어떤 사진가는 자동차 워셔액을 뿌리기까지 한다고 한다. 비눗물은 물과 달리 동그랗게 맺히는 모양이 예쁘고 빛의 반사까지 영롱하기 때문이라고 하는데, 이는 식물에게 치명적인 위협이다.

동강할미꽃이 발견된 건 그리 오래된 일이 아니다. 한때 학계에서 동강할미꽃을 새로운 종으로 인정하느냐를 두고 논란이 있었지만, 지금은 어엿이 독립된 한 종으로 인정하는 상태다. 식물을 분류할 때, 학명 뒤에는 그 식물을 처음 발견하여 학계에 보고한 사람의 이름, 즉 명명자(命名者)의 이름을 붙이게 돼 있다. 동강할미꽃의 학명에는 이씨 성을 가진 한국인의 이름이 나란히 붙어 있다는 게 눈에 띈다.

남채로 몸살 앓는 할미꽃

동강할미꽃은 희귀한 종이다 보니, 남채가 횡행하기도 해서 동강 지역의 마을에서는 동강할미꽃보존회를 결성해서 애면글면 꽃을 지키고 있다. 꽃이 필 즈음에는 동강할미꽃 축제를 열기도 한다.

천리포수목원에도 동강할미꽃이 몇 포기 있었다. 게스트하우스 다정큼나무집 뒤편의 아담한 화단 위에서 키우던 동강할미꽃은 그러나 이태 전에 자취를 감췄다. 관람객 가운데 누군가 몰래 캐어 갔다. 약 59만 5000제곱미터(18만 평)나 되는 천리포수목원의 전 구역 가운데 현재 일반에 개방하는 구역은 고작해야 6만 6116제곱미터(2만 평) 정도 된다. 그러나 이 구역 전체를 직원들이 감시하는 건 불가능하다. 그런 상황에서 어느 비양심적인 관람객이 아마도 작정을 하고 동강할미꽃을 캐 간 모양이다. 참으로 한심하고 안타까운 노릇이지만, 일반 개방 이후 이 같은 일은 자주 벌어졌다. 동강할미꽃과 함께 노란 꽃을 피우는 노랑할미꽃*Pulsatilla koreana* f. *flava* (Y. N. Lee) W. T. Lee도 그렇게 수목원 숲에서 사라졌다. 아무리 생각해도 용서할

노랑할미꽃

▲ 고개를 푹 숙이고 피어난 할미꽃. 꽃잎 안쪽에는 노란 꽃술과 자줏빛 속살이 숨어 있다.

수 없는 사람들이다.

몇 포기 되지 않는 동강할미꽃과 노랑할미꽃을 잃은 뒤에 천리포수목원에서는 나름대로 대책을 세우려 했지만, 작정을 하고 식물을 캐 가는 사람을 막는 건 불가능에 가깝다. 필경 도둑질에 해당하는 일이건만, 이 같은 일이 되풀이해 일어나는 상황이 안타까울 따름이다. 곧바로 절도당한 식물들을 다시 수집하기는 했지만, 참으로 아쉬운 일이다.

천리포수목원에는 동강할미꽃과 함께 우리 토종의 할미꽃도 심어 키운다. 천리포수목원에는 분명 외래식물이나 특별한 식물이 많이 있지만,

우리가 오랫동안 우리 주위에서 심어 키우거나 자생하던 토종식물도 적지 않게 심어 키운다. 흔히 볼 수 없는 외국의 식물이 눈에 더 띌 뿐이다.

할미꽃은 천리포수목원의 옛 정문 옆으로 낸 작은 화단에 있다. 천리포수목원의 대표적 명물이라고 소개한 빅버사큰별목련 앞의 작은 화단이다. 우리의 산과 들에서 자라는 할미꽃 그대로 고개를 숙이고 보송한 털을 드러낸 채로 지나는 사람들의 눈길을 끈다.

할미꽃은 꽃잎 안쪽에서 돋아나는 꽃술의 색깔이 유난히 아름답지만, 고개를 푹 숙이고 있는 까닭에 관찰하기가 쉽지 않다. 그러나 고개를 숙이고 꽃잎 안쪽을 관찰하면, 그의 노란 꽃술과 자줏빛 속살이 지어내는 환상적인 광경에 넋을 잃을 지경이 된다.

천리포수목원을 대표하는 나무, 목련

목련

목련의 겨울나기

겨울 가기 전에 보아야 할 식물의 움직임 가운데 하나는 꽃봉오리다. 천리포수목원에서는 특히 겨우내 꽃봉오리를 매달고 서 있는 목련의 꽃봉오리를 바라보는 일, 놓치지 말아야 할 만큼 중요한 일이다. 천리포수목원을 대표하는 가장 중요한 나무가 목련인 때문이기도 하지만 식물이 이루는 겨울나기의 신비롭고 기특한 모습을 엿볼 수 있는 좋은 기회이기도 해서다.

봄에 꽃을 피우는 대개의 목련은 가을 즈음에 맺기 시작한 꽃봉오리를 겨우내 가지 끝에 매달고 보낸다. 꽃봉오리를 감싸는 보송보송한 솜털은 그가 겨울 추위를 효과적으로 견디기 위한 월동 대책이다. 솜털로 싸인 목련 꽃봉오리의 겉껍질은 겨울을 지내고 봄기운이 느껴질 즈음이면 하나씩 벗겨진다.

종류가 다양한 만큼 천리포수목원에서 만날 수 있는 목련은 꽃의 생김새와 빛깔도 다양하고, 그만큼 꽃봉오리의 생김새도 모두 제가끔이다. 비

▲ 도나큰별목련과 엘리자베스목련 꽃봉오리. 종류가 다양한 만큼 꽃봉오리의 생김새도 모두 다르다.

슷비슷해 보이면서도 미묘한 차이가 있다.

목련 꽃봉오리의 전체적인 생김새는 별 차이 없이 비슷하다. 그러나 크기는 천차만별이다. 꽃봉오리가 길이 7센티미터, 너비 2센티미터 정도 되는 큼지막한 목련이 있는가 하면, 길이 2센티미터도 안 되고 너비 1센티미터를 겨우 넘는 작은 목련도 있다.

여기에서 또 재미있는 것은 꽃봉오리가 크다고 해서 반드시 꽃송이가 크지 않다는 사실이다. 꽃봉오리는 크지만 앙증맞은 꽃을 피우는 종류가 있는가 하면, 길이가 고작 2센티미터 정도밖에 되지 않는 작은 꽃봉오리가 무려 지름 20센티미터를 넘는 큰 꽃을 피우기도 한다는 사실이다. 목련만 그런 건 아니다. 다른 식물도 꽃봉오리만으로 꽃송이를 짐작하는 건 어려운 게 일반적이다. 천리포수목원에서는 그 같은 재미있는 사실을 다양한 목련을 비교하며 관찰할 수 있기 때문에 더 흥미롭다.

아직 잎 나기 전의 목련 가지에는 꽃봉오리가 한가득 달려 있다. 겨울의 끝자락에서 아직 채 피어나지 않은 꽃봉오리들이 한꺼번에 꽃잎을 열고 환하게 봄을 밝히는 광경을 그려보는 건 참으로 벅차게 흥분되는 일이다. 아마도 겨울 천리포수목원의 목련 꽃봉오리들을 유심히 관찰하면서 꽃 피어나는 광경을 그려본 사람이라면 꽃들이 봄노래를 환히 불러 젖힐 4월의 풍경을 다시 찾지 않을 수 없으리라.

첫 목련과 순백의 목련들

비온디목련

천리포수목원의 목련 가운데 해마다 가장 먼저 꽃을 피우는 목련은 비온디목련*Magnolia biondii* Pamp.이다. 종명 그대로 비온디목련이라 부르는 나무다. 수목원 지킴이들은 이 목련이 흔히 봄비 내린 뒤에 피어나기에 비온디목련은 '비온 뒤'에 피어난다는 우스갯소리를 덧붙이기도 한다. 천리포수목원의 봄을 알리는 첫 목련이다.

비온디목련의 꽃잎은 다른 목련에 비해 작은 편이어서 앙증맞아 보인다. 해마다 첫 목련을 보는 느낌은 단순히 새 봄꽃 하나를 보는 것과는 분명히 다르다. 어쩌면 새로 시작하는 모든 사람들에게 보내는 성원의 축가, 환희의 송가 그런 기쁨이 있는 꽃이 비온디목련이다. 잿빛 겨울을 깨뜨리고 피어나는 순백의 아름다움은 세상 무엇에도 비할 수 없다.

물론 어떤 식물이라도 처음 피어나는 꽃이 더 반갑겠지만, 천리포수목

▲ 천리포수목원의 목련 중 가장 먼저 꽃을 피우는 비온디목련.

원에서의 목련은 유난하다. 400여 종류나 되는 아름다운 목련을 한꺼번에 볼 수 있는 곳이어서 그럴지도 모른다. 하지만 그게 아니라 해도 목련은 언제나 겨울의 긴 기다림을 담고 피어나는 꽃인 까닭에 그럴 수밖에 없다.

매운바람 부는 겨울에 이미 꽃봉오리를 피워 올리고 추위를 이겨내려 뽀얀 솜털로 꽃봉오리를 살짝 덮고 지낸 목련의 긴 기다림과 설렘이 느껴지는 때문이다. 어쨌든 언제나 맨 앞자리에서 피어나는 꽃들은 반갑다. 봄이 상큼하고 즐거운 것도 아마 그렇게 한 해의 시작, 출발을 알리는 작고 귀한 생명체들이 사람보다 먼저 생명의 노래를 부르는 때문이지 싶다.

목련 꽃이 대개는 그렇지만, 특히 비온디목련은 '참 여자' 같은 분위기

▲ 순백의 꽃을 활짝 피운 얼리버드큰별목련.

를 지녔다. 자기만의 빛깔과 향기를 갖춘 아름다운 여자 말이다. 이파리도 하나 나지 않았는데, 화려한 꽃을 피우는 탓에 조금은 슬프게도 보인다. 비온디목련은 천리포수목원의 게스트하우스 벚나무집 담벼락에 붙어 있는데, 얼마 전까지만 해도 이 꽃을 가까이에서 보기는 어려웠다. 나무 앞으로 다가설 길이 없었던 때문이다. 그러나 최근 수목원 관람로에 데크를 설치하면서 비온디목련 가까이로 데크가 놓여 이제는 그의 향기까지 맡을 수 있을 만큼 다가설 수 있다.

얼리버드큰별목련

비온디목련이 꽃을 피우고 나면 다른 목련들도 서서히 꽃을 피운다. 대개는 흰색의 목련이 먼저 목련의 계절을 알린다. 그중에 비온디목련에

▲ 다정큼나무집 마당에 서 있는 메릴큰별목련.

이어 가장 예쁘게 꽃을 피우는 목련은 겨울정원 한가운데 우뚝 서 있는 얼리버드큰별목련*Magnoliax loebneri* 'Early Bird'이다. 대개 따뜻한 햇살 닿는 남쪽의 꽃봉오리들이 꽃잎을 활짝 열기 시작한다.

메릴큰별목련

얼리버드큰별목련과 함께 천리포수목원의 독특한 풍경과 함께 관찰할 수 있는 목련이 있다. 다정큼나무집이라는 이름의 게스트하우스인 초가집 마당에 서 있는 목련이다. 낡아 무너앉은 초가를 새로 고쳐 지은 탓에 옛 초가의 정취는 덜하지만, 그래도 여전히 초가지붕만큼은 그대로인 이 집 마당의 메릴큰별목련*Magnolia x loebneri* 'Merrill'이다. 이른 봄에 흰색으로 피어나 천리포수목원 봄 풍경을 아름답게 하는 대표적인 목련이다. 이 목련에 꽃이 활짝 피어나면 바로 곁의 초가지붕과 무척 잘 어울린다. 하기는 대개의 목련이 우리 전통 가옥과 잘 어울린다. 오래된 산사의 솟아오른 기와지붕이라든가 법당 창호와도 잘 어울리는 게 목련 꽃이지 싶다.

큰별목련과 별목련

빅버사큰별목련

천리포수목원의 그 많은 목련 중에 단연 첫눈에 띄는 건 큰연못 가장자리에 웅크리고 서 있는 빅버사큰별목련*Magnolia x loebneri* 'Big Bertha'이다. 천리포수목원의 여러 목련을 대표하는 목련이라 해도 과언이 아니다. 흔히 보는 백목련이나 자목련과는 분위기가 영판 다르다. 우리 이름이 따로 없어서 그냥 '큰별목련' 혹은 '빅버사목련'이라고 부르기도 하는 나무다. 목련을 좋아하는 사람들은 대개 꽃잎이 완전히 다 열리기 전 몽실몽실한 상태를 좋아한다고 이야기하지만 이 목련은 완전히 딴판이다.

꽃잎의 생김새부터 여느 목련과 다르다. 백목련이나 자목련과 달리 꽃잎이 가느다랗다. 목련과의 나무 가운데에는 빅버사큰별목련처럼 가느다란 꽃잎이 여러 개 모여서 피어나는 종류가 꽤 있다. 그런 목련 종류를 뭉뚱그려 '별목련'이라고 부른다. 빅버사큰별목련은 별목련과 꽃의 생김새가 비슷하면서도 조금 큰 편이어서 '큰별목련'이라고 따로 나누어 부른다. 큰별목련 가운데 하나인 빅버사큰별목련의 경우 산림청의 〈국가표준식물목록〉에 '빅버사'라는 이름으로 등록돼 있지만 아직은 우리에게 그리 익숙한 이름이 아니다.

빅버사큰별목련은 가느다란 꽃잎이 여러 개 모여서 피어나기에 분위기가 전혀 다르다. 색깔은 자목련과 비슷하지만 그보다는 훨씬 연한 편이

▲ 큰연못 가장자리에 피어난 빅버사큰별목련. 꽃잎 안쪽은 흰색, 바깥쪽은 옅은 분홍색을 띤다.

다. 꽃잎 안쪽은 흰색이지만, 바깥쪽에는 옅은 분홍색이 배어나는데 멀리서 보면 붉은 기운이 확연하다. 그러나 꽃잎을 활짝 열어젖히고 피어나기 때문에 가까이에서 보면 흰색이 더 강하다. 빅버사큰별목련은 한겨울부터 그 곁을 지나치는 사람들에게 큰 기대를 품게 한다. 추운 겨울부터 온 가지마다 한가득 꽃봉오리를 매달고 새봄의 화려함을 예고하기 때문이다.

이 품종의 영어 이름인 'Big Bertha'는 제1차 세계대전 말에 사용되던 장거리포의 이름이다. 나무의 생김새가 그 포의 생김새와 닮았다고 해서 붙인 이름이라고 한다. 천리포수목원의 연못가에 서 있는 이 목련은 그야

▲ 빅버사큰별목련 옆에서 자라난 도나큰별목련.

말로 명물이다. 바로 곁의 도나큰별목련*Magnolia x loebneri* 'Donna'•과 함께 천리포수목원의 봄을 알리는 상징이 될 만큼 환한 나무다.

모든 꽃들이 그렇지만 천리포수목원의 목련도 해마다 개화 정도가 조금씩 다르다. 아무래도 가장 중요한 요인은 기후다. 이른 봄의 꽃샘추위가 유난하다든가, 비가 많다든가 하면 하얗게 피어난 목련 꽃잎이 멍이 들기도 하고 냉해를 입기도 한다. 그래서 화려함은 해마다 정도의 차이가 있다.

• 〈국가표준식물목록〉에는 도나가 아니라 도나우로 표기되어 있으나, 천리포수목원에서는 오랫동안 도나로 불러왔다.

그래도 목련은 목련이다. 언제 바라봐도 고아한 자태를 잃지 않는 훌륭한 나무다. 사랑하지 않으려야 않을 수 없는 대표적인 현화식물이다.

별목련이라 부르는 목련에도 여러 종류가 있어서 구별은 쉽지 않다. 별목련의 학명에는 별을 뜻하는 '*stellata*'라는 이름이 들어 있다. 학명이 *Magnolia stellata*라는 이야기다. 영어권에서도 'Star Magnolia'라고 부르는 목련이다.

별목련은 전체적으로 규모가 작은 편이다. 꽃이 아니라, 나무 전체의 크기가 그렇다. 대개의 별목련은 4~6미터 크기로 자라니 다른 목련에 비해 작은 편이다. 별 중에도 작은 별이라 해야 할까 싶다. 가지퍼짐도 5미터 안팎으로 자라는 데에 그친다. 귀여운 목련이라고 해야 맞을 듯하다.

별목련의 큰 특징은 꽃의 생김새에도 있다. 어찌 보면 귀여운 크기의 나무에 가장 잘 어울리는 모양이라고 할 수도 있다. 작지만 화려한 별목련의 꽃잎은 가느다랗고 길쭉하다. 3센티미터쯤의 너비에 10센티미터쯤 길이의 꽃잎이 여러 장 포개어 피어난다. 종류가 다양해서 단정적으로 이야기할 수는 없으나, 최소 15장부터 30장 정도의 꽃잎을 가지기도 한다. 꽃의 색깔은 대부분 흰색이지만 분홍색을 띠는 종류도 있다.

별목련은 비교적 어릴 때부터 꽃을 피우는데 은은한 향기가 참 좋다. 별목련을 만나면 그냥 눈으로만 보지 말고 가만히 눈을 감고 은은히 퍼져오는 향기를 맡아야 한다는 이야기를 하는 이유다. 물론 별목련뿐 아니라, 목련과 나무들의 꽃이 대부분 은은한 향기를 내뿜긴 하지만 별목련은 사람의 코 높이에서 꽃을 만날 수 있기에 키 큰 목련에 비해 향기를 제대로 느낄 수 있다.

별목련 종류 가운데에는 로열스타별목련*Magnolia stellata* 'Royal Star'을 비

▲ 로열스타별목련과 돈별목련.

롯하여 센테니알별목련*Magnolia stellata* 'Centennial', 돈별목련*Magnolia stellata* 'Dawn', 센티드실버별목련*Magnolia stellata* 'Scented Silver' 워터릴리별목련*Magnolia stellata* 'Waterlily', 로지아별목련*Magnolia stellata* 'Rosea', 크리산테미플로라별목련*Magnolia stellata* 'Chrysanthemiflora', 제인플랫별목련*Magnolia stellata* 'Jane Platt', 킹로즈별목련*Magnolia stellata* 'King Rose' 등의 여러 품종이 있다. 여러 품종이지만 무엇보다 앞에서 이야기한 꽃잎의 특징으로 별목련을 알아볼 수 있다. 모두가 앙증맞으면서도 화려한 꽃을 보여주는 아름다운 나무다.

오래된 식물의 흔적, 꽃술

큰별목련과 별목련은 물론이고, 모든 목련과의 꽃을 가만히 들여다보면 다른 꽃들과 분명하게 다른 점을 볼 수 있다. 바로 꽃술의 모양이다. 대개의 다른 꽃에서 볼 수 있는 꽃술은 나비나 벌의 가녀린 몸짓과 잘 어울릴 만큼 하늘거리는 실 모양인 것과 달리, 목련의 꽃술은 평평하고 견고하다. 이는 목련이 지구에 오래전에 자리 잡은 식물이라는 증거 가운데 하나로, 모든 목련과 식물의 공통적 특징이다.

대개의 현화식물이 진화하면서 잎이 변해 수술이 되는 과정을 거쳐 지금의 실 모양 꽃술을 지어냈지만, 목련은 아직 실 모양의 꽃술로 온전히 진화를 이루지 못한 것이다. 목련을 '살아 있는 화석식물'이라고 부르는 것도 이처럼 꽃의 구조가 완전히 진화하지 못한 원시형이라는 뜻으로 보아야 한다.

당연히 목련과에 속하는 별목련의 꽃술도 목련 꽃술의 특징을 그대로 닮았다. 바람결에 하늘하늘 흔들리지 않고 견고하게 자신의 모습을 지키는 꽃술들을 가만히 들여다보면 규칙적인 패턴이 눈에 들어오기도 한다.

목련의 또 다른 특징 가운데 하나는 향기가 좋다는 점이다. 그러나 향기에 대한 선호도는 지역과 문화에 따라 차이가 있다. 대부분의 지역에서는 목련 향기를 좋다고 표현하지만, 어떤 지역에서는 정반대로 불길하게 여기기도 한다.

이를테면 아메리카 원주민들은 '목련이 있는 침실에서 잠이 들면 죽음에 이른다'고까지 한다. 또 미국산 목련인 태산목*Magnolia grandiflora* L. 꽃 그늘에서는 잠이 들어서도 안 된다고 한다. 목련의 강한 향기가 사람의 혼을 빼앗아간다는 생각에서 비롯한 이야기다. 미국뿐 아니라 일본의 홋카이도 원주민들도 목련의 향기가 병을 불러온다면서 목련을 '방귀 뀌는 나무'라고 부른다. 향기 때문은 아니지만 인도에서도 목련에는 죽은 아이의 혼백이 들어 있다면서 불길하게 여기는 모양이다.

▲ 얼리버드큰별목련의 꽃술. 다른 꽃들과 달리 목련은 꽃의 암술과 수술이 견고하다.

그러나 반대로 우리 조상들은 목련의 진한 향기를 참 좋아했다. 우리 조상들은 장마철에 목련 장작으로 불을 때어 습기도 없애고 향기도 내면서 집안에 스며든 퀴퀴한 냄새를 쫓아냈다. 또 홋카이도 원주민들과 반대로 목련의 향기가 병을 쫓아낸다고 해서 집집마다 목련 장작을 준비해두기도 했다. 같은 향기를 놓고도 받아들이는 입장이 이처럼 다르다.

한라산에서 자라는 토종 목련

정신분석학자 지그문트 프로이트의 여러 개념 가운데 '가족 로망스'라는 게 있다. 프로이트는 "별 볼 일 없는 부모로부터 자유로워지고 조금 더 높은 사회적 지위를 가진 사람들로 자신의 부모를 대체하려는 환상"을 가족로망스라고 했다. '자신의 못난 부모를 부정하고, 진짜 부모는 따로 있을 것'이라는 이상 심리를 가리키는 용어다. 이 같은 심리적 환상은 성장기 소년들에게서 많이 나타난다고 한다.

목련 이야기를 해야 하는데 프로이트를 들먹인 것은 우리 땅 우리 햇살을 받으며 자라는 토종 목련을 이야기하기 위해서다. 제주도 한라산 자락에서 자생하는 목련*Magnolia kobus* DC.이 그 나무다. 우리가 흔히 목련이라 부르는 나무는 대개 중국에서 들어온 백목련*Magnolia denudata* Desr.이기 십상인데 토종 목련은 백목련과 친척 관계인 나무이지만 명백히 다른 나무다.

목련

백목련

안타깝게도 토종 목련의 학명에는 '주먹'을 뜻하는 '고부시'라는 일본어 이름이 붙었다. 물론 이 나무는 우리나라의 제주도뿐 아니라, 일본의 홋카이도, 혼슈, 규슈 등지에서도 자라는 것으로 알려졌다. 우리보다 식물 연구에 앞선 일본의 식물학자가 이 나무를 처음으로 식물학계에 보고하면서 당연히 자신의 모국어로 이름을 붙였다. 우리 토종이지만 안타깝게도 우리말 이름을 갖지 못한 경우다.

목련처럼 우리 토종식물 가운데 우리의 이름을 갖지 못한 경우는 적지 않다. 일본인들이 우리보다 식물학 분야에서 앞선 때문이다. 한번 정해진 학명은 다시 바꿀 수 없는 상황이니 목련이야 어쩔 수 없다 하더라도 앞으로는 이런 일이 없었으면 좋겠다.

우리 토종 목련의 꽃은 백목련과 꽃 모양이 조금 다르다. 특히 꽃이 피어날 때의 모습이 그렇다. 우리 목련은 꽃잎 6장이 모두 활짝 피어나서 평평할 정도로 넓게 펼쳐진다. 대개 반쯤 입을 연 백목련 꽃의 수줍어하는 모

▲ 반쯤 열리며 꽃을 피우는 백목련. 흔히 목련이라 부르지만 중국에서 들어온 품종이다.

습을 좋아하는 사람들에게 이 같은 우리 목련 꽃은 다소 생경할 수 있다. 꽃잎을 곧추세우지 않고 늘어져 흐느적거리기 때문에 맥이 빠진 듯한 느낌이라는 이유다.

그러나 이 꽃을 한참 바라보면 부는 바람에 몸을 내맡기며 자연에 순응한 우리 민족의 심성을 찾아볼 수 있다. 아름다움에 대한 객관적 기준을 정하기는 어렵지만, 우리 목련 꽃의 꽃잎이 성글게 피어난다는 점에서 조형미가 좀 떨어지는 편인 건 사실이다. 우리보다 훨씬 먼저 이 땅에 자리잡고 살아온 나무이건만 우리의 사랑을 그리 많이 받지 못하는 이유다. 그걸 부정하고 그저 우리 것이니 아름다운 꽃이라고 과장할 생각은 없다.

▲ 꽃잎 6장을 활짝 펼친 채 피어나는 목련.

바람 따라 햇살 따라 보금자리를 옮기며 끊임없이 제 영역을 넓혀가는 생물의 국적을 고집하는 건 난센스일 수 있다. 그러나 토종식물에서 민족의 심성을 찾아볼 수 있다는 건 즐거운 깨달음이 된다. 의식하든 않든 사람은 자신이 딛고 있는 땅에서 사는 동식물의 살림살이를 닮을 수밖에 없다. 그것이 바로 우리와 함께 살아온 토종식물을 더 아끼고 보존해야 할 절실한 까닭이다.

프로이트의 가족 로망스처럼 우리의 토종나무를 그리 인정하기 싫어지는 거 아닌가 싶다. 목련보다는 백목련을 더 좋아하고, 그래서 우리 목련의 존재를 서서히 잊어가고, 백목련을 목련처럼 생각하며 많이 키우게 됐다. 개개인의 좋고 싫음이야 어쩔 수 없다지만, 우리 토종에 대한 관심까지 거부해서는 안 되지 싶어서 목련을 이야기할 때마다 꼭 하고 싶은 말이다.

투스톤목련

목련의 꽃이 백목련의 꽃보다 덜 예쁘다고 했지만, 약간의 변화를 거쳐서 훨씬 더 예뻐지는 경우는 충분히 있다. 그야말로 참하게 예쁜 꽃을 피우는 목련을 천리포수목원에서 만날 수 있다. 우리 토종인 고부시 목련을 원종으로 하여 선발한 투스톤목련*Magnolia kobus* 'Two Stone'이다. 개인적인 느낌이지만, 천리포수목원의 많은 목련 가운데에 가장 사랑스럽게 피어나는 목련으로 첫손에 꼽힌다고 이야기할 만한 나무다.

토종 목련은 별목련과 가까운 친척 관계의 나무다. 그래서 목련과 별목련의 교배를 통해서 다양한 재배종 목련을 선발해냈다. 그 가운데 하나가 바로 이 투스톤목련이다. 우리나라에서 선발한 것도 아니건만 이 나무가 꽃을 피웠을 때의 모습이 우리네 소박한 처녀의 모습을 연상하게 되어 좋다. 애잔하다고 해도 될지 모르겠다.

투스톤목련의 꽃 모양은 별목련을 닮았다. 꽃잎은 15장 정도 달리는데, 각각의 꽃잎은 별목련보다 폭이 조금 넓고 길이가 조금 짧은 편이다. 그래서 여느 별목련만큼 화려하지는 않아도 토종 목련 꽃의 성근 모습과 달리 속이 꽉 들어찬 듯한 느낌을 가졌다. 나무 전체의 모습, 즉 수형(樹形)도 그렇다. 투스톤목련은 여느 별목련처럼 크게 자라지 않지만 전체적으로 둥근 모습으로 자란다. 모난 데 없이 순박한 우리 시골 처녀가 예쁘게 성장한 모습을 떠올릴 만하다. 나무 전체에 한가득 꽃을 피워 올린 모습은 한 번 보면 잊지 못할 만큼 인상적이다.

투스톤목련은 오기 케르(Augie Kehr) 박사라는 식물학자가 이름을 붙였다. 나무에 붙인 이름치고는 좀 생뚱맞지 싶은 '두 개의 돌멩이(Two Stone)'

▲ 둥근 수형으로 자라는 투스톤목련. 꽃잎은 15장 정도 달리며, 꽃 모양은 별목련을 닮았다.

에는 이런 이야기가 전한다. 케르 박사가 이 나무에 이름을 붙이려 할 때 적당한 이름이 떠오르지 않아 잠시 뒤로 미루기로 했다. 그는 주변에 있는 돌 두 개를 주워 나무 옆에 표시했다고 한다. 그때 그 돌이 나무와 잘 어울린다고 생각했고, 박사는 나중에 '두 개의 돌멩이'라는 독특한 이름을 붙였다고 한다.

백목련의 도도한 자태에 비해 조금은 헐렁하게 피어나는 우리 나무 목련! 우리는 어쩌면 오래도록 중국산 백목련의 슬프듯 화려한 아름다움에 도취해 우리 꽃의 소중함을 잊고 있었는지 모른다. 마치 한없이 낮게 보이는 제 부모를 스스로 부정하는 어리석음을 범하는 '가족 로망스'처럼.

우리보다는 일본에서, 그리고 외국에서 더 많이 사랑받는 우리 나무를 이제는 우리가 더 소중하게 아끼고 사랑해야겠다. 못났어도 나를 낳고 길러준 나의 아비와 어미는 언제까지라도 나의 영원한 부모다. 부정한다고 부정될 수 없는 게 우리 부모이듯, 조금 못났어도 우리의 목련은 언제까지라도 바로 우리 땅에서 우리를 낳고 길러준 우리의 토종이다.

북향의 전설

봄꽃 가운데에는 잎 나기 전에 꽃봉오리를 여는 식물이 적지 않다. 그런 꽃들은 잎이 무성할 때 피어나면 더 싱그럽고 아름답지 않을까 하는 공연한 생각에 아쉬움이 남는다. 4월 천리포수목원의 상징인 목련의 꽃은 크고 화려한 탓에 잎 없이 피어나는 여느 꽃들에 비해 그 아쉬움이 훨씬 크다. 심지어는 슬픔의 이미지를 담은 꽃으로 여겨지기까지 한다. 한꺼번에 화려하게 피었다가 지나치게 빨리 낙화한다는 것도 목련의 이미지에 처연함을 더하는 이유다.

따사로운 봄 햇살 마주하고 피어나는 목련 꽃에는 별난 특징이 있다. 대부분의 꽃송이들이 한쪽 방향으로 틀어져 있다는 것이다. 만일 꽃송이가 틀어진 방향이 햇살 따뜻한 남쪽이라면 대단한 특징이라 할 것도 아니다. 대개의 식물들이 해를 바라보며 자라는 건 본성이니까. 그러나 목련은 이상스럽게도 찬바람 불어오는 북쪽을 바라보고 피어난다. 목련이 여러 별칭 가운데 북향화(北向花)라는 이름을 얻게 된 것도 그런 까닭에서다.

꽃이 북쪽을 향해 피어나는 데에는 이유가 있다. 목련은 여느 식물과 달리 가을부터 겨울 내내 꽃봉오리를 키운다. 한 송이 아름다운 꽃을 피우기 위해 목련은 오랫동안 차근차근 준비하는 것이다. 추위를 이기기 위해 목련 꽃봉오리는 뽀얀 솜털을 가득 덮은 채 겨울을 난다. 겨울잠을 자는 듯 고요하지만 이미 맺힌 꽃봉오리는 조금씩 자라난다. 작은 꽃봉오리지만, 햇살 닿는 남쪽과 북쪽 꽃잎의 자람은 서로 다를 수밖에 없다. 자연스레 남쪽에서 햇살을 바라보며 겨울을 보낸 꽃잎이 더 튼튼하고 잘 자라게 된다. 매우 작은 차이지만, 서너 달이나 계속되는 자람의 차이는 꽃봉오리가 열리는 4월에 이르러 뚜렷한 차이를 보이게 된다.

꽃봉오리를 열게 되면, 남쪽의 꽃잎은 튼실하기 때문에 꼿꼿이 설 수 있지만, 북쪽의 꽃잎은 남쪽에서 피어나는 꽃잎의 힘에 밀려 비스듬히 눕게 된다. 결국 목련 꽃이 북쪽을 향해 피어나는 것이 아니라, 남쪽의 꽃잎을 축으로 하여 북쪽으로 기울어진 것이다.

환하게 피어난 목련 꽃이 일제히 한 방향을 바라보고 피어난 모습은 마치 누군가를 향한 그리움에 안간힘 쓰는 듯한 애절한 분위기다. 게다가 그토록 탐스러운 꽃송이의 화려한 개화에도 불구하고 잎 하나 돋아나지 않았다는 게 처연하게 느껴질 수밖에 없다. 화려하고 아름답기 때문에 더 슬퍼 보인다는 이야기는 목련 꽃을 두고 하는 이야기이지 싶다.

목련에 얽힌 전설은 이런 별난 점에 기대어 만들어졌다. 대부분의 전설이 그렇게 꽃의 생김새와 특징에 빗대어 이뤄진다. 목련의 전설은 슬프면서도 화려한 꽃의 분위기와 북쪽을 바라보고 피어난다는 남다른 특징에 꼭 맞춘 이야기다. 못 다 이룬 슬픈 사랑 이야기다. 어쩌면 잎 나기 전에 화려한 꽃이 화들짝 피었다가, 아쉬움이 오래 남을 만큼 빠르게 낙화하는 특징까지 보탠 이야기일 수 있다.

▲ 불꽃목련 꽃봉오리. 목련은 다른 식물과 달리 겨울에 꽃봉오리를 키운다.

사람과 신(神)의 사랑이 가능하던 아주아주 옛날의 일이다. 어느 한 나라의 임금에게 외동딸인 공주가 있었다. 공주는 백옥처럼 아름다운 얼굴과 몸을 가졌으며, 마음씨 또한 비단결처럼 고왔다. 공주의 미모와 마음씨에 넋을 빼앗긴 젊은 청년들은 너 나 할 것 없이 공주를 사모했다. 하지만 공주는 북쪽 바다에 살면서 그곳 바다를 다스리는 신만을 사랑했다.

그러던 어느 날, 공주는 왕국을 몰래 빠져나와 자신의 마음이 가는 대로 먼 북쪽 바다를 찾아갔다. 천신만고 끝에 애끓는 사랑을 찾아갔지만, 북쪽 바다의 신은 이미 혼인한 뒤였다. 공주는 뒤늦은 사랑이었음을 깨닫고 슬퍼했다. 실연의 아픔을 견디지 못한 공주는 그대로 성난 바다 물결에 몸을 던지고 말았다.

북쪽 바다의 신은 자신과의 사랑을 이루지 못해 공주가 꽃다운 나이에 목숨을 버린 사실을 알았지만, 별다른 도리가 없었다. 공주를 가엽게 여긴 신은 양지바른 곳에 공주의 슬픈 시신을 묻어주고 넋을 달래는 수밖에 없었다. 그러고는 시간이 지날수록 공주의 죽음이 안타까웠던 신은 급기야 모든 사랑의 인연을 끊기로 작정하고, 아무 죄도 없는 아내에게 극약을 내렸다. 죄 없이 죽어간 그의 아내는 죽은 뒤 공주의 무덤 곁에 묻혔다.

한편 공주가 왕궁을 빠져나간 사실을 안 임금은 신하들을 시켜 공주의 행방을 수소문했다. 임금은 공주가 북쪽 바다의 신을 찾아 먼 길을 떠난 뒤 이루지 못할 사랑에 회의해 스스로 목숨을 끊었음을 알게 됐다. 북쪽 바다의 신이 자기 아내의 목숨까지 거둬들였음을 알게 된 임금은 가엾은 두 여인의 무덤에 꽃이라도 피어나기를 빌었다.

얼마 뒤 공주의 무덤가에서는 살아생전에 공주의 모습을 닮은 하얀 꽃이 피어났고, 신의 아내가 묻힌 무덤가에서는 붉은색 꽃이 피어났다. 임금의 기원이 이뤄진 것이다. 백목련과 자목련이 바로 그 꽃들이다. 한 남자를 사랑했다는 이유로 죽음을 맞이했던 두 여인의 넋은 무덤가의 나무가 되어서까지도 북쪽 바다의 신을 그리워하는 마음을 거두지 못했다. 목련 꽃이 북쪽을 바라보고 피어나는 이유다.

목련 종류

목련은 1억 4000만 년 전인 백악기 때의 화석에서도 발견될 만큼 오래된 식물이다. 그 종류 또한 대단히 많다. 세계적으로는 200종이 넘는데, 여기에 끊임없이 선발하는 새 품종까지 합하면 그보다 훨씬 많은 종류가 있는 셈이다.

천리포수목원은 목련과의 나무 수집에서 세계적으로도 널리 알려진 곳으로 400여 종류의 목련을 한꺼번에 비교하며 관찰할 수 있는 수목원이다. 이 정도 규모라면 세계적으로도 최고 수준이다. 1997년 천리포수목원에서 국제목련학회 총회가 열렸던 것도 그런 까닭에서다.

천리포수목원의 다양한 목련을 일일이 알아두려면 긴 시간이 필요하겠지만, 봄날의 천리포수목원을 찾아서 효과적으로 나무를 관찰하기 위해서는 목련에 관한 몇 가지 정보를 알아두고 가는 게 좋지 싶다. 워낙 생소한 식물이 많은 천리포수목원 관람을 놓고, '천리포수목원 가이드와 함께하면 기쁨 세 배'라는 말은 그래서 유효하다.

자목련

킬린드리카목련

와다스메모리버들목련

다양한 목련 종류를 크게 나누어 우선 꽃의 빛깔로 구분해서 이야기할 수 있다. 목련의 꽃은 흰색과 붉은색이 대부분이다. 그 가운데 중국에서 들어온 흰색 꽃을 피우는 목련을 백목련이라 부르고, 붉은색 꽃을 피우는 목련을 자목련*Magnolia liliiflora* Desr.이라 부른다. 그런데 흰색 꽃을 피우지만 백목련과는 다른 품종인 킬린드리카목련*Magnolia cylindrica* E. H. Wilson이 있고, 다른 나무와의 교잡을 통해 선발한 품종도 여럿 있다. 이를테면 버드나무와 교잡을 통해 선발된 와다스메모리버들목련*Magnolia salicifolia* 'Wada's Memory'이 그것이다.

붉은색 꽃을 피우는 목련도 한가지로 이야기하기에는 종류가 여럿이다. 우선 색깔이 붉은색 계열일 뿐 굉장히 다양하다. 연분홍에서부터 분홍빛을 거쳐 보라와 자주 등 짙은 붉은빛을 가지는 경우가 있고, 꽃잎의 안쪽은 하얗고 바깥쪽이 붉은 대개의 붉은 꽃 목련과 달리 꽃잎의 안팎이 모두

▲ 흰색 꽃을 피우는 킬린드리카목련과 버드나무와 교잡을 통해 선발된 와다스메모리버들목련.

빨간빛을 가진 종류도 있다.

흔히 솔란지아나목련이라고도 부르는 릴리푸티안솔란지아나목련*Magnolia* x *soulangiana* 'Liliputian'의 꽃은 비교적 붉은색이 강하게 나타난다. 꽃잎을 가만히 보면, 바깥쪽은 보랏빛이 강하지만 안쪽은 거의 흰색이라 해도 될 만큼 환하다. 안팎이 다른 색임이 확실히 드러난다. 대부분의 자목련이 그런 식이다.

릴리푸티안 솔란지아나목련

역시 붉은색으로 꽃을 피우는 갤럭시목련*Magnolia* 'Galaxy'은 천리포수목원의 목련원 안에 가장 크고 우람한 모습으로 서 있는 목련이다. 이 큰 나무에 온통 붉은 목련 꽃을 활짝 피우면 잊기 어려운 장관을 이룬다.

갤럭시목련

다음으로는 우리나라의 다른 곳에서는 흔히 볼 수 없는 노란색 꽃의 목련이 있다. 백목련·자목련처럼 '황목련'이라고 불러야 할 목련이다. 꽃이 노란색이라는 것 한 가지만으로도 충분히 관심을 끌 만한 나무다. 물론

▲ 꽃잎 안팎의 색 차이가 뚜렷한 릴리푸티안솔란지아나목련.

노란 꽃을 피우는 목련 가운데에도 종류가 여럿 있다.

꽃의 색깔로 구분하는 외에 꽃잎의 생김새에 기대어 부르는 종류로는 앞에서 이야기한 별목련이 있다. 꽃 한 송이에 20장에서 40장의 가늘고 긴 꽃잎이 모여서 피어나는 종류들로, 별목련 안에서도 큰별목련으로 따로 나누어 부르는 종류도 있다. 굳이 따로 나누어 부르지는 않지만, 천리포수목원의 목련 가운데에는 꽃 한 송이의 지름이 40센티미터나 되는 목련도 있다. 모두가 화려한 꽃을 피운다는 점에서 목련은 봄의 대표적 상징임에 틀림없다. 그 밖에 여름에 꽃을 피우는 미국산 태산목과 태산목을 원종으로 한 여러 품종도 있다.

붉은 꽃 목련

백목련과 자목련의 차이를 이야기할 때 색깔 외에 자목련이 백목련보다 늦게 피어난다는 걸 말한다. 그러나 그건 우리가 흔히 보는 중국산 자목련과 백목련의 경우일 뿐 붉은 꽃을 피우는 목련이 모두 그런 건 아니다. 전반적으로 흰색 꽃의 목련이 붉은색 꽃의 목련보다 먼저 피는 종류가 많다는 이야기로 생각해야 한다. 천리포수목원의 여러 종류의 목련 가운데에는 붉은 꽃의 목련이 지고 난 뒤에 피어나는 흰 꽃의 목련도 있다. 물론 전체적으로 붉은색 목련 꽃이 늦게 피어나는 건 맞다.

워낙 종류가 많다 보니, 천리포수목원에서 목련 꽃을 만날 수 있는 시간은 꽤 긴 편이다. 하나하나의 나무들이 꽃을 피우는 시간은 짧지만, 다양한 목련들이 조금씩 시간차를 두고 꽃을 피우기 때문이다. 하긴 한겨울에도 꽃을 피우는 목련이 있을 정도니 오죽하겠는가.

다양한 천리포수목원의 붉은 꽃 목련 가운데 가장 인상적인 목련으로는 불꽃목련*Magnolia* 'Vulcan'(Liliiflora hybrid x 'Lanarth')•을 빼놓을 수 없다. 큰연못을 중심으로 빅버사큰별목련의 맞은편, 민병갈기념관 맞은편 가장자리에 서 있는 자그마한 나무다.

불꽃목련

• 〈국가표준식물목록〉에서는 목련 '벌컨'으로 표기했고, 그동안 천리포수목원에서는 목련 '불칸'이라 표기했다. 최근 마련한 〈천리포수목원 식물명 국명화 기준안〉에 따라 불꽃처럼 붉게 피어나는 이 꽃의 특징을 이름에 채택했다.

불꽃목련의 품종명인 벌컨(Vulcan)은 화산을 뜻하는 'vulcano'의 어원인 그리스어다. 그러고 보니 불꽃목련의 꽃은 화산처럼 붉다고 표현해야 맞을 듯하다. 어쩌면 자목련을 떠올릴지 모른다. 그러나 우리가 흔히 자목련이라 부르는 나무와는 차이가 적지 않다. 중국에서 들어온 자목련의 꽃은 꽃잎의 바깥쪽이 짙은 자주색이지만, 안쪽으로 들어가면 그 색이 연해진다. 그러나 불꽃목련은 다르다. 불꽃목련의 꽃은 속 깊은 곳까지 붉다. 게다가 색깔도 다른 자목련에 비해 훨씬 짙다. 안팎의 색깔이 똑같을 뿐 아니라, 씨방이 있는 안쪽 깊은 곳까지 똑같이 붉다.

천리포수목원의 설립자인 민병갈 원장님은 이 불꽃목련을 유난히 좋아했다. 그분은 나무라 하면 가리지 않고 죄다 좋아했지만, 그 가운데에 이 나무를 유난히 아꼈다. 어느 신문 인터뷰에서 민병갈 원장님은 나무라면 다 좋아한다고 이야기하다가 잠시 머뭇거린 뒤 "그런데 칡은 싫어요. 다른 나무들을 못살게 구니까요"라고 이야기한 적이 있기도 하다.

민병갈 원장님에게 남다른 아낌을 받고 자란 나무여서인지, 그분이 돌아가시던 2002년에는 나무에 꽃이 제대로 피어나지 않았다. 그분이 돌아가신 때가 불꽃목련이 꽃을 피우기 직전인 4월 8일이었다. 한창 꽃을 피워야 할 불꽃목련은 설립자의 죽음을 함께 슬퍼했던 것이지 싶다. 평소에는 화려하게 봄을 밝히는 목련인데, 그해는 참! 알 수 없는 야릇한 일이다.

스위트하트목련

불꽃목련 주변에는 불꽃목련과 또 다른 붉은 꽃의 목련이 있다. 길가 담장에 서 있는 스위트하트목련*Magnolia* 'Sweetheart'이라는 예쁜 이름의 목련이다. 이 목련은 천리포수목원의 봄 풍경을 수목원 바깥에서도 바라볼 수 있게 하는 아름다운 꽃인데, 꽃송이가 탐스러워서 유난히 눈길을 모은다. 한 송이의 지름이 적어도 30센티미터를 넘어설 정도로 크다. 이 꽃은 불꽃

▲ 민병갈기념관 맞은편 가장자리에 서 있는 불꽃목련. 꽃 색깔이 다른 자목련에 비해 훨씬 짙고, 꽃 속 깊은 곳까지 붉은 것이 특징이다.

목련의 꽃과 달리 꽃잎의 바깥 면은 연한 보랏빛을 띠지만 안쪽은 하얀색을 띤다. 대개의 붉은 꽃 목련과 같은 특징이다.

수잔목련

붉은 꽃 목련 가운데 유난히 눈길을 끄는 나무로 수잔목련*Magnolia* 'Susan'이 있다. 이 목련은 특히 꽃봉오리 상태일 때가 치명적으로 매혹적이다. 꽃봉오리 표면에 드러나는 붉은빛은 거의 검은빛에 가깝다고 할 만큼 짙다. 붉은색이 지나치게 짙은 장미 꽃을 흑장미라고 이야기하듯, 수잔목련은 흑목련이라고 불러야 할 정도다.

그러나 꽃봉오리가 검다고 할 정도인 것에 비하면, 꽃잎을 열었을 때

▲ 지름 30센티미터가 넘는 스위트하트목련 꽃.

의 색깔이 그리 붉은 편은 아니다. 대개의 붉은 꽃 목련과 마찬가지로 수잔목련도 꽃잎의 바깥쪽은 붉지만 안쪽은 하얗다. 그런 까닭에 안쪽의 하얀색을 감추고 꽃봉오리만 맺었을 때의 붉은색과는 전혀 다른 느낌이다. 속내를 감추고 바깥 부분의 붉은 꽃잎만 여러 장 겹쳐서 드러냈을 때와 달리 환한 보라색으로 화려한 정도다.

제인목련

수잔목련에서 3~4미터 떨어진 곳에는 또 다른 붉은 꽃 목련인 제인목련*Magnolia* 'Jane'이 한 그루 있다. 선발한 품종의 품종명에 사람 이름을 붙이는 경우는 적지 않은데, 마침 수잔과 제인이 사이좋게 마주 보며 서 있다는

▲ 5월 중순경 꽃을 피우는 수잔목련과 제인목련.

게 재미있다.

수잔목련의 꽃봉오리가 무척 짙은 색이어서 인상적이었던 것처럼 제인목련 꽃봉오리 역시 무척 붉다. 그리고 꽃잎을 활짝 열었을 때에는 수잔목련보다 붉은 편이다. 그래서 꽃봉오리 상태에서 수잔목련이 눈길을 빼앗았다면, 꽃이 활짝 피어난 뒤에는 자연스레 제인목련의 강렬한 보랏빛으로 눈길이 옮겨간다. 이 두 목련은 여느 목련들에 비해 개화기가 늦은 편이어서 늦봄 햇살이 따가울 즈음에도 볼 수 있다. 물론 기후변화에 따라 시기의 차이는 생기겠지만, 대개 5월 중순에도 이 꽃을 볼 수 있다.

황목련

천리포수목원의 다양한 목련 가운데 가장 인상적인 나무는 아무래도 노란색 꽃을 피우는 황목련이다. 봄에 천리포수목원을 찾은 관람객들은 누구나 이 노란 목련의 인상을 매우 강렬하게 간직한다. 흔치 않은 목련으로 천리포수목원 외의 다른 곳에서는 보기 어려운 때문이다.

엘리자베스목련

황목련 가운데 천리포수목원에서 가장 잘 자란 목련은 엘리자베스목련*Magnolia* 'Elizabeth'이다. 아직은 일반인에게 개방하지 않은 공간인 목련원의 언덕 위 가운데 자리를 차지하고 있는 멋진 나무다. 엘리자베스목련을 비롯해 노란색으로 꽃을 피우는 목련은 많이 있다. 황목련은 20년 전쯤 우리나라에 들여오기 시작해 최근에는 다른 몇몇 수목원에서도 이 나무를 수집해 키우고 있다.

대개의 황목련은 5월 되어야 나뭇가지에 잎이 나면서 서서히 꽃잎을 여는데, 엘리자베스목련은 조금 이른 시기에 잎보다 먼저 꽃을 피운다. 잎이 나기 전에 꽃을 피우는 백목련과의 교배를 통해 선발한 품종이어서 백목련의 특징을 이어받은 것이다. 엘리자베스목련을 처음으로 선발한 건 미국 뉴욕의 브루클린 식물원에서 잎보다 먼저 꽃이 피어나게 하려고 백목련을 이용한 것이다.

엘리자베스목련의 꽃 모양은 백목련과 비슷하다. 꽃잎이 6장인 것도 그렇고, 꽃잎 하나하나의 모양도 그렇다. 물론 꽃잎 안에 감춰진 꽃술 또한 백목련을 닮았다. 꽃잎의 색깔이 노랗다는 것만 다르다. 전체적인 수형도 백목련처럼 크게 자란다. 그런데 꽃잎의 색깔이 뜻밖이어서 천리포수목원에서 엘리자베스목련을 보는 건 행복하고도 특별한 일이다.

노란색 꽃을 피우는 목련들은 대부분 잎과 함께 꽃을 피운다. 그러다 보니 개화 시기도 다른 목련에 비해서 훨씬 늦은 편이다. 대개는 하얀 목련이 가장 먼저 꽃을 피우고 뒤를 이어 붉은색 목련이 꽃을 피우는데, 황목련

▲ 엘리자베스목련. 백목련과 교배해서 선발한 품종이기 때문에 잎이 나기 전에 꽃을 피우는 등 백목련의 특징을 이어받았다.

은 그 뒤에야 비로소 꽃잎을 연다. 덧붙이자면 바닷가에 면한 탓으로 비교적 개화기가 늦은 천리포수목원의 목련 꽃은 서울 지역의 목련 꽃이 떨어질 즈음인 4월 말경에 개화하는 게 보통이다.

대개의 황목련 꽃의 노란색에는 초록색이 옅게 깔려 있어서 꽃잎을 열기 전에는 잎과 꽃을 구별하기가 애매할 수도 있다. 황목련의 노란색 꽃잎을 멀리서 보면 그냥 나뭇잎의 하나 아닌가 생각하게 된다. 노란색의 목련 꽃이 익숙하지 않은 까닭이겠지만 가까이에 다가가 관찰하면 잎사귀와 분명히 다른 노란 꽃이었음을 확인하고는 더 상큼하고 깊은 감동을 느끼게 된다.

골든걸
브로오클리넨시스목련

골든걸브로오클리넨시스목련*Magnolia x brooklynensis* 'Golden Girl'이라는 유치할 만큼 매혹적인 이름을 가진 목련도 그렇다. 분명히 꽃봉오리를 맺었건만, 바로 옆을 지나는 관람객들은 이 나무가 노란색 꽃을 피우는 희귀한 목련인 줄을 모르고 지나치기 십상이다. 하긴 골든걸브로오클리넨시스목련의 위치가 그리 눈에 띄는 자리가 아니기도 하다. 이 나무 양옆으로 천리포수목원의 명물인 빅버사큰별목련이 있으니, 자연스레 눈길은 빅버사큰별목련에 훨씬 더 오래 머물게 되는 까닭이다. 골든걸브로오클리넨시스목련은 빅버사큰별목련이 꽃잎을 다 떨어뜨린 뒤에 천천히 피어난다.

아이보리챌리스목련

황목련 종류들은 엘리자베스목련을 빼면 대부분 5월 들어서야 꽃을 활짝 피우지만, 개화 시기에 차이가 있어서 조금 먼저 꽃잎을 여는 종류도 있다. 이를테면 아이보리챌리스목련*Magnolia* 'Ivory Chalice'이 그렇다. 이름에 드러나듯이 노란색이라기보다는 아이보리 색이라는 표현이 더 알맞춤한 나무다. 엘리자베스목련처럼 잎보다 먼저 꽃을 피우는 종류여서 개화가 빠른 편이다.

일본목련

여기서 잠깐, 황목련이라고 부를 때에 헷갈리지 말아야 할 것이 있다. 꽃의 빛깔이 노란색이라 해서 뭉뚱그려 황목련이라고 부르지만, 북한에서는 일본목련*Magnolia obovata* Thunb.을 황목련이라 부른다는 사실이다. 일본목련은 잎이 넓고 큰 키로 자라서 초여름에 하얀 꽃을 활짝 피우는 나무를 가리키는데, 사람들이 흔히 후박나무로 잘못 부르는 경우가 많다. 북한의 식물 용어를 혼동할 일은 그리 많지 않아도 알아둘 필요는 있다.

황목련은 흔히 볼 수 있는 식물이 아니다. 꽃이 예쁘고 특별해서 최근 들어 여러 식물원에서 여러 품종을 앞다퉈 갖춰 놓았고, 또 일부 조경회사를 통해 구할 수도 있게 됐다. 하지만 얼마 전까지만 해도 노란색 꽃의 목련은 천리포수목원에서만 볼 수 있는 명물이었다.

천리포수목원 목련의 품종 이름 가운데 'Yellow' 'Gold' 'Royal' 등의 이름이 들어간 나무들이 노란색 꽃을 피우는 황목련이다. 그러니까 같은 브로오클리넨시스 목련 종류라 하더라도 그 뒤에 붙는 품종 이름이 'Black Beauty'나 'Evamaria' 등은 붉은색의 꽃을 피우는 자목련 종류이고, 'Yellow Bird'나 'Golden Girl'은 노란색 꽃을 피우는 종류라는 이야기다.

천리포수목원은 비교적 식물의 표찰 관리를 꼼꼼히 하는 편이다. 다른 식물원이나 수목원과 비교해보면 유난하다 싶을 정도다. 많은 종류의 식물을 관리하려면 세심하게 신경 쓰지 않을 수 없는 부분이다. 물론 1만 5000 종류나 되는 식물을 관리해야 하는 천리포수목원에서는 당연히 해야 하는 일이기도 하다. 그래서 목련의 꽃이 피어나지 않은 때도 나무 앞의 표찰을 보면서 '아, 이 나무는 노란색 꽃을 피우겠구나' 하면서 짐작할 수 있다.

엘리자베스목련을 비롯한 황목련 종류가 꽃을 피우고 나면, 천리포수목원에 있는 대부분의 목련은 그 찬란했던 봄의 송가(頌歌)를 모두 마치는 셈이다. 그러면 자연스레 이 아름다운 수목원에도 여름 빛이 찾아든다.

아쉬운 낙화

대부분의 목련은 꽃이 화려하고 아름답지만, 꽃이 피어 있는 시기가 짧다는 걸 목련 애호가들은 가장 아쉬워한다. 낙화의 아쉬움을 달래기 위해 식물학자들은 목련의 개화 시기를 조금이라도 늘리려는 여러 시도를 했다. 천리포수목원에 있는 목련 가운데 리틀젬태산목*Magnolia grandiflora* 'Little Gem'

이 그런 나무다. 리틀젬태산목은 7월부터 12월까지 오래도록 꽃이 피어나게 선발한 품종으로, 원종인 태산목과 함께 나중에 따로 소개한다. 이들은 목련 종류 가운데에 여름에 꽃을 피우는 특별한 나무다.

목련을 떠올리면 낙화의 아쉬움이 떠오르는 건 어쩔 수 없다. 그래서 목련 꽃 피는 봄이면 마음이 늘 '안절부절'이다. 개인적으로 목련을 좋아해서 그동안 펴낸 어떤 책의 지은이 소개 글에는 '목련을 좋아하는 고규홍은'이라고 시작하기도 했다. 또 《나무가 말하였네》라는 책에서는 목련에 대한 심정을 고스란히 드러내기도 했다.

> 내게 목련은 가난했던 어린 시절의 남루를 그려낼 수 있는 대표적 오브제다. 내가 살던 가난한 동네에는 한 여자고등학교가 있었다. 가톨릭 재단에 속해 있던 그 학교 화단에 서 있는 목련 두 그루가 떠오른다. 운동장 가장자리에 있는 화단인데, 한편에는 순백의 성모마리아 상이 있고, 그 양옆으로 목련이 한 그루씩 서 있었다.
>
> 목련의 꽃봉오리가 열릴 때쯤 여고생들은 목련 앞에서 축제를 했다. 늦은 밤 촛불을 켜 들고 목련 앞에서 벌이는 여고생들의 축제. 바라보기만 해도 설레는 '누나'들의 축제 뒷자리에서 나는 촛불에 비친 그녀들의 말간 얼굴을 목련과 동일시했다. 당시 여고생들이 부르는 축제의 고유한 이름이 있었겠지만, 나는 여태 그걸 '목련 축제'로 기억한다. 여고생들과 어우러진 그 목련 축제는 오래도록 잊히지 않는 내 어린 시절의 풍경이다.
>
> 그때 그 목련 꽃만큼 아름다운 목련은 내 생애 어디에서도 찾을 수 없다. 돌이켜보면 크거나 유난히 아름답지도 않은 나무였지만, 지천명(知天命) 가까운 나이에 이른 지금도 목련만 보면 그때 그 여자고등학교, 그 목련이 떠오른다.

또 목련 꽃을 한참 바라보고 있노라면 꽃잎 위로 그때 그 여고생들의 말간 얼굴들이 실루엣 되어 떠오른다.

슬프리만큼 아름답게 피어났던 목련 꽃, 심히 아름다웠던 탓일까? 누구라도 목련을 이야기하면 필경 그의 낙화에 안절부절못하면서, 그 참혹함에 혀를 끌끌 차게 마련이다. 목련 꽃 지는 소리 듣는 밤은 그래서 참담하다.

- 고규홍, 《나무가 말하였네》 중에서.

긴 겨울 추위를 이겨내고 피어나는 새빨간 꽃

동백나무 | 애기동백나무

천리포수목원의 동백나무

동백나무

동백나무 꽃이 겨울 가고 봄 오는 소리의 모든 것을 담고 있는 것도 아닌데, 봄바람이 대기에 스밀 즈음이면 동백나무*Camellia japonica* L. 소식에 마음과 몸이 달아오른다. 남녘에서는 이미 1월 들어서면서부터 한 송이 두 송이 입을 연 동백나무 꽃 소식도 들려온다. 천리포수목원 숲에서도 봄볕 따스해지면 동백나무의 안부가 가장 궁금해진다. 동백나무 꽃은 원색이 없는 겨울을 보내고, 새빨간 빛으로 활짝 피어나는 꽃이어서 더 설렌다. 하얀 겨울과 새빨간 꽃! 그 극단의 대비에 본능적으로 끌리게 마련이다.

천리포수목원의 동백나무 꽃들은 4월 되어야 천천히 피어난다. 동백나무도 여러 품종이 있어서 개화 시기는 저마다 조금씩 차이가 있다. 천리포수목원에는 300여 종류의 동백나무가 옹기종기 모여 자란다. 색깔과 생김새도 다양하다. 목련과 함께 천리포수목원을 대표하는 식물인 동백나무는 대부분 목련 꽃이 한창일 때 함께 피어난다.

▲ 킥오프동백나무의 꽃봉오리.

킥오프동백나무

3월 들어서면서부터 몽실몽실 꽃봉오리를 피워 올리긴 했지만 4월 초에는 아직 꽃 피우기에 이르다. 저러다가 한 송이가 꽃잎을 열면 다른 꽃봉오리들도 일제히 꽃잎을 연다. 이즈음에는 꽃봉오리 틈새로 비어져 나온 꽃잎의 속살을 찾으며 봄의 설렘을 느껴보아야 한다. 사진의 꽃봉오리는 킥오프동백나무*Camellia japonica* 'Kickoff'다. 꽃잎에 붉은 기운이 전혀 들지 않았다. 그저 시늉만 꽃봉오리인 채다. 모양은 갖추었지만, 아직 꽃봉오리가 열리려면 더 따뜻한 햇살, 더 많은 공기와 물이 필요하다.

천리포수목원의 목련이 그렇듯 동백나무 관찰도 꽃봉오리에서부터 시작된다. 남녘에서 동백나무의 개화 소식이 들릴 즈음이면 천리포수목원에

▲ 높이 60센티미터로 자라 하얀 꽃을 피우는 에델바이스동백나무.

서는 고작 꽃봉오리에 토실토실 물이 오르는 정도이기 때문에 조금 게을러도 동백나무 꽃봉오리를 살펴볼 수 있다.

에델바이스동백나무

키 작은 에델바이스동백나무*Camellia japonica* 'Edelweiss'는 천리포수목원의 관람로 초입 언덕에 자리 잡고 있기에 꽃봉오리가 솟아오르면 자연스레 눈길이 머물게 된다. 에델바이스동백나무는 참 작은 나무다. 잘 자라야 3미터까지 자란다고 하지만 천리포수목원의 이 나무는 고작 60센티미터밖에 안 된다. 키는 작디작지만, 이른 봄에 하얗게 피어나는 꽃송이는 여느 동백나무 못지않게 화려하다. 하얀 겹꽃의 꽃송이가 큼지막해서 때로는 불균형하게 느껴지고, 가까이 다가서서 보살펴주어야만 할 듯한 애절함이 있다. 전

▲ 겹꽃으로 분홍색 꽃을 피우는 아베마리아동백나무.

체적인 몸피가 작아서인지 꽃봉오리가 더 크게 느껴진다.

아베마리아동백나무

에델바이스동백나무의 꽃봉오리가 통통하게 부풀어오를 즈음, 서둘러 꽃송이를 여는 동백나무가 아베마리아동백나무*Camellia japonica* 'Ave Maria'다. 아마도 천리포수목원의 많은 동백나무 가운데 가장 먼저 꽃잎을 열기 시작하는 나무다. 아베마리아동백나무는 우리 토종 동백나무의 꽃과는 확연히 다른 분홍색으로 피어난다. 색깔뿐 아니라 꽃잎의 모양도 다르다. 동백나무는 꽃잎 5~7개가 밑에서 하나로 합쳐진 형태로 피어나지만, 아베마리아동백나무는 그보다 훨씬 많은 꽃잎을 가진 겹꽃이다. 하나의 꽃송이 안에 빼곡히 자리 잡은 맑은 분홍색의 음전한 꽃잎이 드러낸 조형미가 더할 나위 없이 아름답다. 자연의 아름다움을 놓고 수학의 피보나치수열을 이야기 할 경우, 빼놓을 수 없는 대표적 사례가 될 수 있을 것이다. 아베마리아동백나무의 키는 2미터가 채 되지 않는다. 어른 키에 맞먹는 나무이고, 줄기도 그리 굵지 않다.

아베마리아동백나무의 개화를 신호로 천리포수목원 숲의 동백나무들이 차츰 짙은 붉은빛으로 혹은 티 없이 맑은 흰빛으로 또 흰 바탕에 자줏빛 무늬를 아로새긴 형태로 꽃을 피운다.

관상용으로 키우는 동백나무는 세계적으로 250여 종류가 있을 뿐 아니라 새로 선발해낸 품종까지 포함하면 헤아리기 힘들 만큼 많다. 영국왕립원예학회 홈페이지(http://www.rhs.org.uk)에서 'camellia'라는 키워드로 검색되는 식물은 2014년 현재 무려 1641종류다. 그것도 수시로 늘어나서 독자들이 이 글을 읽을 때에는 더 많은 종류가 검색될지도 모른다. 전 세계 모든 사람들이 사랑하는 나무라는 증거다.

개화보다 신비로운 낙화

동백나무는 흔히 낙화가 아름다운 나무라고 이야기한다. 무엇보다 꽃잎이 한 잎 한 잎 나뉘어 떨어지지 않고, 가운데에 풍성한 노란 꽃술을 품은 빨간 꽃송이가 채 시들기도 전에 통째로 후드득 떨어진다. 이즈음 동백나무 주변에 싱그러움을 간직한 채 나무 그늘에 떨어져 누운 빨간 꽃송이를 보는 마음은 처연할 수밖에 없다.

보는 사람마다 느끼는 감정이야 서로 다르겠지만, 동백나무는 그 화려한 색깔과 모양에도 불구하고 반드시 행복한 이미지만은 아닌 듯하다. 빛깔도 빛깔이지만, 바로 처연한 낙화 때문이다. 새로 피어난 꽃의 꽃잎도 시들지 않고, 꽃잎 가운데의 노랑 꽃술들이 여전히 싱그러운 채로 후드득 떨어지는 낙화는 많은 느낌을 준다. 그래서 우리나라만 하더라도 지역에 따라서 동백나무 꽃의 낙화를 상서롭게 보기도 하지만 매우 불길한 징조로 보는 지역도 있다.

특히 우리 근대사 속의 상처가 깊은 제주도 지역에서는 동백나무 꽃의 낙화를 무척 불길하게 여긴다. 마치 사람의 목이 툭 떨어지는 듯한 최악의 상황을 떠올리는 것이다. 예기치 못한 불길함을 뜻하는 '춘수락(椿首落)'이라는 말도 그렇게 동백나무 꽃의 낙화에 빗댄 표현이다. 여기에 춘(椿)은 참죽나무를 뜻하는 한자이지만 일본에서는 동백나무를 표현하는 한자로 쓰기도 했다.

천리포수목원의 봄 숲길에서는 동백나무 꽃의 낙화를 푸짐하게 감상할 수 있다. 때로는 조붓한 길 위에 발을 디디기 어려울 정도로 틈을 남기지 않고 낙화한 동백나무 꽃이 길을 막을 때도 있다. 특히 해안전망대 구역에서 개잎갈나무가 서 있는 언덕을 넘어 호랑가시나무원 쪽으로 난 산책로 곁에 서 있는 동백나무는 어느 해에나 풍성하게 꽃을 피우고 한꺼번에 빨간 꽃을 떨어뜨려서 길을 막는다. 가던 길을 멈추고 동백나무 낙화의 절정을 즐길 수 있는 곳이다.

이즈음에 숲길을 산책하다 보면, 예상하지 못한 자리에서 동백나무 꽃을 발견할 때도 있다. 주변에 분명 동백나무가 없는 곳임에도 불구하고 몇 송이의 새빨간 동백나무 꽃을 발견할 수 있다. 동백나무 꽃의 낙화를 한참 아끼며 바라보던 관람객들이 떨어진 꽃을 주워 들고 다니다가 생뚱맞은 자리에 내려놓은 것이다.

나뭇가지 위에 피어 있는 생생한 꽃송이는 아니지만, 낙화한 꽃이라 해도 분명 제자리가 있다. 동백나무에서 떨어진 꽃은 동백나무 그늘이 가장 잘 어울린다. 떨어져 수명을 다한 꽃송이라 하더라도 그 자리를 옮겨놓는 일은 없어야겠다.

꽃가루받이와 조매화 전설

동백나무의 유난스러운 특징 가운데 하나는 꽃가루받이에도 있다. 세상의 모든 식물이 그렇듯 동백나무도 자손을 널리 퍼뜨리기 위해 꽃을 피우고 씨앗을 맺는다. 씨앗을 맺기 위해서는 튼실한 암술과 수술이 필수다. 암술과 수술의 혼례를 도와줄 중매자를 불러 모으기 위해서는 화려한 매무새와 매혹적인 향기도 필요하다.

모든 꽃은 자신의 빛깔과 향기에 맞는 수단을 끌어들여 꽃가루받이를 이루고 떨어진다. 꽃가루받이를 이루어 씨앗을 맺게 된 꽃은 더 이상 존재해야 할 이유가 없기 때문이다. 사람의 눈을 즐겁게 하기 위해 피어난 게 아닌 까닭에 낙화는 사람의 뜻과 무관하다. 그래서 오랫동안 꽃을 보기 위한 전시 온실에서는 낙화를 늦추기 위해 곤충이 들어오지 못하게 막는 경우도 적지 않다고 한다. 혼례를 치를 때까지 남아 있어야 하는 꽃의 본능을 이용하는 것이다.

수분 곤충이 많지 않은 겨울에 피어난 꽃의 꽃가루받이는 쉽지 않다. 하릴없이 벌이나 나비 대신 파리를 불러 모으는 팔손이 같은 나무도 있고, 아예 오지 않는 곤충을 기다리지 않고 바람을 이용해 꽃가루받이를 이루는 식물도 있다.

▲ 킥오프동백나무 꽃술. 동백나무는 동박새나 직박구리가 수술 꽃가루를 암술머리에 옮겨주어 꽃가루받이를 하는 조매화다.

겨울에 피어나는 동백나무 꽃은 곤충도 바람도 아닌 새를 중매자로 선택했다. 동박새라는 깃털이 아름다운 텃새다. 눈 가장자리의 하얀 테두리가 선명해 백안작(白眼雀)이라는 이름으로도 불리는 동박새는 몸길이가 11.5~12.5센티미터밖에 되지 않는 작은 새다. 동백나무는 꽃송이 안에 동박새가 좋아하는 꿀을 채우고, 동박새는 꽃에서 겨울 양식을 실컷 챙기면서 동백나무의 꽃가루받이를 돕는다.

동박새는 주로 자기보다 작은 곤충이나 다래, 머루, 버찌, 산딸기 등 나무 열매를 먹지만 겨울에는 동백나무 꽃의 꿀을 먹고산다. 동박새는 향기가 없는 동백나무 꽃의 수분을 이뤄주면서 자신의 먹이를 얻는다. 천리포수목원의 숲에도 동박새가 자주 놀러 오지만, 조심성이 많은 새여서 보기는 쉽지 않다. 크기도 작지만, 사람의 흔적이 있으면 어디론가 금세 사라진다. 어쨌든 동백나무는 벌이나 나비가 아니라 새가 수술의 꽃가루를 암술머리에 옮겨주는 조매화(鳥媒花)라는 이야기다.

이 같은 특징에 기대어 전해오는 옛이야기가 있다. 옛날에 욕심 많고 성격이 포악무도한 임금이 있었다. 그에게는 임금 자리를 물려줄 아들이 없었다. 자연히 임금 자리는 동생의 아들인 조카에게로 이어지게 될 상황이었다. 그런데 임금은 조카에게 권좌를 물려주는 게 싫었다. 그래서 두 명의 조카를 죽여 없애려 했다. 지독한 일이다. 낌새를 알아챈 임금의 동생은 사랑하는 두 아들을 임금의 눈에 띄지 않을 먼 곳으로 떠나보내고, 두 아들을 닮은 다른 소년을 데리고 살았다. 일단 봉변을 모면해보자는 미봉책이었다.

그러나 임금은 동생의 꾀를 금세 알아차리고는 신하들을 시켜서 두 조카를 찾아내게 했다. 임금은 신하의 손에 붙들려 온 조카들을 꿇어앉힌 뒤 임금을 속이려 한 죗값을 치러야 한다고 했다. 그가 내린 벌은 참으로 잔인무도했다. 자신의 동생인 두 조카의 아버지에게 큰 칼을 내리며 아들들의 목을 베라고 명령을 내렸다.

하지만 세상에 자식을 자기 손으로 죽일 수 있는 아비가 어디 있겠는가. 임금의 동생은 제 손으로 두 아들을 죽이느니 차라리 자신의 목숨을 버리는 게 낫다고 생각하고는 아들이 아니라 자신의 가슴을 칼로 찌르고 그 자리에 쓰러졌다. 붉은 피를 흘리며 쓰러진 아버지를 바라보며 놀라움과 두려움에 질린 두 아들은 그 순간 새로 변하여 하늘로 날아갔다.

두 마리의 새가 날아간 하늘에서는 천둥번개가 내리쳤고, 동생의 가족을 무참히 짓밟으려 했던 임금은 그 자리에서 벼락에 맞아 죽었다. 피바다가 된 그곳, 임금의 동생이 붉은 피를 흘리며 죽은 자리에서는 얼마 뒤 한 그루의 나무가 자라났고, 그 나무에서는 피처럼 붉은 꽃이 피어났다. 동백나무였다.

나무가 점점 자라자 아무도 모르게 나무 주위에는 사람들의 눈을 피해 작은 새 두 마리가 나타나 지극정성으로 나무를 보살폈다. 그건 바로 자신들의 목숨을 지키기 위해 눈앞에서 붉은 피를 흘리며 죽어간 아버지의 죽음을 어쩌지 못했던 두 아들이 변한 새였다. 이 새가 바로 동박새다.

동백나무의 이름

동백나무의 학명은 *Camellia japonica* L.이다. 생물학에서 학명을 표기할 때에는 이탤릭체로 표기한다. 일일이 이탤릭체로 표기하는 게 번거로울 때가 많지만, 이는 세계 공통의 원칙이다. 원칙적으로는 최초의 명명자 이름까지 포함해서 적어야 하지만 워낙 길어질 경우 명명자를 빼고 표기하기도 한다. 새로 선발한 품종의 경우 학명 뒤에 품종명을 명기하는데, 품종명은 작은따옴표 안에 넣어 표기하되 이탤릭체로 표기하지 않는다.

동백나무의 학명인 카멜리아*Camellia*는 18세기 말 체코슬로바키아의 예수회 선교사 게오르그 카멜(Georg Kamel)의 이름에서 따왔다. 카멜은 당시 아시아 지역을 여행하면서 동백나무를 보게 됐는데, 보자마자 나무의 매력에 빠져들어 영국으로 가져가 유럽 지역에 퍼뜨렸다. 그걸 계기로 카멜리아라는 이름이 붙었고, 그가 처음에 일본에서 이 나무를 본 탓에 *japonica*라고 했다.

우리말로는 흔히 '동백'이라고 부르기도 하지만 정확한 식물 이름은 '동백나무'다. 한자로는 동백(冬柏)으로 쓰는데, 가끔은 동백(棟柏)이라고 표기하는 경우도 있다. 동백나무는 한자 이름을 여럿 가지고 있다. 차나무과에 속하므로 산다(山茶) 혹은 산다목(山茶木)이라 하고, 꽃을 산다화(山茶花)라 부르기도 한다. 또 꽃이 피는 계절에 따라서 봄에 꽃이 피는 동백을 춘백(春柏)이라고 부르는 경우도 있다.

일본 사람들은 춘(椿) 자로 동백나무를 표기하고 '츠바키'로 읽는데, 이는 한자의 본래 뜻과 다르다. 옥편에 이 글자는 '참죽나무 춘'으로 돼 있다. 그 밖에도 붉은 꽃을 피운다는 뜻에서 학정홍(鶴頂紅), 추운 겨울을 견뎌내며 꽃을 피운다는 데 초점을 맞춰 내동화(耐冬花)라는 이름으로도 부른다. 많은 이름을 갖고 있는 나무다. 오랜 세월 동안 여러 지역에서 많은 사람들이 지켜본 나무인 때문이다.

이름을 많이 갖고, 오랫동안 사랑받은 까닭에 동백나무는 끊임없이 새 품종이 선발되고 있다. 원래 아시아 지역에서 잘 자라는 나무이지만, 세계적으로 잘 알려지고 또 그 화려한 빛깔로 세계인을 매료시켜 다양한 품종을 선발한다.

동백나무의 한자 이름이 다양한 만큼 품종도 많이 있는데, 그들의 이름도 재미있다. 천리포수목원의 동백나무의 품종 이름에는 여자의 이름이 붙은 경우를 쉽게 찾아볼 수 있다. 영국 여자의 이름에서 종종 볼 수 있는 '베티 리들리(Betty Ridley)'라든가, 그보다 흔히 볼 수 있는 '마거릿 데이비스(Margaret Davis)' '헬렌 케이(Helen K)' '미스 툴레어(Miss Tulare)' 등이 그런 경우다. 꽃 모양에서 여인의 성장한 분위기를 느낄 수 있어서 붙인 이름이지 싶다.

▲ 모니카댄스윌리엄시동백. '모니카의 춤'이라는 이름과 하늘거리는 꽃 모양이 잘 어울린다.

모니카댄스 윌리엄시동백

재미있는 품종 이름을 가진 동백나무로 모니카댄스윌리엄시동백*Camellia x williamsii* 'Monica Dance'이 있다. '모니카의 춤'이라고 해석해야 할 이름이다. 이 나무의 꽃이 소녀의 춤을 연상하게 하는 하늘거림이 특징이어서 붙은 것이라 짐작된다. 꽃 모양에서 하늘하늘 춤추는 듯한 느낌을 받았다면 제대로 꽃을 관찰한 것 아닐까 싶다. 그 밖에도 멋있는 품종 이름들은 이어진다. 이를테면 에인절동백나무*Camellia japonica* 'Angel'처럼 아예 천사라고 명기한 품종이 있는가 하면, 스타어보브스타동백나무*Camellia japonica* 'Star above Star'처럼 별 중의 별로 표기한 품종도 있다.

▲ 별중의 별이라는 독특한 이름이 붙은 스타어보브스타동백나무.

동백나무에 얽힌 전설

동백나무는 동아시아가 고향이지만, 유럽에 건너간 뒤에도 많은 사랑을 받았다. 서양의 고전문학 작품에서도 동백나무를 자주 확인할 수 있다. 그 때문에 끊임없이 다양한 품종이 선발됐다. 물론 우리나라의 옛사람들도 동백나무를 좋아했고 곳곳에 많이 심어 키웠다.

우리나라의 남도에서는 동백나무 꽃이 한겨울인 1월부터 피어난다. 부산은 물론이고 제주도에서는 한겨울에도 동백나무 꽃을 볼 수 있다. 그러나 우리나라의 대부분 지역에서는 봄바람이 불어올 즈음에야 겨우 피어난다. 내륙지방에서 동백나무가 자생하는 가장 북쪽 지역이라는 전라북도 고창 선운사 부근에서 자라는 동백나무는 4월 되어야 꽃을 피운다. 고창 이북 지역에서는 동백나무를 노지에서 키우기 어렵다. 다만 동백나무 애호가들이 정원이나 온실에서 키우는 정도다. 천리포수목원도 자생 한계지를 기준으로 하면 꽤 북쪽으로 올라온 지역이지만, 다양한 품종을 키우고 있다.

오래전부터 동백나무를 심어 키워온 우리나라에서도 동백나무에 얽힌 갖가지 전설을 찾아볼 수 있다. 그 가운데 울릉도에 전해오는 동백나무 전설이 있다. 옛날 울릉도에 금실 좋은 부부가 있었다. 가난하지만 행복하게 살던 어느 날, 남자가 뭍에 볼 일이 있어 섬을 나왔다. 일을 마치고 곧 돌아오기로 했지만, 남자는 돌아오지 않았다. 달이 가고 해가 바뀌었지만 남자는 감감무소식이었다. 이제나저제나 남자만 기다리던 여자는 기다림에 지쳐 몸져눕고 말았다. 남자만 바라보며 살던 여자에게 남자의 부재는 견디기 힘든 상실이었다. 병을 얻는 건 당연한 순서다. 얼마 뒤 아내는 이웃에게 "그이가 돌아오는 배를 바라볼 수 있는 바닷가에 묻어달라"는 말을 남기고 숨을 거두었다. 죽어서까지 남자를 기다리겠다는 의지는 변치 않았다.

여자가 죽고 열흘쯤 지난 뒤 남자는 돌아왔다. 대부분의 신화와 전설은 이처럼 시간의 엇갈림이 빚어내는 비극으로 이루어진다. 여자가 죽었다는 사실을 전해들은 남자는 아내의 무덤으로 달려갔지만 할 수 있는 일은 아무것도 없었다. 그저 죽어서까지 자신을 기다리느라 포구가 내다보이는 자리에 누워 있는 무덤 앞에 주저앉아 목 놓아 통곡하는 수밖에.

그리움에 지쳐 쓰러져간 여자를 생각하며 남자는 자리에서 일어서지 못했다. 며칠 낮 며칠 밤을 그렇게 무덤 앞에서 보냈다. 그러던 어느 날, 하얀 눈이 쓰러져 있던 남자의 볼을 차갑게 적시는 바람에 눈을 뜨고 고개를 들어보니 무덤 위에 작은 나무 한 그루가 솟아나왔다. 그리고 얼마 뒤, 그 나무에서는 그리움에 지쳐 멍든 여자처럼 새빨간 꽃이 피어났다. 여자의 빨간 넋이 담긴 애절한 꽃, 바로 동백나무 꽃이었다. 울릉도에서 자라는 동백나무는 그때부터 퍼지기 시작했다고 전한다.

동백나무에 얽힌 전설은 여러 가지가 있는데, 대부분 한 맺힌 사람들의 이야기다. 동백나무의 붉은빛에서 배어나오는 게 어쩌면 그런 한의 이미지 아닌가 생각하게 된다.

쓰임새와 문화

동백나무를 바라보며 떠오르는 여러 생각 중에 아토피 피부염이 있다. 아토피 피부염은 쉽게 낫지 않는 고질적인 현대병 가운데 하나다. 완치할 수 있는 약은 없지만, 이 질환에 관련한 약은 무지하게 많다. 모두가 다 천하의 명약이라는 광고가 붙어 있는 약들이지만, 실제로 명약은 아직 없다. 약보다는 그저 몇 가지 피부 관리 제제가 유용할 뿐이다.

피부 보습제 가운데 비교적 효능이 좋은 제품의 성분에 동백나무가 들어가는 경우가 많다. 특히 일본에서 나온 제품에서는 '츠바키'라는 이름의 성분을 찾는 게 어렵지 않은데, 그게 바로 앞에서 이야기한 것처럼 동백나무의 일본식 이름이다. 동백나무의 열매에서 추출한 기름이 아토피 피부염으로 고생하는 사람들에게 효과적인 피부 보습제인 까닭이다.

돌아보면 아토피 피부염뿐 아니라 많은 의약품 원료의 상당 부분은 식물에서 나온다. 식물은 본질적으로 모든 생태계를 치유하는 최고의 명약이다. 내적으로나 외적으로 부작용도 적고 재생도 가능한 좋은 약이다. 항생

제의 발명은 인류의 모든 질병을 없앨 것처럼 호들갑을 떨었지만, 실제로는 그런 장밋빛 결과는 아직 나오지 않았다. 오히려 필요 이상의 항생제 남용에 따른 내성이 사람을 포함한 생태계 전반을 병들게 한다는 게 현재까지의 상황이다. 식물과 더 가까이 하는 것이 항생제 치료보다 더 큰 효과를 얻을 수 있다는 게 현대 의학계의 결론이다.

그런 대증적 치유 기능을 제쳐놓더라도 식물이 주는 치유 효과는 얼마든지 있다. 최근에 원예 치료라는 분야가 관심과 주목도를 높이는 것도 그런 까닭에서다. 가만히 바라보는 것만으로, 혹은 직접 식물과 흙을 손으로 만지는 것만으로 얻을 수 있는 정서적 치유 효과는 생각보다 크다. 동백나무의 씨앗에서 짜내는 기름으로 누구는 아토피 피부염을 다스리지만, 누구는 그 붉은 꽃에서 마음의 상처를 비롯한 또 다른 질환을 치유하기도 하는 건 지극히 당연한 일이다.

우리 조상들은 동백나무를 아주 오래전부터 우리 삶 가까이에 두고 키웠다. 쓰임새 많은 나무였기에 더 그랬을 게다. 꽃 떨어지고 나서 밤톨 크기로 맺히는 동그란 열매 속 짙은 갈색의 씨앗에서 짜낸 동백기름은 옛날에 여인들의 머릿기름으로 많이 사용됐고, 화력이 좋은 목재는 땔감으로 썼으며 숯으로도 만들어 요긴하게 이용했다.

또 단단한 재질의 목재를 가구와 생활용구의 재료로 활용하기도 했다. 요즘이야 찾아보기 어렵지만, 옛날에는 얼레빗을 비롯해 다식판이나 장기의 재료로도 활용했다. 그런저런 실용적 쓰임새가 넓은 나무이지만, 무엇보다 꽃을 감상하기 위해 조경용이나 관상용으로 심는 경우가 더 많다. 우리나라 남도의 옛 건축물에서 오래된 동백나무를 어렵지 않게 볼 수 있는 것도 그래서다.

문화 속에 파고든 동백나무의 쓰임새도 적지 않았다. 옛날에는 동백나무 가지를 꺾어 망치를 만들기도 했는데, 그 망치를 마루에 걸어놓으면 나쁜 귀신이 집안에 들어오는 걸 막아낸다고 했다. 또 마을에 못된 전염병을 옮기는 귀신은 평소에 동백나무 숲에 숨어 있는데, 꽃송이가 후드득 떨어질 때 귀신도 놀라 도망가거나 죽는다고 생각했다.

일본에도 비슷한 예가 있다. 일본 사람들은 동백나무 망치를 허리에 차고 다니면 전염병이나 재난을 막을 수 있다고 생각했다. 그 밖에도 혼례상에 동백나무 가지를 꺾어 올렸는데, 장수(長壽)와 절개(節概), 다산(多産)을 상징하기 위해 쓴 것이라고 한다.

동백나무의 종류

그란디플로라로지아 동백나무

동백나무 종류를 살펴볼 차례다. 얼핏 보아서는 우리의 동백나무 꽃과 크게 다를 것 없어 보이는 꽃을 피우는 품종으로 그란디플로라로지아동백나무*Camellia japonica* 'Grandiflora Rosea'라는 나무가 있다. 생김새가 비슷해서 사진만으로는 구별하기 어렵다. 그러나 실제 모습을 보면 동백나무와 금세 구별할 수 있다. 무엇보다 꽃송이가 무척 크다. 눈대중으로 어림짐작해도 우리 동백나무에 비해 1.5배가 넘는 크기의 탐스러운 꽃이다. 영문 품종명에 'Grand'가 들어간 것도 그래서이겠다.

크기를 제쳐두면 생김새나 색깔이 모두 우리 동백나무의 꽃과 별로 다를 게 없다. 활짝 피었을 때 꽃송이의 지름이 15센티미터쯤 되니 무척 크고 화려한 꽃이다. 그러나 우리 동백나무 꽃에 길들여진 까닭인지, 이 꽃은 동백나무 꽃 특유의 비장한 멋이 없어 보인다. 그래서 이 품종의 꽃은 활짝

▲ 동백나무보다 1.5배나 큰 꽃을 피우는 그란디플로라로지아동백나무.

피었을 때보다 꽃잎이 조금 덜 열렸을 때의 모습이 훨씬 예뻐 보인다.

그란디플로라로지아동백나무는 천리포수목원의 여러 동백나무 가운데에 가장 큰 꽃을 피우는 종류다. 물론 비슷한 크기의 꽃은 여럿 있지만, 그 가운데에서도 가장 화려하게 피어나는 동백나무 꽃이라 할 수 있다.

크기만으로 보면 우리 동백나무는 가장 작은 규모이지 싶다. 새로 품종을 선발할 때에 원종 동백나무를 기준으로 하여, 그보다는 조금이라도 크고 더 화려한 꽃을 만들어내느라 애쓴 탓이지 않을까 싶다.

데뷰탄트동백나무

데뷰탄트동백나무*Camellia Japonica* 'Debutante'도 화려한 동백나무 꽃을 말할 때 빼놓을 수 없다. 여느 동백나무에 비해 화려한 모습의 꽃을 자랑하는

▲ 꽃잎이 여러 장 겹쳐서 피어나는 데뷰탄트동백나무.

동백나무다. 꽃잎이 여러 장 겹쳐 피어나는 데뷰탄트동백나무는 연보랏빛이거나 분홍색이라 할 수 있는 오묘한 색의 꽃을 피운다. 이 꽃은 여러 장의 꽃잎이 오물오물 겹쳐서 피어난다. 다른 동백나무에 비해 비교적 일찍부터 꽃을 피우는 종류다. 꽃송이의 크기보다 훨씬 풍성하게 꽃잎이 뭉쳐나기 때문에 자연스럽게 비틀리고 꼬이며 만들어진 아스라한 곡선이 아름답다.

콘래드힐턴동백나무

동백나무 품종의 꽃에는 여러 종류의 색깔이 있다. 우선 분홍빛이 강하게 드러나는 꽃이 있다. 콘래드힐턴동백나무*Camellia Japonica* 'Conrad Hilton'에서 피어난 꽃이 그렇다. 옅은 보라, 혹은 짙은 분홍이라고 할 수 있는 독

▲ 1 콘래드힐턴동백나무, 2 핑크퓨리티동백나무, 3 몬지수레드동백나무, 4 로즈메리윌리엄스윌리암시동백.

특한 색깔의 꽃이다. 게다가 이 꽃은 겹겹이 규칙적으로 포개진 꽃잎이 자아내는 멋이 독특하다. 꽃송이만 봐서는 동백나무라 선뜻 이야기하기 어려울 만큼 여느 동백나무 꽃과 다르다. 꽃잎 표면에는 살포시 돋아난 실핏줄 같은 잎맥이 선명해서 바라보는 느낌이 새롭다.

핑크퓨리티동백나무

몬지수레드동백나무

실핏줄을 말갛게 드러낸 빨간 속살에 노란 꽃술이 어우러진 핑크퓨리티동백나무*Camellia Japonica* 'Pink Purity'도 꽃잎 속살의 신비로움을 볼 수 있어 좋다. 동백나무 꽃이 아름다운 건 신비로운 붉은 꽃잎 안쪽에 노란 꽃술이 돋아 있는 때문이다. 빨간 꽃잎과 어우러진 노란 꽃술은 극명한 대조를 이루며 선명하게 빛난다. 가만히 살펴보면, 꽃술에서 떨어진 노란 꽃가루가 꽃잎 위에 하나둘 떨어진 모습까지 영롱하다. 붉은색이 더욱 깊어 거의 자줏빛에 가까운 꽃을 피우는 몬지수레드동백나무*Camellia japonica* 'Monjisu Red'도 천리포수목원의 봄 숲에서 저절로 만나게 되는 화려한 동백나무다.

로즈메리윌리엄스윌리암시동백

그 밖에 윌리엄시동백으로 따로 나누어 이야기할 동백나무가 있다. 이를테면 옅은 붉은색의 꽃을 피우는 품종의 로즈메리윌리엄스윌리암시동백*Camellia x williamsii* 'Rosemary Williams'이 그중 하나다. 붉은색의 동백나무 꽃이지만 꽃잎의 색깔이 옅은 편이다. 꽃송이의 크기는 우리 동백나무 꽃의 크기와 맞먹는 정도다. 비교적 귀엽고 앙증맞은 동백나무 꽃 특유의 분위기를 갖추지 않았나 생각하게 된다. 새로 선발한 품종이지만, 우리의 동백나무에 가까워 자주 찾게 되는 나무다.

액센트동백나무

브리가둔윌리엄시동백

또한 액센트동백나무*Camellia* 'Ack-Scent', 브리가둔윌리엄시동백*Camellia x williamsii* 'Brigadoon' 등 붉은빛을 띠긴 하지만 동백나무의 꽃만큼 붉지 않고 보랏빛에 가까운 꽃을 피우는 단아한 분위기의 동백나무 재배 품종도 있다. 같은 동백나무이면서 다양한 변화를 보이는 여러 품종을 찾아보는 즐거움이 있는 동백나무 관찰이다.

흰동백나무

퓨리티동백나무

동백나무 가운데 하얀색의 꽃을 피우는 종류가 있는 건 잘 아는 이야기다. 우리가 흔히 흰동백나무*Camellia japonica* f. *albipetala* H. D. Chang로 부르는 나무다. 천리포수목원에서는 흰동백나무 외에도 하얀 꽃을 피우는 여러 품종의 동백나무를 함께 관찰할 수 있다. 퓨리티동백나무*Camellia japonica* 'Purity'는 아예 품종 이름에서 맑음, 청순을 뜻하는 단어를 가졌다. 하얀색 꽃에서 극명하게 느낄 수 있는 청순하고도 맑음이 강조되는 꽃이다. 흰 꽃을 피우는 동백나무 품종으로 규칙적으로 배열된 꽃잎이 놀랍도록 단정해서 깔끔한 인상을 준다. 하얀색 꽃잎이 규칙적으로 어긋나면서 포개어 피어나는

▲ 하얀색을 띠며 맑고 청순하게 피어나는 퓨리티동백나무.

모습은 언제 봐도 신비롭다. 앞에서 이야기한 분홍색 꽃의 콘래드힐턴동백나무와 생김새는 비슷한데, 꽃잎의 색깔이 희다는 것만 다르다.

흰색과 붉은색이 절반씩 어우러진 꽃도 있다. 기간테아동백나무*Camellia japonica* 'Gigantea'가 그렇다. 순백의 흰색과 선홍빛이 절반 정도씩 어우러져 매우 화려한 분위기를 갖추었다. 하얀 꽃잎을 바탕으로 하고 그 위에 붉은색 무늬를 올렸다. 붉은색 무늬가 불규칙하게 나와서 한 송이 한 송이마다 나타나는 미묘한 차이를 짚어보는 재미도 얻을 수 있다.

기간테아동백나무

꽃잎에 무늬를 가진 동백나무 품종도 여럿이 있다. 마거릿데이비스동백나무*Camellia japonica* 'Margaret Davis'는 흰색 바탕의 꽃잎 위에 분홍빛 무늬가

마거릿데이비스동백나무

▲ 흰색과 붉은색이 어우러진 기간테아동백나무와 꽃잎에 무늬를 가진 마거릿데이비스동백나무.

꽃잎 가장자리에 묻어나는 독특한 꽃을 피운다. 이 꽃은 특히 겹꽃으로 모여 돋아나는 꽃잎과 분홍빛 무늬가 잘 어울려서 화려함이 뛰어나다.

크레이머스수프림동백나무

붉은빛이 강렬한 크레이머스수프림동백나무*Camellia japonica* 'Kramer's Supreme'도 화려한 꽃을 피우는 품종이다. 꽃송이는 그리 크지 않은데, 이 꽃 역시 여러 장의 꽃잎이 겹쳐 나는 특징을 가졌다. 특히 꽃술이 나오는 가운데 부분에 여러 장의 꽃잎이 모여 난다는 게 좀 다르다. 흔히 보는 동백나무 꽃이 꽃잎은 꽃잎대로 꽃술은 꽃술대로 적당히 떨어져 나는데, 꽃술과 꽃잎이 한데 엉겨서 피어나며 조금은 어지러워 보인다.

크레이머스수프림동백나무와 비슷한 분위기를 가진 품종으로, 앞에서 꽃봉오리 상태로 살펴보았던 킥오프동백나무가 있다. 우리 마음속에 오랫동안 담아두었던 동백나무가 빨간 꽃잎 가운데 노랗게 피어난 꽃술이 도드라졌던 때문인지, 꽃술과 꽃잎이 엉켜서 돋아난 분위기가 꽤나 생경하게

▲ 꽃술과 꽃잎이 한데 엉겨서 피어나는 크레이머스수프림동백나무.

느껴지는 동백나무 꽃이다.

연분홍 꽃잎 위에 붉은 무늬가 들어 있는 품종의 동백나무도 있다. 선명하게 돋아난 빨간 무늬가 돋보이는 꽃이다. 같은 계열의 색깔이면서도 훨씬 강한 보랏빛의 무늬가 꽃잎 위에 새겨졌다. 꽃잎 가장자리를 장식한 게 아니라, 꽃잎 전체에 얼기설기 보랏빛 무늬가 났다. 때로는 점점이 박히기도 했고, 부분적으로는 세로로 길쭉한 선을 이루기도 했다.

무늬가 짙어서인지, 꽃의 인상은 오래 남는다. 짙은 붉은빛의 우리 동백나무 꽃의 단순하고 강렬한 멋과는 또 다른 인상이다. 뭉쳐나는 꽃잎들이 매우 불규칙하게 자신의 멋을 뽐낸다. 자신의 아름다움에 대해 교만할 수 있는 특권을 부여받은 식물만의 특징을 발휘하는 듯하다. 붉은 무늬로 치면, 앞에서 이야기한 기간테아동백나무가 첫손에 꼽힌다. 빨간색과 하얀색이 극명한 대비를 이루어 왠지 어색하지만 그래서 더 독특한 느낌을 준다.

가끔은 뜻밖의 흥미로운 관찰을 하게 될 때가 있다. 이를테면 키 높이만큼 자란 한 그루의 나무에 무성하게 피어난 동백나무 꽃을 관찰할 때, 대부분의 꽃이 흰색 바탕에 붉은 무늬인데 가운데 딱 한 송이가 붉은색만을 띤 꽃이 보인다. 마치 남의 집에 찾아와 천연덕스럽게 아랫목을 차지한 넉살머리 좋은 손님 꼴이다. 하얀 꽃들 사이에 홀로 붉은색으로 피어나 오히려 주인장보다 훨씬 돋보인다. 새 품종을 선발하는 과정에서 새로운 특징이 온전히 정착되지 않은 경우로 볼 수 있다.

동백나무 품종의 다양한 꽃 모양을 보며 다소 의아하게 느낀 점이 있을 수 있다. 우리의 동백나무는 꽃잎이 한 겹이어서 단아한 이미지인 데 비해, 천리포수목원의 동백나무 가운데에는 화려한 겹꽃이 더 많다. 새 품종을 선발하는 목적 자체가 더욱 화려한 품종을 선발하여 많은 사람들에게 널리 퍼뜨리기 위함이니 그럴 수밖에 없지 싶다.

오네티아홀란드동백나무

디자이어동백나무

디프시크릿동백나무

그 밖에도 여러 겹의 꽃잎으로 피어나는 동백나무 꽃은 무수히 많다. 오네티아홀란드동백나무*Camellia japonica* 'Onettia Holland'는 하얀색 겹꽃을 피우는 품종이고, 디자이어동백나무*Camellia japonica* 'Desire'와 디프시크릿동백나무*Camellia japonica* 'Deep Secret'는 짙은 자줏빛의 겹꽃을 피운다.

천리포수목원에 심어 키우는 300여 종류의 동백나무 품종을 모두 살펴보는 데에는 시간이 모자라다. 게다가 천리포수목원에 동백나무 꽃이 피어나는 즈음은 목련 꽃까지 함께 피어날 때여서 어느 한 가지 꽃에 집중하기도 어렵고, 그 많은 종류의 동백나무 꽃을 비교해가며 살펴보기 어렵다.

▲ 여러 겹의 꽃잎으로 피어나는 오네티아홀란드동백나무와 디자이어동백나무.

나무는 사람의 사정에 아랑곳하지 않고 서둘러 꽃가루받이를 마치고 이내 낙화를 마치기에 늘 아쉬움이 남는다.

애기동백나무

애기동백나무

동백나무를 이야기하면서 천리포수목원에서 관찰할 수 있는 아름다운 종류로 애기동백나무*Camellia sasanqua* Thunb.●를 빼놓을 수 없다. 천리포수목원은 '일년 삼백육십오일 꽃 없는 날이 단 하루도 없는 곳'이다. 엄동설한의 한겨울에도 천리포수목원의 숲에는 꽃을 피우는 식물이 있다. 한겨울에

● 애기동백나무의 이름은 애기동백과 애기동백나무가 혼용해 쓰인다. 이창복의 《대한식물도감》에서는 애기동백이라고 했지만, 〈국가표준식물목록〉에서는 애기동백나무라고 했다. 여기에서는 〈국가표준식물목록〉의 표기를 따랐다.

천리포수목원에서 피어나는 꽃 가운데에 가장 화려한 나무는 애기동백나무다.

애기동백나무의 꽃은 겨울바람 불어오는 11월 말쯤에 피어나서 두어 달 넘게 계속 꽃을 보여준다. 때로는 갑자기 불어닥치는 한파로 여린 꽃잎이 얼어붙는 경우도 있지만, 얼어붙은 꽃이 한 차례 떨어지고 나면 또 다른 꽃이 피어나면서 겨울을 난다. 겨우내 천리포수목원 숲 관찰의 포인트가 될 만큼 아름답다. 이름에서 느낄 수 있겠지만, 애기동백나무는 동백나무와 가까운 친척 관계를 이루는 식물이다. 잎이나 꽃 모양이 모두 그렇다. 동백나무보다 꽃을 일찍 피운다는 게 다르다면 다른 점이다. 동백나무의 꽃과 마찬가지로, 애기동백나무도 빨간 꽃송이와 그 안쪽에 노랗게 돋아나는 꽃술이 일궈내는 원색의 잔치가 재미있다.

애기동백나무가 화려하게 꽃을 피우는 겨울에 대개의 동백나무는 고작해야 꽃봉오리만 맺을 뿐이다. 애기동백나무에도 여러 종류가 있는데, 그 모두가 한꺼번에 꽃을 피우는 건 아니다. 몇 그루의 성급한 애기동백나무들의 가지에서는 11월 말부터 다문다문 꽃을 볼 수 있다. 모든 식물이 그렇지만, 애기동백나무도 종류에 따라 꽃 피어나는 시기가 조금씩 다르다. 목련 꽃 피는 3~4월 되어 꽃봉오리가 열리는 애기동백나무 품종도 있다.

대개의 애기동백나무가 꽃의 크기나 전체적인 수형이 동백나무에 비해 조금 작다. 그러나 동백나무도 전나무나 느티나무처럼 크게 자라는 교목성 나무가 아니어서 단지 키가 작다는 것만으로 애기동백나무와 동백나무를 구별할 수는 없다. 동백나무와 구별할 수 있는 중요한 특징은 따로 있다. 바로 애기동백나무의 어린 가지와 잎사귀 뒷면의 잎맥 위에 털이 있다는 점이다. 맨눈으로는 쉽게 구별되지 않는 가느다란 털은 식물을 분류하는 데 중요한 요소다. 이를테면 왕버들*Salix chaenomeloides* Kimura의 경우에도 잎에 털이 있으면 털왕버들*Salix chaenomeloides* var. *pilosa* (Nakai) Kimura이라고 따로 분류하는 방식이다. 그러나 대부분 이 털은 미세해서 비전문가의 눈에는 쉽게 들어오지 않는다.

어떤 때에는 나무를 한참 관찰하고도 잎에 털이 있는지 없는지를 전혀 몰랐다가 나중에 식물도감을 통해 알게 되는 경우도 있다. 애기동백나무에는 잎과 어린 가지뿐 아니라 씨방에도 털이 있다. 역시 비전문가의 눈에 쉬이 들어오는 부분은 아니다. 식물도감에서는 애기동백나무가 앞에서 이야기한 털을 빼면 동백나무와 비슷하다고 설명한다. 꽃 모양 역시 동백나무와 비슷하다는 이야기다. 그렇게 이야기할 수 있는 건, 세계적으로 250종류가 넘는 다양한 품종의 동백나무들을 빼놓고 단순히 우리가 동백나무로 부르는 나무와 애기동백나무만을 놓고 이야기할 경우에 국한된다. 애기동백나무도 동백나무의 한 종류인 때문이다.

털이 있느냐 없느냐를 모른다 해도 쉽게 구별할 수 있는 다른 특징은 아무래도 개화 시기 아닌가 싶다. 애기동백나무의 개화 시기에 대해 모든 식물도감과 〈국가표준식물목록〉에는 똑같이 11월부터 1월까지로 표기되어 있다. 동백나무가 지역에 따라서 빨라야 12월에 꽃이 피고, 대개는 이른 봄이 되어야 피어난다는 것과 뚜렷이 구별되는 특징이다. 그러니까 초겨울에 동백나무 꽃을 닮은 붉은 꽃을 피운 나무가 있다면 그건 십중팔구 애기동백나무라는 이야기다.

그 밖에도 매우 중요한 또 다른 특징이 하나 더 있다. 낙화 때 두드러지게 나타나는 현상이다. 동백나무의 꽃은 꽃송이가 전혀 시들지 않은 채 후드득 떨어진다. 이미 이야기한 것처럼 동백나무의 특징이다. 그러나 애기동백나무의 꽃은 동백나무와 달리 꽃잎이 한장 한장 따로따로 떨어진다.

천리포수목원에서는 초겨울에 꽃이 피고, 꽃잎이 낱장으로 떨어져 낙화하는 대부분의 동백나무 종류를 '애기동백나무'라고 뭉뚱그려 부른다. 히에말리스동백*Camellia hiemalis* Nakai 종류도 그런 특징을 가진 나무들이다. 또 이 식물들을 기본종으로 하여 선발한 품종도 많이 있는데, 이들 모두가 애기동백나무와 비슷한 특징을 가졌다.

샹소네트 히에말리스동백

애기동백나무 가운데 다정큼나무집에서 측백나무집으로 이어지는 조붓한 오솔길 곁에 다소곳이 웅크리고 서 있는 샹소네트히에말리스동백*Camellia hiemalis* 'Chansonette'은 천리포수목원의 애기동백나무 가운데 가장 눈길을 끄는 예쁜 나무다. 이 애기동백나무 품종은 이른 겨울에 모든 애기동백나무 가운데 가장 먼저 개화해서 봄이 올 때까지 내내 붉은 꽃을 피운다.

봄을 재촉하는, 어쩌면 봄 향한 그리움이 깊은 나무라고 할 만한 예쁜 나무다. 이름도 재미있다. 'Chansonette'는 작은 노래를 뜻하는 프랑스어다. 다른 봄꽃들이 봄의 교향악을 울리기 전에 애기동백나무가 서둘러 피어나서 마치 봄의 전주곡처럼 부르는 작은 노래라고 해석하면 제법 잘 어울릴 법하다. 샹소네트히에말리스동백 꽃의 농염한 붉은빛은 잊지 못할 아득한 겨울 숲의 추억으로 남을 것이다.

애기동백나무가 아무리 겨울에 피도록 돼 있는 꽃이라고는 하지만 아무래도 겨울은 꽃이 피어나기에 좋은 계절이 아닌 게 분명하다. 한겨울에 붉은 꽃을 피워 올린 애기동백나무는 추운 날을 보내면서 종종 동해(凍害)를 입는다. 그나마 생명을 단축할 만큼 치명적인 건 아니지만, 꽃으로서는 여간 성가신 게 아닐 듯하다. 초겨울에 피었던 꽃이 얼었다 녹았다를 되풀이하기도 한다. 겨울이면 붉은 꽃잎이 피어 있는 채로 바짝 마른 듯 동해를

▲ 애기동백나무 중 가장 먼저 개화하는 샹소네트히에말리스동백.

입은 꽃송이를 쉽게 만날 수 있다. 꽃잎의 빛깔이 바래서 누런빛과 붉은빛이 어우러져 애면글면 추위를 이겨낸 애처로운 모습이다. 얼어붙은 꽃송이는 그러나 겨울 추위를 이겨내면서 꽃을 피우는 애기동백나무의 생명력을 더 장하고 기특하게 느낄 수 있는 계기이기도 하다.

슈가드림애기동백나무

날씨에 따라서 개화가 아주 늦어지는 경우도 있다. 겨울에 피어나는 꽃이지만, 날씨가 지나치게 추우면 햇살의 눈치만 보면서 꽃송이를 열지 않기도 한다. 그러다가 거의 3월이 되어 꽃을 피우는 품종의 애기동백나무도 있다. 슈가드림애기동백나무*Camellia sasanqua* 'Sugar Dream'가 그렇다. 나무 이름도 재미있다. 우리말로 옮기면 '달콤한 꿈' 정도 되겠다. 이 꽃은 비교

▲ 3월이 되어야 꽃을 피우는 슈가드림애기동백나무. 다른 애기동백나무에 비해 개화가 늦다.

적 추위에 약한 편이다. 다른 애기동백나무에 비해 키가 큰 '달콤한 꿈'은 다른 애기동백나무의 꽃이 낙화를 마칠 즈음에 겨우 피어나기 시작한다. 키가 크다고 했지만, 그래봐야 2미터를 조금 넘는 수준밖에 되지 않지만 다른 애기동백나무보다는 분명 큰 편이다.

동백나무는 오랫동안 많은 사람들이 사랑해온 나무다. 그러다 보니 사람들은 더 아름다운 나무들을 찾아내고, 그들이 빚어낼 수 있는 더 큰 멋을 찾아 끊임없이 노력한다. 자연과 사람의 아름다운 인연이 어떤 방식으로든 더 오래 이어지면 좋겠다는 생각이다. 다양한 품종의 나무들을 볼 때마다 드는 생각이다.

일찍 피어나고 일찍 시들어 아쉬운 크로커스

크로커스

봄을 알리는 꽃노래, 크로커스

봄이 오는 길목에서 어김없이 만나게 되는 예쁜 꽃이 크로커스*Crocus* 종류의 풀꽃이다. 설강화가 무리를 지어 순백의 하얀 꽃을 피우며 봄을 불러오면 바로 그 옆에서 크로커스 종류들이 함께 피어나 봄을 알린다. 노란 빛깔로 화창하게 피어나 새봄의 전주곡을 연주한다. 잘 해야 10센티미터도 되지 않는 작은 키에 이파리보다 꽃잎이 더 크게 피어난다.

로망스크리산투스 크로커스

여러 품종이 있지만, 가장 먼저 눈에 띄는 건 따뜻하고 안락한 인상을 주는 노란색의 로망스크리산투스크로커스*Crocus chrysanthus* 'Romance'다. 가느다란 잎사귀와 함께 노란 꽃송이가 입을 열기 시작하면 봄이 우리 곁에 바짝 다가왔음을 느끼게 된다. 크로커스는 종류가 여럿인데, 개화 시기가 조금씩 다르다. 노란 꽃을 피우는 로망스크리산투스크로커스의 꽃이 다 올라오면 뒤이어 짙은 보랏빛의 크로커스 꽃이 올라오고, 다음에는 순백의 크로커스 꽃이 올라온다. 모두가 화려함의 극치를 이루는 꽃들이다.

▲ 천리포수목원의 크로커스 중에서 가장 먼저 피어나는 로망스크리산투스크로커스.

크로커스 꽃을 만날 때마다 가장 아쉬운 점은 이리 어렵사리 매운바람 뚫고 피어나는 예쁜 꽃들의 개화 시기가 안타까울 정도로 짧다는 것이다. 대개는 일주일에서 열흘 정도 피어난 뒤에 가느다란 잎사귀만 남기고 사라진다. 그래서 더 소중하고 귀하게 여겨지는 꽃이 바로 크로커스 꽃이다.

모든 식물이 그렇지만 같은 종류의 식물 중에서도 조금 일찍 꽃잎을 여는 개체가 있다. 꽃잎을 활짝 연 크로커스와 아직 꽃잎을 오므린 채로 남아 있는 꽃봉오리를 함께 살펴보는 건 흥미롭다. 어떤 꽃송이는 겨우 꽃잎의 흔적만 피워 올렸을 뿐인데, 어떤 꽃송이는 입을 활짝 열고 봄노래에 한창인 경우도 볼 수 있다. 이른 봄바람이 찬 탓에 앙다문 입을 채 열지 못하고, 볼에 바람을 한껏 불어넣어 통통해진 모습으로 불어대는 크로커스의 봄노래가 무척이나 대견스럽다.

크로커스의 이파리는 하냥 가냘프다. 실처럼 가느다랗게 늘어진 이파리들은 매운바람에 지쳤는지 힘이 하나도 없어 보인다. 그 가느다란 잎들의 한가운데에 오뚝하게 선 꽃잎은 다소 불균형해 보이지만, 그래서인지 꽃이 더 돋보인다. 크로커스들의 잎은 대부분 비슷한 모양을 한다. 그 길이가 조금씩 다르기는 하지만 뚜렷하게 드러나는 가운데 잎맥은 매우 선명하다. 크로커스 종류들의 특징이다.

앙증맞은 꽃이지만 노란색에 대한 선입견 때문인지 강인한 몸짓이 느껴진다. 활짝 피어난 상태의 크로커스 꽃은 조형미뿐 아니라, 보드라우면서도 보송한 꽃잎의 질감까지 뛰어나다. 만지고 싶은 유혹, 참기 힘들다.

갖가지 색을 뽐내며 피어나는 크로커스

노란색 꽃이 떨어질 즈음이면 보랏빛의 꽃을 피우는 크로커스가 꽃잎을 연다. 반들반들 오른쪽 왼쪽 고갯짓하며 꽃을 피우기 위해 펼치는 미미한 생명의 거대한 약동이다. 가만히 들여다보면 몇 겹으로 겹쳐 있는 꽃잎을 펼치기 위해 사각거리는 소리가 들리지 않을까 싶을 만큼 선명한 꿈틀거림이다. 작은 생명의 커다란 꿈틀거림이 분명하게 느껴진다. 거의 파란색이라고 해도 될 만큼 푸른 꽃잎의 질감은 노란빛 크로커스 꽃잎의 질감과 다르다. 금속성 질감이라고 할 만큼 쨍한 느낌이다.

선명한 보랏빛으로 빛나는 6장의 꽃잎 가운데로 솟아오른 노란색 꽃술들이 잘 어울린다. 6장의 꽃잎 가운데 3장은 전체적으로 보랏빛이 강한

▲ 선명한 보랏빛 꽃을 피우는 크리산투스크로커스. 보랏빛 꽃잎과 노란색 꽃술이 잘 어울린다.

데, 다른 3장은 오히려 안쪽에 흰색의 줄무늬가 색다른 그림을 만들어놓았다. 꽃잎 가장자리로 살짝 보이는 잎사귀는 다른 크로커스들처럼 가운데 잎맥이 선명하게 드러나 있다.

크로커스 가운데에는 순백의 하얀색으로 꽃을 피우는 종류도 있다. 이른 아침 동산 너머로 들어오는 햇살을 받아 환하게 빛나는 재배종 크로커스다. 입을 오므렸다가 햇살의 온기를 느끼게 되면 조금씩 꽃잎을 펼친다. 식물들은 사람이나 동물처럼 두뇌 활동을 하는 게 아니어서인지, 햇살의 기운만큼은 다른 어떤 생명체보다 예민하게 받아들이고 반응한다. 아무리 작은 식물이어도 빛에 대한 반응만큼은 예민하다.

노란색이거나 보라색, 혹은 주황색이거나 생김새는 꼭 빼어 닮았다. 하지만 색깔의 차이는 전체적으로 전혀 다른 느낌을 자아낸다. 이 하얀 크로커스는 유난히 차갑게 느껴진다. 속이 다 들여다보이는 얄팍한 꽃잎 때문에 더 그렇다.

해가 높이 떠오르면 꽃잎도 활짝 입을 연다. 그 안쪽은 다른 꽃들과 똑같다. 꽃술의 생김새라든가 색깔이 모두 그렇다. 하얀 꽃잎 안쪽에는 보랏빛 실 무늬가 들어 있다. 꽃잎 바깥쪽에서는 뚜렷하게 관찰하기 어려운 무늬였는데, 활짝 연 꽃잎 안쪽에서는 선명하게 드러난다.

앙증맞게 작으면서도 화려한 크로커스의 종류는 많지만 모두가 꽃을 피우는 시간이 짧다는 특징에서 똑같다. 대부분의 크로커스들은 열흘이 채 못 돼 꽃잎을 떨군다. 그나마 개화 시기가 늦은 탓에 다른 크로커스 꽃에 대한 아쉬움을 달랠 만한 종류가 있다. 크로커스 가운데 가장 늦게 꽃을 피우는 앙키렌시스크로커스*Crocus ancyrensis* Maw다. 보랏빛이라기보다는 진한 분홍색이라 하는 게 더 맞지 싶은 꽃이다. 앞의 보랏빛 크로커스에 비해 옅은 색이다. 꽃잎 안쪽의 흰색 부분이 많아서인지 편안하게 느껴진다. 대부분의 크로커스 꽃이 떨어져 내년의 봄 크로커스를 기다려야 할 즈음, 다시 볼 수 있게 돼 반가운 꽃이다.

앙키렌시스크로커스

크로커스는 세계적으로 30여 종류의 재배종을 포함하여 약 80종류가 있는 붓꽃과의 구근식물이다. 글라디올러스, 붓꽃 등이 친척인 셈이다. 크로커스를 흔히 사프란이라고도 이야기한다. 옛날에 이 꽃의 암술대에서 얻은 원료로 요리의 색깔과 향기를 내는 데 썼다고 한다. 그 원료를 '사프론'이라고 불렀는데, 나중에는 아예 이 식물의 이름처럼 불리게 된 것이다.

크로커스는 대개 봄에 꽃을 피우는 식물과 가을에 꽃을 피우는 종류가 있는데, 그 가운데 특별히 가을에 꽃 피우는 종류를 '사프란'이라 하고 봄에 꽃 피는 종류를 크로커스로 나눠 부르기도 한다. 〈국가표준식물목록〉이나 식물도감에는 *Crocus sativus* L.이라는 식물의 한글 이름을 '사프란'이라고 표기했다.

5월

창조의 비밀을 알려주는 열쇠,
아이리스

붓꽃

아이리스 종류

월터버트
웅귀쿨라리스아이리스

아이리스*Iris*라고 부르는 화려한 생김새의 여러해살이풀도 천리포수목원의 무르익은 봄을 장식하는 상징적 식물 가운데 하나다. 천리포수목원에서 자라는 여러 종류의 아이리스 가운데에 가장 먼저 꽃을 피우는 종류는 월터버트웅귀쿨라리스아이리스*Iris unguicularis* 'Walter Butt'다. 대개의 아이리스와 달리 일찌감치 꽃을 피우는 종류이다. 월터버트웅귀쿨라리스아이리스가 꽃을 피웠다고는 해도 아직 천리포수목원의 다른 아이리스의 개화를 기다리기에는 한참 이르다.

'정원 일의 즐거움'을 이야기하는 독일의 문호 헤르만 헤세는 해마다 아이리스 꽃이 피어나는 때가 가장 매력적인 순간이자 은총의 순간이라고 했다. "아이리스의 향기와 꽃잎이 다양한 푸른빛을 띠며 나부끼는 모습은 창조의 비밀을 알려주는 열쇠"라고도 했고, "아이리스의 꽃받침은 천국으로 들어가는 문"이라고도 했다. 헤세가 한 해 중 가장 매력적인 순간이자,

▲ 천리포수목원 아이리스 가운데 가장 먼저 꽃을 피우는 월터버트웅귀쿨라리스아이리스.

은총의 순간이라고 한 아이리스 꽃이 피어나는 시기는 5월에서 6월까지다.

세계적으로 200여 종류가 있는 아이리스이니 단정하기는 어렵지만 대부분의 꽃이 그즈음에 피어난다. 천리포수목원의 아이리스 역시 이때에 가장 많이 피어난다. 하지만 앞에 이야기한 월터버트웅귀쿨라리스아이리스가 처음 꽃을 피우는 건 해마다 약간의 차이는 있지만, 이르면 3월 중순일 때도 있다. 3월에 아이리스 꽃을 만나는 것은 참 뜻밖이어서 그 찬란한 보랏빛 꽃이 놀랍기만 하다.

루테스켄스아이리스

월터버트웅귀쿨라리스아이리스 다음으로 피어나는 아이리스 종류는 루테스켄스아이리스*Iris lutescens* Lam.이다. 루테스켄스아이리스는 여러 형태

▲ 4월 말쯤 노란색에 연둣빛이 도는 꽃을 피우는 루테스켄스아이리스.

로 다양하게 꽃을 피운다. 루테스켄스아이리스는 키가 30센티미터 정도로 다른 아이리스 종류에 비해 작은 편이다. 게다가 꽃의 색도 우리가 흔히 알고 있는 아이리스와 달리 화려하지 않아 그냥 지나치기 쉽다. 대개 4월 말쯤에 피어나는데 그때는 비교적 늦게 꽃을 피우는 붉은색 꽃의 목련과 동백, 그리고 이른 봄을 아름답게 수놓은 수선화 등에 눈길을 맞추는 때다.

초가지붕이 인상적인 천리포수목원의 게스트하우스 다정큼나무집 뒤뜰에 루테스켄스아이리스가 있다. 꽃잎은 노란빛이 강한 연둣빛이어서 그리 눈에 들어오지 않는다. 하지만 이 꽃이 피어나면 다른 아이리스들도 개화를 준비하겠구나 하고 짐작할 수 있다는 점에서 관심을 갖게 된다.

푸밀라아이리스

루테스켄스아이리스보다 훨씬 작은 아이리스도 있다. 푸밀라아이리스 *Iris pumila* L.가 그 풀꽃이다. 꽃송이까지 포함한 푸밀라아이리스의 키는 잘해야 20센티미터 정도 된다. 땅바닥에 납작 붙은 채로 돋아난 몇 장의 잎사귀 사이로 잎사귀보다 훨씬 크게 보랏빛 꽃이 피어난다. 꽃의 모양도 독특하고 화려하지만 그 강렬한 보랏빛은 그냥 스쳐지나기 어려울 만큼 매혹적이다.

앞에서 그냥 '아이리스'라고만 이야기했는데, 아이리스의 우리 식 이름은 '붓꽃'이다. 붓이라는 이름은 꽃 모양에서 나온 게 아니다. 꽃이 피어나기 전 꽃봉오리가 마치 먹물을 머금은 붓의 모양을 닮았다는 데에서 왔다. 활짝 피어난 짙은 보랏빛의 아이리스 꽃 사이에 아직 꽃망울을 열지 않은 꽃봉오리들을 찾아보면 영락없는 붓 모양임을 알 수 있다.

휘아킨토스의 피에서 피어난 아이리스

학명 아이리스는 다른 많은 식물의 이름처럼 그리스 신화에서 따왔다. 아이리스는 무지개의 여신을 가리키는 이름이다. 그러나 식물 아이리스는 무지개의 여신과 별다른 관계가 없고, 스파르타의 미소년 휘아킨토스와 관계가 있다. 휘아킨토스가 아이리스 꽃으로 변하게 된 이야기는 제우스의 아들 아폴론이 그 소년을 좋아하는 데에서부터 시작된다.

휘아킨토스는 용맹한 정신과 건강한 몸을 가진 까닭에 가는 곳마다 사랑을 독차지했다. 휘아킨토스를 사랑한 신 가운데 아폴론이 있었다. 아폴론은 휘아킨토스와 함께 원반던지기 놀이를 즐겼다. 어느 날 한낮, 그들은 여느 때처럼 들판에 나가서 원반던지기를 했다. 먼저 아폴론이 온 힘을 다

하여 원반을 던졌다. 구름을 가르고 하늘로 솟아오르는 원반을 휘아킨토스가 쫓아갔다. 정확히 낚아챈 뒤 곧바로 되던지려는 생각이었다.

그런데 얄궂게도 원반은 휘아킨토스가 다가오기 전에 먼저 커다란 바위에 세차게 부딪히더니 공중으로 튀어오르며 원반을 향해 뛰어가던 휘아킨토스 쪽으로 날아왔다. 휘아킨토스의 냅다 달려가는 힘과 바위에 부딪혀 튀어오른 힘이 보태지며 원반은 매우 강한 힘으로 휘아킨토스의 얼굴을 후려쳤다. 순간적으로 휘아킨토스는 안색이 창백해진 채로 그 자리에 쓰러졌다. 멀리서 원반을 던진 아폴론도 사색이 되어 달려왔다. 그러고는 휘아킨토스의 온몸을 주물러 따뜻하게 하면서 소년의 영혼이 육체에서 빠져나가지 못하도록 애썼다. 또 약초를 뽑아 휘아킨토스의 상처를 치료해주기도 했다. 갖은 애를 다 썼지만, 한번 쓰러진 휘아킨토스의 몸은 다시 일어나지 않았다.

아폴론은 휘아킨토스를 안고 서럽게 울부짖었다. 휘아킨토스의 죽음을 불러온 게 바로 자신이 던진 원반이었음을 돌아보는 건 그에게 참을 수 없는 슬픔이었다. 휘아킨토스의 주검을 끌어안고 서럽게 통곡하던 아폴론은 그를 꽃으로 다시 태어나 영원히 살게 하리라고 주문을 외웠고, 그사이 휘아킨토스가 흘린 피는 땅속으로 서서히 스며들었다. 얼마 뒤 그 자리에서 짙은 보라색의 아름다운 꽃이 피어났다. 그 꽃이 바로 지금 우리가 이야기하는 아이리스다.

휘아킨토스가 흘린 피에서부터 피어난 꽃을 그의 이름을 따라 '히야신스'로 생각하는 경우도 종종 있지만, 이는 꽃의 생김새와 무관하게 이름에 주목하면서 오게 되는 혼동이다. 그리스 신화에는 이처럼 꽃으로 변신한 이야기가 많이 나온다. 물론 식물뿐 아니라 동물이나 무생물까지 한도 끝

▲ 아이리스 군락. 그리스 신화에서는 아이리스가 휘아킨토스의 피에서 피어났다고 한다.

도 없이 이어진다.

전하는 사람에 따라 약간의 차이가 있지만 가만히 들여다보면 중요한 식물의 근원이 되는 변신 이야기는 쉽게 찾을 수 있다. 그리스 신화에도 여러 판본이 있지만, 가장 요긴하게 참고할 만한 판본 가운데 하나가 로마 시대의 시인 오비디우스가 펴낸 《변신 이야기》이다.

우리 토종의 붓꽃

아이리스, 즉 붓꽃과 식물의 꽃은 워낙 화려해서 소박한 아름다움이 주류를 이루는 우리 토종식물들과는 사뭇 다른 느낌이다. 그래서 외래식물 아닌가 생각하기 쉽지만, 붓꽃과에 속하는 200여 종류 가운데 우리 토종식물도 적지 않다. 일테면 붓꽃*Iris sanguinea* Donn ex Horn을 비롯해 각시붓꽃*Iris rossii* Baker, 제비붓꽃*Iris laevigata* Fisch. ex Turcz., 금붓꽃*Iris minutiaurea* Makino, 타래붓꽃*Iris lactea* var. *chinensis* (Fisch.) Koidz., 꽃창포*Iris ensata* var. *spontanea* (Makino) Nakai 등 무려 20여 종류가 오랫동안 우리와 함께 살아온 토종식물이다.

토종 붓꽃 가운데 멸종위기 식물로 지정되어 앞으로 잘 보존해야 할 식물로 노랑무늬붓꽃*Iris odaesanensis* Y. N. Lee과 노랑붓꽃*Iris koreana* Nakai이 있다. 노란색으로 꽃을 피우는 노랑붓꽃은 금붓꽃과 생김새가 무척 비슷하다. 이 중 흔히 보는 것은 금붓꽃이고, 노랑붓꽃은 줄기 끝에서 두 송이씩 꽃을 피우는 특징을 가진 희귀 멸종위기 식물이다. 붓꽃을 이야기하면 대개는 짙은 보랏빛 꽃을 떠올리기 십상이어서 흔치 않은 노란색 붓꽃은 독특하고 인상적일 수밖에 없다. 특히 노랑붓꽃은 환경부에서 멸종위기 식물의 서식지 외 보전기관으로 천리포수목원을 지정하면서 보전 대상 식물로 지정한 4종의 식물 가운데 하나다.

노랑무늬붓꽃
노랑붓꽃

환경부 지정 보전 대상 식물은 아니지만, 같은 붓꽃 종류 중에 환경부에서 지정한 멸종위기 식물 2급에 속하는 노랑무늬붓꽃도 천리포수목원의 조붓한 숲길에서 봄노래를 부르는 예쁜 꽃이다. 노랑무늬붓꽃은 노랑붓꽃과 달리 꽃잎이 하얀색이다. 하얀색 안쪽에 노랑 무늬가 있어 노랑무늬붓꽃이라 부른다. 4월쯤부터 꽃을 피우는 노랑무늬붓꽃은 꽃대가 그리 높지 않아 초록의 잎사귀 사이에 숨은 듯 피어난다. 여느 붓꽃과 생김새는 비슷하지만 비교적 꽃송이의 크기가 작다. 활짝 피어나도 4센티미터에 미치지 못한다. 우리나라 토종식물로 강원도 태백산과 오대산, 경상북도 소백산,

▲ 하얀색 꽃잎 안쪽에 노랑 무늬가 있는 노랑무늬붓꽃과 하얀색 꽃잎 위에 파란색과 주홍색 무늬가 있는 무늬일본붓꽃.

경기도 명지산 등지에서 자라지만 현재는 개체 수가 급격히 줄어 보호하고 있다. 최근에는 경상북도 청도군 운문산에서 영남대학교 박선주 선생 팀이 노랑무늬붓꽃의 군락지를 발견했다는 뉴스가 있었다.

천리포수목원 안에는 곳곳에서 다양한 종류의 붓꽃이 꽃을 피운다. 그 중 노랑무늬붓꽃은 다른 꽃들에 비해 색깔이 짙어서 유난히 눈에 띄는 식물인데, 붓꽃과의 다른 식물과 달리 꽃잎이 순백이다. 꽃송이 가운데에 노랑 무늬가 박혀 있을 뿐이다. 그러나 싱그러운 초록 잎사귀 한가운데에 하얗게 피어 있는 꽃, 그 위에 노랗게 박힌 무늬가 더 돋보이는 우리 꽃이다.

붓꽃의 독특한 구조

무늬일본붓꽃

노란색 꽃과 마찬가지로 흰색 꽃을 피우는 붓꽃 종류도 눈길을 끌기는 마찬가지다. 천리포수목원에서 볼 수 있는 흰색의 붓꽃 가운데에는 무늬일본 붓꽃*Iris japonica* 'Variegata'이 있다. 푸른빛이 돌 정도로 새하얀 꽃잎 위에 파란색과 주홍색의 무늬가 선명하게 새겨진 모습이 참 청초하다. 꽃잎이 모두 6장으로 보이는데, 여기에는 비교적 복잡한 붓꽃의 구조를 이해해야 하는 문제가 있다.

붓꽃과 식물의 꽃은 모두 이런 모양이다. 3장은 안쪽에 나고 3장은 바깥쪽에 나는데, 바깥쪽 꽃잎은 호랑이 피부와 같은 얼룩무늬가 선명하다. 그런데 얼룩무늬를 띤 3장은 꽃잎이 아니라 꽃받침이다. 붓꽃과 식물의 꽃은 어떤 종류이든 이 같은 특징에서 공통적이다. 이해를 위해서 다음 쪽의 그림을 참고하는 게 좋겠다.

그림에서 파란색과 주홍색 무늬를 가진 3장은 꽃받침이다. 그리고 3장의 꽃받침과 어긋나게 돋아난 부분이 바로 꽃잎이다. 가장자리가 밋밋하되, 끝이 브이 자로 갈라진 부분이다. 그림에서 빨간색으로 표시한 부분이다. 그리고 초록색으로 표시한 그 안쪽 부분, 그러니까 바깥쪽 꽃잎보다 작으면서 꽃받침과 같은 방향으로 난 것은 암술이다. 붓꽃과 식물 꽃의 수술은 독특하게 생긴 암술의 뒷부분에 숨겨 있고 그 안에 꿀샘이 있다.

정리하면 붓꽃과의 꽃은 3장의 꽃받침과 3장의 꽃잎으로 이루어졌다. 3장의 꽃잎 안쪽에는 3개의 암술이 독특한 형태로 돋아난다. 이 구조를 달리 설명할 때 쓰는 용어가 꽃덮이, 즉 화피(花被)다. 꽃잎과 꽃받침을 구별하지 않고 하나로 화피라 부르는 것이다. 화피라고 쓸 때는 내화피와 외화피로 나누기도 하는데, 이때에 꽃받침은 외화피가 되고 꽃잎이 내화피가 된다.

붓꽃의 경우, 이 내화피의 모습에 다양한 차이가 있다. 대개의 내화피

▲ 붓꽃의 구조. 꽃이 3장의 꽃받침과 3장의 꽃잎으로 이루어져 있고, 꽃잎 안쪽에 끝이 세 갈래로 나뉜 암술이 돋아난다. 꽃잎(내화피)의 모습이 매우 다양한 것도 특징이다.

▲ 짙은 보랏빛 꽃받침에 새겨진 노란색과 하얀색 무늬가 인상적인 히르카나아이리스.

는 꽃받침인 외화피가 바깥으로 젖혀지는 것과 달리 곧추서는 특징을 가지지만, 붓꽃의 내화피가 전혀 다른 모습으로 돋아나는 종류도 있다. 사진을 보면 알 수 있다. 왼쪽의 꽃잎은 곧추섰지만, 오른쪽의 꽃은 앙증맞을 정도로 암술보다 훨씬 작은 크기로 작게 돋았다. 모양은 다르지만 기본 얼개는 똑같다.

히르카나아이리스

앞에서 노란색과 흰색의 꽃을 이야기했지만, 붓꽃과 식물이 피우는 일반적인 꽃은 아무래도 짙은 보랏빛이다. 히르카나아이리스*Iris hyrcana* Woronow ex Grossh.는 보랏빛이라기보다 오히려 파란색이라고 해야 할 만큼 짙은 색깔을 띤다. 이 꽃 역시 바깥쪽으로 난 3장의 꽃받침, 즉 외화피에는 얼룩무늬가 선명하게 새겨 있어서 푸른빛이 더 화려하다. 노란색과 하얀색이 어우러진 무늬가 마치 살아 움직이는 짐승의 피부처럼 생동감 넘친다.

안쪽으로 돋아난 3장의 꽃잎은 비교적 단순한 모양이다. 그냥 꽃잎이라고 하기에는 꽃잎 중앙 부분에 오뚝하게 돋아난 '심지'라 할 만한 게 눈에 들어온다. 붓꽃은 종류만큼이나 꽃의 생김새도 다양해 일관되게 콕 짚어서 이야기할 수 없지만, 바깥쪽 3장의 외화피와 안쪽 3장의 내화피가 보이는 차이는 한눈에 알 수 있다.

꽃대를 높이 세우고 화려하게 치장한 붓꽃

대개 붓꽃과 식물들은 땅바닥에 한껏 몸을 낮추어 자라나는 이른 봄의 풀꽃들과 달리 목이 긴 편이다. 푸른 잎사귀 사이로 꽃대가 솟아오르곤 그 끝에 화려한 색깔의 꽃을 피운다. 꽃대가 높이 올라오다 보니 다른 꽃들보다 훨씬 눈에 잘 띄는데, 색깔까지 화려해 봄날 가장 눈에 띄는 꽃이라 해야 할 것이다.

중국붓꽃

천리포수목원에서 만날 수 있는 붓꽃의 종류는 헤아리기 어려울 정도로 많다. 오른쪽 사진은 우리 토종의 붓꽃을 닮기는 했지만, 중국에서 들어온 중국붓꽃*Iris tectorum* Maxim.이다. 거의 파란색이라고 해도 좋을 만큼 푸른빛이 강한 보라색 꽃이 유난히 돋보인다. 천리포수목원의 민병갈기념관 앞에서 초가집으로 이어지는 화단 어귀의 돌담 위로 불쑥 솟아오른 열정적인 색깔의 꽃이 매우 화려하다. 이 자리에는 중국붓꽃이 무리 지어 자란다.

중국붓꽃의 꽃을 꼼꼼히 바라보면서 앞에서 이야기한 붓꽃의 얼개에 대해 한 가지 덧붙일 게 있다. 앞에서는 붓꽃의 수술이 암술보다 작아서 보

▲ 실밥 같은 수술이 드러나는 중국붓꽃. 암술보다 수술이 작아 잘 보이지 않는 다른 붓꽃과 비교되는 특징이다.

이지 않는다고 이야기했는데, 이 꽃에서는 수술을 쉽게 찾아볼 수 있다. 푸른빛의 꽃받침 위에 난 흰색 무늬 위로 다시 갈래갈래 흐트러진 실밥 같은 게 보인다. 그게 바로 수술이다. 대개의 경우는 수술을 확인하기 어려운데, 유난히 수술이 튀어나와 확인할 수 있는 경우다. 무늬노랑꽃창포의 사진을 보면 그 차이를 알 수 있다. 노란 꽃받침의 줄무늬 위로 어렴풋이 솔처럼 보이는 게 바로 수술이다. 길쭉하게 흩어진 중국붓꽃의 꽃에서 보이는 수술과는 전혀 다른 모습이다.

무늬노랑꽃창포

끝으로 꽃잎이 다른 붓꽃 종류에 비해 작은 무늬노랑꽃창포*Iris pseudoacorus* 'Variegata'도 기억에 오래 남는 원예종 붓꽃이다. 꽃뿐 아니라 전체적으

▲ 선명한 노란색이 예쁜 무늬노랑꽃창포.

로 자그마한 크기의 식물인데, 맑고 선명한 노란색이 예쁘다. 수목원의 암석원에 낸 작은연못 가장자리에서 다른 종류들과 섞여 피어난다.

그 밖에도 천리포수목원에는 다양한 종류의 붓꽃과 식물들이 곳곳에서 초여름을 아름답게 물들인다. 색깔과 모양은 서로 조금씩 다르지만, 화려함을 뽐내는 데는 모두가 하나다. 더욱더 화려하게 밝아올 여름을 알리는 조짐이다.

꽃봉오리,
그 안쪽의 아우성은 우주의 평화

진달래 | 철쭉 | 만병초

참꽃이라는 이름의 진달래

모든 식물이 분명히 조금씩, 아주 조금씩 움직이지만 그걸 알아채기는 쉽지 않다. 그러나 며칠 정도의 여유를 두고 관찰하면 뚜렷한 변화가 눈에 들어온다. 며칠 정도를 차이로 살펴보느냐에 따라 다르고 나무에 따라 다르지만, 어떤 경우엔 미묘하고 어떤 경우에는 아침저녁이 다를 정도로 현저한 변화를 보여준다. 특히 봄의 변화는 눈에 띄게 두드러진다. 그런 변화와 차이를 발견하는 건 식물 관찰에서 얻을 수 있는 적잖은 기쁨이다. 때로는 그들의 직수굿한 변화 앞에서 하릴없이 분주한 살림살이를 되돌아보고, 더 평화로운 삶을 꿈꾸게도 된다.

진달래

황금빛으로 봄을 알리는 개나리와 함께 우리네 산과 들의 대표적인 봄나무 진달래*Rhododendron mucronulatum* Turcz.를 바라보면서도 그 같은 봄의 흐름, 세월의 오묘한 이치를 느낄 수 있다.

진달래야말로 봄의 산과 들에 무성하게 피어나는 바로 우리의 꽃이다.

▲ 그늘을 좋아하여 산의 북사면에서 뿌리를 얕게 내리고 자라는 진달래.

3월 들어서면서 진달래도 꽃을 피울 준비를 하고 꽃봉오리를 올린다. 아직은 제대로 여물지 않은 상태이지만, 애잔하게 피워 올린 꽃봉오리를 가만 바라보고 있으면 어느새 멀리 낮은 산 가장자리로 뭉게뭉게 진달래 꽃의 붉은 기운이 피어나는 듯하다.

진달래는 숲의 천이 과정에서 선구자 노릇을 하는 나무다. 척박한 황무지 땅에 가장 먼저 들어와 자리 잡는 나무 가운데 하나다. 진달래는 뿌리가 얕아서 볕이 강하게 들면 금세 말라 죽는다. 그래서 대개 해가 많이 들지 않는 산의 북사면에서 자란다. 천천히 자리 잡으면서 진달래는 땅을 차츰 비옥하게 한다. 비옥해진 땅에 다른 나무들이 하나둘 들어와 숲을 이룬다.

산야에서 자취를 감춘 흰진달래

흰진달래

진달래 가운데에 흰색의 꽃을 피우는 진달래가 있다. 다른 나라에서 들여온 나무라거나 새로 선발한 품종이 아니라 바로 우리 토종나무다. 이른바 흰진달래*Rhododendron mucronulatum* f. *albiflorum* (Nakai) Okuyama로 지금은 우리 주변에서 흔히 볼 수 없는 특별한 나무다. 멸종위기 식물로 지정된 것은 아니지만, 환경부에서 특별히 보호 대상인 특정 야생식물로 지정한 희귀식물이다. 나무나 꽃 모두 진달래와 똑같지만 꽃의 색이 하얗다는 점이 다르다.

흰진달래에 몽실몽실 꽃봉오리가 올라와 속살을 내밀 즈음이면, 바라보는 사람의 마음은 그가 환하게 피어나는 개화 장면을 떠올리게 마련이다. 천리포수목원에는 민병갈기념관 아래의 낮은 화단에 흰진달래와 분홍빛 꽃을 피우는 진달래를 곁에 함께 심었다. 두 나무의 차이를 비교하며 관찰하는 것도 재미있을 텐데, 꽃봉오리로 보아서는 차이를 찾아낼 수 없다. 꽃이 피어야 서로 다른 색깔의 차이가 선명하게 드러난다.

흰진달래의 꽃봉오리는 처음 맺혀 올린 뒤 보름쯤 지나는 동안 당장이라도 꽃잎을 열 만큼 통통해진다. 빛깔도 분명하게 달라진다. 가만히 눈을 감으면 고속촬영 카메라로 찍은 비디오 화면처럼 스르르 꽃잎이 열리는 장면이 떠오른다. 꽃봉오리 안쪽, 아주 조그마한 공간에서 과연 무슨 일이 벌어지는 걸까? 우리 눈으로 확인할 수야 없지만, 그 안에서는 적지 않은 야단법석이 펼쳐질 것이다. 꽃잎들이 서로 기지개를 켜느라 서로 부딪치다가 서로를 위해 자그마한 틈을 양보하기도 할 것이다.

꽃술들은 어떨까? 꽃 한 송이라도 자손의 번식을 위해 꼭 필요한 것임을 돌아보면 꽃술들이 제대로 자라야 한다. 씨앗이 잘 자라려면 무엇보다

▲ 흰진달래의 꽃과 꽃봉오리. 흰진달래는 나무와 꽃 모두 진달래와 똑같지만 꽃의 색깔이 흰색이다. 환경부에서 지정한 희귀식물로, 《양화소록》에 당당히 5품으로 이름을 올리기도 했다.

암술 아래쪽 씨방이 튼실하게 자라야 한다. 또 꽃가루를 잘 받아들이려면 암술머리가 잘생겨야 한다. 암술은 그래서 벌써부터 몸단장에 나섰을 것이다. 수술들도 그렇다. 벌이나 나비 같은 수분 생물을 불러들여 더 많은 꽃가루를 이꽃 저꽃으로 옮겨가게 하려면 지금부터 부지런히 꽃가루를 만들어야 한다. 도무지 그 속내를 알 수 없지만, 저 작은 꽃봉오리는 나무에게 분명히 하나의 우주다.

마침내 오랜 기다림 끝에 흰진달래 꽃봉오리가 열린다. 지금이야 일부러 심어 키워야 하는 신세가 됐지만, 우리네 낮은 산비탈에 붉은 진달래 꽃이 활짝 피어 있는 사이로 흰진달래가 순백의 꽃을 피웠을 때의 풍경은 얼마나 상큼했을까 생각해본다. 그러나 이젠 불가능한 일이 됐다. 야생의 흰진달래는 이제 거의 사라졌다. 그나마 천리포수목원에서 살아준다는 것만으로도 충분히 고마운 일이다.

조선시대의 선비 화가이자 우리나라 최초의 원예서《양화소록(養花小錄)》을 남긴 강희안(姜希顔, 1418~1465)은 우리나라의 꽃과 나무를 아홉 단계로 나누었다. 소나무·대나무·연꽃·국화를 가장 높은 1품, 모란을 2품, 벽오동·석류 등을 3품에 놓았다. 조선시대 이후 민족의 상징으로 여겨온 봉선화와 무궁화는 9품이고, 진달래는 6품이다. 치자·해당화·장미 등과 함께 5품에 놓은 식물 가운데 흰진달래가 눈에 띈다. 붉은 홍매보다는 순백의 백매를 훨씬 귀하게 여겨온 것처럼 진달래도 분홍보다는 하얀 꽃을 더 귀하게 여긴 것이다. 역시 선조들은 유난히 흰색을 좋아했던 모양이다.

흰진달래가 자취를 감춘 까닭은 여러 가지를 들 수 있겠지만, 가장 큰 원인은 사람들의 욕심이다. 흔한 식물이 아니다 보니 너나없이 캐어 갔다. 가뜩이나 개체 수가 줄어들던 흰진달래가 산과 들에 남아 있기 어려울 수밖에. 1970년대 이후 흰진달래의 자생 군락지는 완전히 사라졌고, 가끔씩 애면글면 살아남은 흰진달래가 뉴스로 알려지는 정도다.

흰진달래를 포함한 진달래 종류의 식물은 생명력이 무척 강한 편이다. 뿌리가 얕기 때문에 한줌 흙만 있다면 바위틈에서도 자랄 뿐 아니라, 황폐한 숲의 그늘에서도 생존할 수 있는 강인한 식물이다. 산불이나 남벌에 의해 망가진 숲에 가장 먼저 들어와 다른 식물이 들어올 수 있는 토양을 가꾸는 일도 진달래가 한다. 이처럼 야무진 생명력의 진달래가 사라진다는 건 자연 환경의 황폐화가 심각한 수준에 이르렀다는 분명한 신호다.

멸종위기 생물은 갈수록 늘어나고 있다. 기후변화를 견디지 못하는 경우도 있지만 서식지 파괴나 남획, 환경오염 등 사람의 개입에 의해 절멸 위기를 맞는 경우가 더 많다. 생태계가 다양성을 잃으면서 시스템의 균형이 파괴된 자연에서는 사람조차 생존을 위협받을 수밖에 없다. 더 늦기 전에 사라지는 생물에 대한 관심을 높여야겠다. 옛사람들이 진달래, 무궁화, 봉선화보다 아름다운 꽃으로 여겼던 흰진달래가 넉넉하게 살 수 있는 자연이 바로 우리가 풍요롭고 아름답게 살 수 있는 환경임을 깨달아야 한다.

우리 봄 풍경을 상징하는 진달래

진달래가 없는 우리 산, 우리 들은 봄이 와도 봄이 아니다. 그만큼 우리 땅 낮은 산에 어김없이 봄을 붉게 물들이는 꽃이 바로 진달래다. 4월 들어서면 천리포수목원 경내 어디라고 할 것 없이 곳곳에 진달래가 환한 분홍색 꽃을 피운다. 일반 관람객에게 개방하는 밀러가든 구역은 물론, 미개방 구역에서도 피어난다. 우리 산과 들의 풍경과 다를 바 없다. 진달래는 무리를 지어 피어나는 것보다 곳곳에 점점이 피어 있는 게 더 아름답다. 철쭉이라면 몰라도 진달래만큼은 한적한 숲길에 다문다문 피어 있어야 제멋이지 싶다.

언제 봐도 순박한 시골 계집아이의 넙데데한 얼굴을 닮은 진달래 꽃의 분홍빛 꽃잎은 햇살을 받아 투명한 웃음을 머금는다. 고요한 숲길을 홀로 걸으며 투명하게 빛나는 진달래 꽃잎에 얼굴을 맞추고 바라보는 기쁨은 가슴을 부풀어오르게 한다. 천리포수목원의 숲에는 누가 심은 것도 아닌데 우리네의 여느 산, 들과 다름없이 저절로 자리 잡아 자라는 진달래가 많이 있다. 봄이면 그 진달래 꽃 찾아보는 재미가 여간한 게 아니다.

나무들이 평화롭게 살 수 있는 곳이어서인지, 그들을 바라보는 사람의 마음이 평화로운 탓인지는 알 수 없다. 여느 분홍빛과 달리 주홍빛에 가까운 꽃을 피우는 진달래도 있다. 아직은 특별한 품종이라 이야기할 수 없지만, 식물을 공부하는 사람들의 눈길을 끄는 종류의 진달래 꽃도 천리포수목원에서 찾아볼 수 있다.

천리포수목원의 개화 시기는 여느 지역에 비해 늦은 편이다. 남부지방은 물론이고, 태안보다 북쪽인 경기 지방에서 진달래가 꽃을 피우고도 한참 지난 뒤에야 천리포수목원 숲의 진달래가 만개한다. 천리포수목원의 진달래는 비교적 키도 크고 옆으로도 풍성하게 퍼졌다. 꽃도 다른 곳보다 튼실하고 곱다. 곱디고운 진달래 꽃이 이리 무성하고 풍요롭게 피어난 풍경은 쉽게 만나지 못할 것이다. 물론 진달래는 시골 길가의 낮은 산에 듬성듬성 피어나도 예쁘고 정겨운 게 사실이지만, 천리포수목원의 진달래가 보여주는 또 다른 멋은 오래 잊지 못할 것이다.

진달래는 예로부터 우리네 살림살이와 무척 친근하게 살아왔다. 두견주나 화전처럼 진달래 꽃을 이용한 먹을거리는 물론이고, 진달래 꽃을 이용한 민속놀이도 적지 않은 것이 그런 증거다. 그뿐만 아니라 진달래를 소재로 한 시와 노래도 많다. 우리 민족의 한과 정서를 고스란히 담아내기에 진달래만큼 알맞춤한 꽃도 없지 싶다.

진달래의 순박함은 우리의 민족 정서를 닮았다는 점에서 여전히 우리 국민들이 가장 좋아하는 꽃에 꼽힌다. 최근에는 도심에서도 진달래를 심심찮게 키우는 모양이다. 까다로운 점은 진달래가 다른 식물처럼 햇살 좋은 남쪽에서 자라기 어렵다는 것이다. 연분홍 빛깔이 봄 햇살처럼 따스하고

▲ 진달래는 우리 봄 풍경을 상징하는 대표적인 꽃이다. 4월 들어서면 천리포수목원 곳곳에 진달래가 환한 꽃을 피운다.

화사한 느낌을 주지만, 진달래는 그늘을 좋아하는 음지식물이다. 뿌리를 깊이 내리지 않기 때문에 그늘진 곳을 좋아할 수밖에 없다. 햇볕이 강하게 내리쬐는 곳에서는 얕은 뿌리가 쉽게 말라버릴 수 있기 때문이다. 그래서 정원에서 진달래를 키우려면 북쪽을 택하거나, 남쪽이라 해도 돌이나 다른 조형물에 의한 그늘이 드는 곳이어야 한다.

궁핍했던 시절, 진달래 꽃은 초여름에 피는 하얀 찔레꽃과 함께 아이들의 훌륭한 간식거리였다. 연분홍 빛깔의 봄빛을 입 안 한가득 담기에 진달래 꽃만큼 좋은 먹을거리도 없었다. 그러나 진달래 꽃과 비슷한 모양으로 피어나는 철쭉 꽃은 독이 있어서 먹을 수 없다.

철쭉

먹지는 못하지만 초록의 잎이 나온 뒤에 꽃이 피는 철쭉*Rhododendron schlippenbachii* Maxim.은 진달래보다 화려하고 풍요로운 인상을 갖췄다. 진달래 꽃은 잎 나기 전 가지에 듬성듬성 피어나기 때문에 모든 꽃봉오리가 피어나도 그리 풍성하거나 화려해 보이지 않는다. 그러나 무성하게 돋아난 초록 잎 위에 무더기로 화사한 꽃을 피우는 철쭉은 조경용 나무로 사랑받을 수밖에 없는 조건을 갖췄다.

철쭉은 진달래를 닮은 모양의 꽃을 피우지만, 진달래와는 여러 차이를 가지는 나무다. 옛 우리 문헌에 보면, 철쭉과 진달래를 혼용해서 부르기도 했다. 일테면 진달래를 철쭉의 한자 이름인 척촉(躑躅)으로 부르기도 했다. 잘 쓰는 말은 아니지만 척촉은 진달래가 아니라 철쭉을 가리킨다.

척촉은 어려운 한자다. 이 어려운 두 글자가 모두 발 족(足) 변의 글자다. 걷는 일과 관계되는 뜻을 가진 이유다. 두 글자 모두 '머뭇거리다'는 뜻의 한자인데, 철쭉의 꽃이 예뻐서 가던 길을 멈추고 머뭇거리게 된다는 뜻에서 붙인 이름이다. 같은 머뭇거린다는 뜻의 글자가 두 자나 붙어서 머뭇거리지 않을 수 없을 만큼 예쁜 꽃이라는 걸 강조하려는 이름이다.

철쭉은 양척촉(洋躑躅)이라고도 부른다. 머뭇거림이 있긴 한데, 머뭇거림의 주체가 사람이 아니라 양(羊)이다. 여기에도 철쭉의 분명한 특징이 들어 있다. 진달래 꽃은 먹어도 좋지만, 비슷하게 생긴 철쭉 꽃에는 독이 있어서 먹으면 안 된다는 특징이 그것이다. 양이 머뭇거린다는 이름은 그런 특징에 기댄 이름이다. 철모르는 양들이 길을 가다가 철쭉 꽃을 잘못 먹으면 독이 몸에 퍼져 비틀거리면서 걷지 못하게 된다는 점에서 비틀거리거나 머뭇거리게 된다는 뜻이다.

비슷하게 생긴 꽃이 하나는 먹어도 좋고, 다른 하나는 먹으면 안 되는 독을 가졌다니 야릇하다. 그래서 옛사람들은 먹어도 좋은 진달래를 '참꽃'이라고 불렀고, 먹어서는 안 되는 철쭉을 '개꽃'이라고 불렀다. 진달래가 진짜 꽃다운 꽃이라면, 철쭉은 진달래 꽃을 흉내 낸 가짜 꽃이라는 의미다.

진달래와 철쭉은 구별하기가 그리 어렵지 않다. 우선 꽃 피는 시기로 판단하면 된다. 진달래는 빠르면 3월 말부터 피어난다. 기상청 발표를 보면 대개의 진달래는 서울 지역을 중심으로 3월 말이면 피어난다. 기준은 개나리와 마찬가지로 한 그루의 진달래에서 3송이 이상의 꽃이 활짝 피는 걸 기준으로 하고, 가장 보기 좋은 만개 시기는 그로부터 일주일에서 열흘 정도 뒤로 보면 된다. 철쭉은 진달래보다 늦게 피어난다. 거의 한 달을 두고 핀다. 진달래 꽃이 먼저 피어나서 봄을 알린 뒤 시들어 떨어지고 나면 그때쯤 서서히 그러나 매우 화려하게 피어나는 게 철쭉이다. 대개는 5월쯤이다. 또한 진달래는 잎이 없는 상태에서 꽃이 피어나지만, 철쭉은 잎이 다 난 상태에서 피어난다. 그것만 알고 있어도 둘의 구별은 어렵지 않다. 분홍색 꽃이 피었는데 나뭇가지에 잎이 달려 있으면 철쭉이고, 잎이 없으면 진달래로 보면 된다.

철쭉과 진달래는 잎사귀에도 약간의 차이가 있다. 철쭉의 잎은 끝 부분이 넓적하다. 식물도감에서는 그걸 도란형(倒卵形)이라고 표기한다. 거꾸로 세워놓은 달걀 모양이라는 뜻이다. 그와 달리 진달래는 타원형인데 양끝이 뾰족하다. 식물도감에 피침형(披針形)이라고 표기한 게 그런 모양이다. 그러니까 잎의 끝이 넓적하면 철쭉, 뾰족하면 진달래라고 판단해도 된다는 이야기다.

자라는 곳에도 차이가 있다. 진달래는 앞에서 이야기한 것처럼 산의 북쪽 비탈 자락에서 잘 자란다. 야생에서 잘 자라는 나무이기 때문에 도심의 정원에서 보기는 쉽지 않다. 그러나 철쭉은 정원에 조경수로 많이 심어 가꾼다. 물론 꼭 그런 건 아니지만, 도심의 정원에 볼 수 있는 건 대부분 철쭉이라고 보아도 된다.

식물을 구별해서 그 이름을 알아내는 걸 동정(同定)이라고 한다. 동정은 사실 쉽지 않다. 말이나 글로는 쉽게 정리하지만 실제 현장에 나가서 식물을 살펴보면 헷갈리기 십상이다. 잎 끝이 뾰족한 게 철쭉인지, 진달래인지 언뜻 떠오르지 않기 일쑤다. 늘 메모하고 외우는 수밖에 없지만, 그렇다고 그 많은 식물들을 일일이 수첩에 적어두거나 식물도감을 들고 다닐 수도 없는 노릇이니 현장에서 헷갈리는 건 어쩔 수 없다.

헷갈리기 쉬운 진달래속 식물들

고려영산홍

철쭉은 언제 보아도 유치하리만큼 화려하다. 철쭉뿐 아니라 천리포수목원에서 자라는 다양한 종류의 진달래속*Rhododendron* 나무들이 모두 그렇다. 그 가운데 천리포수목원 숲에서 가장 화려하게 피어난 철쭉 종류의 나무는 고려영산홍*Rhododendron sp.* (Orange Flower)이다.

영산홍

고려영산홍을 이야기하기 전에 영산홍(暎山紅)*Rhododendron indicum* (L.) Sweet부터 이야기해야 하겠다. 철쭉과 진달래를 구별하는 것은 그리 어렵지 않겠지만, 영산홍으로 이야기가 확대되면 헷갈리게 마련이다. 그러나 간단히 이야기하면 영산홍이란 일본 중심으로 새로 선발해낸 재배 품종을 일컫는 이름이라고 생각하면 된다.

하지만 의문은 남는다. 일본에서 선발한 품종인데 거기에 왜 '고려'라는 우리의 옛 이름이 붙었냐는 것이다. 우리나라에서 본격적으로 영산홍을 심어 키우게 된 때는 대략 일제 식민지 시대 이후로 본다. 그러나 일본에서는 오래전부터 진달래속의 식물인 철쭉의 다양한 품종을 선발했다. 흔히 '사스키철쭉' '기리시마철쭉' 등으로 부르는 게 그런 종류이다. 이처럼 일본에서 선발한 품종을 통틀어 영산홍이라 부른다. 하지만 그보다 훨씬 전인 조선시대 연산군이나 성종 때 기록에도 영산홍이 나온다. 그 기록의 영산홍이 지금의 영산홍과 같은 식물인지는 확인하기 어렵지만, 여러 기록을 바탕으로 보아 고려 때부터 영산홍을 키워온 것으로 보아야 할 것이다.

그러나 우리나라에서 영산홍의 자생지는 찾을 수 없다. 물론 지금 자생지가 남아 있지 않다는 것이 일본에서 들어온 식물이라는 증거가 될 수는 없지만, 영산홍의 경우는 일본에서 들어온 것으로 보는 학자들이 많다. 그런 논란 속에서 오래전부터 우리나라에서 키워왔다고 생각되는 품종을 특별히 '고려영산홍'이라고 부르게 됐다. 아직 식물학계에서 정식으로 인정한 표현은 아니다. 고려영산홍 외에 궁중영산홍이나 조선영산홍이라고 부르는 나무도 같은 의미에서 붙인 우리식 이름이지만 역시 공식적인 이름은 아니다.

새로 선발한 품종에 붙이는 이름에는 늘 그런 혼동이 있다. 그건 영산홍 선발에 매우 열성적인 일본에서도 마찬가지다. 그뿐만 아니라 중국에도 영산홍이라고 부르는 식물이 있지만, 그건 우리가 영산홍이라고 부르는 식물과 다른 품종이라고 한다. 워낙 많은 품종이 있다 보니, 헷갈릴 만도 한 게 진달래속의 식물들이다.

앞에서 이야기한 고려영산홍·조선영산홍·궁중영산홍 등에는 각각 차

▲ 화려하게 꽃을 피우는 고려영산홍. 오래전부터 우리나라에서 키워왔다고 생각되어 '고려'라는 이름을 붙였다.

이가 있다. 고려영산홍의 꽃이 짙은 주홍색으로 피어나는 데 비해, 조선영산홍은 보라색으로 피어나고 궁중영산홍은 고려영산홍과 비슷하지만 조금 작다.

헷갈리는 이름은 그 밖에도 또 이어진다. 자산홍과 연산홍이다. 우선

자산홍

연산홍은 영산홍의 잘못된 표기다. 다양한 품종이 있는 나무이다 보니, 다른 나무가 아닌가 생각하게 된다. 자산홍은 글자 그대로 자주색 꽃을 피우는 영산홍 혹은 철쭉이라고 생각하면 맞다. 꽃 외에 잎이나 전체 수형(樹形)에 따라 나름의 차이로 나누기도 하지만 미묘한 차이여서 구별은 쉽지 않다. 대부분의 재배 품종이 그렇지만, 영산홍도 다양한 품종을 저마다 다르게 부르는 탓에 헷갈리기 쉽다.

아무튼 천리포수목원에서 고려영산홍이라 부르는 나무는 언제나 무척이나 화려한 자태로 늦봄의 풍치를 극대화한다. 아마도 계절의 여왕 오월을 가장 아름답게 노래하는 꽃 아닌가 싶다. 물론 고려영산홍 외에 진달래속의 다양한 철쭉 꽃들이 화려하게 피어나지만 고려영산홍의 화려함에는 못 미친다.

루테움철쭉

같은 철쭉 종류 가운데 노란색으로 화려하게 꽃을 피우는 품종도 있다. 루테움철쭉*Rhododendron luteum* Sweet이라는 재배 품종이다. 꽃이 노란색이어서 그냥 황철쭉이라고도 부르는데, 역시 식물학적으로 공식화한 이름은 아니다. 또 최근 민간에서 황철쭉이라고 부르는 일본산 홍황철쭉*Rhododendron japonicum* C.K.Schneid. 혹은 황철쭉*Rhododendron japonicum* f. *flavum* (Miyoshi) Nakai과도 다른 나무다.

진달래속의 식물에는 붉은색 꽃이 가장 많다. 그다음 흰색이 많지만, 노란색 꽃도 적지 않다. 어쩔 수 없이 하나하나의 고유한 이름 대신에 꽃의 색에 따라 노란색 꽃을 피우는 종류를 황철쭉이라고 불러야 할 듯하다. 물론 좋은 방법은 아니겠지만, 일일이 학명을 외워서 부르는 것보다는 편리하다.

꼼꼼히 돌아보자니 철쭉은 종류가 참 많다. 전문가가 아닌 사람으로서

▲ 노란색 꽃을 피우는 루테움철쭉. 흔히 황철쭉이라고도 부르나 공식적인 이름은 아니다.

는 헷갈릴 만도 하다. 같은 과에 속하는 나무가 무려 900종류나 있다고 하니, 어쩔 수 없는 노릇 아닌가 싶다. 천리포수목원에도 이 종류가 무려 600여 종류나 있다. 진달래는 물론 우리가 철쭉이라 부르는 종류, 그리고 만병초(萬病草)도 이 900종류의 식물에 포함된다.

만병을 다스린다는 만병초

진달래과 나무 가운데 하나인 만병초*Rhododendron brachycarpum* D. Don ex G. Don 는 이름 하나만으로 솔깃하게 한다. 그처럼 솔깃한 나무 이름이 어떤 연유

만병초

로 지어졌는지를 살펴보는 건 식물 공부에서 빼놓을 수 없는 즐거움을 준다. 식물에는 생김새만 가지고 붙인 이름도 있지만, 식물의 중요한 특징이나 쓰임새를 놓고 붙인 이름이 많다. 그래서 야릇한 느낌을 가진 식물 이름의 유래를 들춰보는 일은 흥미로울 수밖에. 만병초도 그런 흥미로운 이름을 가진 나무다. 학명으로 보아 철쭉이나 진달래와 같은 종류에 속하는 나무임은 금세 알아챌 수 있다.

만병초의 꽃은 진달래나 철쭉을 닮았다. 그러나 그들과 비교하기 어려울 만큼 화려하다. 품종도 색깔도 다양하지만 모두가 꽃이 화려하다는 것만큼은 공통적이다. 꽃 한 송이는 진달래속에 속하는 다른 나무의 꽃과 닮았지만, 만병초의 꽃은 가지 끝에서 적게는 10송이 많게는 20송이 가까이 모여 피어나기 때문에 무척 화려하다. 같은 계열의 나무 가운데 필경 화려함에서 으뜸이다.

만병초를 글자 그대로 해석하면 자칫 '만병의 근원이 되는 식물'이라는 부정적 의미로 해석할 수도 있겠지만, 꽃 모양을 보면 이렇게 아름다운 꽃을 피우는 나무에 부정적 이름을 붙였을 리 없다는 건 분명히 알 수 있다. 만병초라는 이름은 만병을 다스리는 놀라운 효험을 가졌기 때문에 붙여졌다. 그래서 한방에서 오랫동안 매우 귀중한 나무로 여겨왔다. 쓰임새가 무척 다양한 식물이다. 가장 널리 알려진 효능은 심장을 강하게 하고, 혈액순환을 도와 고혈압을 치료하는 효과다. 그 정도로 만병(萬病)을 운운할 건 아니다. 신장병을 비롯해 관절염, 신경통, 귓병, 복통 등 일상에서 흔히 겪을 수 있는 질환에 골고루 적용해온 약재였다.

또 통증을 멎게 하는 효능이 있어서 통풍 치료제나 소염제·진통제·해열제로도 요긴하게 쓰였다. 만병초의 잎을 끓여낸 물은 가축의 피부에 기생하는 벌레나 농작물에 생기는 해충을 퇴치하는 데 주효했다고 한다. 또 만병초의 잎사귀를 달여 먹으면 여자의 정욕을 크게 향상시킨다고 해서 여성 불감증 치료제로도 쓰였다고 한다.

실제로 만병초의 잎에서는 그라야노톡신(grayanotoxin, 안드로메도톡신)이라는 유독 성분이 다량 검출되는데, 이 성분을 각각의 질환에 알맞춤한 양으로 적용할 때 효험이 있다. 그러나 그라야노톡신은 잘못 쓰면 구토와 빈혈, 설사 등의 부작용이 나타날 수 있으므로 함부로 사용하면 안 된다. 모든 약이 그렇겠지만, 만병초 역시 '잘 쓰면 약, 잘못 쓰면 독'이다.

만병초가 그렇게 몸에 든 병을 쫓아내는 건 물론이고, 그의 아름다운 꽃으로 어쩌면 우리 마음에 든 병까지 낫게 할 수 있을 것이라는 이야기는 괜한 호들갑이 아니다. 바라보면 그 아름다움에 혼곤히 빠져드는 꽃이 만병초다.

만병초의 효능을 지나치게 과장한 이야기도 없지 않다. 예를 들어 노인들이 만병초의 줄기로 지팡이를 만들어 짚고 다니면 중풍을 예방할 수 있다는 건데, 그건 좀 믿을 수 없는 이야기에 속한다.

효험이 크다는 이야기가 널리 알려진 때문이었을까? 우리나라의 산에 자생하던 만병초가 지금은 희귀식물이 되었다. 물론 기후를 비롯한 환경 변화도 원인이겠지만, 무분별한 남획이 지금의 멸종위기를 초래하지 않았나 싶다. 특히 우리나라에 자생하는 노랑만병초는 환경부에서 멸종위기 식물 2급으로 분류해 특별히 보호하는 식물이 됐다.

만병초는 세계적으로 많은 종류가 있지만, 우리나라에 자생하는 종류도 여럿 있다. 물론 우리나라에는 약재로 쓰기 위해서 중국에서 들여왔다는 이야기도 있지만, 그 전에 자생지가 곳곳에 있었다. 만병초 외에도 분홍

홍만병초

노랑만병초

꽃을 피우는 홍만병초*Rhododendron brachycarpum* var. *roseum* Koidz.와 노랑 꽃의 노랑만병초*Rhododendron aureum* Georgi가 우리 땅에서 오래 자란 식물이다. 멸종위기 식물로 지정된 것은 아니지만, 홍만병초 역시 개체 수가 현저히 줄어들어 요즘은 흔히 볼 수 없다.

만병초는 아시아의 고산 지대에서 자생하는데, 우리나라 남한 지역에서는 지리산·설악산·오대산을 비롯해 울릉도 지역에서 찾아볼 수 있고, 북한 지역에서는 특히 백두산 지역에서 많이 찾아볼 수 있는 토종식물이다. 대개는 높은 산에서 센 바람을 맞으며 자라 대개 1미터 남짓 높이로 자라지만, 3미터 넘게까지 자라는 경우도 있다.

만병초 꽃은 꽃잎 안쪽에 짙은 초록색의 반점이 선명하게 드러나 있다. 철쭉 꽃과 닮은 점이다. 철쭉이나 만병초에서 두드러지게 드러나는 이 반점은 벌과 나비에게 꿀샘이 있는 자리를 알려주는 길라잡이 구실을 한다. 그러니까 곤충들이 내려앉을 일종의 활주로인 셈이다. 벌과 나비는 이 활주로를 따라 살그머니 내려앉아 꿀을 따고 몸에는 꽃가루를 묻혀 다른 꽃에 옮겨준다.

깔때기 모양의 꽃이 비슷하게 생겼다고는 하지만 만병초는 진달래나 철쭉과 쉽게 구별할 수 있다. 앞에서 이야기한 것처럼 만병초 꽃은 10송이 넘게 한데 모여 피어나기 때문에 분위기부터 다르다. 게다가 만병초는 겨울에도 잎을 떨구지 않는 상록성 나무다. 겨울에도 푸르름을 잃지 않는다는 점은 정원에 심어 키우는 관상용 식물로 환영받을 수 있는 이유다. 그러나 원래 고산 지대에서 자라는 나무인지라 여느 집 정원에서 키우기는 쉽지 않다. 그래서 최근에는 정원에서 키울 수 있도록 개량한 새 품종이 다양하게 나왔다. 천리포수목원에서 심어 키우는 다양한 만병초도 대부분 새로 선발한 품종이다.

다양한 빛깔의 만병초 꽃

하얀색 꽃을 피우는 만병초 종류의 나무로 루샨포르투네이만병초*Rhododendron fortunei* 'Lu Shan'가 있다. 큰연못에서 해안전망대 쪽으로 오르는 오솔길 가장자리에 서 있는데, 천리포수목원의 만병초 종류 가운데 가장 크게 잘 자란 나무다. 나무의 키가 4미터 정도 되는데, 나무 전체에 하얀색의 꽃이 활짝 피어나는 모습이 여간 멋있는 게 아니다. 나뭇가지의 품도 넉넉해 꽃이 피어날 즈음에는 장관을 이룬다. 꽃은 흰색이라 할 수 있지만, 가까이에서 들여다보면 아주 조금 분홍빛이 배어나오는 걸 볼 수 있다. 기가 막힐 만큼 오묘한 색깔, 도대체 어떻게 표현해야 할지. 자연의 빛을 인공의 언어로 표현한다는 것 자체가 불가능한 일이라는 생각이 들 수밖에 없다.

루샨포르투네이만병초

만병초 종류의 나무는 대개 진달래 꽃을 닮은 분홍색으로 꽃을 피운다. 살짝 분홍빛이 도는 꽃을 피운 야쿠시마만병초*Rhododendron yakusimanum* Nakai●도 그 가운데 하나다. 꽃송이 한가운데는 거의 흰색인데, 차츰 분홍빛이 주변으로 퍼진 모습이 무척 포근하다. 시간이 지나면서 빛깔을 바꾸는 종류도 있다. 블루엔슨만병초*Rhododendron* 'Blue ensign'는 처음에 피어날 때 분홍색으로 피어났다가 차츰 보랏빛으로 변하여 보름쯤 지나면 아예 다른 나무의 꽃처럼 짙은 색깔을 띤다. 푸른 깃발을 단 듯한 이미지를 가진 까닭

야쿠시마만병초

블루엔슨만병초

● 〈국가표준식물목록〉에서는 만병초 '이아쿠시마'로 돼 있지만, 〈천리포수목원 식물명 국명화 기준안〉에서는 익숙한 표기인 야쿠시마로 썼다.

▲ 4미터 높이로 자라 하얀색 꽃을 피우는 루샨포르투네이만병초.

에 품종 이름도 배의 깃발을 뜻하는 'ensign'을 넣어 지은 듯하다.

스미스그룹만병초

붉은빛의 만병초 가운데에 그야말로 정열적인 멋을 갖춘 품종으로 스미스그룹만병초*Rhododendron* Smithii Group가 있다. 스미스그룹만병초는 나뭇가지마다 야구공 크기만 하게 한데 모여 피어난 붉은 꽃 뭉치가 참 화려하

▲ 블루엔슨만병초의 색 변화. 분홍색으로 피었다가 차츰 보랏빛으로 변하고, 보름쯤 지나면 짙은 색깔을 띤다.

다. 꽃송이 바로 아래의 잎사귀도 재미있다. 꽃을 더 돋보이게 할 심사였을까? 마치 리본처럼 혹은 나비넥타이의 아래 깃처럼 빳빳하게 일제히 땅을 바라보고 내려뜨린다. 이 같은 모양은 대개의 만병초에서 거의 비슷하게 나타나는데, 이는 굴거리나무*Daphniphyllum macropodum* Miq.에서도 볼 수 있다. 그래서 일부 지역에서는 남획꾼들이 만병초로 혼동한 굴거리나무를 모조리 채취해갔다는 이야기도 있다.

브리지트만병초

연분홍 꽃을 피우는 품종의 브리지트만병초*Rhododendron* 'Brigitte'도 더할 나위 없이 화려한 꽃을 피운다. 특히 브리지트만병초는 분홍색의 꽃잎이 더없이 포근해 보인다. 다른 품종에 비해 비교적 낮은 키 때문인지 가지를 옆으로 넓게 펼치는 것도 남다르다. 꽃잎에는 분홍빛이 잔잔하게 배어나오는데, 가운데에는 짙은 초록빛의 반점이 벌과 나비를 불러 모으기 위한 활주로를 선명하게 낸다. 초록의 활주로 주변으로는 연둣빛이 배어나오면서

▲ 야구공만한 크기로 피어난 꽃 뭉치가 화려한 스미스그룹만병초.

▲ 연분홍 빛의 브리지트만병초와 흰색의 유니크만병초.

꽃잎의 분홍빛과 절묘하게 어우러진다.

유니크만병초

곁에는 흰색 꽃의 만병초 품종이 있다. 순백의 하얀 꽃을 활짝 피우는 유니크만병초*Rhododendron* 'Unique'다. 이름 그대로 유니크한 흰색이다. 진달래나 철쭉도 붉은빛이 많긴 하지만 흰철쭉과 흰진달래가 더 예쁘고 좋은 것과 마찬가지다. 붉은 꽃이 정열적이라면, 하얀 꽃은 순결의 상징쯤 되지 않을까 싶다. 《양화소록》의 강희안처럼 나무에 품계를 매길 기회가 있다면 단연 흰 꽃을 붉은 꽃의 위쪽에 놓게 될 것이다.

천리포수목원에서는 여러 품종의 만병초를 한데 모아 키우는 장소를 '만병초원'이라고 부른다. 큰연못 가장자리가 그곳이다. 뱀버들이 우뚝 서 있는 연못 모퉁이를 돌면 시작되는 자리다. 주변에는 여러 종류의 해당화*Rosa rugosa* Thunb.도 함께 있다.

천리포수목원의 만병초가 꽃잎을 처음 여는 건 대개 4월 말쯤이다. 꽃봉오리를 열고 얼마 뒤 5월 초입에 만병초원에 서 있는 다양한 품종의 만병초들이 일제히 꽃을 피워 올린다. 만병초원에서 자라는 여러 만병초의 꽃은 생김새가 서로 비슷하지만 빛깔은 무척 다양하다. 10여 그루의 나무들이 한데 모여 있는데, 똑같은 색깔로 피어난 꽃은 하나도 없다. 한참 바라보고 있자니, 마음에 든 '만병'을 모두 내쫓아낼 수 있을 듯 예쁘고 아름다운 꽃이다.

많이 피어도 눈에 담아내기는 쉽지 않은 백합나무의 꽃

백합나무

높은 가지 위에서 피어나는 백합나무 꽃

5월이면 백합나무*Liriodendron tulipifera* L.●의 꽃이 피어난다. 언제 꽃을 피웠는지, 비교적 개화가 늦은 천리포수목원에는 여러 종류의 백합나무 꽃이 앞다퉈 꽃송이를 드러낸다. 백합나무의 꽃은 피어났다는 걸 알아도 자세히 살펴보기가 쉽지 않다. 큰 키로 훌쩍 솟아오른 나뭇가지 위에서 피어나는 꽃이어서 웬만해서는 찾아내기도 어렵다.

백합나무

이 예쁜 꽃은 높은 가지 위에서 피어날 뿐 아니라, 무성하게 돋아난 넓은 나뭇잎들에 가리기 십상이어서 마음먹고 살펴보지 않으면 일쑤 그냥 지나치게 된다. 목련처럼 잎이 없는 상태에서 피어나는 것도 아니고, 또 한꺼번에 많은 꽃을 피우는 게 아닌 까닭에 더 그렇다. 큰 나무의 중간 중간에

● 〈국가표준식물목록〉의 표기는 백합나무이지만 오랫동안 튤립나무라고 불러왔고, 이창복의 《대한식물도감》에도 튤립나무로 돼 있으며 천리포수목원에서도 튤립나무라는 명칭을 쓴다.

▲ 주로 높은 가지에 피어나 꽃을 들여다보기 쉽지 않은 백합나무 꽃. 최근 밀원식물로도 관심을 받고 있다.

피어나는 꽃을 찾아내는 건 어려운 일이다. 그래서 봤다는 것만으로도 즐거워지는 게 백합나무의 꽃이다.

쉽게 볼 수 없는 꽃이기에 찾아냈을 때의 반가움은 여느 꽃과 비교하기 어려울 만큼 크다. 주황빛 꽃잎에 붉은 반점을 가진 이 꽃이 튤립 꽃을 쏙 빼닮았기에 오랫동안 튤립나무로 불러왔다. 백합나무 혹은 목백합이라고도 부르는데, 이는 꽃 모양에서 튤립보다 백합 꽃을 먼저 떠올렸기 때문이다.

큰 키로 자라는 나무의 가지 위에서 피어나는 백합나무의 꽃을 사진에 제대로 담아내기 위해서는 웬만한 카메라 렌즈로 어림도 없다. 적어도 200

밀리미터 이상의 망원렌즈가 필요하다. 물론 운 좋게 아직 덜 자란 백합나무에서 피어나는 꽃을 볼 수 있는 행운이 있다면 좋겠지만 그런 일은 흔치 않다. 망원렌즈를 들고 백합나무 아래에 오래 머무른다고 해서 꽃을 온전히 살펴보고, 또 원하는 만큼 사진에 담을 수 있는 건 아니다. 기껏 해봐야 꽃잎 바깥쪽을 쳐다보며 그치기 일쑤다. 그래서 궁금한 건 백합나무의 꽃술을 포함한 속살이다. 목련과에 속하는 백합나무는 꽃술이 목련을 닮았다는 걸 식물도감을 통해 알 수 있지만, 눈으로 확인하기 어렵다는 이야기다.

백합나무의 효용

백합나무는 생각보다 흔하고 쉽게 만날 수 있는 나무다. 가로수로도 많이 심어져 있다. 단언할 수 없지만 서울과 같은 도시, 특히 양버즘나무를 가로수로 많이 심은 거리에서라면 백합나무도 거의 찾아볼 수 있지 싶다. 특히 최근 들어 백합나무에 대한 관심이 매우 높아져서 도시에서도 많이 심는다. 음이온 생성 능력이 양버즘나무를 능가할 뿐 아니라, 가로수로 심는 모든 종류의 나무에 비해 월등해 도시 가로수로서는 더없이 좋은 나무로 알려졌다.

잎이 넓다는 점에서 양버즘나무*Platanus occidentalis* L.로 착각하는 경우도 적지 않으나 두 나무는 엄연히 다른 종류의 나무다. 양버즘나무와 백합나무의 차이점은 줄기 껍질에 버짐(예전에는 '버즘'을 표준어로 했는데, 1988년 표준어 규정 때 버짐으로 표준어가 바뀌었다. 그러나 식물 이름은 옛 이름 그대로 '버즘나무' '양버즘나무'로 표기한다.)과 같은 얼룩이다. 얼굴에 버짐이 피어나듯 흰 얼룩이 줄기 전체에 번져 있으면 그건 플라타너스, 즉 양버즘나무이고 얕게

양버즘나무

▲ 백합나무 잎. 잎자루가 길이 3~10센티미터로 길며, 잎 끝이 V 자 모양으로 얕게 파인다.

파인 굴곡이 고르게 뻗어 있으면서도 매끈한 피부를 가진 나무라면 백합나무다. 또 잎 모양이 불규칙한 양버즘나무와 달리 백합나무는 규칙적이면서도 예쁜 모습을 가졌으니 오가며 관찰하면 어렵지 않게 구별할 수 있을 것이다.

대개의 나무가 그렇듯 백합나무는 일단 정을 들이고 바라보기 시작하면 분명히 빠르게 깊은 정이 드는 나무다. 거리의 가로수 가운데에서 백합나무를 찾는다면 그 나무는 아마도 오랫동안 걸음을 붙잡는 나무가 되기에 충분하다.

최근에는 우리나라 양봉 농가의 대표적 밀원식물인 아까시나무를 대

▲ 천리포수목원의 파스티기아툴백합나무.

체할 나무로 백합나무가 거론되기도 하였다. 국립산림과학원의 발표였다. 아까시나무가 기후변화와 병충해 등으로 쇠퇴하는 추세로 새로운 밀원식물을 찾아내면서 얻어낸 연구 결과였다. 아직 대중화하지는 않았지만, 국립산림과학원의 연구에 따르면 꿀의 맛과 향을 다양하게 하는 말토스(maltose)와 미네랄의 함량이 높아 백합나무의 꿀은 인기가 높을 것이라고 했다.

파스티기아툼 백합나무

천리포수목원의 우드랜드 구역에는 큰 키로 우뚝 서 있는 파스티기아툼백합나무*Liriodendron tulipifera* 'Fastigiatum'가 있다. 품종 이름에 붙은 '파스티기아툼(Fastigiatum)'은 원뿔 모양을 뜻하는 '패스티지어트(fastigiate)'의 어원으로, 수형에 착안해 붙인 이름이다. 백합나무가 앞에서 이야기한 것처럼 양버즘나무와 마찬가지로 넓고 둥글게 가지를 펼치는 것과 달리, 파스티기아툼백합나무는 나뭇가지 꼭대기 부분이 뾰족하게 오므라들었다는 특징을 가져서 독특한 느낌을 준다. 다른 곳에서 보았던 백합나무의 풍성함보다는 미끈하다는 게 조금 다르다. 그러나 잎이나 꽃은 백합나무 원종과 다를 게 없다. 물론 가을에 드는 적갈색 단풍 역시 매우 화려하고 아름답다. 파스티기아툼백합나무 주변에는 측백나무과의 나무를 비롯해 이 나무와 마찬가지로 원뿔형으로 자라는 나무들이 함께 조화를 이루고 서 있다.

신비로운 번식법으로 스스로를 지켜온 식물의 지혜

매화마름

멸종위기 식물 매화마름

매화마름

우리 곁에는 이러저러한 이유로 사라져가는 식물이 있다. 이른바 멸종위기 식물이다. 여러 멸종위기 식물 가운데 매화마름*Ranunculus kazusensis* Makino이 있다. 봄이면 논에서 지천으로 하얗게 피어나는 식물이어서 잡초로 여겨질 만큼 흔한 식물이었지만, 개체 수가 급격히 줄어들어 환경부 지정 멸종위기 식물 2급으로 보호하는 희귀식물이 되었다. 꽃이 물매화*Parnassia palustris* L.를, 잎은 붕어마름*Ceratophyllum demersum* L.을 닮아서 매화마름이라는 이름이 붙었다.

매화마름은 강화도에서 전라북도 고창까지 서해안 지역의 논에서 저절로 자라는 수생식물로 환경의 변화에 비교적 민감한 편이다. 우리나라 외에는 일본에서만 자라는 식물이다. 우리 농촌 마을에 지천으로 꽃을 피우던 매화마름이었지만 이제 자생지는 거의 사라졌고, 서식지 외 보전기관과 겨우 남은 몇몇 자생지에서만 볼 수 있게 된 우리 토종식물이다.

▲ 환경부 지정 멸종위기 식물 2급인 매화마름. 꽃은 물매화를 닮았고 잎은 붕어마름을 닮아 매화마름이라는 이름이 붙었다.

논에서 자라는 매화마름이 우리 곁에서 사라진 결정적인 이유는 농약 사용량의 증가 때문이다. 아직 낙관할 일은 아니지만, 다행스럽게도 최근 농약 사용을 줄이는 유기농법이 늘어나면서 사라졌던 매화마름 자생지가 새로 발견되곤 한다는 반가운 소식도 있다. 얼마 전에는 천리포수목원의 식물팀이 태안군 신덕리 3만 3000제곱미터 규모의 논에서 매화마름 군락지를 확인한 일도 있다. 지금까지 발견된 매화마름 군락지로는 최대 규모다.

해마다 갈아엎고 벼를 키우는 논이 매화마름에게 그리 좋은 조건은 아니다. 꽃을 피운 뒤 씨앗을 맺고 뿌리를 내릴 즈음에 농부들이 무자비하게 논을 갈아엎곤 하기 때문이다. 좋지 않은 조건에서 살아남기 위해 매화마름은 나름대로의 생존 비법을 터득했다. 그걸 하나하나 짚어보면 참 놀랍기도 하고, 그런 환경에서 살아남아 봄이면 하얀 꽃을 피우는 매화마름이 고맙기도 하다.

매화마름의 생태

길이 50센티미터 정도로 자라는 매화마름은 대부분의 수생식물과 마찬가지로 줄기의 속이 텅 비었다. 산소를 공급하고 매화마름이 내쉬는 숨을 토해내는 통로로 이용하기 위해서다. 또 줄기에 대나무처럼 마디가 형성되는데, 이 마디마다 잎이 나고 꽃자루가 돋는다.

꽃가루받이를 마치면 매화마름은 꽃 한 송이에서 20개가 넘는 씨앗을 맺어 물 위에 흩뿌린다. 또 씨앗을 뿌리는 이즈음에는 물속의 줄기에 돋은 마디마다 뿌리를 낸다. 작은 식물이 살아남기 위한 비법을 준비한 것이다. 논을 갈아엎을 때 매화마름의 줄기는 온전히 남아 있는 게 불가능하다. 남아 있기는커녕 줄기는 산산조각 나고 말 것이다. 조각난 줄기 가운데 뿌리를 내린 마디의 한쪽 부분만이라도 살아남는다면 다행이다. 간신히 살아남은 매화마름의 마디 부분에서 내린 뿌리가 조금이라도 남아 있으면 그 뿌리가 물속의 흙에 다시 뿌리를 내려 하나의 개체로 성장할 준비를 갖출 수 있다. 그래서 아무리 논을 갈아엎어도 매화마름은 개체 수가 줄어들지 않고 이듬해에 다시 또 예쁘고 앙증맞은 꽃을 활짝 피울 수 있다. 하나의 개체가 산산이 부서질 수밖에 없는 혹독한 상황에 대비해 작은 마디 하나만으로도 다시 땅속에 자리 잡기 위한 대책이었다. 씨앗은 씨앗대로, 뿌리는 뿌리대로 새로운 개체로 자라나 이듬해를 기약하는 것이다. 이만큼 기특한

▲ 매화마름의 줄기는 비어 있다. 줄기에 대나무처럼 생긴 마디에서 잎이 나고 꽃자루가 돋아나 흰색 꽃이 피어난다.

생존전략을 갖추고 우리 땅의 논에서 우리와 함께 살아가려고 애썼지만, 매화마름은 살아남지 못했다. 스스로 살아남기 위해 간절한 생존법을 터득하며 살아온 식물이지만, 끝내 사람들을 이겨내지 못했다. 그저 예쁘다고만 하고 노래까지 지어 부르곤 하지만 우리도 모르는 사이에 우리들의 발길에 채여 서서히 사라지는 식물들이 있다는 사실이 서글퍼진다.

습지에서 자라는 매화마름의 꽃은 매화를 닮았지만, 매화와는 비교할 수 없을 만큼 작다. 꽃 한 송이의 지름이 1센티미터도 안 될 만큼 작아서 눈에 잘 띄지 않는다. 하지만 군락을 이뤄 자라기 때문에 매화마름이 꽃을 피울 때면 논 전체가 갑자기 환하게 느껴질 만큼 눈길을 사로잡는다. 5장의 하얀 꽃잎 안쪽에는 여러 개의 꽃술이 있고 주변에 노란색 무늬가 있어 작지만 하나하나가 모두 화려한 모양을 갖췄다.

한 번 피어난 꽃은 사흘 정도 계속 피어 있는데, 아침에 해가 들 때에 서서히 입을 열었다가 오후에 해가 떨어지면 입을 닫곤 한다. 워낙 작아서 사진으로 섬세하게 표현하기가 쉽지 않은 식물이다.

매화마름 보존을 위한 노력

천리포수목원에서는 큰연못 바로 옆 논 가장자리에 매화마름 보존 구역을 만들어 집중적으로 키우고 있다. 같은 수생식물이며 멸종위기 식물 가운데 하나인 가시연꽃과 함께다. 연못 안쪽에서 무리 지어 피어나기 때문에 가까이에서 한 송이씩 들여다보기는 쉽지 않다. 하얀 꽃잎과 꽃송이 안쪽의 노란 부분에서 솟아오른 암술과 수술을 제대로 관찰하려면 허리까지 올라오는 장화나, 가슴 높이까지 덮을 수 있는 방수복을 입고 연못에 들어가야 한다. 그게 쉽지 않으니 어쩔 수 없이 그저 연못 가장자리에 쭈그리고 앉아 하염없이 바라보는 게 매화마름을 관찰하는 방법일 수밖에 없다. 가까이 들여다보려고 고개를 조금씩 수그리다가 몸뚱어리가 균형을 잃을 즈음이 되면 다시 고개를 들어 허리 한번 폈다가 다시 들여다보며 꽃잎 사이의 꽃술을 헤아려보는 아슬아슬한 재미가 매화마름과의 대화법이다.

매화마름 자생지 가운데 강화도의 초지진 부근에 군락지가 있다. 이곳은 특히 한국내셔널트러스트에서 시민의 성금을 모아 영구보존하도록 한 시민유산 제1호이기도 하다. 강화도 초지진에서 500미터 떨어진 곳이다.

환경이 알게 모르게 변화하는 사이에 우리와 더불어 살아가던 생물이

▲ 매화마름은 연못 안쪽에서 자라기 때문에 자세히 살펴보기가 쉽지 않다. 가까이 들여다보면 꽃술 주변에 노란색 무늬가 선명하다.

말없이 신음하며 사라져간다. 자생식물이 사라져간 결과를 곧바로 확인할 수 없다는 건 얄궂은 일이다. 불행하게도 하나의 자생식물이 사라진 결과가 치명적임을 확인하는 순간은 이미 돌이킬 수 없는 상태가 됐을 때다. 늦기 전에 사라져가는 우리 식물을 더 꼼꼼히 돌아봐야겠다.

하늘과 바람과 별을 따라 몸을 바꾸는 나무

삼색참중나무

자연이 빚는 삼색의 아름다움, 삼색참중나무

하늘과 바람과 별을 가슴에 품고 시를 쓴 사내 윤동주처럼 나무는 하늘과 바람과 별의 흐름을 따라 살아가는 평화의 생명체다. 하늘을 향해 바람을 향해 나무는 아무것도 바라지 않는다. 그저 바람 따라 구름 따라 나무는 제 살 곳을 찾아 머무르고, 자기만의 삶의 방식으로 직수굿이 살아갈 뿐이다. 윤동주의 시가 그런 것처럼 나무가 아름다운 건 그런 평화 때문이다.

천리포수목원이 아름다운 건 사람의 우격다짐으로 지어낸 치장이 아니라, 오랫동안 자연에 동화되어 살면서 나무들 스스로 얻어낸 평화가 살아 있는 곳이기 때문이다. 최근 크게 늘어난 관람객들의 다양한 요구에 맞추느라 수목원의 색깔을 다양하게 한 흔적이 없는 건 아니지만, 오랫동안 천리포수목원이 가꿔온 자연의 평화와 아름다움은 여전히 살아 있다.

그 평화의 땅 천리포수목원의 명물 가운데에 삼색참중나무*Toona sinensis*

삼색참중나무

'Flamingo'• 라는 기발할 만큼 독특한 나무가 있다. 경내 여러 곳에 몇 그루씩 나눠 심어 가꾸는 명물 나무다. 큰연못 가장자리에 낸 길가, 지금은 게스트하우스로 쓰고 있는 측백나무집 앞 오솔길, 이란주엽나무가 서 있는 우드랜드 구역 가장자리, 잎사귀에 무늬를 가진 식물들을 모아놓은 무늬원 등에 서 있는 기가 막힌 나무다.

이 나무의 기발함을 보려면 시간을 길게 잡고 봄부터 오래 기다려야 한다. 단번에 이 나무의 멋을 알아채기는 어렵다. 여러 차례 찾아가 보아야만 이 나무를 왜 명물이라 이야기하는지 알 수 있다. 적당한 시간 차이를 두고 나무가 보여주는 변화가 놀랍기 때문이다. 나무의 마술이라 해도 될 법한 변화다. 마술은 마술이지만, 사람의 마술처럼 순식간에 일어나는 둔갑술이 아니라 아주 천천히 벌이는 자연의 마술이다.

그야말로 하늘과 바람과 별을 가슴에 품은 듯, 하늘과 바람과 별의 변화에 따라 서서히 변화하는 나무의 모습은 참 놀랍다. 잎 나는 때의 모습부터 그렇다. 잎 나기 전까지 이 나무는 볼품없어 보인다. 줄기 하나가 기다랗게 솟았는데, 중간에 옆으로 난 가지 하나 없이 삐죽한 모습이 생뚱맞아 보인다.

그나마 눈에 뜨이는 것은 나무의 줄기에 밝은 회색빛이 돈다는 정도

• 삼색참중나무를 천리포수목원의 표찰에는 삼색참죽나무로 표기했고, 〈국가표준식물목록〉에서는 삼색참중나무로 표기했다. 이 나무는 참죽나무*Cedrela sinensis* Juss.를 닮았지만 세 가지 색을 가진다 해서 비슷한 이름을 붙인 것인데, 〈국가표준식물목록〉에 참죽나무는 참중나무가 아닌 참죽나무로 표기했으면서도, 이 나무는 삼색참중나무로 표기했다. 이는 오래전에 참죽나무를 참중나무로도 불러온 것에 대한 혼동에서 비롯된 것이 아닌가 짐작된다. 이름의 유래로 보아 삼색참죽나무라고 표기하는 게 온당하겠으나, 여기에서는 〈국가표준식물목록〉의 표기법을 따른다.

다. 줄기 색이 밝아서 잎 나기 전부터 눈에 뜨이는 건 사실이지만 그 밖에는 특별할 게 아무것도 없다. 그러나 천리포수목원의 동백나무와 목련이 화려한 꽃을 다 피우고 서서히 꽃잎 떨어뜨릴 즈음이면, 나무가 드디어 마술을 부리기 시작한다. 잎이 나는 것이다. 새잎의 색깔은 선명한 빨간색이다. 잎사귀를 달고 있는 잎자루에도 붉은빛이 선명하다. 그렇게 새로 난 붉은빛의 잎사귀들은 보름 정도 잎사귀를 키우며 제 색깔을 유지한다. 전체적으로 붉은 잎을 달고 선 모습만으로도 충분히 멋진 나무이지만, 이건 그저 마술의 서막에 지나지 않는다.

시간의 흐름을 두고 자세히 살펴보면 처음의 새빨간 빛은 차츰 옅어지면서 보랏빛 혹은 짙은 분홍빛으로 아주 약간의 변화를 보여준다. 처음으로 잎이 날 때인 5월 초순의 짙은 붉은색은 열흘쯤 지나면 보랏빛으로 붉은 기운이 조금 옅어지는 걸 확인할 수 있다. 그러나 그게 끝이 아니다. 잎이 처음 난 뒤로 보름에서 스무 날 정도 지나면 잎의 색깔은 본격적으로 바뀐다. 이제 마술의 본편에 들어선 것이다.

붉은 기운이 눈에 띄게 옅어지는 변화의 조짐을 보이던 붉은 잎사귀는 난데없이 노란색으로 빛깔을 바꾼다. 엄밀하게는 아이보리 색이다. 핑크빛 잎사귀 안에 담겼으리라 짐작하기 어려운 빛깔이다. 생뚱맞다. 그 변화가 극적이다. 짐작하기 어려웠던 색깔로 잎사귀의 색깔을 바꾼 것이다. 다시 보름 넘게 잎사귀에는 노란색이 선명하게 드러난다. 그러다가 하늘빛 짙어지고 햇살 따뜻해지며 봄 지나가는 소리 들려오면, 나무는 한 번 더 변신을 시도한다. 잎은 언제 노란빛이었느냐 싶게 시치미를 떼고 다른 나뭇잎들을 따라 평범한 초록색으로 바뀐다. 드디어 초록색으로 빛깔을 바꾼 나뭇잎은 초록빛 안에 가득 담은 엽록소로 여름 따가운 햇살을 받아 광합성으로 양

▲ 삼색참중나무의 변화. 잎 나기 전의 삼색참중나무는 나무줄기가 기다랗게 솟아 있을 뿐 별다른 특징이 보이지 않는다. 이후 빨간색으로 돋아난 잎사귀는 보라색, 노란색을 거쳐 초록색으로 바뀐다.

▲ 빨간색 잎과 잎자루가 눈에 띄는 5월 초순의 삼색참중나무.

분 모을 채비에 나선다. 빨간색에서 분홍빛을 거쳐 짐작하기 어려울 정도의 노란색이었다가 종내에는 평범한 초록빛이 된다.

한 달 하고도 보름 정도를 더 지내며 서서히 연출해낸 나무의 마술이다. 초록빛으로 옷을 바꿔 입을 즈음에 눈 밝은 관찰자라면 이전의 노란색 기운이 조금 남아 있는 걸 눈치 챌 수 있다. 마술의 흔적이다. 좀 더 지나면 노란색은 완전히 사라지고 짙은 초록색이 된다. 물론 붉은 잎을 달았을 때가 가장 독특하지만 그 변화 과정을 살펴보는 건 흔치 않은 관찰 경험이 될 것이다.

참중나무와 참죽나무

중국이 원산지인 삼색참중나무는 천리포수목원의 명물 가운데에도 대표급이다. 이 나무의 신비로운 마술을 볼 수 있는 곳이 우리나라에서는 천리포수목원밖에 없다는 것도 특이한 사실이다. 우리나라의 다른 식물원에서도 이 나무를 가져다 키우는 곳이 있지만, 천리포에서처럼 잎사귀 색깔의 선명한 변화를 볼 수 있는지는 정확히 알 수 없다. 충청남도 태안 천리포 지역의 하늘, 바람, 별이 이 나무의 마술을 가능하게 하는 힘인 때문이다.

삼색참중나무는 멀구슬나무과에 속하는 식물로 참죽나무*Cedrela sinensis* Juss.와 생김새가 닮았는데, 잎의 빛깔이 앞에서 이야기한 것처럼 세 가지 색으로 바뀐다 해서 삼색참중나무라는 이름으로 부른다.

참죽나무

〈국가표준식물목록〉에는 삼색참중나무로 등록돼 있지만, 이는 참죽나무와 참중나무를 혼용해 부르던 때의 잘못이 연장된 탓으로 보인다. 이를테면 참중나무와 참죽나무 가운데에서는 '참죽나무'를 표준으로 선택하고, 참죽나무를 닮은 세 가지 빛깔의 나무를 '삼색참중나무'로 표기하는 건 아무래도 옳지 않아 보인다. 품종 이름에 홍학을 지칭하는 플라밍고가 붙은 것은 세 가지 색깔 가운데 플라밍고의 깃털 색인 짙은 보랏빛을 닮았을 때가 가장 도드라지는 때문이지 싶다.

모든 생명체는 자신만의 이름과 빛깔을 가진다. 그 특별한 이름과 빛깔을 지켜주는 건 하늘과 땅과 바람과 햇살이다. 낯선 하늘과 땅에서 나무는 제 빛깔을 내지 못한다. 익숙한 바람과 햇살을 품고서야 나무는 비로소 제 빛깔을 내게 마련이다.

사람의 마을에서 친근하게 자라온 풀꽃

제비꽃

제비는 날아오지 않아도 제비꽃은 핀다

제비꽃

우리 산과 들에서 봄을 느끼게 하는 풀꽃 가운데에 제비꽃*Viola mandshurica* W. Becker이 있다. 독특한 모습의 꽃으로 봄의 기미를 또렷이 알게 하는 제비꽃은 오래도록 우리 땅에서 친하게 지낸 풀꽃이어서 여러 이름을 가졌다. 오랑캐꽃, 장수꽃, 씨름꽃, 병아리꽃, 앉은뱅이꽃, 가락지꽃 등이 모두 제비꽃을 가리키는 별난 이름이다.

제비꽃은 생각보다 종류도 많다. 흰색의 꽃을 피우는 남산제비꽃*Viola albida* var. *chaerophylloides* (Regel) F. Maek. ex Hara을 비롯해 향기가 좋은 태백제비꽃*Viola albida* Palib., 잎 모양이 고깔처럼 생긴 고깔제비꽃*Viola rossii* Hemsl., 팬지로 더 많이 알려진, 한 송이에 세 가지 색을 가진 삼색제비꽃*Viola tricolor* L. 등이 모두 제비꽃과에 속하는 식물이다.

우리나라에 자생하는 식물 가운데 제비꽃이라는 이름이 들어 있는 종류만도 60종 가까이 된다. 세계적으로는 무려 450종류가 있다고 한다. 게

▲ 푸른빛이 도는 보라색 제비꽃. 5장의 꽃잎이 마치 제비가 날아가는 모습을 닮았다.

다가 제비꽃 종류는 변이가 심할 뿐 아니라 자연 교잡종도 적잖이 발견되기 때문에 일반인의 눈으로는 정확히 분류하는 일이 불가능에 가깝다.

제비꽃을 대표하는 풀꽃은 역시 이름에 아무런 수식어가 붙지 않은 '제비꽃'으로 4월부터 잎 사이에서 솟아오른 꽃자루에 푸른빛이 도는 보라색 꽃잎 5장으로 이루어진 꽃을 피워 올리는 종류다. 제비꽃 종류 가운데에는 가장 흔히 볼 수 있다.

꽃송이의 생김새는 다른 제비꽃 종류들도 비슷하지만 제가끔 큰 차이를 보인다. 우선 빛깔에서부터 천차만별이다. 하얀색으로 피어나는 종류가 있는가 하면, 노란색과 보라색으로 피어나는 종류가 있고, 한 송이에 노란색과 보라색·흰색을 함께 가지는 종류도 있으며, 때로는 꽃잎에 무늬가 선명한 종류도 있다. 이 빛깔과 꽃송이 크기의 차이, 그리고 잎사귀의 생김새가 제비꽃 종류를 분류하는 기준이 된다.

제비꽃이라는 이름은 5장의 꽃잎이 마치 제비가 날개를 활짝 펼치고 날아갈 때의 모습을 닮았다고 해서 붙였다고 한다. 제비꽃을 오랑캐꽃이라고도 부르는데, 그건 제비꽃이 피어나는 봄에 오랑캐들이 자주 쳐들어왔다는 데에서 붙였다고도 하고, 꽃송이의 뒷부분으로 길게 뻗은 부리•가 오랑캐의 머리채를 닮아서 붙였다고도 한다.

그 밖에도 키가 작아서 앉은뱅이꽃, 풀꽃 전체가 귀엽다 해서 병아리꽃이라는 이름으로도 부른다. 하나의 식물이 이처럼 다양한 이름으로 불린다는 것은 우리나라 곳곳에서 흔히 볼 수 있는 식물이었으며, 아울러 예부터 친근하게 여겨온 풀꽃이라는 방증이다.

옛 가요 가운데에는 〈제비꽃〉이라는 제목의 노래도 있다. 노랫말에서 제비꽃은 가녀리고 청순한 여자로 비유된다. 제비꽃이 꼭 그렇다. 꽃잎의 끝은 뭉툭하면서도 꽃받침 쪽이 뾰족하게 비어져 독특하면서도 예쁘다. 게다가 꽃잎 안쪽에 새겨진 실핏줄 같은 무늬 또한 앙증맞다.

세계 어느 곳에서든 친근한 제비꽃

우리나라뿐 아니라 서양에서도 제비꽃은 사람의 마을에서 친근하게 자라

• 화관(花冠, 꽃부리) 뒤쪽에 발달한 중공돌기(中空突起)로서, 식물학에서는 거(距, spur)라고 부른다. 제비꽃과의 경우는 이 과에 속하는 모든 종류가 가지는 공통 형질이어서, 제비꽃과 식물을 구분하는 식별 형질로 쓴다.

온 풀꽃이다. 그런 까닭에 우리보다는 서양에서 제비꽃에 얽혀 전해오는 전설을 더 많이 찾을 수 있다. 제비꽃이 처음 생겨난 이야기부터 그렇다.

그리스 시대에 아티스라는 목동이 이아라는 마을 소녀를 좋아했다. 이를 못마땅하게 생각한 미의 여신 비너스는 자신의 아들 큐피드에게 사랑의 화살을 소녀 이아에게 쏘고, 사랑을 잊는 납 화살은 아티스에게 쏘도록 했다. 얼마 뒤 소녀 이아가 아티스를 찾았지만, 납 화살을 맞은 아티스는 이아를 알아보지 못했다. 그러자 이아는 사랑을 잃은 슬픔을 이기지 못해 시름시름 앓다가 세상을 떠나게 된다. 자신의 뜻을 이루게 된 비너스는 죽은 이아가 작은 꽃으로 다시 태어나게 했는데, 그 꽃이 바로 제비꽃이라는 이야기다.

그 밖에도 서양에서 전하는 제비꽃 이야기는 많이 있는데, 그 가운데 나폴레옹에 얽힌 이야기가 있다. 나폴레옹의 부인 조세핀은 나폴레옹과 결혼하기 전부터 제비꽃을 좋아했다고 한다. 결혼 뒤에는 나폴레옹도 제비꽃을 좋아하여 한때 제비꽃을 동지를 확인하는 표지로 쓰기까지 해서 일쑤 '제비꽃 대장'으로 불릴 정도였다. 제비꽃은 그야말로 나폴레옹의 상징이었다. 그런 까닭이었는지 조세핀은 나폴레옹과 헤어진 뒤 단 한 번도 제비꽃을 찾지 않았다는 이야기가 전한다.

우리나라 전 지역에서 잘 자라는 제비꽃은 식용은 물론이고 약용으로도 많이 쓰였다. 요즘은 쉽게 볼 수 없지만 옛날에는 제비꽃의 어린잎은 데쳐서 나물로 먹고, 꽃은 설탕에 절여 말린 뒤에 차로 마시며, 뿌리는 삶아서 밥에 섞어 먹기도 했다. 그뿐만 아니라 제비꽃에는 해독·소염 등의 효능이 있어서 약재로도 썼다. 최근의 연구에 따르면 제비꽃의 잎에는 비타민 C가 오렌지보다 4배나 더 들어 있으며, 심장병과 암을 방지하는 효과도

▲ 하얀 꽃을 피우는 흰제비꽃과 꽃이 매우 작은 콩제비꽃.

있다고 한다.

천리포수목원에는 제비꽃은 물론이고, 하얀 꽃을 피우는 흰제비꽃*Viola partinii* Ging.을 비롯해 노란색 꽃의 노랑제비꽃*Viola orientalis* (Maxim.) W. Becker, 꽃송이가 매우 작은 콩제비꽃*Viola verecunda* A.Gray과 알록제비꽃*Viola variegata* Fisch., 호제비꽃*Viola yedoensis* Makino 등 30여 종류의 제비꽃과 식물이 있다.

물론 이 가운데 가장 흔히 볼 수 있는 것은 우리네 여느 산과 들에서처럼 보라색의 제비꽃이다. 당당히 표찰을 앞에 세우고 서 있는 다른 식물들과 달리 제비꽃은 표찰도 없이 그야말로 아무 데서나 아무렇게 자라는 들꽃이다. 하지만 어김없이 봄이면 수목원의 숲에서도 보랏빛 영롱한 꽃을 화사하게 피워내는 기특하기 이를 데 없는 우리 풀꽃이다.

하늘거리는 꽃대에 매달리는 신비로운 꽃 주머니

금낭화 | 패랭이꽃

신비로운 꽃송이의 주인공 금낭화

금낭화

천리포수목원의 봄 숲에는 화려하다기보다 신비로운 모습으로 피어나는 꽃이 적지 않다. 꽃의 구조 자체만으로 신기하다는 느낌을 주는 금낭화*Dicentra spectabilis* (L.) Lem.는 그중 대표적인 꽃이다. 꽃 사진을 전문으로 찍는 사진가는 물론이고, 아마추어 사진가들에게도 셔터를 누를 수밖에 없도록 하는 꽃이다.

금낭화는 속이 다 드러날 듯 투명한 꽃잎이 고개를 숙인 채 피어나는데, 연보랏빛 꽃잎의 하트 모양이 독특하다. 살포시 벌어진 하트 모양의 꼭짓점 부분에서 하얀 속살을 드러낸 모습은 이 꽃의 독특함을 더해준다. 하트 모양을 이루었어야 할 분홍색 꽃잎의 끝 부분은 맨 아랫부분에서 가느다랗게 오므라들었다가 정반대 방향으로 돌아서 하늘로 솟구친다. 이 끝 부분이 마치 주머니의 매듭을 연상하게 한다. 비단 주머니라는 뜻〔錦囊〕의 금낭화라는 이름은 그래서 붙었다.

▲ 주머니 모양의 홍자색 꽃이 땅을 향해 피는 금낭화. 꽃 모양이 비단 주머니 같다 하여 금낭화라는 이름이 붙었다.

이처럼 신비로운 모습의 꽃송이가 부드럽게 휘늘어진 꽃대에 줄줄이 달린다는 것도 이 꽃을 더 아름답게 하는 요인이다. 하늘하늘 흔들리는 꽃대에서 연보랏빛 신비의 주머니들이 벌이는 봄의 향연이다. 군락을 이뤄 피어난 금낭화는 한번 보면 다시 잊기 어려울 장관임은 두말할 나위 없다. 그러나 꽃 한 송이만으로도 충분히 아름다운 꽃이어서 정원의 화단에 한두 그루만 키워도 좋다.

천리포수목원에도 금낭화는 봄이면 신비로운 모양으로 피어난다. 특히 초가지붕이 일품인 다정큼나무집 앞뒤로 이어지는 오솔길을 산책하려면 뜻밖의 자리에서 불쑥 얼굴을 내미는 금낭화를 발견할 수 있다.

▲ 흰색 꽃이 피는 흰금낭화.

그 가운데에는 특별한 금낭화도 있다. 하얀색 꽃을 피우는 흰금낭화 *Lamprocapnos spectabilis* 'Alba'다. 하얀색이라기보다는 우윳빛이라 해야 맞을 듯하다. 생김생김은 금낭화와 똑같은데, 하트 모양의 꽃송이는 연보랏빛이 아니라 우윳빛이라는 것만 다르다. 연보랏빛의 금낭화도 생김새가 독특해 한번 보면 잊지 못할 만한데, 우윳빛의 금낭화는 흔치 않은 탓에 더 오래도록 진한 인상을 남긴다. 생김새가 금낭화와 똑같은 흰금낭화는 양귀비과에 속하고, 금낭화는 현호색과에 속한다.

흰금낭화

천리포수목원에서 수집한 금낭화 종류로는 애기금낭화*Dicentra formosa* Walp.와 그의 재배 품종인 아드리안블룸애기금낭화*Dicentra* 'Adrian Bloom' 등

10여 종류가 있는데, 아무래도 가장 쉽게 관찰할 수 있는 종류는 금낭화와 흰금낭화 정도다.

금낭화는 뭐니 뭐니 해도 신비로운 꽃송이 때문에 사람들의 사랑을 받아온 우리 토종 풀꽃이다. 금낭화는 우리나라의 들꽃 전시회를 비롯해 들꽃 사진전에 빠지는 경우를 보기 어려울 정도로 우리 들꽃의 대표격이다. 볼 때마다 손가락으로 그 느낌을 전달받고 싶은 꽃이다. 특히 볼을 부풀린 듯 차오른 꽃송이의 도톰한 모습이 그렇다. 물론 함부로 손을 대는 것이 꽃에게는 치명적일 수 있다는 사실을 알고 있기에 참아야 하지만 언제나 유혹적인 꽃임에 틀림없다.

패랭이 모자를 쓴 패랭이꽃

패랭이꽃

금낭화가 뜻밖의 자리에서 한두 그루씩 얼굴을 내밀어 길손을 반긴다면, 대개는 군락을 이뤄 자라는 들꽃으로 패랭이꽃*Dianthus chinensis* L.이 있다. 천리포수목원에서도 패랭이꽃은 군락을 이루고 있다.

오랫동안 우리 산과 들에서 저절로 자라온 토종식물인 패랭이꽃은 중국에서도 잘 자라는 석죽과에 속하는 여러해살이풀이다. 패랭이꽃 종류로는 꽃잎 끝이 여러 갈래로 갈라지는 술패랭이꽃*Dianthus longicalyx* Miq.을 비롯해 구름패랭이꽃*Dianthus superbus* var. *alpestris* Kablik. ex Celak., 수염패랭이꽃*Dianthus barbatus* L. 등을 우리 산과 들에서 볼 수 있다.

옅은 보랏빛의 패랭이꽃은 여름 문턱에서 피어나기 시작해서 여름 내내 숲의 낮은 땅을 화려하게 빛내는 고마운 꽃이다. 5장의 꽃잎이 한데 모여 피어나는데, 꽃송이 안쪽에 드러나는 짙은 보라색의 선명한 무늬가 패

▲ 5장의 꽃잎 끝을 여러 가닥 술마냥 늘어뜨린 술패랭이꽃.

랭이꽃을 더 아름답게 한다. 패랭이란 이름은 수평으로 갈라진 꽃잎이 마치 옛날 역졸, 보부상 같은 신분이 낮은 사람들이 쓰고 다니던 패랭이를 닮았다 해서 붙었다.

패랭이꽃만큼 흔하지는 않지만 천리포수목원의 숲에서는 술패랭이꽃과 수염패랭이꽃도 볼 수 있다. 술패랭이꽃은 5장의 꽃잎 끝 부분이 가늘고 깊게 갈라져서 마치 옷이나 깃발 따위에 다는 술을 연상하게 한다. 또 수염패랭이꽃은 술패랭이꽃이나 패랭이꽃의 보라색과 달리 짙은 자주색 꽃을 피우고, 가장자리에는 하얀색의 띠를 무늬로 지닌다. 꽃송이 아래쪽에 붙은 작은 포가 가늘고 뾰족하여 마치 수염을 단 듯하다 하여 수염패랭이꽃

술패랭이꽃

수염패랭이꽃

이라 부른다. 수염패랭이꽃은 특히 꽃송이가 한데 모여 피어난다는 점에서 관상용으로 환영받는 풀꽃이다.

천리포수목원에서는 이들 토종 패랭이꽃은 물론이고, 몇 가지 재배 품종도 갖춰두었다. 생명력이 강한 식물인데다, 긴 줄기에도 불구하고 땅바닥에 납작 엎드려 마치 군락을 이룬 듯 자라는 특징을 가져서 큰 나무 그늘 아래 곳곳에 심어 키운다.

얼핏 보고 키 작은 풀꽃으로 생각하기 쉽지만, 대개의 패랭이꽃 종류는 50센티미터 이상으로 줄기가 길게 뻗어 나가는 식물이다. 그러나 가는 줄기를 곧추세우지 못하고, 수많은 줄기가 비스듬히 누운 채 땅에 납작 붙기 때문에 낮은 키의 식물로 보기 십상이다.

카네이션

패랭이꽃과 같은 종류에 속하는 풀꽃으로 어버이날이나 스승의 날에 부모님과 스승의 가슴에 달아드리는 카네이션*Dianthus caryophyllus* L.이 있다. 유럽이 고향인 카네이션은 패랭이꽃을 겹꽃으로 선발한 원예 품종인데, 감사의 뜻을 전하기 위해 많이 이용하는 덕분에 다양한 품종이 선발되어 활용된다.

펜둘라실리네

패랭이꽃 종류들이 한창인 즈음에 같은 석죽과에 속하는 식물이면서 패랭이꽃과는 좀 다른 펜둘라실리네*Silene pendula* L.도 눈길을 끈다. 펜둘라실리네와 가까운 친척 관계의 우리 식물로는 끈끈이대나물*Silene armeria* L.을 비롯해 장구채*Silene firma* Siebold & Zucc., 한라장구채*Silene fasciculata* Nakai, 흰장구채*Silene oliganthella* Nakai 오랑캐장구채*Silene repens* Petrin 등이 있다. 이 가운데 끈끈이대나물은 펜둘라실리네와 생김새까지 비슷하다.

펜둘라실리네는 패랭이꽃과 마찬가지로 그리 작은 키의 식물이 아니지만, 줄기가 땅바닥을 기며 자라는 특징을 가져서 낮게 무리 지어 피어난

▲ 줄기가 땅바닥을 기며 자라나 낮게 피어나는 펜둘라실리네.

다. 역시 홀로 아름다운 꽃이라기보다는 다른 큰 나무들과 어울려 자라며, 풍치를 돋우는 배경이 되는 지피식물로 사랑받는 원예용 풀꽃이다.

3만 년의 시간을 이겨낸 스테노필라실리네

스테노필라실리네

실리네라는 학명을 가진 식물로 최근 세계인의 눈길을 끈 식물이 있다. 스테노필라실리네*Silene stenophylla* Ledeb.라는 고대 식물이다. 이 식물은 2011년 초 러시아의 세포물리학 연구소의 과학자들이 시베리아의 매머드 화석 유적지에서 씨앗을 발견해 개화시킨 풀꽃이다.

당시 과학자들은 지하 20~40미터 지층에서 보존 상태가 양호한 축구공 크기의 다람쥐 굴을 발견하면서 그 안에 저장된 약 70개의 스테노필라실리네의 씨앗을 발견했다. 다람쥐 굴의 바닥에 마른 풀이 깔려 있고, 그 위에 동물의 털이 덮여 있는 가운데 씨앗이 있었다. 이 씨앗들은 방사선 연대 측정의 결과 무려 3만 2000년 내지 2만 8000년 전에 맺힌 것으로 확인됐다. 과학자들은 혁신적인 실험 방법으로 이 씨앗을 발아에서 개화까지 성공적으로 이뤄냈다.

비슷한 사례로 1500년 된 연꽃의 씨앗을 찾아내 발아와 개화에 성공한 예는 있지만, 무려 3만 년이라는 긴 시간 동안 하나의 작은 생명이 죽음에 들지 않고 긴 잠을 자면서 생명을 유지할 수 있었다는 건 놀라운 사실이다. 스테노필라실리네는 고대 식물이지만 여전히 시베리아의 툰트라 지대에서 자생하는 석죽과 식물과 다르지 않은 종류다. 사람의 수명으로는 도저히 짐작조차 불가능한 3만 년이라는 긴 시간 동안 생명을 유지할 수 있는 식물의 생명력이 신비롭다.

청초한 푸른빛으로 피어난 영롱한 풀꽃

치오노독사 | 향기별꽃

멀리 터키에서 건너온 치오노독사

천리포수목원의 봄은 꽃이 지천이다. 크고 작은 꽃들이 자리를 가리지 않은 채 이곳저곳에 무리 지어 피어난다. 한 송이 꽃이 시들어 지고 나면 두 송이 꽃이 피어나고, 두 송이 지고 나면 네 송이 피어난다. 천리포수목원의 봄은 그렇게 조금도 지친 기색 없이 꽃을 피워낸다.

천리포수목원 숲길을 걸으면 어린아이들이 색종이로 만드는 별 모양 같은 자그마한 꽃을 만날 수 있다. 무리 지어 피어 있는 꽃이 여간 예쁜 게 아니다. 숲 속 큰키나무들 사이로 비쳐오는 햇살을 받아 반짝이는 푸른빛이 찬연하다. 우리나라 식물도감을 모조리 뒤져봐도 찾아지지 않는 독특한 풀꽃이지만, 마치 수천 년 전부터 이 자리에서 자란 풀들처럼 다른 풀들과 잘 어우러져 자라고 있다.

로제아 포르베시치오노독사

푸른빛이 도는 분홍빛 꽃을 피우는 예쁜 식물 로제아포르베시치오노독사*Chionodoxa forbesii* 'Rosea'가 그런 식물이다. 납작 엎드린 채로 눈길을 끄는

▲ 푸른빛이 도는 분홍빛 꽃을 피우는 로제아포르베시치오노독사. 치오노독사는 원산지 터키에서 봄에 가장 먼저 피어난다고 하여 영어로는 '눈의 영광(Glory of the snow)'이라 한다. 천리포수목원에서는 3월 중순부터 4월 중순까지 볼 수 있다.

로제아포르베시치오노독사는 잘 커야 고작 어른 손 한 뼘 크기밖에 되지 않는다. 이 풀꽃은 다정큼나무집을 돌아 측백나무집 옆으로 난 오솔길을 따라 언덕을 오르면 저절로 만나게 된다. 몇 해를 거듭해 찾는다면 이 자리에서 언제나 이 예쁜 꽃을 볼 수 있으리라는 기대감이 있지만, 처음 찾는 사람이라면 뜻밖의 자리에서 만난 아름다운 꽃에 발걸음을 멈추게 된다.

루킬리애치오노독사

사르덴시스치오노독사

터키를 고향으로 하는 로제아포르베시치오노독사는 아직 국내에서 흔히 볼 수 없는 원예식물로, 천리포수목원에는 같은 종류로 루킬리애치오노독사*Chionodoxa luciliae*와 사르덴시스치오노독사*Chionodoxa sardensis* Barr & Sugden

가 있다. 대략 꽃의 생김새와 분위기가 비슷하고, 학명의 발음도 생경하여 그냥 '치오노독사'라고 부른다.

6개로 갈라진 꽃잎의 꽃을 피우는 치오노독사는 영어로 'Glory of the snow'라고도 부른다. 이처럼 '눈[雪]의 영광'이라는 멋진 이름은 이른 봄에 피어난다는 뜻에서 붙인 거지만 천리포수목원에서는 그만큼 이르게 피지 않는다. 3월 중순부터 4월 중순께까지 피어 있으니 '눈의 영광'이라는 영어 이름이 조금은 어색할 법도 하다. 그러나 이 식물의 원산지인 터키에서는 봄에 가장 먼저 피어나는 꽃 가운데 하나라고 한다.

치오노독사는 짙은 푸른빛으로 피우는 종류에서부터 분홍색과 흰색으로 꽃을 피우는 종류까지 여러 가지가 있다. 대개는 정원에 봄 색깔을 들여놓기 위해 원예용으로 많이 키우는데, 튤립·수선화 등과 어울리게 심어서 가꾸면 봄의 다양한 색깔을 한껏 즐길 수 있다.

별처럼 예쁘게 갈라진 6장의 꽃잎 가운데에는 푸른 맥이 선명하게 드러나고, 그 한가운데에 암술과 수술이 단정하게 자리 잡았다. 뿌리 부분에서 진초록의 잎사귀가 쭉쭉 뻗어 오른 사이로 솟구쳐 오른 꽃자루에 한 송이에서 서너 송이까지 영롱한 꽃을 피워 올린다. 아직은 여전히 무채색 톤인 땅바닥과 극단의 대조를 이루는 화려한 꽃이라 할 수 있겠다.

특별한 향기를 뿜는 향기별꽃

치오노독사와 비슷하면서도 다른 또 하나의 백합과 식물 가운데에 위슬레이블루우니플로룸향기별꽃*Ipheion uniflorum* 'Wisley Blue'이 있다. 발음하기조차 쉽지 않은 학명의 식물이다. 아르헨티나와 우루과이가 고향이고, 북아메리

위슬레이블루
우니플로룸향기별꽃

카 남쪽에서도 찾아볼 수 있는 그야말로 먼 곳에서 찾아온 작은 손님이다. 치오노독사와 마찬가지로 봄에 오래도록 푸른색의 꽃을 피우기 때문에 관상용으로 많이 심어 키우는 식물이다. 〈국가표준식물목록〉에는 이페이온을 향기별꽃이라고 표기했는데, 천리포수목원에서는 이페이온이라고 더 많이 부른다.

영어권에서는 이 식물을 'Spring Starflower'라는 이름으로 부른다. '봄의 별꽃'이다. 이 꽃을 보고 별 모양을 연상하는 건 우리나 그들이나 마찬가지다. 이 식물에도 종류가 여럿 있다. 천리포수목원에서 볼 수 있는 푸른빛의 위슬레이블루우니플로룸향기별꽃 외에도 모양은 똑같으면서 노란색 꽃을 피우는 셀로위아눔향기별꽃*Ipheion sellowianum* (Kunth) Traub, 흰색 꽃의 알베르토카스틸로우니플로룸향기별꽃*Ipheion uniflorum* 'Alberto Castillo'도 있지만 천리포수목원에서는 푸른 꽃을 피우는 종류만 수집한 상태여서 아직은 볼 수 없다. 다만 앞에서 이야기한 위슬레이블루우니플로룸향기별꽃과 함께 이보다는 조금 더 밝은 푸른색의 꽃을 피우는 롤프피들러우니플로룸이페이온*Ipheion uniflorum* 'Rolf Fiedler'은 찾아볼 수 있다.

식물이 나름대로의 빛깔과 향기를 갖는 것처럼 향기별꽃도 독특한 자기만의 향기를 풍긴다. 향기별꽃의 잎사귀를 문지를 때에는 양파 냄새를 닮은 독특한 향기가 배어나온다. 이 향기는 향기별꽃 종류의 공통적인 특징이기도 하다. 〈국가표준식물목록〉에서 이 식물을 향기별꽃이라 이름 붙인 것도 그래서다.

초록의 잎사귀가 옹기종기 돋아나고 그 가운데로 가느다란 꽃대가 솟구쳐 올라 한 송이의 반짝이는 푸른 별을 올려놓는 품이 참 기특해 보인다. 먼 타국에서 들어왔지만, 어느새 천리포수목원의 터줏대감으로 자리 잡고

▲ 위슬레이블루우니플로룸향기별꽃. 향기별꽃 종류는 모두 잎을 문지르면 양파 냄새 같은 독특한 향기가 난다.

숲길을 오가는 사람들에게 즐거운 봄 노랫소리를 들려주는 어엿한 식구가 됐다.

치오노독사나 향기별꽃 모두 우리네 숲길을 환하게 밝히는 밝은 별들이 이룬 은하수처럼 영롱한 꽃이다. 필경 먼 이국땅에서 들어온 꽃이지만, 천리포수목원의 숲길에서는 마치 아주 오래전부터 바로 이곳에 자리 잡고 살아온 것처럼 의연하게 자기 자리를 지키는 작지만 듬직한 들꽃이다.

봄의 걸음걸이 따라 초록 깊어지고 열매 떨어진 숲길 깊어져

풍나무 | 조팝나무

특별한 열매를 떨어뜨리는 풍나무

천리포수목원을 비롯해 다양한 종류의 식물을 한곳에서 관찰할 수 있는 거개의 식물원과 수목원에서는 숲을 산책하면서 얻을 수 있는 남다른 즐거움이 있다. 숲 안에 들어서서 나무를 한참 바라보다가 눈 들어 하늘을 볼 때 나타나는 변화무쌍한 파란 하늘의 모습을 감상하는 기쁨이 그것이다. 큰 키와 작은 키의 나무들, 활엽수와 침엽수가 빼곡히 들어찬 나무들 사이로 비치는 하늘에는 비슷한 나무들이 모여 있는 여느 숲의 하늘과 필경 다른 느낌이 담겨 있다.

하늘 한번 제대로 쳐다보기 힘든 바쁜 일상을 잠시 접고 여유롭게 수목원의 하늘을 쳐다보는 건 필경 특별한 경험이다. 새잎 나는 봄의 하늘은 더 그렇다. 연둣빛 새잎이 형광 빛으로 올망졸망 돋아나는 나뭇가지들이 이뤄내는 선과 색의 조화는 그야말로 최고의 숲 체험 가운데 하나다. 천리포수목원 숲의 하늘 역시 그처럼 남다른 경험을 주기에 충분하다. 한참 하

▲ 긴 가시를 단 풍나무 열매.

늘을 바라보다가 천천히 땅바닥으로 눈을 돌리면 지난해에 맺은 열매가 저절로 떨어져 눈길을 끄는 경우도 있다.

천리포수목원 겨울정원 가장자리의 오솔길에서는 특별한 열매를 만날 수 있다. 마치 얼마 전 은퇴를 선언한 일본 애니메이션의 거장 미야자키 하야오 감독의 〈이웃집 토토로〉에 등장하는 '까망먼지'를 빼어 닮은 열매다. 〈이웃집 토토로〉에서 그랬듯이 겨울정원으로 들어서는 조붓한 오솔길에 들어서는 사람들 누구라도 깜짝 놀라게 하려는 듯한 몸짓으로 와락 나타난다. 발 디딜 자리를 찾기 어려울 만큼 한가득이다. 바로 겨울정원 입구에 큰 키로 우뚝 서 있는 풍나무*Liquidambar formosana* Hance가 떨어뜨린 열매들이다.

풍나무

▲ 풍나무 잎. 대개 3개로 갈라지는데, 5개로 갈라지기도 한다.

풍나무는 북아메리카와 아시아 지역에서 자라는 나무로, 겨울정원의 풍나무 종류는 이 가운데 타이완 지역을 중심으로 중국에서 자라는 나무여서 천리포수목원에서는 '대만풍나무'로 부르기도 한다. 키가 10미터 넘게 자라며 가지도 그만큼 넓게 퍼지는 장한 나무다.

천리포수목원의 풍나무도 겨울정원 가장자리의 키 큰 삼나무 몇 그루와 함께 10미터 가까이 잘 컸다. 대개의 풍나무는 잎사귀가 셋으로 갈라지는데, 때로는 다섯 개로 갈라진 것이 나타나기도 한다. 잎은 버즘나무처럼 넓어서 전체적으로 시원스러운 느낌을 준다. 늦가을에 붉게 물드는 단풍이 아름답다는 것도 빠뜨릴 수 없는 풍나무의 특징이다. 단풍이 곱게 드는데

다 잎 모양도 단풍나무과의 나무들과 비슷해서 일쑤 혼동하기도 한다.

풍나무와 같은 종류에 속하는 나무로 미국풍나무*Liquidambar styraciflua* L.가 있다. 풍나무의 잎이 대부분 3장으로 갈라진 것과 달리 미국풍나무의 잎은 5장으로 갈라진다는 차이가 있다. 미국풍나무의 잎은 단풍나무 잎을 닮았지만 갈라진 부분, 즉 결각의 깊이가 단풍나무 잎보다 얕고 고로쇠나무 잎보다는 깊다. 천리포수목원에는 미국풍나무를 원종으로 하여 선발한 약 20종류의 품종을 수집해 키우고 있다.

미국풍나무

겨울정원에서 풍나무의 까만 열매를 밟지 않으려고 한 알 한 알 피하며 걸으려면 걸음은 불편할 수밖에 없다. 숲길을 걸을 때 겪는 이런 불편함은 달콤하다. 가만가만 발 디딜 자리를 찾아가며 천천히 걸으면 저절로 행복해진다.

다양한 조팝나무 종류

눈높이를 조금 높이면 봄에 흔하디흔한 조팝나무*Spiraea prunifolia* f. *simpliciflora* Nakai 꽃을 천리포수목원에서도 만날 수 있다. 잘 자라봐야 고작 2미터가 채 되지 않게 자라는 낮은 키의 조팝나무는 꽃이 피어날 때 찬란하다 해야 할 정도로 아름답다. 꽃송이 하나하나는 작지만 온 가지마다 주렁주렁 모여서 피어나기 때문에 언뜻 보면 하얀 꽃방망이처럼 보이는 화려한 나무다.

조팝나무

봄이 깊어감을 알리는 조팝나무는 장미과의 나무로 가는잎조팝나무*Spiraea thunbergii* Siebold ex Blume, 참조팝나무*Spiraea ritschiana* C.K.Schneid., 산조팝나무*Spiraea blumei* G. Don, 꼬리조팝나무*Spiraea salicifolia* L. 등 여러 종류가 있다.

▲ 좁쌀 모양의 꽃이 잎을 가릴 만큼 다닥다닥 매달린 조팝나무.

꽃송이 하나하나의 생김새는 비슷하지만, 나무의 자람이나 전체적인 생김새와 분위기에서 약간의 차이가 있다.

가는잎조팝나무

조팝나무 꽃은 하얀 꽃송이가 모여 피어나는 가운데에 노란 꽃술이 다닥다닥 붙어 있어서 마치 좁쌀을 섞어 지은 조밥처럼 보인다. 조팝나무라는 이름은 그래서 붙었다. 천리포수목원에서 봄에 먼저 눈에 들어오는 조팝나무는 가는잎조팝나무*Spiraea thunbergil* siebold ex Blume다. 5장의 작은 꽃잎이 규칙적으로 이어지는 모습을 가만히 들여다보면, 여느 탐스럽게 피어난 꽃 못지않게 예쁘다. 가는잎조팝나무는 수목원의 옛 정문 옆 게스트하우스

▲ 붉은색 꽃을 피우는 일본조팝나무.

측백나무집 옆에 울타리처럼 이어진 나무들 사이에서 피어난다.

꼬리조팝나무

일본조팝나무

가는잎조팝나무 외에도 천리포수목원의 오솔길을 걷다 보면 꽃송이 가운데 노란 점을 가진 하얀 꽃이 우우 피어난 조팝나무를 여럿 볼 수 있다. 그중에 꽃의 모양은 다른 조팝나무들과 비슷하지만 붉은색의 꽃을 피우는 조팝나무도 있다. 꼬리조팝나무와 일본조팝나무*Spiraea japonica* L. f.가 그들인데, 대개 5월 말에서 6월 초에 꽃을 피운다.

반호테조팝나무

조팝나무의 한 종류인 반호테조팝나무*Spiraea x vanhouttei* (Briot) Zabel는 꽃송이가 가지 위에 줄줄이 매달린다기보다는 한 뭉치씩 덩어리를 지어 피

▲ 꽃송이가 덩어리로 피어나는 반호테조팝나무.

어나서 여타 조팝나무와 또 다른 아름다움을 보여준다. 조팝나무에 속하는 나무들은 반호테조팝나무처럼 꽃송이가 피어난 모양이나, 빛깔의 차이를 분류의 기준으로 삼는다. 어떤 형태로 피어난 꽃이든 작은 것들이 펼쳐내는 아름다움은 신비로울 지경이다.

한창 꿀 모으기에 나선 벌들도 조팝나무 꽃 주위에 유난히 많이 모여든다. 웅웅거리며 벌들이 쉴 새 없이 이 꽃 저 꽃 드나들며 꿀샘을 찾는다. 작은 꽃들이지만, 워낙 꽃송이가 많으니 꿀의 양도 다른 꽃들에 비해 많지 않을까 싶다. 벌들의 날갯짓 소리가 마치 꽃이 연주하는 여름 노래처럼 흥겹게 들려온다. 모두가 풍요를 향해 오늘의 수고를 마다않는 자연의 신성한 노동요(勞動謠)이겠다.

조팝나무 종류는 개화 기간이 긴 편이다. 물론 날씨에 따라 다르지만, 경우에 따라서 가을바람 선선히 불어오는 9월까지 꽃을 피우는 종류도 있다. 특히 개화 기간이 긴 일본조팝나무는 오랫동안 꽃을 피우는 종류의 나무다.

조팝나무 꽃의 자디잔 꽃송이를 하나둘 헤아리면 가끔은 눈앞이 희미해지면서 어질머리가 찾아올 수도 있다. 작은 꽃송이가 헤아릴 수 없이 많이 모여 피어나기 때문에 일일이 살펴보는 일은 결코 쉽지 않다. 그럴 즈음에 허리를 펴고 다시 하늘을 바라보면 헤아릴 수 없이 다양한 나뭇잎과 그를 매달고 있는 나뭇가지들이 펼치는 하늘 풍경에 지친 시력이 금세 원기를 되찾게 된다.

분홍빛 카펫을 이루는 겹벚나무의 환상적 자태

벚나무 | 가침박달

겹꽃을 피우는 벚나무

5월이면 벌써 해 길어지고 초여름 더운 바람이 느껴진다. 하지만 이른 새벽의 숲 산책길에 옷깃을 스미는 바람은 삽상하다. 새벽 침묵의 숲, 아직 고요한 수목원에는 부지런한 새들의 아침 노랫소리 흥겹고, 여름을 기다리는 꽃들의 설핏한 잠자리가 곱다.

천리포수목원 숲에서는 듣기 어려운 소음이 숲을 사납게 훑고 지난다. 공사장에서나 들을 수 있는 지독한 굉음이다. 순간 새소리도 꽃들의 예쁜 꿈도 죄다 산산이 흩어진다. 먼지까지 한 무더기 몰고 오는 굉음은 손님을 맞이하기 위해 줍다랗게 난 숲길을 청소하는 예불기라는 기계 엔진의 소리다. 바람을 일으켜 숲길을 자연스럽게 정돈하는 것이다. 소리는 지독히도 험악하지만 바람을 일으키는 기계로 숲길을 청소하는 수목원 지킴이의 손길은 조심스럽다. 그래서 시간은 더 오래 걸린다. 길섶의 키 작은 풀꽃 하나 해치지 않으려는 손길이 여간 조심스러운 게 아니다. 신경을 곤두세우

▲ 칸잔벚나무. 나뭇가지가 하늘을 향해 삐죽 굽어 올랐으며, 분홍빛 겹꽃을 피운다.

는 날카로운 굉음이지만, 수목원 지킴이의 세심한 손길은 고마울 수밖에 없다.

칸잔벚나무

뿌옇게 먼지를 일으킨 무지막지한 굉음이 한차례 스쳐 지났지만, 여전히 길은 아름답다. 수목원 문을 열기 전까지 청소를 마쳐야 하는 예불기도 함부로 지나지 못하는 길이 하나 있다. 천리포수목원의 여러 숲길 가운데 비교적 널찍하게 난 길이다. 분홍빛 겹꽃이 아름다운 칸잔벚나무*Prunus* 'Kanzan' 두 그루가 서 있는 한적한 길이다.

칸잔벚나무는 활짝 핀 탐스러운 꽃이 아름다워 발걸음을 멈추게 하는 환상적인 나무다. 게다가 나뭇가지가 하늘을 향해 삐죽이 굽어 오른다는

▲ 순백의 겹꽃을 피우는 시로타에벚나무.

면에서 독특하다 할 수 있는 나무이기도 하다. 그러나 그 모든 것보다 역시 벚꽃은 한꺼번에 화들짝 지는 낙화가 아름다운 꽃인 게 맞다. 칸잔벚나무 역시 낙화 풍경이 환상적이다. 두 그루의 칸잔벚나무가 낙화를 시작하면 이 한적한 길은 그야말로 분홍빛 꽃비가 하염없이 내리는 아름다운 길이 된다. 그뿐만 아니라 낙화한 꽃잎들이 이루는 꽃길 역시 환상적이다.

이른 아침 산책로 청소를 위해 예불기의 굉음을 몰고 다닌 수목원 지킴이는 넓은 수목원 경내 청소를 서둘러 마쳐야 하지만 이 아름다운 꽃길 앞에서는 잠시 멈춰야만 한다. 행여 예불기 바람이 자연이 만든 꽃길을 흐트러뜨릴까 조심하며 물끄러미 바라보고 서 있었을 것이다. 사람들이 지나치면 금세 흐트러질 길이지만, 잠시나마라도 자연이 빚은 아름다움을 보존하려 애쓰는 지킴이의 마음이 아름답다.

천리포수목원에는 여러 종류의 벚나무가 있다. 천리포수목원의 상징처럼 널리 알려진 벚나무로 가을 지나 꽃 피우는 가을벚나무가 있는가 하면, 여느 벚나무처럼 봄에 환한 순백의 겹꽃을 피우는 시로타에벚나무 *Prunus* 'Shirotae'도 있다. 설립자 민병갈 원장님의 흉상 옆의 오솔길에 서 있는 시로타에벚나무는 순백의 맑은 빛깔로 오가는 관람객들에게 봄의 정취를 한껏 드높이는 대표적인 봄 나무다.

시로타에벚나무

이름이 독특한 가침박달

시로타에벚나무가 서 있는 자리에 서서 수목원 옆 도로와 면한 큰연못 가장자리를 바라다보면 벚나무의 하얀 꽃 못지않게 환한 꽃을 피우는 나무가 있다. 재미있는 이름의 나무 가침박달*Exochorda serratifolia* S. Moore이다. 잘 자란 말채나무가 우뚝 서 있는 바로 옆이다. 낮은 키의 나무가 온통 하얀 꽃송이를 매달고 있어서 누구라도 멈춰 서서 바라보게 된다. 가까이 다가서서 꽃송이 하나하나를 자세히 살펴보면 이 나무의 진짜 아름다운 모습을 들여다볼 수 있다. 어쩌면 소박한 듯한데 그 하얀색이 정말 우리네 심성을 꼭 닮았다. 하얀색 꽃이 특별한 건 아니지만 가만히 보면 유난히 상큼해 보인다. 꽃이 한창일 때 가침박달 주변의 여느 나무도 이 나무의 아름다움을 넘보지 못한다.

가침박달

가침박달이라는 이름도 재미있다. 우선 뒤의 '박달'은 박달나무에서 왔다. 박달나무는 단단한 나무인데, 이 나무 역시 박달나무 못지않게 목질

▲ 환한 꽃을 피운 가침박달. 5장의 꽃잎으로 이루어진 꽃이 가지 끝에서 3~6송이씩 모여 난다.

이 단단하기 때문에 붙인 것이다. 앞의 '가침'은 조금 아리송하다. 가침은 바느질에서 이야기하는 '감침질'에서 온 말로, 나무 열매가 마치 감침질을 한 것처럼 생겼다 해서 붙었다.

장미과의 우리나라 토종나무인 가침박달은 높이 5미터까지 자라는 낮은키나무다. 하얀색으로 4월부터 피어나는 꽃은 가지 끝에서 작게는 3송이, 많게는 6송이까지 모여 난다. 꽃 한 송이는 5장의 꽃잎으로 이루어지는데, 꽃잎 하나하나가 거꾸로 세워놓은 달걀 모습을 했다. 안쪽이 뾰족하고 조금 성글어 보인다. 그 때문에 드러나는 약간의 빈틈이 오히려 더 고급스러워 보이기도 한다. 꽃 한 송이의 지름이 3~4센티미터쯤 되고, 5개의 암술과 20개가 넘는 수술이 가운데에 모여 있다.

토종식물인 가침박달은 그리 흔하지 않지만 그렇다고 해서 특별히 희귀식물로 분류되는 건 아니다. 가끔 보도되는 기사에서는 가침박달을 세계적 희귀종이라고 이야기하는데, 그건 과장이다. 산림청에서 '약관심종'으로 분류하고 있으니, 아직 멸종 위기에 처해 보호에 극히 관심을 기울여야 하는 정도는 아니다. 하지만 개체 수가 그리 많지 않아서 관심을 갖고 보호해야 할 나무이기는 하다.

얼마 전에는 경상북도 안동 지역에서 국내 최대의 가침박달 군락지가 발견되었다는 뉴스도 있었다. 가침박달은 주로 우리나라의 중북부지방에서 자라는 나무이고, 남쪽으로는 전라북도 임실 지역까지 분포한다. 임실군 관촌면 덕천리에는 가침박달 자생 남한지(南限地)로서 천연기념물 제387호로 지정된 군락지가 있다. 또 충청북도 청주의 절집 화장사에서는 해마다 가침박달 개화기에 맞춰 가침박달 꽃 축제를 열기도 한다.

화려하면서도 상큼한 출발점에 알맞춤한 양귀비과의 풀꽃

정향풀 | 무스카리

'정향'이란 이름을 단 식물들

타베르내몬타나정향풀

정향풀

푸른 별 모양으로 피어나는 작은 들꽃, 타베르내몬타나정향풀*Amsonia tabernaemontana* Walter도 천리포수목원의 봄에 기다려지는 식물이다. 우리나라의 완도에서 자생하는 정향풀*Amsonia elliptica* (Thunb.) Roem. & Schult.과 같은 종류의 식물로, 얼핏 보아서는 꽃이나 잎사귀의 생김새 모두가 정향풀과 크게 다르지 않다.

타베르내몬타나정향풀의 꽃은 가지 끝에서 여러 개가 한데 모여 피어나지만, 꽃송이의 수는 그리 많지 않다. 꽃송이 하나의 크기는 1센티미터를 살짝 넘는 정도인데, 가느다랗게 피어나기 때문에 실제보다 더 가냘파 보인다. 그러나 파란색의 꽃이 흔치 않아서 수목원 숲길을 걷다가 이 꽃을 만나게 되면 마치 큰 행운이라도 얻은 듯 행복해진다.

정향나무

정향풀과 일쑤 헷갈리는 식물로 정향나무*Syringa patula* var. *kamibayshii* (Nakai) M. Y. Kim가 있다. 이름이 같아서 친척 관계로 짐작하게 되지만, 정향나

▲ 푸른 별 모양으로 피어나는 타베르내몬타나정향풀. 우리나라 자생식물인 정향풀과 비슷한 꽃을 피운다.

무는 물푸레나무과의 낮은키나무로 협죽도과의 여러해살이풀인 정향풀과 거리가 있다. 다만 정향풀도 정향나무와 마찬가지로 꽃이 피었을 때 옆에서 보면 한자의 고무래 '정(丁) 자'를 연상하게 된다는 점에서 공통적일 뿐이다.

무스카리

낮은 키의 봄 풀꽃들이 천리포수목원의 숲을 환하게 밝히는 봄이면 짙은 파란색의 꽃을 피우는 들꽃이 지천으로 흐드러진다. 어떻게 저리 아름다운 파란색을 겨우내 품고 지내왔을지 기특하기만 한 풀꽃으로 무스카리 *Muscari armeniacum* Leichtlin ex Baker가 있다. 무스카리는 백합과에 속하는 알뿌리식물인데, 백합과는 속씨식물 가운데에 가장 많은 종류의 식물을 가진

▲ 진한 파란색 꽃을 피우는 백합과 알뿌리식물 무스카리.

과(科) 가운데 하나다.

게다가 백합과에 속하는 식물의 꽃은 하나같이 관상미가 뛰어나서 원예적 가치도 높다. 백합과의 식물 가운데에는 양파와 마늘도 포함되는데, 이는 잘 알려졌다시피 원예적 가치가 아니라 경제적 가치가 높아 키우는 재배식물이다. 그 밖에도 얼레지, 튤립, 그리고 봄 깊어지면 꽃 피우기 시작하는 옥잠화·원추리·나리 등이 모두 백합과의 식물이다.

지중해와 서남아시아 지역이 고향인 무스카리는 백합과의 다른 식물들처럼 알뿌리로 번식한다. 양파나 마늘과 같은 방식이다. 무스카리라는 이름은 이 꽃의 특징인 향기에서 비롯되었다. 좋은 향기의 상징인 사향을 뜻하는 희랍어 'Moschos'를 어원으로 하는 'musk'에서 따온 이름이다. 좋은 향기가 나는 작은 꽃을 피우는 식물이라는 데에 착안한 것이다. 무스카리는 길고 가느다란 잎이 여러 장 나고, 그 가운데에 대략 20센티미터 정도의 기다란 꽃대가 올라와 고깔 모양으로 꽃을 피운다. 꽃이 포도송이처럼 주렁주렁 매달리기 때문에 서양에서는 포도 히아신스(Grape hyacinths)라고도 부른다.

천리포수목원에서 흔히 볼 수 있는 무스카리로는 무스카리 외에 라티폴리움무스카리*Muscari latifolium* J. Kirk.가 있는데, 비전문가로서는 두 식물의 차이를 구별하기가 어렵다. 그냥 무스카리라고 부르는 수밖에 없다.

라티폴리움무스카리

무스카리의 종류 가운데에는 노란색 꽃을 피우는 골든프래그런스매크로카품무스카리*Muscari macrocarpum* 'Golden Fragrance'와 흰색 꽃을 피우는 알바보트리오이데스무스카리*Muscari botryoides* 'Alba'도 있다. 모두 우리나라에서는 보기 어려운 품종으로, 천리포수목원에서는 이 가운데 하얀 꽃을 피우는 알바보트리오이데스무스카리를 볼 수 있다. 이들처럼 꽃의 색깔이 다르다면 몰라도 꽃 모양이나 색깔이 똑같을 경우에까지 두 식물의 차이를 구별하는 건 어려운 일이다.

골든프래그런스
매크로카품무스카리

알바보트리오이데스
무스카리

파란색으로 무리 지어 피어나는 풀꽃들의 인상적인 모습은 봄의 수목원을 세상에서 가장 아름다운 곳으로 이루어주는 고맙고 장한 식물들이라 해도 과언이 아닐 것이다. 어쩌면 이 작은 들꽃들이 아니라면 400여 종류의 목련만으로는 천리포수목원이 결코 '세상에서 가장 아름다운 수목원'이라는 명예로운 이름을 얻는 건 불가능할지도 모른다.

이 아름다운 풀꽃들이 앞으로도 오랫동안 아름답게 피어날 수 있도록 지키는 건 우리 땅 우리 꽃을 사랑하는 모든 사람들의 희망이자 의무일 게

▲ 무스카리 군락. 화려한 색깔을 가져 원예용으로 많이 키우는 들풀이다.

다. 그래서 지금 우리 곁을 스쳐지나는 모든 생명들의 가치와 그가 남긴 모든 것들을 더 소중하게 기억해야 할 일이다.

자연이 빚은 아름다운 꽃길에서 만나는 멸종위기 식물들

깽깽이풀 | 개느삼 | 고삼 | 개병풍 | 선모시대

생물 다양성을 유지해야 하는 이유

멸종에 이른 생물을 보존하는 건 식물원과 수목원 등 생태 관련 기관들에게 주어진 매우 중요한 사명 가운데 하나라 할 수 있다. 하나의 생물은 분명히 다양한 생물의 먹이사슬의 한 부분이 되게 마련인데, 순환 고리 가운데 한 부분이 깨진다면 자연스레 상위 생명체의 존재에 위협 요소가 된다. 사태가 더 진전되면 결국 또 하나의 생명체는 절멸에 이를 수 있다. 이 같은 일은 곧 생태계 전체의 건강성을 해치는 치명적인 결과를 가져올 수 있다.

이 같은 주장을 강력하게 내세우는 학자로 미국의 사회생물학자 에드워드 윌슨이 있다. 그는《생명의 미래》라는 책에서 이에 대한 주장을 꼼꼼히 펼쳤다. 그러나 윌슨의 주장을 전면으로 부인하는 학자들도 적지 않다. 그 가운데 우리나라 생물학자인 김준민 선생이 있다. 그는 사라져가는 생물 종의 수를 이야기하려면 우선 지구상에 존재하는 생물 종 수를 먼저 밝혀야 한다고 전제한다. 윌슨도 지적한 이야기지만, 현재의 과학 수준으로 지구상에 존재하는 생물 종 수를 정확히 측정하지 못하는 상황에서 사라지는 생물 종의 수를 측정한다는 건 옳지 않다는 주장이다.

이어 김준민 선생은 멸종위기 종의 급격한 증가를 주장하는 학자들의 생물 멸종의 시나리오를 역으로 반증하며, 멸종위기 종의 증가 수치와 속도에 관한 주장의 오류를 지적한다. 윌슨과 같은 학자들의 추정이 지나치다는 주장이다. 거기에 언론의 호들갑까지 곁들여져 공연한 위기의식으로 미래에 대한 비관론만 부추긴다는 이야기다. 몇 생물 종이 사라진다 하더라도 생태계 전체가 위협받을 만큼 자연 생태계가 그리 허약하지 않다는 게 김준민 선생의 생각이다.

김준민 선생은 그러나 분명히 생물 종이 차츰 사라져간다는 사실만큼은 인지해야 한다고 덧붙인다. 미래에 대한 비관론으로 절망할 필요까지는 없지만, 지구상에서 생물다양성을 유지해야 하는 것은 인류가 이 땅에 살아가는 임무이자 생존 조건이라고 강조한다. 결국 윌슨이나 김준민 선생이나 생물다양성의 감소 속도나 수준에 대한 견해만 다를 뿐 생물다양성의 중요성에 대해서만큼은 일치하는 셈이다.

천리포수목원이 멸종위기 식물을 보존하는 데 나서는 것은 그 같은 생물다양성 확보를 위한 노력의 일환이다. 그러나 윌슨은 분명히 이야기한다. 세계적으로 사라져가는 생물을 동물원이나 식물원에서 보존하는 노력이 치열하게 이루어지고 있지만, 이는 결정적 대안이 아니라 단순한 보조수단이 될 수밖에 없다는 것이다. 식물원이나 동물원보다 더 중요한 것은 서식지를 온전히 보전하고 복원해야 한다는 것이다.

원래의 서식지가 아닌 식물원이나 동물원에서 멸종위기 생물을 보전하는 것이 사라져가는 생물의 원형을 살펴볼 수 있는 기회는 될 수 있을지 몰라도, 그것이 파괴되어가는 자연 환경 전체를 되살리는 일에는 큰 도움이 되지 않는다는 이야기다. 결국 지금으로서 우리가 할 수 있는 일은 멸종위기 생물의 원형을 어떤 방법으로든 보존하고, 장기적으로는 이를 원래의 서식지에 복원하는 일로 이어가야 할 일이다.

천리포수목원은 몇 가지 멸종위기 식물을 잘 보전하여 키우고 있다. 물론 앞에서 이야기한 것처럼 원래의 서식지 환경에 대한 꼼꼼한 관찰과 조사도 병행하고 있다. 또 일정 정도의 개체 수를 확보한 멸종위기 식물을 원래의 서식지 사정에 맞춰 옮겨 심는 일도 함께 진행하고 있다.

환경부에서는 멸종위기 식물들의 자생지가 파괴되어 자생지에서 보존하기 어렵다는 이유 때문에 자생지가 아닌 곳에서 이 식물들을 보존하도록 한다. 그걸 맡아 하는 기관들을 '서식지 외 보전기관'이라고 하는데, 천리포수목원도 이 가운데 하나다.

멸종위기 식물 보전기관으로는 천리포수목원과 함께 한라수목원, 한택식물원, 여미지식물원, 기청산식물원, 한국자생식물원, 함평자연생태공원 등이 있다. 각각의 기관에 대해서는 멸종위기 식물 가운데 몇 가지 종류를 지정하여 집중적으로 보존할 수 있게 한다. 천리포수목원이 환경부로부터 지정받은 보존 대상 식물은 가시연꽃, 노랑무늬붓꽃, 매화마름, 미선나무 등 4종류다.

천리포수목원에서 자라는 멸종위기 식물들

이 외에도 천리포수목원에서는 현재 28종류의 멸종위기 식물을 보유하고 있다. 그 가운데 역시 멸종위기 식물 2급으로 지정된 깽깽이풀*Jeffersonia dubia*

깽깽이풀

▲ 환경부 지정 멸종위기 식물 2급인 깽깽이풀. 꿀샘을 이용해 개미들이 씨앗을 옮기게 해서 번식한다.

(Maxim.) Benth. & Hook. f. ex Baker & S. Moore이라는 재미있는 이름의 토종식물이 있다. 깽깽이풀은 이른 봄에 6장의 보랏빛 꽃잎으로 꽃을 피우고는 금세 시들어 떨어진다는 게 아쉬운 식물이다. 3월 말쯤 처음 꽃봉오리를 열었다가 고작 열흘도 채 지나지 않아 꽃잎을 떨구는 연약한 풀꽃이다.

이 연약한 풀꽃이 번식하는 방법은 재미있다. 깽깽이풀의 씨앗을 멀리 퍼뜨리는 일을 하는 게 개미라는 사실은 참 독특하다. 예쁘게 꽃을 피운 뒤 까맣고 작은 씨앗이 맺히는데, 이 씨앗의 표면에 꿀샘이 있다. 그래서 땅에 떨어진 씨앗에서 풍기는 꿀의 달콤한 냄새를 맡고 개미들이 찾아와 씨앗을 옮겨간다.

깽깽이풀은 얼마 전까지만 해도 우리 산과 들에서 흔하게 보던 식물 아니었을까 싶다. 어쩌면 이 땅에서 오래 살아오신 어른들 가운데에는 여전히 깽깽이풀의 보랏빛 꽃에 얽힌 봄의 추억을 기억하는 분이 있을 것이다.

옛 기록에 보면 우리나라의 산골짝에서 잘 자라는 깽깽이풀은 위장을 튼튼하게 하는 건위제로 쓰였다고 한다. 우리 곁에 흔히 있던 식물이었기에 식물의 뿌리가 위를 튼튼하게 한다는 사실을 알게 됐을 것이고, 그래서 한방에서 요긴한 약재로 쓰인 것이 틀림없다. 하지만 이제 깽깽이풀의 자생지는 찾기 어렵게 됐고, 고작해야 환경부 지정 서식지 외 보전기관이라는 몇몇 식물원과 수목원에서나 보게 됐다.

깽깽이풀은 왜 우리 곁을 떠났을까? 약재로 좋다고 해서 무자비하게 캐낸 때문이었을까? 아니면 꽃이 예쁘다고 해서 아무 생각 없이 보이는 대로 캐 간 때문일까? 그것도 아니라면 자연을 돌보지 못하고 달려온 산업화·도시화의 결과로 바뀐 기후 환경에서 살아남기 어려워 돌아올 수 없는 먼 길을 떠난 것일까? 정확한 원인을 짚어내기는 어렵지만, 우리 곁에서 사라지는 식물들을 더 오래 붙잡아두어야 한다는 사실만큼은 자명하다.

개느삼

노란 꽃을 피우는 개느삼*Echinosophora koreensis* (Nakai) Nakai 역시 멸종위기 식물에 속한다. 콩과의 식물로 생김새나 색깔 모두가 같은 과에 속하는 골담초*Caragana sinica* (Buc'hoz) Rehder의 꽃과 닮았지 싶다. 땅속줄기로 번식하는 개느삼은 높이 1미터 남짓 자라는 작은 키의 나무다. 깃 모양으로 나는 잎사귀가 눈에 들어오기도 하지만 꽃이 없을 때에는 별다른 존재감이 없는 나무다. 그러나 노란색 꽃이 화려하여 해마다 봄이면 개느삼 꽃을 만나는 즐거움은 적지 않다.

고삼

개능함, 개미풀이라고도 부르는 개느삼은 처음에 느삼을 닮았다 해

▲ 깃 모양 잎과 노란꽃이 눈길을 사로잡는 개느삼. 높이 1미터로 자라며, 느삼(고삼)을 닮았다 하여 개느삼이라고 한다.

서 개느삼이라 했다. 여기의 '느삼'이란 콩과의 식물인 고삼(苦蔘)*Sophora flavescens* Solander ex Aiton을 가리킨다. 고삼은 뿌리가 무척 쓰다는 데에서 쓸 고(苦) 자가 붙은 식물이다. 지금은 고삼이라는 이름이 굳어졌지만, 예전에는 고삼과 느삼을 혼동해 불렀고, 개느삼은 바로 이 고삼을 닮았다는 데에서 붙인 이름이다.

우리나라에서만 자라는 특산식물인 개느삼은 강원도 양구 지역에 자생지가 있는데, 이곳을 자생하는 남쪽 경계로 그 이북에서만 자란다. 문화재청에서는 바로 이 양구 지역의 자생지를 천연기념물 제372호로 지정해 보호하고 있다. 양구의 대암산 비봉공원 기슭이 그곳이다.

개병풍

멸종위기 식물 가운데 바라보기만 해도 저절로 미소를 띠게 되는 예쁜 식물이 있다. 개병풍*Astilboides tabularis* (Hemsl.) Engl.이다. 병풍이라고도 부르는 병풍쌈*Parasenecio firmus* (Kom.) Y. L. Chen의 넓은 잎사귀를 닮아 개병풍이라는 이름을 가졌는데, 국화과 박쥐나물속의 병풍쌈과 달리 개병풍은 범의귀과 식물이다.

널찍하게 벌어진 잎사귀의 생김생김이 우스워 보인다. 천리포수목원의 옛 정문 바로 옆 담장을 따라 조성한 화단에서 자라는 재미있는 풀이다. 널찍한 잎사귀들 사이로 꽃대가 불쑥 솟아오른 뒤에 하얀 꽃을 피울 때의 모습은 더 흥미롭다. 그러나 난데없이 넓게 돋은 잎사귀만 바라보아도 그냥 미소 짓게 된다.

넓은 잎사귀가 다 자라면 지름이 무려 80센티미터에까지 이른다. 한 장의 잎사귀로는 대단한 크기다. 겨울 언 땅을 뚫고 솟아오르는 풀들이 대개는 작고 앙증맞은데, 저리 큼지막한 잎사귀로 돋아나는 게 난데없다는 생각 때문에 절로 웃음이 난다. 개병풍 역시 개느삼과 함께 환경부 지정 멸종위기 식물 2급에 지정된 식물이다.

선모시대

그 밖에도 천리포수목원에서는 노랑무늬붓꽃을 비롯해 대청부채, 단양쑥부쟁이, 진노랑상사화, 황근, 연잎꿩의다리, 섬시호 등의 멸종위기 식물을 수집해 보전하고 있다. 이 가운데 특별한 멸종위기 식물이 하나 있다. 선모시대*Adenophora erecta* S. T. Lee et al.라는 울릉도 지역에서만 자라는 낯선 이름의 풀꽃이다. 초롱꽃과에 속하는 선모시대는 처음에 울릉도 석포동 해안 비탈면에서 자생지가 발견됐지만, 이제 자생지에서는 완전히 자취를 감추어버렸다.

▲ 범의귀과 식물인 개병풍. 방패 모양의 넓은 잎은 지름 80센티미터에 이르고, 커다란 꽃차례에 흰색 꽃이 수북하게 달린다.

환경부 멸종위기 식물 목록에도 지정되지 않았을 정도로 희귀한 식물인 선모시대는 한여름에 파란빛의 종 모양 꽃을 피운다. 모시대*Adenophora remotiflora* (Siebold & Zucc.) Miq.를 닮았지만, 꽃송이의 꽃받침대 부분의 형태에서 차이가 나는 선모시대를 천리포수목원에서는 오래전부터 보존하고 대량 증식법을 연구하고 있다. 연구를 통해 천리포수목원에서는 일정 양의 선모시대 개체 수를 확보할 수 있었고, 이어 울릉도 자생지에 복원 사업을 펼치기도 했다. 지속적인 작업 끝에 울릉도 현지의 자생지에 이식했으며, 현재

▲ 파란빛 종 모양 꽃을 피우는 선모시대. 독특하게도 파란색 꽃에 개미들이 많이 모여든다. 천리포수목원에서는 오래전부터 선모시대의 대량 증식법을 연구하고 있다.

까지는 이식한 개체들이 잘 자라고 있는 상황을 확인했다. 앞으로도 지속적인 조사와 연구를 이어가야 할 과제다.

천리포수목원에서 선모시대는 생태교육관 주변의 화단 몇 곳에 나누어 심어 키운다. 초롱꽃의 종 모양을 닮은 선모시대의 꽃은 파란빛이 선명해 매우 돋보인다. 땅바닥에 동그랗게 웅크리고 앉은 모습으로 돋아난 잎사귀들 사이에서 피어나는 파란 꽃이 아름답다. 꽃송이에 개미들이 많이 모인다는 점도 특별하다. 주변에 개미들이 많이 있어야 할 까닭이 따로 없는데도, 선모시대 꽃에는 개미들이 부지런히 드나들며 꿀을 실어 나른다. 작은 꽃이지만 달콤한 꿀을 많이 가진 꽃이라는 증거이겠다.

선모시대 꽃의 화려한 파란색을 더 많은 사람들과 함께 관찰해야 하는 게 당연하겠지만, 현재로서는 더욱 세밀한 연구와 조사가 더 필요한 시기여서 일반 관람객에게 개방한 공개 구역에 옮겨 심지 않았다. 그러나 앞으로 많은 개체를 확보하게 된다면, 반드시 일반인 공개 구역에 옮겨 더 많은 관람객이 사라져가는 우리 식물의 진정한 아름다움을 느낄 수 있도록 배려해야 할 일이다.

매운바람만 겨우 막아주는 온실에서 자라는 열대식물

오크나 | 아카 | 브룬펠시아

바람막이 구실만 하는 온실

자연 상태 그대로 식물을 심어 키우는 걸 가장 기본적인 원칙으로 삼는 천리포수목원에도 온실이 있다. 온실은 설립자가 살아 있던 시절부터 있었다. 그러나 이 온실은 여느 식물원에서 보는 온실과 사뭇 다르다. 열대식물을 전시하기 위해 온실 내부를 일정한 온도로 맞추지 않는다. 이른바 가온(加溫)을 하지 않는, 오직 바람막이 구실만 하는 온실이다.

천리포수목원의 온실은 식물 전시용이 아니라 천리포 지역에서 월동이 어려운 식물들을 위해 마련한 시설이다. 그러니까 봄부터 가을까지는 수목원의 노지에서 잘 지내지만, 겨울은 버티기 어려운 식물을 들여다놓고 월동하기 위한 장치에 불과하다. 물론 봄에는 다시 온실 밖으로 식물을 내다놓으며 차츰 우리 기후에 적응하도록 열대식물이 과도기적으로 거쳐 가는 장소일 뿐이다. 물론 그중에 일부는 봄이 되어도 바깥에 나오지 못하고 아예 온실의 터줏대감처럼 살아가는 식물이 없는 건 아니다. 그렇다고 해서 그가 잘 살아갈 수 있도록 외부의 기온과 달리 온도를 높여주는 일은 하지 않는다.

그러다가 2014년 여름에 천리포수목원에서 새 온실을 지었다. 역시 가온을 하지 않는 온실이다. 여러 논란이 있었지만, 굳이 열대식물을 가져왔다면 그들이 잘 지낼 수 있는 공간을 마련하는 건 당연한 일이라는 의견에 따라 온실 규모를 최소화하면서 주변 경관을 해치지 않는 범위로 짓기를 결정했다. 이 온실이 자연 그대로의 상태를 존중해야 한다던 설립자의 원래 뜻을 어긋나지 않기만을 바랄 뿐이다.

세룰라타오크나

기존의 온실은 이미 오래전에 철거했지만 예전 온실 자리에는 여전히 따뜻한 나라에서 온 식물이 남아 있다. 그중 작은 나무 한 그루가 가지마다 한가득 조롱조롱 빨간 꽃을 매달았다. 기묘하면서 예쁜 꽃을 피우는 세룰라타오크나*Ochna serrulata* Walp.라는 이름의 나무다. 사진에 보이는 빨간 부분은 꽃잎이 떨어지고 꽃받침만 남은 모습이다.

금연목과Ochnaceae 오크나속*Ochna*인 세룰라타오크나는 꽃이 지름 2센티미터 크기의 노란색으로 피어나는데, 일찍 낙화하여 노란색의 꽃은 보기가 어렵다. 노란 꽃잎이 떨어진 뒤에 남은 꽃받침은 차츰 밝은 빨간색으로 바뀐다. 꽃받침이 남은 상태에서 열매가 연초록으로 동그랗게 맺힌다. 열매는 익어가면서 새까맣게 변한다. 이 열매가 꽃 한 송이에 여러 개씩 붙어서 난다는 것도 재미있다.

이 모습을 놓고 서양 사람들은 누구나 봤을 법한 애니메이션 속의 주인공을 떠올렸다. 대표적인 개구쟁이 미키마우스가 그들이 떠올린 주인공이다. 그래서 그들은 이 나무에 '미키마우스 나무'라는 별명을 붙였다. 처음에는 몰랐는데, 이 별명을 알고 다시 바라보니 정말 미키마우스의 재미

▲ 아프리카와 아시아의 열대 삼림 지역이 고향인 세룰라타오크나. 노란 꽃잎이 떨어진 뒤 남은 꽃받침이 차츰 밝은 빨간색으로 바뀌고, 가운데에 연초록색 열매가 맺힌다.

있는 얼굴이 떠오른다. 민간에서는 '새의 눈 나무(Bird's eye bush)'라는 이름으로 부르기도 한다.

세룰라타오크나는 아프리카와 아시아의 열대 삼림 지역이 고향이다. 꽃이 예쁘고, 열매 맺는 모습이 독특해서 사람들의 사랑을 받게 돼 지금은 세계적으로 널리 사랑받는 원예식물이 됐다. 멀리서 들어온 나무인데, 우리 땅의 겨울 추위를 견뎌내기에는 어려움이 있을 듯하여 온실 안에서 키웠다.

세룰라타오크나 옆에는 또 하나의 독특한 꽃을 피우는 나무가 한 그루 있다. 브라질 남부의 고지대를 비롯해 남아메리카를 고향으로 하는 셀로위

셀로위아나아카

▲ 황금색 꽃가루와 새빨간 꽃술을 달고 독특한 꽃잎을 피운 셀로위아나아카.

아나아카*Acca sellowiana* (O.Berg) Burret라는 나무다. 꽃이 피어나기 전까지는 그리 독특한 걸 몰랐는데, 꽃 모양이 참 남다르다.

도금양과Myrtaceae 아카속*Acca*인 셀로위아나아카의 꽃을 보면 우선 황금색의 꽃가루를 끝에 매단 새빨간 꽃술이 눈에 들어오지만, 가까이에서 살펴보면 꽃술만큼 꽃잎도 독특하다. 흔히 보는 꽃잎과는 사뭇 다르다. 지름 4센티미터 정도의 꽃은 4장의 도톰한 꽃잎으로 이루어졌다. 꽃잎의 보송보송한 바깥쪽은 눈처럼 하얀색인데, 안쪽으로는 붉은 빛깔이 선명하다. 꽃잎은 안쪽으로 잔뜩 오므리고 피어나서 안쪽의 색이 잘 보이지 않을 수도 있다.

이 독특한 모양의 꽃이 떨어지면 '페이조아(Feijoa)'라는 과일이 달린다. '파인애플 구아바'라고 부르기도 하는데, 우리에게는 익숙하지 않은 열대 과일이다. 이 열매는 길이 6센티미터, 너비 4센티미터 정도의 길쭉한 타원형으로 맺힌다. 꽤 맛난 과일이라고 알려진 열매다. 바나나 맛에 가깝지만 단맛이 훨씬 강하다는 이야기에 호기심이 발동해 나무에서 저절로 떨어진 열매를 먹어본 적이 있다. 소문대로 바나나 맛이 나는 좋은 열매였다. 또 파인애플과 비슷한 좋은 향기가 나서 '파인애플 구아바'라는 별명도 충분히 이해할 수 있다.

셀로위아나아카는 열대식물이지만, 추위에 견디는 힘이 강한 편이어서 영하 10도 정도의 겨울 추위는 너끈히 견뎌낸다. 하지만 아무래도 찬바람이 이 나무에게 좋을 리 없다. 온실에서 키운 이유도 그 때문이다. 최근에는 남부지방에서도 이 나무를 키운다고 하지만 페이조아 열매가 그리 많이 알려진 건 아직 아니다.

독특하게 피어난 이 꽃들을 바라보는 것만으로도 인상은 오래 잊지 않게 될 것이다. 어떻게 저런 모습으로 꽃을 피울까 하고 한참을 들여다보는 동안 이 길을 지나는 관람객들도 어김없이 참 희한한 꽃도 다 있다면서 오래 들여다보곤 한다.

열대성 기후 지역에서 자라는 식물들은 아무래도 낯설다. 낯선 만큼 더 매혹적인 것도 사실이다. 그처럼 낯선 꽃 가운데 5장의 넓은 꽃잎으로 마치 팬지 꽃을 닮은 꽃을 피우는 독특한 모양의 플로리분다파우키플로라브룬펠시아*Brunfelsia pauciflora* 'Floribunda'가 있다.

플로리분다
파우키플로라브룬펠시아

이 꽃 역시 흔히 볼 수 없다. 가지과Solanaceae의 브룬펠시아속*Brunfelsia*에 속하는 낮은키나무로 숲에서 덤불을 이루며 자라는데, 낮게 펼친 가지

▲ 적도 부근의 아메리카 대륙에서 자생하는 플로리분다파우키플로라브룬펠시아. 5개로 갈라진 넓은 꽃잎을 가진 꽃을 피운다.

에 잎 나는 자리마다 활짝 피어난 꽃을 줄줄이 매달고 있다. 짙은 보랏빛의 꽃잎이 뜨거운 여름 햇살에 참 잘 어울린다 싶다. 같은 종류에 속하는 식물로 약 40종류가 있는데, 이들은 모두 적도 부근의 아메리카 대륙에서 자생하는 나무다. 겨울에도 잎이 떨어지지 않는 상록성 나무인데다 화려한 꽃이 많지 않은 여름에 화려한 꽃을 피우기 때문에 정원 둘레에 조경수로 많이 심어 키운다.

무르익은 봄을 싱그럽게 노래하는 앙증맞은 꽃

레우코줌 | 둥굴레

예쁜 풀꽃 레우코줌

레우코줌

봄의 천리포수목원 숲에서 놓칠 수 없는 예쁜 풀꽃이 있다. 수목원 지킴이들이 흔히 레우코줌*Leucojum aestivum* L.이라고 부르는 식물이다. 〈국가표준식물목록〉에는 '은방울수선'이라는 낯선 이름으로 표기돼 있는데 아무래도 아직 익숙지 않다. 〈국가표준식물목록〉에서 은방울수선이라는 이름을 붙이기 전부터 오랫동안 속명인 레우코줌으로 불러왔기에 우리 이름이 오히려 생경하다.

레우코줌은 더할 나위 없이 싱그러운 꽃을 피우는 알뿌리식물이다. 이른 봄, 2월 말쯤부터 천리포수목원의 봄을 불러오는 꽃으로 소개한 설강화의 꽃을 닮은 풀꽃이다. 투명할 만큼 맑은 하얀색부터 꽃잎 끝에 초록색 반점이 찍힌 것까지 꼭 닮았다. 그러나 설강화에 비하면 꽃이나 잎사귀가 모두 큰 편이다. 설강화 꽃이 거의 떨어질 무렵에 꽃을 피우는 레우코줌은 꽃송이도 키도 설강화보다 크다.

▲ 유럽 원산의 레오코줌. 하나의 줄기에서 보통 2개의 꽃이 피지만, 때로 3개씩 달리기도 한다.

레우코줌은 대개 30센티미터까지 자란다. 설강화가 높이 10~15센티미터밖에 자라지 않는 것에 비하면 거의 두 배에 이르는 크기다. 꽃도 설강화에 비하면 두 배 가까이 된다. 또 고개 숙이고 피어난 꽃송이가 설강화보다 통통하다는 차이도 있다. 두 식물이 모두 백합과에 속하는 알뿌리식물이라는 점에서 가까운 친척 관계라 할 수 있다. 레우코줌의 영어 이름이 'Snowflake(눈송이)'라는 점 역시 스노드롭, 설강화와 꽃의 이미지가 비슷한 때문이다.

레우코줌 가운데에는 봄에 꽃이 피는 종류와 여름에 꽃이 피는 종류가 있는데, 설강화 지고 한참 지나 봄이 무르익을 즈음에 꽃을 피우는 종류는 베르눔레우코줌*Leucojum vernum* L.[*]이고, 여름에 꽃이 피는 종류는 에이스티붐레우코줌*Leucojum aestivum* L.[**]이다.

둘 다 유럽이 고향인데, 그곳에서도 자연 상태의 자생지는 거의 없어지고 정원에서 가꾸어 키우는 상태로 자라는 게 대부분이라고 한다. 대개는 하나의 줄기에서 두 개의 꽃이 줄지어 피어나는데, 때로는 세 개씩 꽃을 피우기도 한다. 함초롬히 피어오른 꽃송이를 감출 듯 넓고 큼지막하게 돋아나는 잎사귀 때문에 더 싱그럽다. 어떻게 피어나든 봄날의 상큼함을 한껏 느끼게 해주는 꽃이다. 바람결에 봄을 느낄 수 있을 즈음에 천리포수목원을 방문한다면 놓치지 말고 꼭 찾아볼 식물이다. 아직은 다른 식물원에서 흔히 볼 수 있는 종류가 아니기 때문에 더 그렇다.

천리포수목원에서 레우코줌을 넉넉하게 찾아볼 수 있는 자리는 다정큼나무집 주변이다. 다정큼나무집 남서쪽, 봄에 피는 낮은 키의 풀꽃들을 모아 심은 화단 가장자리와 역시 다정큼나무집 동남쪽 양다래 덩굴 뒤편으로 난 오솔길 가장자리다.

꽃으로도 차로도 사랑받는 둥굴레

둥굴레

양다래 덩굴 뒤의 오솔길 레우코줌 반대편에서는 우리가 흔히 차로 마시는 둥굴레*Polygonatum odoratum* var. *pluriflorum* (Miq.) Ohwi도 볼 수 있다. 레우코줌 못지않게 싱그러운 꽃을 피우는 우리 식물이다. 둥굴레차는 좋아하는 사람도

---

[*] 〈국가표준식물목록〉에서는 베르눔은방울수선이라고 표기했다.

[**] 〈국가표준식물목록〉에서는 은방울수선이라고 표기했다.

많고 자주 마시는 차이기도 해서 둥굴레를 모르는 사람은 거의 없지만, 둥굴레를 정확히 아는 사람은 그리 많지 않다. 특히 둥굴레라는 식물의 꽃이 얼마나 아름다운지는 모르는 사람이 더 많다.

둥굴레는 30센티미터 넘는 높이로 자라는데, 대개는 옆으로 비스듬하게 줄기를 올리는 편이어서 낮은 땅에 잘 어울린다. 싱그러운 초록의 잎 사이에서 돋아나는 꽃자루에서 사이좋게 두 송이가 고개를 숙인 채 꽃을 피워낸다. 반드시 그런 것은 아니어서 때로는 한 송이만 피어나는 경우도 있다.

통 모양이라고 하기에는 작은 꽃이어서 '대롱형'이라고도 부르는 꽃이 1.5~2센티미터의 길이로 피어나는데, 꽃자루 부분은 0.3센티미터 정도로 좁다랗게 시작됐다가 꽃송이 끝 부분으로 이어지는 중간쯤에서는 조금 통통하게 부풀어 오른다. 그리고 다시 꽃잎 끝 부분을 수줍은 듯 오므리는데, 이 끝 부분에 짙은 초록빛 무늬가 도드라지게 드러난다. 꽃송이가 작고 앙증맞아서 한번 눈길을 맞춘 뒤에는 그의 모습을 잊기 어려울 만큼 좋은 꽃임에 틀림없다.

얼핏 보면 꽃송이에서 초록빛이 도는 듯 느끼게 되는데, 이는 바로 꽃송이 끝 부분의 초록 빛깔과 앙증맞은 꽃송이를 둘러싼 초록의 널찍한 잎사귀의 빛깔이 배어든 때문이기도 하다. 이 앙증맞은 꽃은 대개 여름이 시작되는 6~7월에 피어나고, 9월 지나서 검고 둥근 열매가 맺힌다.

어린잎을 식용으로 이용하기도 하지만 무엇보다 둥굴레가 우리에게 익숙한 것은 뿌리줄기를 차와 약재로 쓰는 때문이다. 둥굴레의 뿌리줄기는 땅속 깊이 파고들지 않은 채 옆으로 구불구불 뻗기 때문에 캐기 쉽다는 것도 오래전부터 식용으로 쉽게 이용할 수 있었던 이유다.

▲ 뿌리줄기를 차와 약재로 많이 활용하는 둥굴레. 뿌리줄기는 땅속 깊이 파고들지 않고 옆으로 뻗는다.

둥굴레의 기다란 뿌리줄기에는 대나무처럼 마디가 많이 보인다. 둥굴레의 학명도 그런 특징에 기댄 것이다. 즉 *Polygonatum*은 그리스어에서 '많다'를 뜻하는 'Polys'와 무릎이나 마디를 뜻하는 'gonu'를 연결해 붙인 이름이다. 뿌리줄기는 질긴 편이지만 구수하면서도 단맛이 난다. 영양분과 전분 함량이 높아서 옛날에는 구황식물로 많이 이용했다. 둥굴레차는 오랫동안 마시면 노화를 방지할 뿐 아니라, 성기능을 높이는 효과도 있다고 한다.

오랫동안 가까이에서 즐겨 이용한 둥굴레는 우리나라 전 지역에서 저절로 자라온 토종의 여러해살이풀이다. 둥글레라는 이름을 가진 식물도 여럿 있다. 키가 둥굴레보다 작고 푸른빛이 배어든 꽃을 피우는 각시둥굴레*Polygonatum humile* Fisch. ex Maxim.는 애기둥굴레 혹은 둥굴레아재비라고 부르기도 한다. 꽃송이가 둥굴레보다 조금 길어 2~2.5센티미터인 산둥굴레*Polygonatum thunbergii* Morr. & Decne., 꽃송이가 하나의 꽃자루에서 2~5개씩 달리는 왕둥굴레*Polygonatum robustum* (Korsh.) Nakai도 모두 둥굴레라는 이름을 가진 백합과의 둥굴레속 식물이다.

죽대

진황정

둥굴레라는 이름은 아니지만, 꽃 생김새나 생태가 비슷한 가까운 친척 관계의 식물로 지리산 지역에서 흔히 만날 수 있는 죽대*Polygonatum lasianthum* Maxim.도 둥굴레와 꼭 닮은 꽃을 피우지만, 하나의 꽃자루에 한 송이씩 피어나는 특징을 가졌다. 진황정*Polygonatum falcutum* A. Gray이라는 이름의 식물은 둥굴레보다 크게 자라서 약 80센티미터에 이르고, 꽃은 둥굴레보다 조금 이른 5월쯤에 피어나며 하나의 꽃자루에 한 송이 또는 다섯 송이가 피어나기도 하는 등 불규칙하다. 약간의 차이는 있지만, 죽대나 진황정은 꽃송이가 둥굴레와 매우 비슷한 모양을 가진 둥굴레의 친척 식물이다.

후텁지근한 여름 내음 담고 울려오는 노란 꽃

황매화 | 망종화 | 물레나물

여러 종류의 황매화

노란색의 황매화 꽃도 우리 곁에 찾아온 봄을 노래하는 대표적인 봄꽃이다. 천리포수목원에는 황매화 재배종인 골든기니황매화*Kerria japonica* 'Golden Guinea'도 개나리, 영춘화에 이어 봄을 알리기 위해 노란 꽃을 피운다. 꽃잎을 활짝 펼치면 5장의 노란 꽃잎이 옹기종기 모여 있는 게 여간 귀여운 게 아니다. 꽃이 예뻐서 대개는 정원의 울타리에 관상용으로 심고 가꾸는 낮은키나무다.

골든기니황매화

황매화*Kerria japonica* (L.) DC.는 우리나라를 비롯하여 중국, 일본 등지에서 잘 자라는 나무이지만, 지금은 자생지를 찾기 어렵고 대개는 관상용으로 심어 키우는 편이다. 천리포수목원에서도 수목원 옆으로 난 도로 변 언덕 위의 담장 가까이에 황매화를 여러 그루 심었다. 군락을 이뤄 노란색 울타리를 이룬 것은 아니지만 어김없이 새봄을 밝히며 노란 꽃을 피워 올린다. 봄을 노래하는 우리의 대표적인 꽃인 개나리 같은 노란색 꽃이지만,

황매화

▲ 꽃이 예뻐 정원 울타리용으로 많이 심는 골든기니황매화.

황매화의 꽃은 그보다 훨씬 크다. 5장의 꽃잎으로 이뤄진 꽃 한 송이는 지름이 약 4센티미터에 이른다. 개나리가 피어나고 봄볕이 훨씬 따뜻해진 뒤에 피어나는 꽃이니, 찬바람에 몸 사릴 일이 없는 까닭에서일 게다. 대개는 4월 중순쯤부터 피어나지만, 수국 피어나는 8월 한여름에도 볼 수 있다.

죽단화

황매화에는 몇 가지 종류가 있다. 우리 토종의 황매화 가운데에는 꽃잎이 겹겹이 피어나는 종류가 있는데 이는 따로 죽단화*Kerria japonica* f. *pleniflora* (Witte) Rehder라고 하며, 노란 꽃이 무척 화려하다. 죽단화는 꽃이 겹으로 피어난다 해서 겹황매화라고 부르기도 한다.

킨칸황매화

천리포수목원에서 자라는 황매화 품종에는 골든기니황매화 외에 킨칸

▲ 황매화와 같은 종류이나 겹꽃으로 꽃을 피우는 죽단화. 겹황매화라고도 한다.

황매화*Kerria japonica* 'Kinkan'도 있다. 킨칸황매화나 골든기니황매화는 여러모로 닮은 꽃이어서 구별이 쉽지는 않다. 엄밀히 구별하면 골든기니황매화의 꽃잎이 킨칸황매화보다 조금 통통하다는 차이가 있다.

황매화 종류의 노란 꽃이 떨어지면서 천리포수목원을 달뜨게 했던 봄도 차츰 여름에게 자리를 내줄 채비에 나선다. 하지만 천리포 숲의 꽃잔치는 아직 끝나지 않았다. 여전히 온갖 빛깔과 모습을 가진 꽃들이 봄꽃 못지않은 화려함을 안고 피어난다.

노란꽃의 망종화

망종화

노란색을 가진 꽃도 여전히 이어진다. 그 가운데 황매화 꽃을 닮은 꽃이 여럿 있다. 망종화*Hypericum patulum* Thunb. 종류가 황매화 꽃의 노란빛을 이어가는 대표적인 꽃이다. 잘 자라면 1미터 정도의 높이로 자라는 낙엽성의 망종화는 금사매라고도 부르는데, 6월 지나 여름 초입까지 계속 피어나는 탐스러운 꽃이 좋아 원예용으로 정원에서 키우는 경우가 대부분이다.

골드컵키아티플로룸 망종화

천리포수목원의 숲에서는 망종화 종류 가운데에도 골드컵키아티플로룸망종화*Hypericum x cyathiflorum* 'Gold Cup'가 여름을 여는 노란 꽃의 대표격이라 할 수 있다. 꽃 한 송이가 무려 6센티미터를 넘을 만큼 탐스러운 크기인데다 5장의 넓적한 꽃잎 가운데에 헤아릴 수 없이 무성하게 돋아나 하늘거리는 꽃술까지 도저히 그냥 지나칠 수 없게 하는 마력을 가진 꽃이다.

낮게 자란 골드컵키아티플로룸망종화의 풍성한 가지를 감싸고 돋은 초록 잎 위로 오도카니 솟아오른 꽃자루 끝에서 노랗게 피어난 꽃이 한창일 때는 나무 전체를 덮을 듯 왕성한 생명력을 보인다. 우드랜드 구역으로 오르는 길 가장자리에 풍성하게 피어난 이 꽃을 볼 때쯤이면 바람결에 후텁지근한 여름 내음이 느껴진다.

원예종으로 선발해 심어 키우는 골드컵키아티플로룸망종화의 원종인 망종화는 중국의 중부지방이 고향인 낙엽성의 낮은키나무인데, 뿌리에서 줄기가 올라오는 부분부터 여러 개의 가지가 뻗어 나와 전체적으로 풍성한 느낌을 준다. 초여름에 피어나는 꽃은 평평한 듯하지만 꽃잎 끝 부분이 오므라들면서 컵 모양을 이루어 화려하면서도 음전한 분위기를 갖췄다.

많이 쓰이는 건 아니지만 망종화를 허브 차로 이용하기도 하는데, 망

▲ 지름 6센티미터에 이르는 탐스러운 꽃을 피우는 골드컵키아티플로룸망종화.

종화의 잎에 생리통을 가라앉히는 효능을 가진 성분이 있다고 한다. 찰과상이나 거친 피부를 다스리는 데 망종화를 이용하는 등 약재로도 적잖이 쓰이는 식물이다. 또 최근 유럽의 연구에 따르면 망종화의 잎에 살균 성분이 있어 구취 방지용 양치제로 쓰인다는 보고도 있다.

바람개비 모양의 물레나물 꽃

망종화를 보면서 떠오르는 꽃이 있다. 꽃 생김새가 망종화와 닮은 물레나물*Hypericum ascyron* L.이다. 망종화는 바로 물레나물과 같은 과와 속으로 분

물레나물

▲ 꽃잎이 한쪽 방향으로 돌며 바람개비 모양을 한 물레나물. 1.5센티미터 길이로 돋아난 수술이 화려하다. 물레나물이라는 이름은 꽃 모양이 물레를 닮아서 붙여졌다.

류되는 식물이니 자연스러운 연상이다. 즉 물레나물과Guttiferae 물레나무속*Hypericum* 식물이라는 이야기다. 세계적으로 약 400종류의 물레나물과 식물이 있는데, 우리나라에는 물레나물을 비롯해 고추나물*Hypericum erectum* Thunb., 애기고추나물*Hypericum japonicum* Thunb., 갈퀴망종화*Hypericum galioides* Lam. 등 10여 종류가 곳곳에서 자란다.

물레나물이라는 이름은 꽃 모양이 바로 물레를 닮은 때문인데, 요즘은 물레를 보기 어려워 물레보다는 바람개비를 먼저 떠올리기 십상이다. 아울러 어린순을 나물로 무쳐 먹기 좋았기 때문에 물레 닮은 꽃을 피우는 나물

▲ 초여름부터 노란 꽃을 피우는 안드로새뭄물레나물.

이라는 데에서 이름이 생겨났다.

우리나라 전 지역에서 오래전부터 자라온 물레나물은 중국과 일본, 시베리아 지역에서도 찾아볼 수 있는 여러해살이풀로, 대개는 볕이 잘 드는 물가에서 자란다. 1미터 정도의 높이까지 여러 개의 가지를 옆으로 넓게 펼치며 자라는 탓에 초본식물치고는 비교적 규모가 큰 편에 속한다.

물레나물이 눈길을 끄는 건 아무래도 초여름부터 한여름까지 계속해 피어나는 노란색의 꽃이다. 꽃 한 송이의 지름이 대략 6센티미터까지 크게 피어나는데, 5장의 꽃잎은 붉은빛이 살짝 도는 노란색으로 가지 끝에서 한 송이씩 하늘을 바라보고 피어난다. 꽃잎은 모두 한쪽 방향으로 살짝 굽어 돌았는데, 마치 바람이라도 불어오면 살살 돌아갈 듯한 바람개비 모양이어서 재미있다.

물레나물의 꽃을 더 화려하게 하는 건 망종화와 마찬가지로 꽃송이 가운데에 돋아난 많은 수의 수술이다. 그 안쪽에 하나의 암술이 숨어 있지만, 워낙 화려한 수술이 둘러싸고 있어서 암술의 존재감은 두드러지지 않는다. 꽃가루를 살짝 담은 수술은 적어도 1.5센티미터 길이로 돋아나는데, 수술대가 붉은빛을 띠고 있어서 붉은빛과 노란빛이 조화를 이룬다.

물레나물도 망종화와 마찬가지로 약재로의 쓰임새가 많다. 잎과 줄기를 이용해 열을 내리거나 지혈·살균 등에 이용하는데, 약리 효과가 매우 뛰어나다고 한다. 또 서양에서는 물레나물을 우울증 치료에 응용한다고 한다.

천리포수목원에서는 안드로새뭄물레나물*Hypericum androsaemum* L.을 비롯해 골드컵베아니물레나물*Hypericum beanii* 'Gold cup' 등 약 60종류의 물레나물과 식물이 경내 곳곳에서 초여름부터 노란 꽃을 피운다. 비슷비슷하면서도 미묘한 차이가 나는 같은 종류 식물들의 차이를 넉넉하게 관찰할 수 있는 즐겁고 행복한 기회가 아닐 수 없다.

푸른 잎으로 아늑하게 땅을 감싸는 초록 카펫

수호초 | 빈카

숲의 바닥을 초록으로 물들이는 수호초

최근 우리의 봄 기후가 변화무쌍한 탓에 숲 속에서 깊은 겨울을 보낸 식물이 아무 탈 없이 지낼 수 있을까 걱정이 적지 않다. 하지만 잔인했던 겨울 추위와 눈보라를 잘 이겨내고 봄을 맞이하는 식물들이니, 늠름하게 잘 견뎌낼 거라 믿게 된다.

긴 겨울을 버텨낸 식물 중에 수호초*Pachysandra terminalis* Siebold & Zucc.가 있다. 수호초는 우리나라를 비롯하여 일본·중국 등지에서 자라는데, 잘 자라봐야 30센티미터 미만으로 낮게 자라는 회양목과의 상록성 여러해살이풀이다. 상록성이라고 했지만 수호초의 잎은 동백나무나 호랑가시나무와 같은 여느 상록성 나무의 잎처럼 두껍지 않다. 또 잎에 윤이 나지도 않아서 연약해 보인다. 그런 연약한 모습으로 겨울을 나는 건 여느 상록성 나무보다 어려운 일일 테다. 크게 자라지 않고 낮은 키로 땅바닥에 납작 붙어서 자라는 건 어쩌면 여린 몸으로 겨울을 나기 위해 선택한 생존 전략일 수 있다.

수호초

겨울 아니라 해도 수호초는 숲 혹은 정원에 꼭 필요한 식물이다. 나무 그늘 아래쪽에 말없이 자리 잡고 앉아서 숲의 땅을 비옥하게 하는 데 없어서는 안 되는 수호초 같은 식물을 지피식물(地被植物)이라고 한다. 숲의 생태에 균형을 이루기 위해 꼭 필요한 식물이다. 꽃잔디, 맥문동 등이 지피식물용으로 심어 키우는 식물이다.

지피식물이라 해서 특별히 다른 식물군으로 분류하는 건 아니고, 생태 균형을 위해 숲이나 정원의 바닥 쪽에 키우는 식물을 가리키는 이름이다. 일테면 경우에 따라서 원추리나 붓꽃, 무스카리, 옥잠화 등도 지피식물 용도로 심는다면 이를 지피식물이라고 이야기할 수 있다. 굳이 수호초를 지피식물이라고 이야기하는 까닭은 천리포수목원에서 수호초가 다른 특징이나 기능에 비해 땅을 비옥하게 보전하고 식생의 균형을 유지하는 데 아주 중요한 일을 하기 때문이다.

아무리 땅을 비옥하게 하는 일이 주어졌다 하지만 수호초도 식물인 이상 꽃을 피우는 건 지극히 당연한 일이다. 그러나 수호초의 꽃은 익숙지 않다. 눈에 띄는 화려함을 갖추지 않았을 뿐 아니라, 꽃을 피울 즈음에는 다른 나무와 풀의 화려한 꽃이 눈길을 빼앗기 때문이리라. 사람의 눈길을 모으지 못하지만 수호초도 자신의 생명 활동을 이어가기 위한 꽃 피우기에 안간힘을 다하는 건 여느 식물과 똑같다.

그린카펫수호초

천리포수목원에서 지피식물로 많이 심은 그린카펫수호초*Pachysandra terminalis* 'Green Carpet'는 품종명에 분명하게 제시되어 있듯 그야말로 숲에 초록 카펫을 이루기 위해 심어 키우는 식물이다. 지피식물로 더없이 좋은 식물이라는 표시다.

그린카펫수호초는 2월 들어서면서부터 꽃봉오리를 올리지만, 작고 뭉

▲ 초록 카펫을 이루는 지피식물 그린카펫수호초. 2월 들어 꽃봉오리를 올린 채 두 달여가 지난 뒤 꽃을 피운다.

툭하게 솟아오른 꽃봉오리는 미동도 하지 않은 채 거의 두 달을 그대로 보낸다. 그야말로 꼼짝도 하지 않는다. 참 더딘 개화다. 꽃봉오리의 생김새를 보고 있노라면 어떤 꽃을 피울지 궁금할 수밖에 없다. 그나마 궁금증을 갖는 것도 쉽지 않다. 그만큼 꽃에 관심을 가지지 않고 그저 지피식물로만 바라보는 이유다.

그린카펫수호초가 꽃봉오리를 여는 건 빨라야 3월 말, 늦으면 4월이나 되어야 한다. 한껏 점잔을 빼고 미동도 하지 않던 그린카펫수호초도 봄볕이 한층 따스해지면 서서히 꽃봉오리를 연다. 그러나 꽃봉오리 때부터 꽃을 다 피운 상태가 돼 봐야 별다른 아름다움이 도드라지지 않는다. 그린카

▲ 무늬수호초. 전체적인 생김새는 그린카펫수호초와 비슷하지만 잎에 무늬가 들어간 것이 다르다.

펫수호초의 꽃에는 꽃받침만 있고, 꽃잎이 따로 없다. 게다가 꽃송이가 작아서 다른 봄꽃들의 화려함을 전혀 갖추지 않았다. 그저 암술과 수술만 삐죽이 내밀고 피어나는 모습이어서 생뚱맞다는 느낌이다.

무늬수호초

같은 수호초 종류이면서 잎사귀에 무늬를 가진 품종으로 무늬수호초 *Pachysandra terminalis* 'Variegata'가 있다. 전체적인 생김새는 그린카펫수호초와 똑같은데, 잎 표면에 불규칙한 무늬가 들어 있어서 얼핏 보아도 화려하다는 느낌이다. 여느 수호초 품종과 같은 시기에 꽃봉오리를 맺고 역시 같은 시기에 꽃을 피운다. 물론 활짝 피어난 꽃의 모양은 그리 눈길을 끌지 못한다는 점에서 똑같다.

추운 겨울에 정원의 땅바닥을 푸르게 덮는 이른바 '카펫'의 용도로 키우는 식물로는 애호가의 취향에 따라 밋밋한 잎사귀보다 화려한 무늬가 든 무늬수호초 같은 무늬 잎 품종을 더 좋아할 수도 있겠다.

초록잎과 보랏빛 꽃으로 바닥을 수놓는 빈카

천리포수목원에서 볼 수 있는 또 하나의 중요한 지피식물로 빈카메이저 *Vinca major* L.와 빈카마이너*Vinca minor* L.[•]가 있다. 약간의 차이가 있지만 서로 비슷하여 한데 묶어 그냥 '빈카'라고 부른다. 봄 깊어지면 천리포수목원의 곳곳에서 민들레만큼 흔하게 볼 수 있는 예쁜 꽃을 피우는 식물이다.

빈카메이저

빈카마이너

중남부 유럽과 서남아시아 등을 고향으로 하는 빈카는 협죽도과의 상록성 덩굴식물로, 최근에 원예용으로 많이 들여와 키워서 천리포수목원이 아니어도 곳곳에서 볼 수 있다. 땅 위로 뻗어 나가는 덩굴식물이지만 나무를 감고 오르지는 않아 나무 옆에 심어 키우는 지피식물용으로 알맞춤하다.

빈카를 지피식물로 애호하는 이유는 또 있다. 꽃이다. 수호초 종류는 꽃이 피어봐야 그리 화려하지도 예쁘지도 않아서 사람의 눈길을 끌지 못하지만, 빈카는 그와 달리 짙은 보랏빛의 아름다운 꽃을 피운다. 지피식물로서가 아니라 그냥 꽃을 보기 위해서라도 키우고 싶은 식물이다.

빈카메이저와 빈카마이너는 잎사귀와 꽃의 크기에 따라 구별한다. 당연히 비교적 큰 잎사귀와 큰 꽃을 피우는 종류를 빈카메이저라 하고, 조금 작은 쪽을 빈카마이너라 부른다. 대략 지름 3센티미터를 기준으로 하여 그

• 〈국가표준식물목록〉에서는 빈카메이저를 큰잎빈카로, 빈카마이너를 빈카로 표기했다.

▲ 협죽도과 상록성 덩굴식물인 빈카메이저와 빈카마이너. 덩굴성이면서도 나무를 감고 오르지 않고 보랏빛의 예쁜 꽃이 피어나 지피식물로 많이 키운다.

보다 큰 꽃을 피우는 종류가 빈카메이저이고, 그보다 작은 꽃을 피우는 종류를 빈카마이너라 보면 된다. 그러나 얼핏 보아서는 구분이 그리 쉬운 게 아니다. 빈카 종류 가운데 흔하지는 않지만, 잎사귀에 무늬가 있는 종류도 있다.

천리포수목원에는 이 식물들을 곳곳에 나눠 키우는데, 깊어가는 봄 숲길에 그들이 흐드러지게 피워내는 보라색 꽃은 참으로 아름답다. 게다가 듬성듬성 한두 송이씩 피어나는 빈카 꽃은 봄부터 여름까지 잇달아 피어나기 때문에 오래도록 볼 수 있다는 점도 가까이 두고 싶어하는 이유다. 심지어 경우에 따라서는 가을까지 꽃을 피우기도 한다.

특히 그리 화려한 꽃을 볼 수 없는 큰 나무 뿌리 주변의 짙은 그늘에서 푸르른 잎과 함께 짙은 보랏빛으로 예쁘게 피어난 꽃은 보는 사람들에게 예기치 않은 즐거움을 준다. 물론 상록성이어서 사철 내내 짙은 초록을 유지한다는 점도 빈카의 빼놓을 수 없는 장점이다.

건강한 숲을 이루기 위해서는 이처럼 크고 작은 식물들이 더불어 살아야 한다. 천리포수목원은 필경 인공적으로 조성한 숲이지만, 오랫동안 자연스럽게 식물들 스스로 어울리며 살 수 있도록 배려한 천혜의 아름다운 숲이다.

봄에서 여름으로 넘어가는 길목에 수련 꽃이 있다. 큰연못 작은연못 할 것 없이 온갖 수련 꽃이 피어나 환상적인 초여름 풍경을 연출한다. 연못 표면을 수련의 넓은 잎사귀가 완전히 뒤덮고, 그 위로 분홍색 수련 꽃이 활짝 피어난다. 바라보기만 해도 저절로 마음이 평안해지는 풍경이다. 수련 화려한 꽃을 바라보며 연못 가장자리에서는 여름 숲의 파수꾼 수국이 가을 올 때까지 탐스러운 꽃으로 긴 여름을 지킨다.

여름

천리포수목원의 여름 식물

❶ 금영화
관람 시기 6월
살펴보기 427쪽

❷ 꽃산딸나무
관람 시기 6월
살펴보기 390쪽

❸ 디기탈리스
관람 시기 6월
살펴보기 420쪽

❹ 리틀젬태산목
관람 시기 7월
살펴보기 480쪽

❺ 멀구슬나무
관람 시기 8월
살펴보기 537쪽

❻ 무궁화
관람 시기 8월
살펴보기 587쪽

❼ 배롱나무
관람 시기 7월
살펴보기 485쪽

❽ 삼지닥나무
관람 시기 6월
살펴보기 417쪽

❾ 수국
관람 시기 8월
살펴보기 527쪽

❿ 수련
관람 시기 6월
살펴보기 355쪽

⓫ 작약
관람 시기 7월
살펴보기 499쪽

⓬ 큰꽃으아리
관람 시기 6월
살펴보기 411쪽

⓭ 프로퓨전꽃사과
관람 시기 7월
살펴보기 515쪽

⓮ 해당화
관람 시기 7월
살펴보기 517쪽

⓯ 히어리
관람 시기 6월
살펴보기 444쪽

6월

시간의 흐름 속에
사람의 몸과 마음을 정화시켜

수련 | 연꽃 | 마름

여름의 길목에서 만나는 꽃

그늘을 만들어 사람살이에 지친 몸을 어루만져주는 나무가 등이라면, 연못에서 자라는 수련*Nymphaea tetragona* Georgi은 사람살이에 지친 마음을 어루만져주는 고마운 식물이다. 여름 들어서면 천리포수목원뿐 아니라 곳곳의 연못에서 활짝 꽃을 피우는 식물이다. 봄에서 여름으로 넘어가는 길목에 만나게 되는 가장 환상적인 꽃이 수련이다. 천리포수목원의 큰연못 작은연못 할 것 없이 갖가지 수련이 한가득 피어나 환상적인 초여름 풍경을 연출한다. 특히 작은연못은 연못 표면을 수련의 넓은 잎사귀가 완전히 뒤덮고, 그 위로 분홍색 수련 꽃이 활짝 피어난다. 바라보기만 해도 저절로 마음이 평안해지는 풍경이다.

수련

수련의 이름을 헷갈릴 때가 있다. 수련의 수는 '물 수(水)'가 아니라, '잠잘 수(睡)'이다. 잠잘 수를 옥편에서 찾아보면 '꽃 오므리는 모양'이라는 뜻도 있다. 맞다. 수련의 꽃은 대개 사흘 정도 피어 있는데, 아침 햇살을 받

▲ 활짝 핀 수련 종류의 꽃. 햇살을 받으면 서서히 꽃잎을 열었다가 해가 지면 꽃잎을 닫는다.

으면 서서히 입을 열고 환하게 피어난다. 그러다가 해 지는 저녁 무렵이면 천천히 입을 오므리고 잠을 잔다. 이름 그대로 '잠자는 연꽃'이라 해도 그리 어색하지 않다.

절집의 스님들은 잠자는 수련 꽃의 특징을 이용해 수련차를 마시기도 한다. 저녁에 수련 꽃이 입을 닫기 전 수련 꽃 가운데에 삼베에 싼 찻잎을 넣어두었다가 꽃잎 벌어지는 아침에 찻잎을 꺼내어 따뜻한 물에 담가 마시는 게 수련차다. 밤새 수련 꽃이 머금었던 향기와 새 아침의 이슬까지 담아낸 신비의 차다.

수련에도 종류가 여럿 있다. 무엇보다 꽃의 색깔에서 확연히 다른 종류들이 있다. 가장 흔히 볼 수 있는 수련은 아무래도 연보랏빛의 수련 꽃이다. 그 밖에도 맑디맑은 흰색으로 피어나는 수련 꽃이 있는가 하면, 청초한 노란색으로 피어나는 수련 꽃도 있다. 나무에 피는 연꽃을 목련이라 하고, 그 종류에 백목련·자목련·황목련이 있는 것처럼 물 위에서 피는 연꽃인 수련에는 백수련·자수련·황수련이 있다고 이야기해도 무리가 없다.

대개의 경우, 천리포수목원의 연못에서는 연보랏빛 수련이 가장 먼저 꽃을 피우고, 희고 노란 수련 꽃이 이어서 피어난다. 목련의 경우, 백목련의 하얀 꽃이 먼저 피어나고 색깔이 있는 자목련, 황목련이 뒤이어 피어나는 것과 반대다.

수련과 연꽃

연꽃

종종 수련을 놓고 연꽃*Nelumbo nucifera* Gaertn.이라고 이야기하는 사람도 있다. 그러나 연꽃과 수련은 같은 수련과에 속하는 식물이기는 해도 다른 식물이다. 연못에서 자란다는 점이야 같지만, 자세히 보면 생김새만으로도 그 차이를 뚜렷이 볼 수 있다. 수련은 잎사귀가 물 위에 동동 뜬다. 그 잎사귀들을 헤치고 피어나는 꽃 역시 그리 높게 솟아오르지 않고 물 표면 가까이에서 피어난다. 그런데 연꽃은 잎사귀가 물 위로 껑충 솟아오르고, 꽃 역시 그 잎사귀들 사이로 껑충하게 솟아오른다.

잎의 생김새도 다르다. 수련과 연꽃 모두 잎사귀가 둥글고 널찍하게 펼쳐진다. 그중 수련의 잎은 한쪽 끝에서 갈라진 모습이 선명하게 드러나지만, 연꽃의 잎은 갈라지지 않는다. 수련의 잎은 수면에 붙어 떠 있지만, 수련보다 큰 연꽃의 잎은 물 위로 1미터쯤 솟아올라 바람에 하늘거린다는

▲ 연꽃은 수련과 달리 꽃과 잎사귀가 물 위로 솟아오른다.

점도 분명히 다르다. 또 물 위에서 젖은 채 수평으로 펼쳐지는 수련의 잎과 달리 연꽃의 잎은 탁하다는 느낌이 들 정도로 바짝 마른 상태인 것도 다른 점이다.

덧붙여 연꽃의 잎사귀는 수련보다 두껍고 물에 젖지 않으며, 잎자루에 붙어 있는 부분이 오목하게 파인 모습이다. 연꽃 잎사귀의 잎맥이 수련 잎보다 선명하다는 것도 차이가 되지 않을까 싶다. 잎의 크기에도 차이가 있다. 수련의 잎은 큰 것이 지름 20센티미터 정도이지만, 연꽃의 잎은 지름 40센티미터까지 된다.

▲ 연잎은 소수성을 가지고 있어서 물방울이 퍼지지 않고 동그랗게 맺힌다.

또 보송한 넓은 잎 위에 투명 구슬처럼 송골송골 맺혀서 구르는 물방울은 연꽃잎에서만 볼 수 있는 풍경이다. 물 표면에 붙어 있는 수련의 경우, 늘 물에 젖어 있을 뿐 아니라 잎 표면에 물이 올라와도 편안하게 번지기만 하고 연꽃의 잎처럼 물방울이 또르륵 구르지 않는다. 연꽃의 잎과 그 위의 물방울 모습은 여름 연못 풍경 사진에서 빼놓을 수 없는 단골 소재이기도 하다. 물론 잎 위에 맺힌 이슬방울이라면 여느 식물을 막론하고 다 아름답다. 그러나 연잎 위의 물방울은 남다르다. 물방울이 퍼지지 않고 동그랗게 맺힌 채 조금도 젖지 않은 잎 위를 떼굴떼굴 굴러다니는 형상이 신비롭다.

독특한 이 모습을 '연잎의 소수성(疏水性)'이라 하여 여러 분야에서 그 원리를 연구한 모양이다. 특히 방수 관련 산업에서 이 원리를 차용하면 효율적일 수 있어서다. 처음에는 잎 표면의 잔털 때문이라고 생각했다. 그러나 연잎의 잔털은 오히려 물방울이 천천히 잎 전체로 스며들게 한다는 걸 알게 됐다. 가장 최근에 밝혀진 사실은 널따란 잎사귀 아래의 가느다란 잎자루의 파동이 소수성의 원인이라는 것이다. 커다란 잎을 달고 있는 잎자루가 눈에 보이지 않을 정도로 끊임없이 파동을 일으켜 물방울이 잎의 잔털 위에서 퍼지지 않는다는 이야기다.

꽃의 생김새에도 차이가 있다. 흔히 연밥이라 부르는 연꽃의 꽃술 부분은 수련과 전혀 다르다. 연꽃은 물 위로 훌쩍 올라온 잎 사이로 꽃자루가 올라와 한 송이씩 꽃을 피운다. 연꽃의 꽃송이 안쪽에는 원추를 뒤집은 듯한 독특한 모양의 꽃받기(花托)가 두드러지는데, 수련 꽃에는 노란 꽃술만 화려할 뿐이다.

개화 시기도 다르다. 천리포수목원의 수련은 6월부터 꽃을 피우기 시작해서 8월이면 대부분의 수련이 개화를 마친다. 연꽃은 그보다 조금 뒤인 햇볕 뜨거워지는 7월 지나면서 피어난다. 천리포수목원에서 자라는 식물의 개화 시기가 늦기로는 연꽃도 매한가지다.

신비로운 생명력

수련과 연꽃을 이야기하면서 빼놓을 수 없는 이야기가 신비로운 생명력이다. 생명력이 뛰어나다는 점은 연꽃과 수련의 공통점이다. 번식력이 뛰어난 수련은 연못에 내린 뿌리가 금세 퍼져 한두 해만 지나도 온 연못을 수련의 둥근 잎으로 뒤덮는다. 같은 환경에서 자라는 다른 수생식물이 자라기 힘들 만큼 왕성한 번식력이다.

생명력이 왕성하기는 연꽃도 마찬가지다. 특히 연꽃의 씨앗은 천년을 넘어서도 싹을 틔울 만큼 신비롭다. 최근 놀라운 연꽃 개화 소식이 있었다. 고려시대 때인 700년 전의 연꽃 씨앗에서 꽃이 피어났다는 소식이다. 경상남도 함안군 성산산성을 발굴하던 중에 10개의 연꽃 씨앗을 발견한 건 2008년 5월이었다. 씨앗의 연대를 정밀하게 측정하자 700년 전의 씨앗이라는 게 밝혀졌고, 곧바로 싹을 틔우는 데에도 성공했다. 한 톨의 작은 씨앗이 700년이라는 긴 세월을 뛰어넘어 살아나다니 놀랄 일이다. 학계에서는 이 연꽃을 '아라연꽃'이라고 따로 이름 붙였다. 아라연꽃은 현대의 연꽃과 색깔과 꽃잎 모양이 조금 달라 연꽃 계통이나 진화 과정을 연구하는 데 큰 자료가 되리라는 이야기도 들려온다.

성산산성의 아라연꽃보다 더 오래 땅속에 묻혀 있다가 싹을 틔우고 꽃을 피운 경우도 있다. 그 가운데 가장 대표적인 게 일본의 '오가연꽃'이다. 이 연꽃의 별명은 '이천 년 연꽃'이다. 별명에서 짐작할 수 있듯이 오가연꽃은 2000년 된 씨앗에서 싹을 틔웠다. 오가연꽃은 1951년에 일본의 도쿄대학 운동장 지하에서 발굴한 3개의 씨앗에서 싹을 틔운 연꽃이다. 이 연꽃 씨앗을 발견하고 싹을 틔우는 작업을 주관한 학자인 오가 이치로(大賀一郎)의 이름을 따서 오가연꽃이라고 부른다.

비슷한 일은 미국인 식물학자들에 의해서도 일어났다. 미국의 과학자들은 중국의 어느 연못 바닥에서 연꽃 씨앗을 찾아냈는데, 연대를 측정하자 500년 전의 씨앗으로 판명됐다. 학자들은 씨앗을 잘 배양해서 꽃을 피우는 데 성공했다. 2002년의 일이다.

신비롭다 해야 할 만큼 오래도록 생명력을 유지하는 까닭에서인지 연꽃은 흔히 장수의 상징으로 쓰인다. 또 연꽃은 불가(佛家)에서 매우 귀하게 여기는 꽃이다. 부처님 오신 날에 연등 축제를 여는 것처럼 연꽃은 부처님의 상징처럼 여긴다. 진흙 속에서 아름다운 꽃을 탐스럽게 피운다는 특징을 마치 '무명(無明)에 둘러싸여도 불성(佛性)을 이룬다'는 불가의 뜻과 닮은 꽃이라는 때문이다. 그래서인지 부처는 지혜로운 사람을 연꽃에 비유했다고 한다.

여름에 피어나는 꽃들이 여름 볕만큼 열정적이고 화려하기야 하지만, 연꽃만큼 화려한 꽃은 많지 않다. 참 화려하다. 보랏빛 꽃잎과 진노랑 연밥의 어울림은 마치 치밀한 계산과 손놀림에 의해 지어낸 조화(造花)처럼 보인다. 바람 불어도 흐트러지지 않고 어떻게 바라보아도 정갈하다.

불가에서는 연꽃이 많이 피어 있는 곳이 바로 극락이라고 한다. 연꽃은 습지식물 가운데 가장 화려한 꽃을 가진 식물이다. 굳이 설명이 필요하지 않을 만큼 많은 사랑 속에 자라는 아름다운 꽃이다. 진흙 밭에서 자라지만 꽃이나 잎사귀에는 흙덩이 물방울 하나 묻지 않는다. 커다란 잎사귀가 물 위로 훌쩍 솟아오르고 무성한 연잎 사이로 얼굴을 내민 연꽃의 화려함은 여름에 우리가 만날 수 있는 몇 되지 않는 장관 중의 하나다.

꽃잎 떨어져도 연꽃의 화려함은 남는다. 노랗게 남은 연밥이다. 빙 둘러선 꽃술까지 떨구고 나면 서서히 연밥은 몸피를 키우며 익어간다. 벌집 모양으로 여물어가는 연밥 안에는 까맣게 씨앗이 맺히고, 그 씨앗은 연꽃을 사랑하는 누군가에 의해 새 보금자리에 뿌리내릴 것이다.

▲ 연꽃의 꽃술과 연밥. 꽃잎과 꽃술이 떨어진 후 연밥 안에 까만 씨앗이 맺힌다.

가시연꽃

연못에서 자라는 중요한 수생식물 가운데 가시연꽃*Euryale ferox* Salisb.이 있다. 천리포수목원에는 큰연못과 논 사이에 인공으로 조성한 습지가 있다. 멸종위기 식물을 집중적으로 심어 키우는 못이다.

가시연꽃

수련과의 가시연꽃은 꽃 보기가 쉽지 않다. 그리 크지 않은 꽃이어서 눈에 잘 뜨이지 않기도 하지만 이른 아침에 살짝 꽃잎을 열었다가 오후 되면서 다시 서서히 입을 닫기 때문이기도 하다. 아침에 피었다가 오후에 꽃잎을 닫는 수련과 같은 방식이다. 개화 시기도 짧다. 여간 부지런하지 않으면 꽃 보기 어렵다. 해를 사랑하는 가시연꽃이어서 비가 오거나, 흐린 날에는 보랏빛 꽃잎을 오므리고 하루를 난다. 맑은 날이라 해도 이른 아침에 꽃대를 삐쭉 내밀고 햇살을 탐색하다가 햇살이 충분해져야 가만히 꽃잎을 연다. 그러나 그것도 잠깐이다. 다시 동산에 해 걸릴 즈음이면 수줍게 꽃잎을 오므리며 하루를 접는다.

물 위에 점잖게 떠 있는 가시연꽃의 잎사귀는 널찍해서 시원스럽다. 자세히 들여다보면 잎사귀 표면이 쭈글쭈글하여 조금은 징그럽다는 느낌도 들지 않을 수 없다. 가시연꽃의 다 자란 잎은 둥그런 원형이지만, 처음에는 타원형으로 돋는다. 자라면서 차츰 컴퍼스를 대고 그린 듯한 동그라미 모양으로 커진다. 크게 자란 잎은 지름이 120센티미터에 이를 만큼 크다. 우리가 볼 수 있는 식물 중 큰 잎을 가진 식물에 속한다.

잎사귀의 양면으로 선명하게 솟은 잎맥에 가시가 돋아 있는 것도 가시연꽃의 특징이다. 물속에 감추고 있는 아랫면에 가시가 더 많다. 가끔은 속내를 드러낸 아직 덜 펼쳐진 잎사귀도 찾아볼 수 있는데 그때 그 잎 아랫면에 촘촘히 돋아난 가시를 볼 수 있다. 가시연꽃의 꽃송이는 일쑤 성난 가시로 무장한 잎사귀를 뚫고 올라온다. 꽃대가 올라와야 할 자리까지 넓은 잎으로 덮은 까닭이다. 어떤 사람은 가시연꽃의 이 같은 생명력이 지나치게 탐욕스럽거나 전투적으로 보여 정이 가지 않는다고도 한다. 꽃송이에까지 억센 가시로 중무장한 채이니 그렇게 보일 수도 있다.

하지만 화려한 꽃분홍 빛깔이나 물 위로 얼굴을 빼꼼히 내민 생김새는 참 예쁘다. 가시연꽃의 꽃은 겨우 사흘 정도 피었다가 이내 물속으로 가라앉아 씨앗을 맺고 물속 적당한 곳에 씨앗을 떨어뜨린다. 짙은 보라색 혹은 밝은 자주색의 꽃은 지름 4센티미터 정도로 피어난다. 초록색의 꽃받침조

▲ 수련과의 가시연꽃. 잎사귀 양면에 가시가 돋아난다. 덜 자란 잎은 표면이 쭈글쭈글하다.

각 4장이 반듯하게 벌어진 안쪽에 여러 장의 꽃잎이 앙증맞게 피어나고 그 안에 암술과 수술이 돋아나는데, 대개의 수생식물 관찰이 그렇지만 가까이 다가가는 데 한계가 있어 세밀히 관찰하기는 어렵다. 거대한 크기의 잎사귀 사이에서 피어나는 보랏빛 꽃은 잎과 대비되어 더 앙증맞아 보인다.

수련과에 속하는 가시연꽃은 우리나라를 비롯하여 중국, 타이완, 일본 등 동아시아 지역의 온난한 기후에서 자라는 한해살이 수생식물이다. 경기도 화성 이남 지역에서부터 남부지방까지 못이나 늪에서 잘 자라던 식물이었지만, 지금은 멸종위기에 놓였다. 물론 아직 몇몇 습지에서 자라고는 있지만 예전처럼 흔히 볼 수 있는 건 아니다. 습지가 줄줄이 메워지기 때문이

▲ 개화 시기가 짧아 보기 어려운 가시연꽃의 꽃.

기도 하고, 습지가 남아 있다 해도 주변에 뿌려지는 화학 농약에 민감하여 살아남지 못한 것이다.

현재 우리나라의 자연 습지 가운데 서른 곳 정도에 가시연꽃이 남아 있다고 한다. 하지만 농약 사용 등을 획기적으로 줄이지 않는 한 가시연꽃은 결국 우리 곁에서 사라지고 말 것이다. 이 같은 추세는 우리나라뿐이 아니다. 세계적으로 중국·일본·타이완·인도 북부에서 자생하는 식물이지만, 대부분의 지역에서 우리나라와 마찬가지로 멸종위기에 처해 있다. 그런 탓에 환경부에서는 멸종위기 식물 2급으로 지정해 보호하고 있다. 이제 자연 상태에서 저절로 자라는 가시연꽃을 보는 일은 매우 드문 일이 됐다.

천리포수목원처럼 멸종위기 식물 보존을 위해 심어 키우는 특별한 곳에서나 겨우 볼 수 있게 돼 아쉬울 뿐이다.

옛날에는 가시연꽃을 한방에서 중요한 약재로도 쓰고, 식용으로도 썼을 만큼 그리 희귀한 식물이 아니었다. 굳이 쓰임새를 들먹이지 않는다 해도 우리와 함께 이 땅에서 살아온 생명체가 하나둘 우리 곁을 떠나는 걸 알게 되는 건 참 서글픈 일이 아닐 수 없다. 더구나 한 종류의 식물이 통째로 멸종했다는 이야기는 이 땅 위에 새겨지는 잔혹의 역사라는 생각에서 섬뜩하기도 하다.

열대 수련

천리포수목원에서는 2013년에 처음으로 수련 전시회를 열었다. 그동안 수집해 키우던 30여 종류의 수련 품종을 포함해 100여 종류의 수련을 한꺼번에 보여주는 대형 기획 전시였다. 이 전시회는 수련 종류 중에 가장 아름답다는 호주 수련을 비롯해 열대 지역에서 자라는 수련 100여 종류를 국내 최고의 수련 전문가인 육종가의 기증과 조언으로 가능했다.

새로 수집한 열대 수련은 그동안 국내에서 보았던 수련 종류와 여러 부분에서 다른 점을 갖고 있다. 우선 꽃 모양이 남다르다. 이를테면 열대 수련은 비교적 꽃잎의 끝이 뾰족하다는 점부터 조금은 생경하게 느껴진다. 게다가 더 특별한 것은 꽃잎의 다양한 색깔이다. 새하얀색부터 노란색과 빨간색이 있는가 하면, 새파란 빛깔을 띤 꽃도 있다. 또 같은 빨간색이라 해도 보랏빛에 가까운 꽃이 있는가 하면, 자줏빛에 가까운 꽃 등 이루 헤아리기 어려울 만큼 다양하다.

▲ 새파란 꽃잎이 돋보이는 스타오브시암수련과 하늘빛 꽃을 피우는 알렉시스수련.

스타오브시암수련

알렉시스수련

100여 종류나 되는 수련 가운데 가장 먼저 눈에 들어오는 건 짙은 푸른빛의 꽃을 피운 수련으로 스타오브시암수련*Nymphaeaceae* 'Star of Siam', 알렉시스수련Nymphaeaceae 'Alexis' 등이 감동적이다. 스타오브시암수련의 새파란 꽃잎과 꽃송이 가운데에 화려하게 돋아난 노란 꽃술이 이뤄낸 조화는 그야말로 환상적이라 하지 않을 수 없다. 같은 파란색이라고 해야 하지만 하늘빛처럼 여린 파란색의 꽃을 피우는 알렉시스수련 역시 매우 화려한 꽃송이를 보여준다.

또 앞에서도 이야기했듯이 수련은 아침에 해를 바라보며 꽃을 피웠다가 해가 중천에 오르면 서서히 꽃잎을 닫기 시작해 저물녘에는 완전히 오므리는 게 대부분이다. 그러나 열대 수련 가운데에는 해 떨어질 때 비로소 꽃잎을 열기 시작하는 종류도 있다. 이 같은 종류가 한둘이 아니어서 아예 '야간 개화 종'이라는 이름으로 나누어 부른다.

야간 개화 종 가운데에는 어느 날 갑자기 꽃이 피어나 고작해야 두세 시간 정도 피었다가 곧 지는 종류가 있는가 하면, 저물녘에 천천히 피어나 이른 아침까지 짙은 어둠 속에서 화려한 꽃을 보여주는 종류도 있다.

빅토리아수련의 신비로운 개화

아마조니카 빅토리아수련

야간 개화 종이면서 수련 가운데에서도 가장 관심을 끄는 종류로는 아마조니카빅토리아수련*Victoria amazonica* Sowerby를 꼽지 않을 수 없다. 빅토리아수련은 거의 모든 식물 교과서에 세상의 모든 식물 가운데 가장 넓은 잎을 가진 식물로 일쑤 소개되는 식물이어서 이름은 익숙하지만 그동안 국내에서는 실제로 만나기 어려웠다. 수련 전시회를 계기로 한 수집 과정에서 다행히 빅토리아수련을 수집해 전시할 수 있었다. 앞으로는 천리포수목원의 연못에서 해마다 여름이면 관람객의 눈길을 끄는 대표적인 수생식물로 자리 잡을 것이다.

남아메리카의 아마존강 유역에서 자라는 빅토리아수련은 잎 한 장의 지름이 무려 3미터에 이른다. 뿐만 아니라 꽃송이도 무척 크다. 한 송이의 지름이 무려 40센티미터까지 벌어지는 엄청난 규모이니 사람의 눈길을 끌 수밖에 없다. '수련계의 여왕'으로 불리는 그의 별명이 무색하지 않다.

크루지아나 빅토리아수련

빅토리아수련으로 불리는 종류에는 아마조니카빅토리아수련 외에 크루지아나빅토리아수련*Victoria cruziana* d'Orbigny도 있다. 두 종류 모두 남아메리카 지역에서 자라는 수생식물인데, 아마조니카빅토리아수련의 잎에 붉은빛이 도는 것과 달리 크루지아나빅토리아수련은 강한 초록색을 띤다. 또 빅토리아수련의 뚜렷한 특징인 잎 가장자리가 안쪽으로 수직으로 말려 올라가는 형태에도 약간의 차이가 있다. 말려 올라가는 잎 가장자리는 크루지아나빅토리아수련이 아마조니카빅토리아수련보다 조금 높아 무려 20센티미터까지 올라간다고 한다.

빅토리아수련은 앞에서 이야기한 잎 가장자리가 수직으로 말려 올라가는 것뿐 아니라, 다른 수련과는 뚜렷하게 다른 특징을 여럿 가지고 있다. 우선 물속에 잠긴 잎의 아랫면을 비롯해 줄기와 꽃봉오리 껍질 부분에 날카로운 가시가 돋아난다. 이는 앞에서 살펴본 우리의 가시연꽃과 비슷한 점이다.

독특한 개화 과정도 여느 수련과 다르다. 야간 개화 종인 빅토리아수련은 사흘 동안 꽃이 피어나는데, 하루하루 꽃의 변화가 놀라울 정도로 뚜렷하다. 개화 첫째 날은 한낮에 꽃봉오리 가장자리가 살짝 벌어지면서 개화의 기미를 보이다가 저물녘이면 꽃봉오리를 열면서 차츰 새하얀 꽃잎을 풍성하게 벌린다. 오후 7시쯤에 본격 개화가 시작되는데, 꽃잎이 열리는 속도가 빨라서 가만히 지켜보면 꽃잎이 벌어지는 과정을 눈으로 확인할 수 있을 정도다. 새하얀 꽃송이는 새벽 3시 정도에 완전히 벌어진다. 강한 향기를 뿜어내는 것도 빅토리아수련의 특징이다. 빅토리아수련 꽃의 향기는 파인애플 향기를 닮았는데, 대략 반경 6미터에서도 넉넉히 향기를 맡을 수 있다. 이때를 정점으로 다시 꽃송이는 서서히 꽃잎을 닫기 시작해서 이튿날 오전쯤에 꽃송이가 오므라든다.

그리고 다시 오후가 되면 꽃잎을 열기 시작하는데, 이때에는 첫째 날 피었던 꽃송이와 사뭇 다른 모습을 드러낸다. 우선 꽃잎의 빛깔이 달라진다. 분명 새하얀빛이던 꽃잎은 안쪽부터 자줏빛이 도는 붉은빛으로 바뀌며 열린다. 게다가 첫째 날 꽃잎의 끝 부분은 안쪽을 향해 잔뜩 오므린 상태였

▲ 밤에 피는 아마조니카빅토리아수련의 꽃은 사흘에 걸쳐 피어난다. 강한 향기를 가진 꽃은 날마다 빛깔과 모습이 다르게 피어난다.

지만, 붉은색으로 바뀐 둘째 날은 바깥쪽으로 꽃잎을 젖히며 피어난다. 꽃술을 품은 꽃송이 가운데 부분이 바짝 들리며 솟아오르는 형상이다. 밤새 새로운 모습으로 피어났던 꽃송이는 천천히 물속으로 잠기면서 짧은 개화 과정의 마무리를 준비한다. 셋째 날이 되면 물에 잠긴 채로 다시 꽃잎이 살짝 벌어지는 듯하지만, 이미 물속에 잠긴 꽃송이는 다시 올라오지 않고 이튿날 아침이면 완전히 물속으로 가라앉는다.

수련 전시회가 한창이던 2013년 8월 20일 천리포수목원의 생태교육관 앞 연못에서 드디어 아마조니카빅토리아수련이 신비로운 개화 과정을 보여주었다. 옮겨 심은 지 얼마 되지 않은 상태라 아직은 빅토리아수련의 일반적인 특징이 온전히 드러나지는 않았다. 이를테면 넓은 잎이 아직은 지름 1미터 안팎으로 작을 뿐 아니라, 잎 가장자리의 테두리가 수직으로 말려 올라오는 것도 뚜렷하지 않았다. 또한 원산지에서 자라는 빅토리아수련의 꽃송이가 지름 40센티미터에 이른다면 2013년 여름 천리포수목원에서 개화한 아마조니카빅토리아수련의 꽃송이는 지름 15센티미터 남짓하였다. 멀리서 찾아온 식물이 제 고향처럼 편안하게 마음껏 자기 살림살이를 펼치려면 시간이 좀 더 필요하지 싶다.

어리연꽃과 노랑어리연꽃

어리연꽃

여름 연못을 화려하게 꾸며주는 수련과 연꽃 사이에서 잘디잘게 피어나는 우리 토종의 수생식물이 있다. 어리연꽃*Nymphoides indica* (L.) Kuntze이다. 이름에 '연'이 들어 있지만, 수련과와는 거리가 있는 용담목 조름나물과의 수생식물이다.

오래전부터 우리 땅에서 자라온 어리연꽃은 꽃 한 송이의 지름이 고작 1.5센티미터 정도로 작은 편이다. 특히 수련과 연꽃의 탐스럽고 화려한 꽃송이가 풍성한 연못에서 같은 시기에 피어나는 꽃이기에 실제보다 더 왜소해 보이는 것도 사실이다. 한쪽 변이 깊게 갈라진 채 지름 20센티미터까지 자라는 잎은 수련 종류의 잎을 닮았다. 수련 종류들처럼 물의 표면에 붙어

▲ 어리연꽃은 이름과 달리 수련과가 아니라 조름나물과다. 꽃이 지름 1.5센티미터로 작게 피며, 하얗게 보이는 부분은 꽃잎이 아니라 꽃받침이다.

있는 것까지 수련을 닮아서 꽃이 피어나기 전에는 수련의 잎인지, 어리연꽃의 잎인지 구별하기도 어렵다.

어리연꽃은 수련보다 조금 늦은 여름에 하얀 꽃을 피우는데, 다섯으로 깊게 갈라지고 잔털이 무성히 돋아난 부분은 꽃잎이 아니라 꽃받침이다. 다섯으로 갈라진 꽃받침잎은 모두 하얀색인데 꽃송이 중심부로 들어가면 노란색이 선명하고, 그 부분에 5개의 수술과 1개의 암술이 돋아난다. 무엇보다 또렷한 특징은 꽃받침잎 전체에 돋아난 무성한 잔털이다. 물 위에 떠 있는 채로 보송하게 돋아난 솜털이기에 더 앙증맞다.

▲ 노란색 꽃이 피어나는 노랑어리연꽃. 꽃은 지름 3~4센티미터로 어리연꽃보다 크다.

어리연꽃은 커다란 낙우송이 서 있는 큰연못 가장자리에서 볼 수 있다. 그러나 최근 관람객이 급증하면서 큰연못 가장자리에 친수성 식물을 다양하게 심고, 이들을 보호하기 위해 주변에 울타리를 친 까닭에 가까이 다가서기 어려워졌다. 그러나 그 자리만큼은 아니지만, 가시연꽃이 있는 습지에서도 어리연꽃을 찾아볼 수 있다.

노랑어리연꽃

큰연못 앞의 작은 인공 습지에서는 같은 어리연꽃 종류이지만, 꽃 모양이 다른 노랑어리연꽃*Nymphoides peltata* (J. G. Gmelin) Kuntze도 함께 볼 수 있다. 물 위에 떠 있는 잎은 어리연꽃의 잎과 크기나 생김새가 고스란히 닮았다. 식물도감에는 노랑어리연꽃이 7월부터 9월 사이에 꽃을 피운다고 되어 있

▲ 꽃받침잎 가장자리의 날개가 여러 겹으로 돋아나는 크레나타노랑어리연꽃.

지만, 천리포수목원에서는 그보다 훨씬 빠른 6월부터 피어난다. 대개의 경우 노랑어리연꽃이 어리연꽃보다 조금 먼저 피어난다. 노랑어리연꽃은 어리연꽃과 분위기가 비슷하지만 흰색의 어리연꽃과 달리 노란색 꽃을 피운다. 또 자세히 보면 생김새나 크기에도 미묘한 차이가 있다. 노랑어리연꽃의 꽃이 어리연꽃보다 조금 커서 한 송이의 지름이 3~4센티미터 되며 꽃받침잎 가장자리 양쪽에 날개가 붙어 있다는 점이 뚜렷하게 다르다.

또한 어리연꽃은 꽃받침잎의 가장자리뿐 아니라 중간에도 털이 보송하게 돋아나지만, 노랑어리연꽃은 꽃받침잎 표면에 털이 없다. 가장자리에 알따랗게 뻗친 날개 가장자리에만 톱니라고 해도 될 만큼 자잘한 털이 돋아 있을 뿐이다.

크레나타노랑어리연꽃

천리포수목원에서 새로 도입한 노랑어리연꽃 품종 가운데에는 독특하게 꽃받침잎 가장자리의 날개가 여러 겹으로 돋아나는 크레나타노랑어리연꽃*Nymphoides crenata* (F. Muell.) Kuntze도 있어 눈에 띈다. 날개 가장자리의 털이 노랑어리연꽃보다 발달했으며, 날개가 양쪽 가장자리뿐 아니라 가운데에도 하나 더 솟아나 특이한 모습이다.

비스킷을 빼어 닮은 마름

마름

여름은 수련, 연꽃, 어리연꽃 등 대개의 수생식물들이 꽃을 피우는 계절이다. 같은 시기에 천리포수목원의 우드랜드 언덕 너머 암석원 쪽 작은연못에서도 예쁜 수생식물이 무성하게 올라온다. 마치 마름모꼴의 비스킷이 물 위에 한가득 펼친 듯한 재미있는 모습으로 솟아오르는 건 마름*Trapa japonica* Flerow이다.

마름은 그야말로 맛난 비스킷을 꼭 빼어 닮은 잎을 갖고 있다. 마름모꼴의 두 변은 칼을 대고 잘라낸 듯 반듯하고, 다른 두 변은 리본을 자를 때 쓰는 가위를 이용한 듯 톱니무늬가 규칙적으로 정교하게 새겨져 있다. 가끔씩 가운데에 구멍이 뚫린 불량 비스킷까지 눈에 들어와 더 재미있다.

마름과의 한해살이 수생식물인 마름은 연못 아래 진흙에 뿌리를 내리고 비스킷처럼 생긴 잎사귀가 물 위에 닿을 때까지 줄기를 길게 뻗어 올린다. 잎이 달리는 잎자루에는 굵은 부분이 있는데, 이 부분은 공기를 담은 공기주머니로 물 위에 뜬다.

수생식물이 한창 꽃을 피우는 여름 들어 마름 역시 4장의 꽃잎을 가진

▲ 마름모꼴의 독특한 잎을 가진 마름. 물밤이라고도 하는 마름 열매는 식용한다.

붉은빛이 도는 하얀색의 꽃을 피운다. 물 위에 동동 뜬 채로 피어나는 하얀 꽃은 고작해야 지름 1센티미터쯤으로 작은 편이다. 연못 가운데에서 피어나기 때문에 가까이 다가설 수 없어 가장자리에 쪼그리고 앉은 채로 마름 꽃의 속내를 꼼꼼히 살피는 건 거의 불가능하다.

마름은 꽃이 지고 나면 열매를 맺는데, 이 열매를 영어권에서는 'water chestnut'이라 부르는데, 우리말로 옮기면 '물밤' 정도 될까 싶다. 열매에 전분과 지방이 많이 포함되어 식용으로 쓰기도 하는 까닭에 붙은 이름이다. 민간에서는 예전에 마름 열매를 해독제로 쓰기도 했고, 최근에는 항암 물질이 포함된 것도 확인했다고 하니 앞으로 더 주목받으리라 생각된다.

천리포수목원의 여러 연못은 크고 작은 수생식물이 화려하게 꽃을 피우는 여름에 사람들의 눈길을 모은다. 그리고 서서히 바람결에 가을 내음이 담기기 시작하면 그토록 화려하던 수련, 연꽃 모두 지고 연못 위에는 어디에선가 날아온 낙엽이 내려앉는다. 그즈음이면 무성한 수생식물의 숲에 숨어 지내던 오리들도 모습을 드러내고 겨울 채비를 한다. 수생식물과 함께 흘러가는 천리포수목원의 아름다운 여름 풍경이다.

인류 역사상 최초의 투기 대상이었던 꽃

튤립

터번을 닮은 꽃 튤립

꽃을 소재로 한 전시회나 박람회를 이야기할라치면, 떠오르는 대표적인 꽃 가운데 하나가 튤립*Tulipa gesneriana* L.[•]이다. 붉은색에서부터 노란색까지의 화려한 색깔은 물론이고, 다소곳이 꽃잎을 여는 모습까지 튤립의 강렬한 유혹은 여느 꽃을 능가하지 싶다. 4월에서 5월 사이에 튤립 꽃은 위를 향해 피어나지만, 그리 넓게 퍼지지 않아 다소곳한 모습이 더 아름답다.

튤립

꽃이 아름다워 튤립은 대개의 경우, 자연적인 군락지에서 자생하기보다는 원예용으로 키우는 게 대부분이다. 세계적으로 300여 품종이 재배되고 있는데, 특히 화훼 산업이 발달한 네덜란드의 상징처럼 여겨질 정도로

• 〈국가표준식물목록〉에서는 튤립을 단독으로 등록하지 않고 게스네리아나튤립*Tulipa gesneriana* L., 하게리튤립*Tulipa hageri* Heldr., 후밀리스튤립*Tulipa humilis* Herb., 리니폴리아튤립*Tulipa linifolia* Regel 등으로 나누었다. 그러나 이창복의 《대한식물도감》에서는 *Tulipa gesneriana* L.을 독립하여 튤립으로 등록했다.

▲ 하늘을 향해 핀 붉은색 튤립. 넓게 퍼지지 않고 피어 다소곳한 모습이다.

유럽에서 큰 사랑을 받는 식물이다. 원예용으로 심어 가꾸는 여러 식물 가운데에서도 튤립은 대표적 식물 아닌가 싶다.

네덜란드를 상징하는 꽃이기는 하지만 튤립의 고향은 남동유럽과 중앙아시아 지역이다. 처음 발견된 곳은 파미르고원 지역이었고, 이후 톈산 산맥 지역에서 많이 자랐다. 튤립을 본격적으로 재배한 것은 대략 11세기 무렵 페르시아에서였다. 이후 오스만튀르크 지역으로 널리 퍼졌는데, 14세기 경 오스만튀르크 사람들은 이 꽃을 불운을 막아주는 신성한 식물로 여겼으며, 천국은 튤립으로 뒤덮여 있을 것이라고 믿었다고 한다.

당시만 해도 약이나 옷감의 재료를 얻기 위해 식물을 기르던 유럽 사람들에게 오스만튀르크 사람들의 튤립 재배는 놀라운 일이었다. 오로지 꽃의 아름다움 때문에 식물을 기른다는 사실을 믿기 어려웠다. 그런 놀라움을 갖고 있던 네덜란드의 한 옷감 상인이 마침내 튤립을 네덜란드로 가져갔다. 이때 '튤립의 아버지'라 불리는 식물학자 클루시우스가 튤립을 연구하여 네덜란드 전 지역에 퍼뜨리게 됐다.

네덜란드에 소개되기 전에 유럽에 튤립을 소개한 사람이 있다. 유럽에 가장 먼저 튤립을 소개한 사람이라 해야겠다. 그는 1554년 오스만튀르크의 침공에 맞서 신성로마제국에서 터키에 파견한 '아기에 기슬란 드 부스백'이라는 이름의 대사였다. 그는 당시 이스탄불의 어느 길가에 피어 있는 튤립 꽃에 매혹되어 비싼 값을 주고 알뿌리를 샀다. 그때 튤립 꽃이 이 지역에 사는 남자들의 머리 장식인 터번을 닮았다 해서 '터번을 닮은 꽃'이라는 뜻으로 '튜리벤드'라 불렸고, 그게 나중에 튤립으로 바뀌었다.

천리포수목원의 다양한 튤립

천리포수목원에도 50여 종류의 튤립이 있다. 다양한 품종의 튤립은 꽃송이의 색깔은 물론이고, 모양에서도 나름대로의 차이를 보이며 봄 수목원 숲을 화려하게 밝혀준다.

튤립 꽃의 색깔은 빨강·노랑·분홍 등이 있지만, 그 가운데 가장 화려하고 대표적인 꽃은 아무래도 빨간색이다. 비교적 키가 크고 꽃송이도 커서 화려함이 돋보이는 품종이다. 꽃 앞에 꽂아둔 표찰에는 *Tulipa* CV라는 품종명 표시가 있다. 여기서 CV는 재배종, 즉 Cultivar를 뜻하는 표시로 다른 식물의 품종 이름에서도 자주 볼 수 있다. 물론 재배품종의 경우 제가끔

▲ 넓게 펼친 화피가 독특한 삭사틸리스튤립.

자기 이름을 가지기 때문에 이 품종 역시 자기 고유의 이름을 가진다. 그러나 굳이 재배 품종의 이름을 명확히 제시하지 않고 그냥 재배품종인 것만 표시한 표찰이다.

삭사틸리스튤립

여느 튤립 꽃과 달리 바깥으로 넓게 펼친 화피 모습이 독특한 튤립도 있다. 삭사틸리스튤립*Tulipa saxatilis* Sieber ex Spreng.이 그렇다. 이 튤립은 투명할 만큼 맑은 하얀색과 아래쪽의 노란색으로 이루어진 화피(花被)가 유난히 눈에 들어오는 꽃을 피운다. 30센티미터 정도의 크기로 솟아오른 꽃대 위에서 꽃이 피어나는데, 전체적으로는 가냘픈 분위기라고 할 만하다. 튤립의 여러 품종이 있지만, 대개는 굵은 꽃대에 탐스럽게 피어난 꽃을 더 많이 보아온 탓에 이처럼 가녀린 분위기를 가진 튤립 품종을 보는 건 색다른 관찰이 된다.

다양한 종류의 튤립 가운데에는 이처럼 가냘픈 모양으로 꽃을 피우는 종류가 여럿 있다. 이런 종류의 튤립을 꽃잎 모양에 기대어 따로 '별 모양(Star-shaped) 튤립'이라고 분류한다. 천리포수목원에 수집된 튤립 중에 투르케스타니카튤립*Tulipa turkestanica* Regel이라든가, 타르다튤립*Tulipa tarda* Stapf, 실베스트리스튤립*Tulipa sylvestris* L. 등이 그런 종류에 속하지만 그리 흔한 종류는 아니다.

키가 작은 종류로 브라이트젬바탈리니튤립*Tulipa batalinii* 'Bright Gem'은 꽃송이까지 모두 합해야 겨우 15센티미터를 넘지 않을 정도로 작다. 꽃이 앙증맞아 눈에 들어오는데, 이 꽃은 꼭 동네 조무래기 어린아이들 틈에 끼어서 대장 노릇만 하는 개구쟁이 아이의 얼굴을 떠오르게 한다. 노란색 화피에 감도는 홍조(紅潮) 때문인지 모르겠다.

브라이트젬 바탈리니튤립

민병갈기념관 앞의 낮은 화단에 몇 포기를 심어 키우는데, 봄 깊어질 즈음이면 가만가만 초록 잎이 땅을 뚫고 솟아 올라와 꽃 피어날 준비를 한다. 이 꽃을 한번 본 경험이 있는 사람이라면, 앙증맞은 모습이 기대되어 하루가 멀다 하고 그의 변화를 관찰하게 된다.

천리포수목원의 튤립 가운데에 가장 먼저 꽃을 피우는 종류는 운둘라티폴리아튤립*Tulipa undulatifolia* Boiss.이다. 브라이트젬바탈리니튤립과 함께 민병갈기념관 앞 낮은 화단에서 볼 수 있다. 개인적으로 튤립 꽃이 필 무렵이면 가장 먼저 찾아보는 꽃이다.

운둘라티폴리아튤립

10여년 전 천리포수목원에 처음 드나들던 시절의 어느 날, 여러 식물이 화려한 꽃을 피우던 중이었다. 하루 종일 나무는 물론이고 낮은 키의 꽃

▲ 노란 화피에 감도는 홍조 때문에 개구쟁이 어린아이의 말간 얼굴을 떠올리게 하는 브라이트젬바탈리니튤립.

까지 꼼꼼히 찾아보았지만 그날은 이 튤립 꽃을 보지 못했다. 그날 밤을 수목원에서 지새운 뒤 아침에 다시 둘러보는데, 어제 저녁까지는 겨우 꽃봉오리조차 보일랑 말랑 하던 꽃이 활짝 입을 열었다. 고작해야 몇 시간 차이로 한 포기의 식물이 이처럼 큰 변화를 보여주는 게 신기하고 기특했다. 자연의 생명이 보여주는 신비를 느낄 수 있게 해주었던 꽃이다.

아게넨시스튤립

천리포수목원의 튤립 가운데 가장 화려하게 몸치장을 하는 종류로 아게넨시스튤립*Tulipa agenensis* DC.이 있다. 흔히 보던 전형적인 튤립 꽃의 모습을 하고 있는데, 꽃송이가 탐스럽고 클 뿐 아니라 꽃송이 안쪽의 검은 무늬가 돋보이는 종류다. 검은 중심 부분과 바깥 빨간색의 경계 부분에는 노란

▲ 꽃송이 안쪽 무늬가 인상적인 아게넨시스튤립.

색 무늬까지 더해져 전체적으로 화려함의 극치를 이룬다. 튤립 종류는 모두가 화려한 꽃을 피우는 데다 개화 시기에 조금씩 차이가 있어서 봄부터 초여름까지 튤립 한 가지 종류만 찾아보고, 그들의 미묘한 차이를 관찰하는 일은 끝없이 이어진다. 모양은 제가끔 약간의 차이를 갖고 피어나지만, 모두가 화려하다는 데에서 똑같다. 그야말로 한때 네덜란드 부자들의 마음을 사로잡고 세계사를 뒤흔들 만큼의 매혹이 충분한 꽃이지 싶다.

튤립 공황

튤립은 앞에서 이야기한 것처럼 오스만튀르크 지역에서 몇몇 호사가들의 손에 이끌려 유럽과 네덜란드로 먼 여행을 떠나와 정착한 식물이다. 인도와의 교역으로 큰돈을 벌었던 네덜란드는 당시 유럽 최고의 부자 나라였다. 네덜란드의 부자들은 무엇이든 자신들의 부(富)를 상징할 수 있는 수집품을 찾았다. 그때 네덜란드 부자들의 눈에 들어온 것이 화려한 꽃을 피우는 튤립이었다.

처음에는 문제 될 일이 없었다. 예쁜 꽃을 보고 돈 있는 부자들이 그 아름다움의 가치를 돈으로 환산하여 지불하는 건 자연스러운 일이었다. 그런 일이 늘어나면서 차츰 튤립은 네덜란드 부자들의 상징으로 떠올랐다. 그러자 튤립은 차츰 투기의 대상으로 부각됐다. 부자들은 물론이고, 투기를 통해 일확천금을 꿈꾸던 서민들에게까지도 튤립은 투기 대상이 되었다. 이제 사람들은 튤립 꽃의 아름다움 그 자체를 바라보는 것이 아니라, 이 꽃이 가져다줄 일확천금에만 집중했다. 그러다 보니 사람들은 꽃을 피우지도 않은 알뿌리 상태로 튤립을 거래하기 시작했다. 평범한 소시민들은 예금을 털어냈고, 가내수공업으로 생계를 이어가던 직조공들은 직조 기계를 팔아 튤립의 알뿌리를 사들였다. 모두가 이듬해에 예쁜 꽃을 피울 튤립이 가져다줄 돈을 생각한 것이다.

투기 대상이 된 튤립 값이 하늘 모르고 치솟아 오른 건 지극히 자연스러운 순서였다. 튤립 재배농은 열심히 튤립을 키웠지만, 광풍처럼 몰아치는 네덜란드 사람들의 열기를 따라잡기 어려울 정도였다. 마침내 튤립을 사기 위해 약속 어음이 발행되기까지 했다. 거래는 주로 네덜란드의 증권

▲ 튤립 공황을 딛고 세계적 원예작물로 자리한 튤립.

거래소에서 이뤄졌지만 때로는 여인숙의 밀실에서 이루어지기도 했다.

이상 열기로 솟아오른 투기 광풍에는 필경 말할 수 없이 허망한 끝이 있게 마련이다. 관련 기록에 따르면 이해하기 어려울 만큼 놀라운 일이 1637년 2월 3일에 일어났다고 한다. 그토록 뜨겁게 몰아치던 튤립 투기 광풍이 까닭을 설명하기 힘들 만큼 갑작스레 하룻밤 사이에 멈췄다. 이 같은 거래 중지 사태는 그로부터 며칠 사이에 네덜란드 전체로 퍼져나갔고, 튤립 값은 무려 100분의 1 가격으로 폭락했다.

이른바 세계사의 한 장을 장식하는 '튤립 공황'은 그렇게 찾아왔다. 선물거래에서부터 약속어음까지 횡행하던 튤립 투기 시장은 순식간에 얼어

붙었고, 거액 투자자에서부터 요즘 '개미들'이라고 부르는 소액 투자자까지 연쇄 부도의 위기에 처했다. 튤립 재배농도 파산 위기에 처하고 말았다. 그러나 네덜란드 정부는 그들에게 어떠한 대책도 마련해주지 않았다. 결국 재배농이나 투자자 모두 스스로 사태를 해결하는 수밖에 없었다.

꽃을 아름다움 그 자체로 바라보지 않고 투기의 대상으로 삼아 부화뇌동했던 네덜란드 사람들은 지난 일을 값진 교훈으로 받아들이는 수밖에 없었다. 어느 순간 갑작스럽게 끓어올랐다가 순식간에 폭락한 튤립 투기 사건은 그러나 나중에 네덜란드가 화훼 산업 강국으로 발전할 기반이 되었다고 한다.

세계의 투기 역사에서 가장 앞자리에 놓이는 투기 사건의 대상이 꽃이었다는 사실은 요즘의 분위기를 바탕으로 보면 참 생경하게 들릴 수밖에 없다. 천리포수목원의 여러 아름다운 꽃들과 함께 화려한 자태로 피어나는 튤립을 바라보노라면, 저 꽃에 그리 많은 사람들이 열광했던 지난날의 허망함 탓에 씁쓸한 웃음이 비어져 나온다.

자기만의 방식으로 피어난 꽃을 자기만의 방식으로 바라보기

산딸나무

큰연못 옆에 자라난 꽃산딸나무

천리포수목원 관람객들이 가장 인상적이고 아름답다고 꼽는 장소 가운데 해안전망대라는 곳이 있다. 그 자리에 나무 데크를 설치하고, 해안전망대라는 이름을 붙인 건 최근의 일이다. 한옥 건물이 한 채 있는 자리다. 소사나무집으로 부르는 이 한옥은 천리포수목원 설립자인 민병갈 원장님이 천리포 지역에서 자리 잡고 가장 먼저 지은 집이다. 지었다기보다는 서울에서 해체한 한옥을 옮겨와 조립한 건물이다.

해안전망대 주변이 아름다운 건 사실이지만, 듣기에 따라서는 아쉬움도 있다. 해안전망대를 좋아하는 이유가 식물의 자람이나 어울림에 있지 않고, 그 자리에서 내다보이는 천리포 바다 풍경이 아름답다는 데 있기 때문이다.

해안전망대에서 내다보이는 천리포 앞 바다에는 자그마한 섬이 하나 보인다. 이 섬도 7개로 나눠진 천리포수목원의 여러 구역 가운데 하나다.

이 섬은 오래전부터 마을 사람들이 닭이 웅크리고 앉아 있는 듯하다고 하여 닭섬이라고 불러왔다. 그런데 닭을 그리 좋아하지 않는 민병갈 설립자는 '닭'을 대신해서 이 지역에 서식하는 새 가운데 섬의 모양을 상징할 수 있는 몸집을 가진 '낭새'를 찾아낸 뒤 '낭새섬'이라고 불렀다. 이 섬은 따로 식물을 식재해 키우지 않고 천리포 지역의 섬에서 자라는 자생식물을 보존한다는 의미가 더 큰 곳이다.

해안전망대 다음으로 꼽는 인상적인 곳은 큰연못 주변이다. 그곳을 아름다운 자리로 기억하는 데에는 많은 사람들이 동의한다. 큰연못 주변에는 천리포수목원의 명물이라 할 수 있는 갖가지 식물이 늘어서 있을 뿐 아니라, 식물들과 잘 어울려 살아가는 오리 가족도 만날 수 있다. 이 자리에서 돋보이는 식물로는 만병초를 비롯해 여러 종류의 해당화와 빅버사라는 이름의 큰별목련, 안팎이 똑같이 붉은 불꽃목련 등 다양한 종류의 목련도 늘어서 있다. 또 니사라든가 낙우송, 버드나무 등 큰키나무들이 풍광을 돋운다. 또 연못 가장자리를 원색으로 수놓는 수선화 종류와 붓꽃 종류 또한 아름다움을 더하는 곳이다.

알바플레나꽃산딸나무

바로 그 아름다운 자리에서 빼놓을 수 없는 아름다운 나무가 알바플레나꽃산딸나무*Cornus florida* 'Alba Plena'다. 큰연못 가장자리에 서 있는 이 나무는 크게 자란 나무가 아니다. 바로 옆에 높지거니 자란 측백나무에 비해 키도 훨씬 작고, 맞은편에 너른 그늘을 드리우고 서 있던 머귀나무의 넉넉한 품에 비해서도 작은 나무다. 기껏해야 높이는 3미터가 채 되지 않고 품도 그 정도밖에 안 된다. 알바플레나꽃산딸나무는 특히 바로 앞에서 가지를 넓게 펼친 머귀나무와 잘 어울렸는데, 2013년 여름에 안타깝게도 머귀나무는 죽고 말아서 지금은 머귀나무와 어울리는 풍경을 볼 수 없게 됐다.

▲ 큰연못 가장자리에 서 있는 알바플레나꽃산딸나무.

거두절미하고 예쁜 나무다. 이 나무에 붙은 학명의 코르누스*Cornus*는 나무가 층층나무과Cornaceae에 속한다는 걸 보여준다. 층층나무과에 속하는 나무로는 말채나무*Cornus walteri* F. T. Wangerin와 산수유*Cornus officinalis* Siebold & Zucc., 산딸나무*Cornus kousa* F. Buerger ex Miquel가 있는데, 꽃산딸나무는 이 가운데 산딸나무와 가까운 친척이다.

층층나무과의 나무들은 대개 가지를 옆으로 넓게 펼치면서 자란다. 그 가운데 층층나무*Cornus controversa* Hemsl.는 특히 가지가 층층이 단을 이루며 펼치는 특징을 가졌다. 층층나무의 친척인 알바플레나꽃산딸나무 역시 생

▲ 층층나무와 친척인 산딸나무의 가지. 가지를 옆으로 넓게 펼치는 층층나무과의 특징을 가지고 있다.

김새에서 층층나무와의 관계를 헤아려볼 수 있다. 옆으로 넓게 펼친 나뭇가지의 모습이라든가, 층층나무만큼 뚜렷하지는 않아도 층을 이루며 펼치는 가지의 생김새가 그렇다. 그래서 멀리서도 층층나무과에 속하는 나무들은 구별이 쉽다. 산딸나무 종류도 가지 펼침은 비슷한데, 꽃이 피어날 때에는 특히 더 멋지다. 수평으로 뻗어 난 가지 위에 줄줄이 꽃송이가 곧추 솟아올라 바람에 살랑대는 꽃들의 군무(群舞)에서 특유의 멋을 느낄 수 있다.

산딸나무의 아름다움

연못 가장자리에 서 있는 작고 아담한 알바플레나꽃산딸나무의 모습은 어느 계절이라도 아름답다. 굳이 꽃이 피어나지 않아도, 혹은 잎사귀를 모두 떨구었어도 그냥 스쳐 지나지 못하게 하는 묘한 매력을 가진 나무다. 무엇보다 사방으로 고르게 펼친 나뭇가지의 펼침이 그런 매력 요소일 게다. 나무 아래로 살짝 드리우는 좁다란 그늘 또한 한번쯤 들고 싶어지는 곳이다. 물론 가지를 낮게 드리워서 그 안에 들어서기는 어렵다. 그만큼 친근하게 다가서게 되는 나무라는 이야기다.

그러나 뭐니 뭐니 해도 알바플레나꽃산딸나무 역시 꽃 필 때가 가장 아름답다. 다른 어느 때에도 볼 수 없는 예쁜 모습이다. 나뭇가지 전체에 하얀 꽃을 돋우고 피어나서 갑자기 나무 주위가 환해지는 느낌을 준다. 키보다 넓게 펼친 가지 전체에 환한 알전구를 촘촘히 세워놓은 듯도 하다. 꽃송이 아래에 늘어진 연초록의 잎사귀 위로 하얗게 피어난 꽃은 그야말로 장관이다.

꽃이라고 했지만, 이 나무의 꽃에 대해서는 몇 마디 덧붙여야 한다. 꽃잎처럼 보이는 하얀 부분은 꽃잎이 아니다. 산딸나무 종류의 나무들이 모두 그런 방식이다. 꽃이 워낙 작다 보니, 벌이나 나비의 눈에 뜨이지 않을 것을 걱정한 나무가 만들어낸 포장술이다. 이 부분은 꽃잎이 아니라, 꽃을 크고 멋지게 보이도록 포장하기 위해 잎을 변형시켜 지어낸 '포'라는 특별한 기관이다. 자신의 꽃을 조금이라도 더 화려하게 꾸미려는 식물의 번식 전략에 의해 만들어진 부분이다. 꽃잎이 화려하지 않으니, 꽃차례 밑의 잎을 변형시켜 하늘을 날아다니는 벌과 나비를 불러 모아 꽃가루받이를 이루

▲ 꽃차례 바로 아래의 잎을 변형시켜 마치 꽃잎처럼 포장한 산딸나무 꽃.

려는 것이다. 알바플레나꽃산딸나무도 그렇게 포를 지어낸다.

알바플레나꽃산딸나무의 경우, 포가 겹으로 돋아난다는 것도 독특하다. 그래서 나무는 더 깊은 아름다움을 갖추게 되고, 이 나무를 바라보는 사람들은 하얀 포를 꽃잎으로 착각하게 된다. 마치 겹꽃을 피우는 산딸나무 종류라고 생각하게 된다. 대개의 산딸나무 종류는 가운데 꽃들을 둘러싸고 4장의 포가 정확하게 열십(十) 자를 이루며 돋아나는데, 이 나무는 전혀 다른 모습이다. 그래서 더 화려하다.

하얀빛 포의 끝 부분에는 초록의 반점이 찍혀 있는 것도 볼 수 있다. 반점은 알바플레나꽃산딸나무뿐 아니라 꽃산딸나무 종류에 속하는 다른 나무에서도 종종 볼 수 있는 특징이다. 이 반점 때문에 나무는 특별한 별명을 가졌다. 꽃송이에 돋아난 4장의 포가 십자가 모양으로 생긴데다 각각의 끝 부분이 마치 굵은 못이라도 박았던 흔적인 것처럼 멍이 들어 있다. 그 모양을 놓고, 기독교인들은 예수 그리스도의 십자가를 떠올렸던 모양이다. 그래서 '십자가 나무' 혹은 '예수 그리스도 나무'라는 특별한 이름으로 부르며 신성하게 여긴다.

나무를 기억하는 방법은 사람에 따라, 문화에 따라 다르다. 나름대로 나무에 자신들만의 이름을 지어주고, 자신만의 이름으로 기억하는 방법이 나쁠 리 없다. 나무뿐 아니라 세상의 모든 대상과 관계를 맺고, 그 관계를 더 아름답게 유지해나가려 애쓰는 것이 사람살이의 근본이겠다. 소통을 이야기하고 교감을 이야기하는 것도 그런 까닭이다.

나무의 이름, 학명 등을 더 자세히 알려는 것 역시 그렇게 나무에 더 가까이 다가서기 위한 노력의 하나다. 그들의 이름과 특징을 하나하나 알아가며 다시 또 나만의 이름, 혹은 우리만의 이름을 지어주는 것은 나무에 다가서고 나무와 더불어 더 평화롭게 살아가는 첫걸음이 될 것이다. 나무를 우리와 함께 살아가는 어엿한 독립 생명체로 인정하는 순서이기도 하겠다. 그런 지혜에는 사람마다 혹은 문화권마다 독특한 특징이 있다. 그걸 서로 인정하고 존중해주는 것이 바로 평화로 나아가는 올바른 길이다.

▲ 보랏빛을 띠는 포가 돋보이는 미스사토미산딸나무의 꽃차례.

미스사토미산딸나무

산딸나무의 재배종인 미스사토미산딸나무*Cornus kousa* 'Miss Satomi'는 알바플레나꽃산딸나무와 비슷하면서도 다른 모습을 보여준다. 미스사토미산딸나무에서 피어나는 꽃의 포는 보랏빛을 띠었다. 꽃 피어난 뒤에 빛깔에서 약간의 변화가 없는 건 아니지만, 그래도 붉은 보랏빛을 모두 덜어내지는 않는다. 꽃송이 가운데에 조그마한 꽃술이 드러난 동그란 부분이 꽃들이 모인 것이다.

알바플레나꽃산딸나무의 포와 결정적으로 다른 것은 포의 뾰족한 끝부분이다. 이 꽃에서는 못 자국 같은 흔적을 찾아볼 수 없다. 우리의 산과 들에서 볼 수 있는 산딸나무의 꽃은 대개 이 꽃의 포처럼 미끈한 모양의 흰색이다.

세상의 모든 나무들은 알바플레나꽃산딸나무처럼 어려운 사람살이에서 믿음의 상징처럼 큰 힘이 되었다. 어두운 삶의 터널 속에서 애면글면 살아가는 우리 삶에 나무는 언제나 꿈이고, 희망이다.

사람살이에 지친
몸과 마음을 치유하는 꽃의 평화

등

건물과 훌륭한 조화를 이루는 등

등

보랏빛 등*Wisteria floribunda* (Willd.) DC.은 사람이 식물과 어떻게 어우러져 살아가는지를 보여주는 한 예가 되지 않을까 싶다. 간단히 이야기하자면, 봄볕 따가워질 무렵 우리에게 그늘을 드리워주는 등나무 벤치를 생각하면, 식물과 사람의 어우러짐이 그대로 느껴지지 않느냐 하는 것이다. 그런 절묘한 예가 하나 있다.

진안, 장수와 함께 '무진장'으로 불리는 전라북도 무주의 이야기다. 이곳에는 참 멋진 등나무공설운동장이 있다. 공설운동장이야 지역마다 있는 특별하달 것 없는 곳이지만, 이곳 공설운동장을 등나무공설운동장이라고 부르는 건 조금 특별한 일이다. 운동장을 설계한 분은 얼마 전에 돌아가신 건축가 정기용이다. 건축에 대한 그의 생각이 참 흥미롭다. 그는 건축의 3요소를 '사람, 시간, 식물'로 이야기한다. 흔히 공간을 짓는 것으로만 생각해온 건축에 대한 생각을 새롭게 조정해주는 남다른 철학이다.

▲ 길쭉한 콩 꼬투리 모양의 열매를 풍성하게 드리운 등.

사람이 살기 위한 공간을 짓는 게 건축인 것은 맞지만, 훌륭한 건축은 사람에 의해 완성되는 게 아니라 시간이 흐르면서 그 안에 사는 사람과 식물에 의해 완성된다는 이야기다. 일테면 회색 담장 앞에 담쟁이를 심으면 얼마 지나지 않아 초록의 아름다운 담장으로 화들짝 바뀌는데, 그건 건축의 한 요소인 식물이 또 하나의 요소인 시간과 함께 사람이 하지 못한 부분을 메워주며 최종적으로 완성된 결과물을 만들어낸다는 식이다.

무주의 등나무공설운동장은 그런 건축 철학으로 지어진 특별한 곳이다. 대부분의 지방자치단체 행사는 흔히 공설운동장에서 한다. 다른 곳과 마찬가지로 무주군의 행사도 이곳 공설운동장에서 이루어지지만, 그동안 마을 주민들은 웬만한 행사에 나오지 않았다. 몇몇 공무원을 동원해 가까스로 행사를 치르곤 했다고 한다. 당시 군수가 직접 마을 주민들을 찾아가 "왜 행사에 나오지 않으시냐?"고 물었다. 그러자 마을 노인들은 "여보게 군수. 당신들은 그늘 잘 드리워지는 본부석에 시원하게 앉아 있고, 우리는 뙤약볕 다 쬐며 맨 하늘 아래 서 있어야 하는데 누가 거길 가겠수!"라고 했다.

본부석에만 그늘이 있고, 주민들의 자리에는 비바람 햇볕 어떤 것도 막아주는 게 없다는 지극히 단순한 사실을 그제야 군수는 깨달았다. 군수는 건축가 정기용과 상의를 했다. 건축가는 이 공설운동장에 등나무가 자라면서 주민들이 앉아 있을 자리 위로 그늘을 드리울 수 있도록 지지대를 세우고 등나무에게 '자신이 하지 못한 나머지 일을 해달라'고 부탁하기로 했다.

그로부터 3년쯤 지나자 등은 공설운동장 주변에 무성하게 자랐다. 이제 공설운동장의 관중석에는 본부석보다 훨씬 더 아름답고 더 청량한 바람이 부는 아름다운 그늘이 드리워졌다. 건축가는 운동장 관중석 위쪽으로 이어진 길 위로도 등을 심어 그늘을 만들었다. 불과 3년 만에 공설운동장에는 마을 주민들이 아끼는 아름다운 산책로가 만들어졌다.

식물과 시간이 사람과 함께 지어낸 훌륭한 건축물, 무주군 등나무공설운동장은 그렇게 만들어졌다. 10년에 걸쳐 당시 무주군수와 건축가에 의해 진행된 이른바 '무주 프로젝트'의 한 결과물이다. 등나무공설운동장 외에도 이 프로젝트에 의해 이뤄진 여러 건축물들이 대부분 이처럼 시간과 식물, 그리고 진정 사람살이를 어루만지는 삶을 디자인하는 멋진 과정이라 하지 않을 수 없다. 등을 이야기할 때 떠오르는 참으로 멋진 이야기다.

등나무 이야기를 할 때마다 걸리는 문제부터 짚어야겠다. 바로 식물의 정확한 이름이다. 등나무의 정확한 식물명은 등이다. 하지만 우리에게는 등보다 등나무가 훨씬 익숙하다. 일테면 등 벤치보다는 등나무 벤치라고 이야기하는 경우가 많다. 그래서 이 식물의 이름이 실제에서 다르게 쓰이는 경우가 많아 헷갈린다. 이를테면 앞에서 이야기한 무주 등나무운동장이 그렇다. 분명히 마을 사람들은 이 운동장을 등나무운동장이라고 부르지, 등운동장이라고 하지 않는다. 식물학 분야에서의 이름과 실제 민간에서의 이름에 차이가 있는 경우다.

콩과Leguminosae의 식물인 등은 홀로 서지 못하는 덩굴성 나무여서 다른 나무줄기를 타고 올라야 한다. 다른 나무줄기에 기대어 자라지만, 다른 나무로부터 양분을 빨아들이는 기생식물과는 다르다. 등은 분명히 스스로 광합성을 해서 양분을 지어내는 식물이다. 그러나 등이 나무줄기를 휘감고 올라가 온통 줄기를 감싸면서 등을 지탱해주는 나무 위로 더 무성하게 자라나 햇빛을 가려 잘 자라던 큰 나무들이 죽을 위험에 빠지게 된다.

그러나 등과 같은 덩굴식물은 다른 지형지물을 잘 이용하면 무주의 예와 같이 훌륭한 풍치를 만드는 데 도움이 된다. 어쩌면 사람과 식물이 어떻게 공존할 수 있는가 하는 모범을 보여줄 수도 있을 것이다. 특히 등은 5월쯤부터 보랏빛 꽃을 피우는데, 그 빛깔과 향기가 아름다워 주변 경관을 꾸미기에는 아주 좋은 식물이다.

등 종류의 식물

천리포수목원에는 등 종류에 속하는 여러 식물이 있는데, 그 가운데 흰등 *Wisteria floribunda* f. *alba* Rehder & Wilson은 흔치 않은 식물이다. 나무줄기나 사

흰등

▲ 흰색 꽃을 피우는 흰등. 꽃 색깔 외에 전체적인 생김새와 특징은 모두 등과 비슷하다.

▲ 등 종류이지만 나무를 타고 오르지 않고 홀로 서는 브라키보트리스등.

람이 세워준 지지대를 타고 오르는 특징에서부터 전체적인 생김새는 보랏빛 꽃을 피우는 등과 똑같다. 꽃의 생김새 역시 똑같은데, 색깔이 흰색이라는 것만 다르다. 흔히 보던 꽃이 아니어서 특별해 보인다.

등 종류이기는 하지만 브라키보트리스등*Wisteria brachybotrys* Siebold & Zucc. 이라는 종류는 흔히 보던 등과 많이 다른 생김새를 보여준다. 무엇보다 이 나무는 다른 나무를 타고 오르지 않아도 홀로 설 뿐 아니라, 덩굴이 다른 등에 비해 덜 발달했다는 특징을 갖고 있다. 브라키보트리스등은 천리포수목원의 옛 정문 바로 옆에 서 있기 때문에 자주 보게 되지만, 꽃이 피어나기 전까지는 등 종류라고 생각하기 어려울 정도다. 특히 다른 나무를 타고

브라키보트리스등

오르지 않고 홀로 서는 나무라는 점이 그렇다. 그러나 꽃은 영락없이 다른 등 꽃과 똑같은 모양으로 피어난다.

아까시나무

히포크레피스

등 꽃과 비슷한 꽃은 여럿 있다. 대개의 콩과 식물이 그렇다. 이를테면 아까시나무*Robinia pseudoacacia* L.의 꽃 역시 등 꽃과 많은 점에서 비슷하다. 등 종류는 아니지만, 등 꽃과 비슷한 꽃을 피우는 식물 히포크레피스*Hippocrepis emerus* (L.) Lassen를 덧붙인다. 우리말 이름을 채 갖지 못한 이 나무는 유럽과 북아프리카, 서아시아 지역 산지에서 자라는 콩과 식물이다. 이 지역에서 자라는 히포크레피스 종류에 속하는 식물은 약 20종류가 있다. 잘 자라면 2미터까지 자라는 히포크레피스는 등 꽃보다 조금 늦게 노란 꽃을 피우는데, 생김새는 닮았지만 빛깔이 노란색이어서 눈길을 끈다. 하지만 길쭉한 꼬투리 모양의 열매를 맺는 것은 등을 비롯한 여느 콩과 식물과 같다.

결실을 향해 꽃들이 내딛는 노동의 사위짓

으아리

화려한 꽃과 수염 모양 열매로 치장한 으아리

봄 깊어지고 여름을 향한 계절의 걸음걸이가 빨라질 즈음이면 으아리속 *Clematis*의 식물들이 꽃을 피우기 시작한다. 분명 화려한 꽃으로 많은 사람의 사랑을 받는 식물이지만, 열매의 생김새는 한번 보면 잊히지 않을 만큼 특이하다. 열매라 하기에는 참 독특하다. 으아리도 종류마다 약간의 차이가 있지만 대개 빛나는 갈색의 수염으로 멋지게 치장한 열매의 생김새는 공통적이다.

으아리속 식물들은 그가 자라는 기후에 따라 상록성과 낙엽성이 있다. 우리나라에서 자라는 으아리속 식물인 큰꽃으아리*Clematis patens* C.Morren & Decne., 외대으아리*Clematis brachyura* Maxim.m, 참으아리*Clematis terniflora* DC., 할미밀망*Clematis trichotoma* Nakai, 사위질빵*Clematis apiifolia* DC., 좁은잎사위질빵*Clematis hexapetala* Pall., 위령선*Clematis florida* Thunb. 등은 대개 가을에 잎을 떨구는 종류다. 천리포수목원의 으아리속 식물들도 대부분은 낙엽성이다.

▲ 꽃의 지름이 15센티미터를 넘는 넬리모저클레마티스.

으아리속에 속하는 식물은 세계적으로 230여 종류가 있는데, 특히 유럽에서 오래전부터 무척 아껴온 식물이다. 아름다운 꽃을 피우는 식물이어서 아끼지 않을 수 없었을 것이다. 유럽 지역에서는 특히 으아리속 식물 가운데 큰 꽃이 다양하고도 화려한 색깔로 피어나는 큰꽃으아리 종류를 무척 좋아한다.

넬리모저클레마티스

천리포수목원에서는 여러 종류의 으아리를 볼 수 있는데, 그 가운데 가장 화려한 꽃을 피우는 종류는 넬리모저클레마티스*Clematis* 'Nelly Moser'다. 넬리모저클레마티스는 꽃 한 송이의 지름이 무려 15센티미터나 되는 큰 꽃을 피워서 관람객들의 눈길을 사로잡는다.

▲ 보라색 꽃이 강렬한 더프레지던트클레마티스.

더프레지던트클레마티스

크림슨스타클레마티스

넬리모저클레마티스 외에 파란색이라 해도 될 만큼 짙은 보라색 꽃을 피우는 더프레지던트클레마티스*Clematis* 'The President'도 커다란 꽃송이에 강렬한 보라색으로 눈길을 끈다. 더프레지던트클레마티스의 꽃보다 자줏빛이 선명하게 도는 크림슨스타클레마티스*Clematis* 'Crimson Star'도 또 다른 느낌으로 눈길을 끌지만 화려하기는 마찬가지다.

여기에서 꽃잎처럼 보이는 부분은 꽃잎이 아니라 꽃받침이다. 으아리 종류의 모든 꽃들이 그렇다. 꽃잎이 없고 꽃받침만 발달해서 이처럼 화려하게 피어난다. 으아리속 식물들은 대개 4장에서 10장의 꽃받침잎으로 이루어진 화려한 꽃을 피우는데, 넬리모저클레마티스의 꽃에는 8장의 꽃받침잎이 있다.

생김새도 여러 가지다. 홑꽃이 있는가 하면 겹꽃이 있고, 접시형으로 약간 우묵하게 파인 모양이 있는가 하면 별 모양으로 피어나는 꽃도 있다. 그뿐 아니라 오므린 종 모양 또는 벌어진 종 모양도 있고, 튤립 꽃의 생김새를 빼어 닮은 형태나 통 모양으로 고개를 숙이고 피어나는 꽃도 있다. 크기도 그렇다. 지름이 1센티미터밖에 되지 않는 작은 꽃이 있는가 하면, 무려 20센티미터에 이르는 큰 꽃도 있다.

원예용으로 많이 심어 키울 만큼 빛깔도 다양하다. 옅은 보랏빛으로 피어나는 꽃에서부터 흰색, 노란색, 연두색, 자주색, 분홍색에서 파란색까지 있다. 꽃받침잎의 숫자나 색깔이 조금씩 다르더라도 꽃받침잎의 끝이 뾰족하고, 그 가운데에 선명하게 돋아난 두 줄기의 굵은 맥은 거의 공통적으로 나타난다.

엘리자베스
몬타나클레마티스

엘리자베스몬타나클레마티스*Clematis montana* 'Elizabeth'는 꽃받침잎이 4장인데다 크기도 작아서 지름 5센티미터를 조금 넘는 정도다. 생김새는 다른데, 가만히 바라보면 여느 으아리속 식물과 분위기가 비슷하게 느껴진다. 선입견 때문만이 아니라, 꽃 가운데에 도드라지게 솟아오른 꽃술의 모습이 그처럼 보이도록 이끈다.

정원에 심어 키우기에 더없이 좋은 식물로 틀림없는 게 으아리속 식물이다. 영어권의 민간에서는 으아리속의 식물들을 'Virgin's bower'라고 부른다. '처녀의 그늘'이나 '처녀의 정자' 정도로 해석하면 맞을 것이다. 잘 자라서 크고도 청초한 꽃을 피운 으아리속 식물의 꽃그늘 아래로 볕을 피해 든 처녀 아이가 더없이 아름답다는 데에서 붙인 이름이겠다. 하지만 어찌 처녀뿐이겠는가? 으아리 꽃 활짝 핀 덩굴 그늘에 드는 이라면 누구라도

▲ 지름 5센티미터의 작은 꽃을 피우는 엘리자베스몬타나클레마티스.

아름답지 않을 수 없을 것이다.

'처녀의 그늘'이라는 별명 외에 으아리속 식물은 '나그네의 기쁨(Traveller's joy)'이나 '노인의 수염(Old man's beard)'이라는 별명도 가졌다. 뙤약볕 내리쬐는 길을 정처 없이 걷던 나그네 앞에 나서는 으아리 꽃그늘이야말로 큰 기쁨이 아닐 수 없으니, 그런 이름이 붙은 모양이다.

또 노인의 수염이라는 별명은 으아리속 식물의 열매가 보여주는 특징 때문이다. 으아리속 식물의 열매는 굳이 열매라 부르기에도 어색할 만큼 독특하다. 껍질에 둘러싸인 여느 열매와 달리 으아리 종류의 식물은 무수한 수염을 둥글게 오므리며 맺힌다. 이런 특징이 서양 사람들에게 '노인의

▲ 무수한 수염을 오므리며 맺는 으아리속 식물의 열매.

수염'이라는 별명을 붙이게 한 것이다.

우리 으아리와 큰꽃으아리

으아리

으아리속 식물의 꽃을 볼 때마다 '그래, 이런 꽃을 피우는 덩굴식물이라면 산촌의 허름한 집 흙담에 붙여서 꼭 한번 키워보고 싶다'는 생각이 들게 마련이다. 으아리 종류에 관심을 갖는 건 당연한 순서다. 그러나 우리의 산과 들에서 만날 수 있는 으아리*Clematis terniflora* var. *mandshurica* (Rupr.) Ohwi 꽃은 서양에서 주로 키우는 으아리속 식물만큼 화려하지 않다. 가을이면 잎 지는 넌출성 식물인 으아리는 한여름인 6월부터 8월까지 흰 꽃을 피우는데, 꽃 한 송이의 크기가 기껏해야 3센티미터 남짓이다. 같은 종류로 참으아리가 있지만 그 꽃 역시 3센티미터 정도의 작은 꽃이니 소박하달 수밖에 없다.

으아리 종류의 식물을 유럽에서는 '귀족의 꽃'이라고 부르며 아꼈다고 한다. 귀족을 상징하는 꽃으로 여긴 데에는 물론 꽃이 귀족적으로 화려하게 피어나기 때문이기도 하지만 자라는 특징이 남다르기 때문이기도 하다. 이 종류의 식물들은 자람이 무척 예민한 편이어서 게으른 사람이 기르기는 쉽지 않다. 어쩌면 정원사를 따로 부릴 수 있는 게으른 귀족들이나 키울 수 있는 꽃이라는 이유도 '귀족 식물'로 불리는 이유다.

같은 으아리속 식물이지만 품종에 따라서 자라는 특징이 다를 뿐 아니라, 꽃 피는 시기까지 차이가 있다. 심지어 같은 품종이라 해도 온도와 습도 등 자라는 환경 조건에 따라 꽃의 색깔이나 모양까지 다르게 나올 정도다. 그래서 으아리 종류의 식물을 잘 키우려면 신경을 여간 많이 써야 하는 게 아니다.

큰꽃으아리

으아리의 작은 꽃에 비해 비교적 큰 꽃을 피워 서양 사람들이 좋아하는 으아리 종류의 식물과 비슷한 분위기를 가지는 우리 식물은 큰꽃으아리 *Clematis patens* C. Morren & Decne다. 큰꽃으아리는 대개 5월부터 꽃을 피운다. 천리포수목원에서는 5월 중순 조금 넘어서부터 꽃을 피우기 시작한다. 꽃이 피고 지면서 한 달 넘게 넝쿨 전체에서 꽃을 피워 그야말로 아름다운 꽃 담장을 이룬다. 평소에는 그냥 별것 아닌 덩굴식물에 지나지 않지만 이처럼 화려한 꽃이 피어날 때면 눈길을 사로잡는다.

으아리 종류의 식물은 담을 타고 넘도록 키우지 않아도 정원 한가운데에서 한껏 멋을 부리며 자랄 수 있다. 정원 가운데에 커다란 새장 모양의

▲ 긴 꽃자루에 7~12센티미터로 크게 꽃을 피우는 큰꽃으아리.

둥그런 틀을 만들어주면 그 틀을 타고 다소곳이 덩굴을 키워 올리다가 때가 되면 아름다운 꽃을 한꺼번에 피운다. 까닭에 요즘은 큰꽃으아리 종류를 화분에서 따로 키우는 경우가 적지 않다. 물론 오래전부터 서양에서는 이 같은 방식으로 많이 키워왔다고 한다. 우리나라에는 큰꽃으아리 종류가 그리 흔한 꽃이 아니었는데, 최근 들어서 차츰 큰꽃으아리에 대한 관심이 늘어나는 듯하다. 심지어 큰꽃으아리 종류만을 전문으로 하는 농장도 생겼다.

특별한 별명으로 오래 우리 곁에 머무른 나무

팥꽃나무 | 삼지닥나무

팥을 닮은 팥꽃나무

팥꽃나무

봄볕이 조금씩 따갑게 느껴질 즈음이면 그 볕만큼 따스한 빛깔의 꽃들이 피어난다. 그 가운데 보랏빛으로 꽃을 피우는 팥꽃나무*Daphne genkwa* Siebold & Zucc.가 있다. 키 작은 나무여서 존재감이 그리 크지 않은데, 이글거리는 붉은 꽃을 피우는 때만큼은 주변의 어떤 나무에 뒤지지 않을 뛰어난 아름다움을 발산한다. 멋진 나무라 하지 않을 수 없다.

5월 중순 무렵 천리포수목원에서 활짝 피어나는 팥꽃나무의 꽃은 보랏빛 벨벳 천의 느낌을 가진다. 이팝나무*Chionanthus retusus* Lindl. & Paxton, 조팝나무*Spiraea prunifolia* f. *simpliciflora* Nakai가 그렇듯이 우리가 좋아하는 음식의 이름을 붙여서 기억하게 되는 나무다. 팥꽃나무라는 이름은 나무에서 피어나는 꽃의 색깔이 팥색을 닮았다 해서 붙었다.

헷갈리지 말아야 할 것은 재배작물인 팥*Vigna angularis* (Willd.) Ohwi & H.Ohashi의 꽃을 닮은 게 아니라, 그 씨앗인 팥의 색깔을 닮았다는 것이다.

▲ 꽃이 팥의 색을 닮아 이름 붙은 팥꽃나무. 실제로는 팥에 비해 옅은 색깔을 띤다.

즉 노란색 팥 꽃이 아니라, 열매인 팥의 보랏빛을 닮았다. 조롱조롱 맺힌 꽃송이가 마치 팥알처럼 앙증맞기도 하고, 그 빛깔이 팥알을 닮았다는 점도 그렇다.

팥꽃나무의 꽃송이 하나하나는 꽤 작은 편이다. 이 작은 꽃들이 가지 위에 숱하게 모여 피어나기 때문에 멀리서 보면 보라색 꽃방망이처럼 보인다. 천리포수목원의 겨울정원에서 볕이 가장 잘 드는 한가운데에 서 있는 나무다. 팥꽃나무의 화려한 꽃을 만나면 보는 사람의 마음도 순간적으로 열정적으로 바뀌지 싶다.

팥꽃나무에는 특별하게 '조기나무'라는 별명이 붙어 있다. 바닷가에서 잡히는 생선인 조기가 식물 이름에 붙은 건 특별한 일이다. 나무와 조기가 무슨 관계를 갖고 있어서 많고 많은 별명 가운데 조기나무라는 이름을 붙였을까? 팥꽃나무는 대개 서해안의 바닷가에서 자라는데, 꽃이 예뻐서 어촌 마을에서 애지중지 키워왔다. 그런데 나무에서 꽃이 피어날 즈음이 바로 서해안에 조기 떼가 몰려오는 시기라는 것이다. 물론 이건 이 나무에 처음 조기나무라는 별명이 붙은 옛날이야기다. 요즘이야 팥 꽃이 피어나도 조기 떼는 잘 몰려오지 않는다. 조기의 개체 수도 달라졌을 뿐 아니라 기후에도 많은 변화가 생긴 때문이다.

팥꽃나무 꽃의 색깔이 팥색과 비슷하다고 했지만, 엄밀히 따져보면 팥꽃나무 꽃의 색깔은 팥에 비해 상당히 옅다. 다만 팥과 같은 보랏빛 계열이라는 점에만 동의할 수 있다. 먹을거리가 그리 넉넉지 않던 우리 조상들에게는 이처럼 나무를 보면서도 귀한 먹을거리를 떠올렸고, 조금이라도 연상된다면 그 이름을 붙였던 모양이다.

참 화사한 꽃이다. 꽃 한 송이가 기껏해야 1센티미터도 채 되지 않는 작은 크기이지만, 잎보다 먼저 앙증맞게 예쁜 꽃이 가지 전체에 피어나서 유난스레 화사하다. 은은히 배어나오는 향기도 좋다. 꽃송이가 작아서 가까이에서 한참 들여다보아야 나무가 조곤조곤 나눠주는 이야기를 들을 수 있다. 눈동자를 맞추고 가만히 그의 이야기를 들을라치면 꽃송이 위로 보숑하게 난 털이 눈에 들어온다. 작고 가는 솜털 덕에 깊이가 느껴지는 벨벳 질감의 보랏빛이 더 포근해 보인다.

팥꽃나무는 우리나라의 평안남도에서 전라남도까지 주로 서해안을 따라 이어지는 해안의 산기슭이나 숲 가장자리의 햇볕 바른 곳에서 자란다.

▲ 서향은 천리향이라고도 불리는데, 향이 매우 강하다.

팥꽃나무과Thymelaeaceae에 속하는 식물은 전 세계에 900종류 가까이 있는데, 우리나라에는 서향*Daphne odora* Thunb., 백서향*Daphne kiusiana* Miq., 삼지닥나무*Edgeworthia chrysantha* Lindl. 등이 있다. 이 종류의 식물들이 대개는 향기가 강하다는 점에서 공통적이다. 이를테면 서향은 재배종으로 선발되어 도심 화원에서 흔히 '천리향'이라는 이름으로 판매된다. 웬만한 아파트의 실내에서라면 천리향이라는 이름의 서향 품종 한 그루만으로도 2월 말쯤부터 3월까지 집안 전체에 아름다운 향기로 가득 채울 수 있다.

팥꽃나무의 학명 '*Daphne genkwa*'도 흥미롭다. 여기에서 '*Daphne*'는 그리스 신화에 나오는 나무 요정의 이름이다. 다프네는 아폴론의 구애를 피해 도망치던 끝에 나무로 변한 요정이다. 그때 다프네가 변한 나무는 팥꽃나무가 아니라 월계수*Laurus nobilis* L.였다. 그런데 학명으로는 월계수가 아닌 팥꽃나무에 다프네라는 이름이 붙었다. 팥꽃나무과 식물의 이파리와 열매가 월계수를 닮았다 해서 붙은 것인데, 그러다 보니 원래 그 이름의 주인인 월계수는 자신의 이름을 팥꽃나무에 넘겨주고 자신은 난데없는 학명을 가지게 됐다.

꽃의 빛깔이 독특한데다 키도 아담하게 크고 정원에 키우기에 안성맞춤인 나무라는 까닭에서 팥꽃나무는 요즘 조경 시장에서 주목을 받는다. 우리네 정서에 잘 어울리는 꽃이기도 해서 더 그렇다. 게다가 꽃이 피어 있는 기간도 길어 화단에 심어 키우기로는 더없이 좋은 나무다. 우리나라 어느 지역에서라도 잘 키울 수 있지만, 햇살이 잘 드는 곳에서 키워야 한다. 그리 까탈을 부리지는 않는데, 볕을 좋아하면서도 지나쳐서는 안 된다는 게 조금 아리송한 특징이라 하겠다.

가지가 셋으로 갈라지는 삼지닥나무

삼지닥나무

앞에서 이야기한 것처럼 팥꽃나무과에 속하는 식물 가운데 삼지닥나무라는 재미있는 나무가 있다. 서향, 백서향과 마찬가지로 꽃이 피면 향기가 무척 좋은 낮은 키의 이 나무도 4월 들어서면 잎 나기 전에 먼저 노란 꽃을 피운다. 그리 흔한 나무는 아니지만, 우리나라의 남도 지방을 여행하다 보면 종종 만날 수 있다. 특히 풍광을 아름답게 꾸미기 위해 조경에 정성을 들인 큰 절집에서 그렇다. 물론 경기도 등의 중부지방에서도 일부 키우는 곳이 있기는 하나 노지에서 월동하는 게 쉽지는 않다.

▲ 가지가 규칙적으로 셋씩 나뉘며 돋아나는 삼지닥나무.

삼지닥나무는 닥나무처럼 줄기 껍질로 종이를 만들기도 하지만 닥나무는 뽕나무과의 나무이고, 삼지닥나무는 그와 전혀 관계없는 나무다. 삼지닥나무와 친척 되는 나무로 산닥나무가 있다. 산닥나무 역시 이름만으로는 닥나무에 더 가까운 종류로 생각하기 쉽지만, 닥나무가 아닌 삼지닥나무와 친척뻘인 팥꽃나무과의 나무다.

삼지닥나무의 가장 큰 특징은 가지가 셋으로 갈라진다는 점이다. 볼수록 재미있다. 잘 자라야 2미터 미만으로 자라는데, 그 나무 앞에 서서 가지가 규칙적으로 셋씩 갈라지는 모습을 하나하나 짚어보면 시간 가는 줄 모른다. 가끔은 그 규칙에 맞지 않게 둘씩 갈라지는 경우도 있지만 대부분은 셋으로 갈라져서 이름에도 '삼지(三枝)'라는 말이 붙었다.

삼지닥나무는 향기가 좋아서 나무 곁에 주저앉아 코를 킁킁거리며 숨을 가슴 깊숙이 들이마시면 뚜렷한 향을 느낄 수 있다. 그러나 대개의 꽃들이 그렇지만, 꽃가루받이를 마친 뒤 꽃이 시들어갈 무렵에는 꽃향기가 바뀌어 다소 불쾌한 냄새가 된다. 좋은 향기를 맡으려면 서둘러야 한다.

신의 주사위에서
사람의 심장병을 고쳐주는 꽃으로

디기탈리스

종 모양 꽃을 층층이 매단 디기탈리스

디기탈리스

천리포수목원에서 흔히 볼 수 있는 꽃 가운데에는 아직 우리나라의 다른 곳에서 보기 어려운 꽃이 적지 않다. 그런 꽃들의 상당 부분은 외국에서 흔히 심어 키우는 정원 식물인 경우가 많다. 6월 들어서면서부터 지천으로 피어나는 꽃 가운데에도 그런 식물이 있다. 디기탈리스*Digitalis purpurea* L.라는 이름의 식물이다.

유럽과 북서부 아프리카, 중앙아시아 등이 원산지인 식물로 우리나라에서는 흔히 볼 수 없지만, 우리 식물도감에 등록돼 있기는 하다. 이창복의 《대한식물도감》에는 우리말 이름이 아니라 이 식물의 학명 발음 그대로 디기탈리스라고 등록돼 있다. 디기탈리스는 요즘 웬만한 식물원에서는 거의 수집해 전시하는 식물이지만, 자생 상태로 찾아보기는 어렵다.

종 모양으로 생긴 디기탈리스의 꽃을 보고 오동나무 꽃을 연상하는 사람들도 있을 것이다. 디기탈리스가 오동나무와 같은 현삼과에 속하는 식물

▲ 고개를 숙인 채 종 모양으로 빽빽이 달리는 디기탈리스의 꽃.

이어서 둘은 서로 친척 관계이니 꽃 모양이 비슷한 것은 자연스러운 일이다. 그러나 꽃잎의 끝 부분에서 갈라짐의 차이를 보여준다. 물론 오동나무는 큰 키로 자라는 나무이고, 디기탈리스는 잘 자라야 1미터 정도로 자라는 여러해살이풀이라는 큰 차이도 있다.

디기탈리스의 꽃은 자색의 화관(花冠) 형태로 피어나는데, 화관 안쪽면에 짙은 반점이 두드러지게 나타난다. 가지 끝에서부터 주렁주렁 매달려 피어나기 때문에 활짝 피어난 디기탈리스의 꽃은 특이하고도 화려하다. 원예용으로 많이 키우지만, 심장병 치료를 위한 약재로도 쓰인다. 그래서 아예 '심장초'라고 부르기도 한다. 그러나 독성이 강하기 때문에 함부로 이용해서는 안 된다.

디기탈리스는 디지털과 같이 손가락을 뜻하는 'digit'를 어원으로 가진다. 디지털이 '손가락으로 하나하나 가리키는 듯한 불연속적인 상태'를 말하는 것이고, 디기탈리스는 바느질할 때 손가락을 바늘에 찔리지 않도록 보호하기 위해 손가락 끝에 착용하는 '골무'를 뜻하는 말이다. 요즘이야 보기 어렵게 됐지만, 옛날에는 어느 집이나 꼭 갖추고 있던 게 골무다. 디기탈리스 꽃의 생김새를 보면 바로 떠오르는 게 골무 아닌가 싶다. 영어권의 민간에서 이 식물을 '여우장갑(foxglove)'이라고 부르는 것도 그런 까닭에서다.

알비플로라종꽃

옵스쿠라종꽃

익셀시어하이브리드
디기탈리스

디기탈리스 꽃의 생김새는 모두 같지만, 색깔이나 꽃이 모여 피어나는 상태에 따라 여러 종류가 있다. 흰 꽃을 피우는 알비플로라종꽃*Digitalis purpurea* f. *albifloara* Marcos[•]을 비롯해 노란색 꽃을 피우는 옵스쿠라종꽃*Digitalis obscura* L.이 있는가 하면, 하나의 개체에서 흰색 꽃과 자색 꽃을 어울려 피우는 익셀시어하이브리드디기탈리스*Digitalis purpurea* 'Excelsior Hybrids'라는 종류도 있다. 이 같은 디기탈리스 종류는 천리포수목원의 곳곳에서 쉽게 볼 수 있는데, 특히 겨울정원 안에서 자라는 디기탈리스가 가장 풍성한 아름다움

• 〈국가표준식물목록〉에서 *Digitalis purpurea* L.는 디기탈리스로 표기했는데, 같은 디기탈리스속 식물인 *Digitalis obscura* L., *Digitalis lutea* L., *Digitalis thapsi* L. 등에는 옵스쿠라종꽃, 루테아종꽃, 탑시종꽃 등 종꽃으로 표기하여 헷갈릴 수 있다. 여기서는 〈국가표준식물목록〉에 등록된 식물에는 그 표기법을 따랐지만, 아직 〈국가표준식물목록〉에 등록되지 않은 식물에는 디기탈리스라는 표현을 이용했다.

▲ 흰색 꽃이 피는 알비플로라종꽃과 노란색 꽃이 피는 옵스쿠라종꽃.

▲ 디기탈리스와 달리 고개를 들고 피어나는 디기탈리스펜스테몬.

을 보여준다.

디기탈리스펜스테몬

그 밖에 여느 디기탈리스와 달리 자디잔 꽃송이로 피어나는 디기탈리스펜스테몬*Penstemon digitalis* Nutt. ex Sims도 있다. 디기탈리스펜스테몬은 주로 천리포수목원 우드랜드 언덕 넘어 억새원 쪽의 화단에 모여서 피어나는데, 이는 디기탈리스속 식물과 마찬가지로 현삼과에 속하는 식물이기는 하지만 약간의 차이를 구별하기 위해 펜스테몬속으로 분류한다.

디기탈리스 종류는 모두가 초여름에 화려한 꽃을 피우는 식물이다. 꽃송이의 생김새는 흰색이나 노란색, 보라색이 모두 똑같다. 화관 안쪽에 짙은 반점을 지닌 모습이나 아래쪽에서부터 종 모양의 꽃이 피어올라 주렁

주렁 매달리는 모습도 그렇다. 대개의 디기탈리스속 식물의 꽃들은 땅 쪽으로 고개를 푹 숙이고 피어나는데, 가끔은 고개를 살짝 들어올린 채 피어나는 경우도 있다. 고개 숙이고 피어나는 꽃의 안쪽에 대한 궁금증을 풀 수 있는 기회다. 한껏 몸을 낮추고 꽃의 안쪽을 들여다보면, 신비로운 그의 속살을 훤히 들여다볼 수 있다.

입술 모양의 화관 입구에서부터 꽃술이 살짝 드러나 보이는 꽃의 안쪽은 재미있다. 사람의 입 안이 연상된다. 디기탈리스 꽃에는 사람 목젖처럼 하나의 암술이 삐죽 나와 있고, 위쪽에 양옆으로 수술이 붙어 있다. 또 반점이 도드라지게 돋아난 화관의 안쪽 표면에는 보송한 솜털이 송송 나 있어서 포근하면서도 신비로운 느낌이다. 작은 꽃 앞에서 몸만 살짝 낮췄을 뿐인데, 이만큼 새로운 풍경을 바라볼 수 있다는 게 신비롭다.

디기탈리스에 전하는 신화

디기탈리스에는 로마 신화의 최고 여신 유노와 관련한 탄생 신화가 전한다. 유노는 그리스 신화의 헤라와 비슷한데, 때로는 동일시하기도 하는 신으로 '주노'라고 표기하기도 한다. 대개의 경우 매우 아름다운 자태를 갖고 있으면서도 고대 로마 전사의 특징을 갖춘 모습으로 그려지는 신이다. 어떤 형태이든 여성의 수호천사로서 늘 당당하면서도 품위 있는 귀부인으로 그려지는 여자들의 수호신이다.

유노 여신은 주피터의 아내였다. 그는 신에게 올리는 제사에는 별 관심이 없고, 주사위를 던지며 노는 놀이에만 몰입해 지냈다고 한다. 신전을 잘 지켜야 한다는 주피터의 권고에는 향로의 연기가 싫다고 했다.

그러던 어느 날, 유노 여신은 주사위를 사람들의 세상인 땅으로 떨어뜨렸다. 유노는 주피터에게 주사위를 주워달라고 부탁하지만 주피터는 오히려 잘 됐다고 생각하고 아내의 부탁을 무시했다. 게다가 주피터는 유노가 더 이상 주사위 놀이를 하지 못하도록 땅에 떨어진 주사위를 꽃으로 바꾸어놓았다. 그 꽃이 바로 디기탈리스 꽃이라는 재미있는 신화 속 변신 이야기다.

정열의 계절 여름의 길목에서 상큼하게 피는 꽃

금영화 | 제라늄

주황색 꽃을 뽐내는 금영화

금영화

정열의 계절 여름의 길목에 들어서면서 상큼하게 피어나는 꽃 가운데 화려한 자태가 남다른 금영화(金英花)*Eschscholizia californica* Cham.가 있다. 천리포수목원의 여름 길섶에서 눈길을 사로잡는 꽃이다. 이리 보나 저리 보나 맑고 아름답다.

양귀비과의 여러해살이풀인 금영화는 북아메리카 캘리포니아가 고향이다. 민간에서는 금영화라는 이름보다 캘리포니아 양귀비라고 더 많이 알려졌다. 캘리포니아의 주화(州花)이기도 할 만큼 캘리포니아에서 많이 자라고, 또 그 지역 사람들이 좋아하는 꽃이다. 심지어 캘리포니아에서는 해마다 4월 6일을 '금영화의 날(California Poppy's Day)'로 정할 만큼 금영화에 대한 애정이 깊다. 그래서 마치 캘리포니아만의 식물인 것처럼 알려졌다.

금영화는 꽃이 예쁘기도 하고 까다롭지 않게 잘 자라는 특성 때문에 다른 지역에서도 관상용으로 많이 심어 키우고 있다. 아시아 지역에서도

▲ 가느다란 줄기에 화려한 꽃을 피우는 금영화.

이 꽃을 많이 키우는데, 중국에서는 화연초라는 이름으로 키우며 아낀다. 중국의 옌볜 지역에서는 화롱초라고 부르기도 한다.

금영화는 풀꽃 가운데에 비교적 큰 키를 가졌다. 적어도 30센티미터는 넘고, 잘 자라면 60센티미터까지 자란다. 천리포수목원에서 볼 수 있는 비교적 큰 키의 튤립이나 나리 종류의 식물과 비슷한 크기라고 보면 된다. 큰 키에 화려한 꽃이니, 눈에 잘 뜨일 수밖에 없다. 민병갈기념관 아래 연못 쪽 화단에 금영화가 있는데, 초여름이면 언제나 이곳에서 가장 눈에 띄는 식물이다.

▲ 금영화의 꽃잎은 2~6센티미터 크기이며, 얇고 비단처럼 반짝인다.

우리나라 식물도감을 비롯해 외국의 식물도감을 살펴봐도 금영화의 꽃이 피어나는 시기는 8월로 돼 있지만 여기에는 약간의 차이가 있다. 천리포수목원에서는 5월 말이면 금영화가 처음 꽃을 피운다. 원래 해발 2000미터의 고산지대에서 자생하던 이 꽃은 자라나는 지역의 기후와 환경에 따라 2월에서 9월까지 개화 시기가 다르다고 봐야 한다.

금영화는 가느다랗게 솟아오른 하나의 원줄기 끝에 한 송이씩 꽃을 피운다. 꽃잎의 색깔은 화려한 주홍색 정도다. 이 부분 역시 '황색'으로 되어 있는 식물도감과 차이가 있다. 노란색을 갖고는 있지만, 붉은 기운이 강한 노란색이기 때문에 단순히 황색이라기보다는 주황색이라 해야 맞을 듯하다.

꽃잎은 모두 4장인데 안쪽에서부터 조금씩 퍼지는 둥근 삼각형 모양, 혹은 부채꼴 모양으로 피어난다. 꽃잎은 투명할 만큼 맑고 얇지만 비단처럼 반짝이기 때문에 더없이 아름답다. 꽃잎 하나는 2~6센티미터 크기로 돋아나 화려하다. 꽃잎과 줄기가 만나는 부분에 꽃받침이 보이지 않는데, 원래 금영화의 꽃에는 2개의 꽃받침이 있다. 2센티미터 정도로 솟아나는 꽃받침잎은 꽃이 피어나기 전까지 잘 달려 있다가 꽃이 피면 곧바로 떨어진다. 꽃받침이 없기 때문인지, 땅 위에 바짝 엎드려 하늘을 바라보며 꽃의 아래쪽에서 바라보는 모습 또한 상큼하다.

활짝 펼친 금영화 꽃의 안쪽에는 여러 개의 꽃술이 드러난다. 한가운데에 암술 하나가 있고, 그 주변으로 여러 개의 수술이 흩어져 돋아난다. 꽃의 전체적인 크기는 탐스러워 보일 만큼 큰 편이다. 탐스러운 꽃잎이 위로 오므라들면서 지름 4센티미터 정도로 벌어지는데, 바깥쪽으로 넓게 펼친다는 점이 튤립과 다른 점이다.

꽃은 햇살이 따스하게 내리쬘 때 꽃잎을 활짝 펼치고 해가 지면 오므라들곤 한다. 볕이 잘 들고 물이 잘 빠지는 곳이라면 특별히 까탈을 부리지 않고 어디에서든 잘 자라지만 추위에는 약하다. 대개 가을에 씨앗을 뿌려서 번식하며 이듬해 봄에 꽃을 볼 수 있다.

금영화는 멀리서 들어온 식물이지만, 같은 양귀비과에 속하는 들꽃으로 우리가 오래전부터 심어 키운 들꽃도 있다. 재배가 금지된 양귀비*Papaver somniferum* L.를 포함해 들녘에서 저절로 자라는 유럽산의 개양귀비*Papaver rhoeas* L. 등이 같은 종류인데, 꽃송이의 생김새가 서로 비슷하게 닮은 탓에 금영화를 처음 보는 사람도 양귀비 꽃과 닮은 꽃임을 금세 알아본다.

봄 깊어져 여름 가까워지며 식물은 차츰 정열의 빛을 드러낸다. 이른 봄의 하얗거나 노란 꽃들의 맑고 상큼한 이미지에 금영화 같은 짙은 빛깔의 꽃이 화려하게 드러난다. 초록 잎이 무성해지면서 혹시라도 자신의 꽃이 수분 곤충의 눈에 덜 뜨일지 모른다는 식물의 생존 전략이다.

세계적인 원예식물 제라늄

제라늄*Pelargonium inquinans* Aiton 종류 역시 그처럼 화려한 꽃을 피우는 생존 전략을 구사하는 식물이다. 제라늄은 원예용으로 많이 심어 키우는 식물이다. 개인적인 이야기이지만 구순을 앞둔 어머니는 오래전부터 제라늄 꽃을 좋아하셨다. 그래서 어린 시절부터 집안에 제라늄 화분이 없을 때가 한순간도 없었던 것으로 기억한다. 물론 지금도 어머니와 함께 사는 내 집의 베란다에는 어김없이 제라늄 화분이 놓여 있다.

제라늄

> '창가에는 제라늄 화분이 있고, 지붕 위에는 비둘기가 노니는 장밋빛 벽돌로 지은 예쁜 집을 보았어요'라고 하면 어른들은 그 집이 어떻게 생겼는지 상상해내지 못한다. 그들에게는 '십만 프랑짜리 집을 보았어요'라고 말해야 한다. 그제야 어른들은 '우와! 좋은 집이구나' 라고 감탄한다.
>
> – 생텍쥐페리, 《어린 왕자》 중에서.

생텍쥐페리가 예쁜 집의 상징처럼 이야기한 '창가에 제라늄 화분이 놓여 있는 집'을 나는 어린 시절에 허름한 골목길을 전전하던 셋방살이 단칸

▲ 천리포수목원에서 쉽게 만날 수 있는 상귀네움제라늄. 제라늄은 꽃이 화려하고 개화 기간이 길어 원예식물로 알맞다.

방으로 생각하고 지냈다. 철들기 훨씬 전부터 창가에서 한순간도 떠나지 않았던 제라늄 화분은 셋방살이 집에 넘치는 풍요의 상징이었다. 생텍쥐페리도, 어린 왕자도 알지 못하는 늙은 어머니 덕분이다.

상귀네움제라늄

천리포수목원에는 몇 종류의 제라늄이 있는데, 그 가운데 상귀네움제라늄*Geranium sanguineum* L.이 가장 쉽게 만날 수 있는 꽃이다. 제라늄에는 400종류가 넘는 다양한 품종이 있는데, 이들은 대부분 6장의 꽃잎으로 꽃을 피운다. 제라늄 꽃의 크기와 생김새도 종류만큼 다양하여, 상귀네움제라늄은 초여름에 자줏빛의 꽃을 지름 4센티미터 정도의 크기로 피운다. 대개는 열 송이 정도가 한데 모여서 피어나기 때문에 화려함의 극치를 이룬

▲ 제라늄과 같은 쥐손이풀과에 속하는 우리 자생식물 쥐손이풀.

다. 생텍쥐페리가 그랬듯 꽃이 화려해서 집안의 창가 작은 화분에 담아 키우는 원예식물로 오랫동안 사람들의 사랑을 받아온 식물이다.

다양하고 화려한 꽃의 빛깔뿐 아니라, 한 번 피어난 꽃이 오래간다는 것도 원예식물로 알맞춤한 이유다. 대개는 따뜻한 정원의 화단에서 키우면 좋은데, 아파트에서도 햇살이 잘 드는 베란다에서 키우면 좋다. 제라늄은 남아프리카에서 들여온 온대성 식물이어서 겨울에는 방안에 들여놓아야 한다. 그러나 빛이 적거나 마른 땅에서도 잘 적응할 뿐 아니라, 병충해에도 강한 특성이 있다. 종류에 따라 잎사귀에서 불쾌한 냄새를 풍기는 품종도 있다.

쥐손이풀

오랫동안 우리 땅에서 자라온 식물 가운데 제라늄과 가까운 친척 관계를 이루는 식물로 쥐손이풀과에 속하는 식물이 있다. 쥐손이풀*Geranium sibiricum* L.을 비롯해 좀쥐손이*Geranium tripartitum* R. Kunth와 이질풀*Geranium thunbergii* Siebold & Zucc., 둥근이질풀*Geranium koreanum* Kom. 등이 그런 종류의 들꽃이다. 이질풀이나 쥐손이풀 종류에 비해 남아프리카 원산의 제라늄은 비교적 꽃송이도 크고 화려하다는 차이가 있다.

작지만 더 화려하고 더 재미있는 희귀식물 꽃들의 합창

야광나무 | 귀룽나무

밤을 밝힌다는 야광나무

야광나무

야광나무*Malus baccata* (L.) Borkh.라는 재미있는 이름을 가진 나무가 있다. 5월 넘어 분홍이나 하얀색의 꽃이 나무 전체에 피어나는 예쁜 나무다. 꽃이 피어나면 어두운 밤에도 환하게 빛을 띤다 해서 '야광(夜光)'이라는 이름이 붙은 장미과의 아름다운 나무다.

대개의 나무 이름이 그렇듯이 야광나무와 비슷하지만 야광나무의 화려함에 조금 못 미친다든가, 더 화려하더라도 야광나무보다 뒤에 알려졌다거나 쓰임새가 적은 나무에는 이름 앞에 '개'를 붙인다. 개는 '가(假)'의 뜻을 가지는 우리말에서 온 말이다. 야광나무에도 그래서 개야광나무*Malus baccata f. minor* (Nakai) T. Lee가 있다. 그런데 개야광나무를 〈국가표준식물목록〉에서는 좀야광나무라고 표기했다.

거기에서 한발 더 나아가 특별히 육지에서는 보기 어렵고 섬 지역에서만 자라는 나무라면 앞에 '섬'을 붙이는 것도 식물에 대한 흔한 작명법이

▲ 멸종위기 식물 1급으로 지정된 섬개야광나무.

다. 섬개야광나무라는 나무 이름도 그런 작명법에 따라 붙은 것이다.

섬개야광나무

섬개야광나무*Cotoneaster wilsonii* Nakai는 환경부에서 지정한 멸종위기 식물 1급에 속한다. 멸종위기 야생식물은 희귀성에 비추어 1급과 2급으로 나누어 보전 관리하는데, 그 가운데 멸종 위기가 더 심각한 지경에 이른 식물을 1급으로 지정한다. 1급으로 지정된 나무에는 섬개야광나무와 함께 광릉요강꽃*Cypripedium japonicum* Thunb. ex Murray, 죽백란*Cymbidium lancifolium* Hook., 풍란*Neofinetia falcata* (Thunb.) Hu, 한란*Cymbidium kanran* Makino 등 8종이 있다. 천리포수목원에서는 이 가운데 섬개야광나무를 수집하여 잘 보전하고 있다.

울릉도 도동 지역에서 자라는 섬개야광나무는 크게 자라는 나무가 아니다. 섬 지역의 기후 때문인지 이름 앞에 '섬'이 붙은 나무들이 대개 그렇다. 잘 자라야 1.5미터 정도 자라는 낮은키나무인데, 5~6월에 피우는 꽃송이도 참 작다. 살짝 붉은 기운이 도는 하얀색으로 꽃을 피우며, 지름이 겨우 5밀리미터를 조금 넘는 정도다. 울릉도 도동 뒷산의 섬개야광나무 자생지는 문화재청에서 천연기념물 제51호로 지정해 보호하고 있다. 대개의 섬개야광나무는 바위틈에서 자라는데, 도동의 보호 구역에서는 가파른 경사지에서 자란다. 그런 까닭에 사람의 발길이 닿기 어려워 그나마 잘 보존되는 상태라고 한다. 사람이 가까이 다가가긴 어려워도 나무로서는 행운인 셈이다.

섬개야광나무의 꽃은 가지 끝에서 예닐곱 송이가 한꺼번에 피어난다. 초록의 잎사귀 사이로 솟아오른 흰색의 꽃이 선명하기는 하지만 워낙 작아서 존재감이 두드러지는 건 아니다. 오히려 너무 작아서 서글픈 느낌을 주기까지 한다. 게다가 고향을 잃고 멀리 떠나온 나무라는 생각을 하면 그런 처연한 느낌이 깊어지기도 한다.

섬개야광나무는 꽃송이가 작은 것처럼 나뭇잎도 앙증맞다. 키도 작고 잎도 작으며 꽃도 작아서 어찌 보면 볼품없는 나무에 속한다. 섬개야광나무가 가장 돋보이는 건 화려한 붉은색의 열매를 나무 한가득 매달고 있는 겨울이다. 이때는 여느 큰 나무 못지않게 화려한 붉은색을 자랑한다. 고향조차 잃어 갈 곳을 제대로 찾지 못하던 섬개야광나무가 타향 땅 천리포수목원에 자리 잡고 한 송이 두 송이 꽃을 피우기 위해 안간힘 쓰는 모습이 대견해 보인다.

▲ 흰색 꽃을 피우는 귀룽나무.

아홉 마리 용이 휘감긴 듯한 귀룽나무

귀룽나무

콜로라타귀룽나무

섬개야광나무의 꽃보다는 조금 크지만 비슷한 모습으로 꽃을 피우는 나무로, 같은 장미과에 속하는 귀룽나무*Prunus padus* L.가 있다. 천리포수목원의 우드랜드 구역에서 분홍빛 꽃을 활짝 피우는 건 귀룽나무의 재배종인 콜로라타귀룽나무*Prunus padus* 'Colorata'다. 우리 귀룽나무가 하얀 꽃을 피우는 것과 달리 꽃송이의 생김새는 똑같으면서도 짙은 분홍색을 띤다는 점에서 다르다. 귀룽나무의 하얀 꽃도 분명 아름답지만, 같은 모양을 한 채 빛깔이 다른 콜로라타귀룽나무 역시 독특한 아름다움을 갖추었다.

▲ 분홍색 꽃을 피우는 콜로라타귀룽나무.

귀룽나무의 이름은 처음에 한자말인 구룡목(九龍木)에서 나왔다. 나무 줄기가 마치 아홉 마리의 용이 휘감긴 듯하다고 생각하여 붙은 이름이라고 한다. 구룡목은 나중에 구룡나무로 불리다가 편한 발음인 귀룽나무로 바뀌었다. 그래서 이 나무에서 맺는 열매를 '귀룽'이라고 부른다.

귀룽나무의 꽃은 섬개야광나무의 꽃송이보다 크지만, 다른 나무에 비해 작은 편이다. 지름이 겨우 1~1.5센티미터이니 결코 큰 꽃은 아니다. 봄 천리포수목원에서 놓치기 아까운 아름다운 꽃 가운데 하나임에 틀림없다.

조롱조롱 맺은 꽃송이가 일품인 나무들

통조화 | 마취목 | 히어리 | 아까시나무

구슬을 꿴 듯한 통조화와 마취목

특이하다는 말은 흔히 보지 못한 것에 대한 표현이다. 꽃 그 자체의 구조나 색깔로 따지자면 그리 대단할 것 없지만, 우리 곁에 없는 꽃이어서 처음 보게 될 때 대개는 '참 특이하다'고 이야기한다. 외래종 식물이 많이 있는 천리포수목원에는 그런 특이한 꽃이 많다.

통조화

이사이통조화

루브리플로라통조화

통조화*Stachyurus praecox* Siebold & Zucc.라는 나무도 그중의 하나다. 통조화는 히말라야와 일본에서 들어온 나무로, 무엇보다 봄에 포도송이처럼 주렁주렁 매달리는 노란색 꽃이 일품이다. 천리포수목원에는 몇 종류의 통조화를 수집해 키우고 있지만 아무래도 민병갈기념관 옆의 연못 쪽 화단 가운데에 서 있는 이사이통조화*Stachyurus praecox* 'Issai'가 압권이다. 통조화 종류는 대개 이사이통조화처럼 어두운 노란색 꽃을 피우는데, 특별히 붉은색 꽃이 피어나는 품종으로 루브리플로라통조화*Stachyurus praecox* 'Rubriflora'도 있다.

▲ 포도송이처럼 주렁주렁 매달려 피는 이사이통조화 꽃차례.

꽃이 피어나기 전에 통조화는 그저 그렇고 그런 키 작은 나무 한 그루 정도로 보고 스쳐 지나게 되지만, 노란 꽃을 주렁주렁 매달고 독특한 모습을 뽐낼 때면 저절로 가까이 다가서게 된다. 심지어는 이 꽃이 피어 있던 때 천리포수목원을 찾은 관람객이 가장 인상적으로 기억하는 나무로 꼽기도 한다.

가지 전체에 꽃이 매달리는 즈음에는 잎도 함께 난다. 그러나 어린 새잎보다는 노란빛의 꽃이 돋보인다. 특히 가지 한가득 촘촘히 매달린 꽃송이는 언제 보아도 일품이다. 한 송이의 꽃이 고작해야 1센티미터가 채 되지 않을 만큼 작지만, 여러 송이가 10센티미터 넘게 줄줄이 매달려서 정원 전체를 환하게 밝힌다.

마취목

한 송이만으로는 작지만 통조화처럼 줄줄이 꽃송이를 매달아서 눈길을 끄는 나무로 마취목*Pieris japonica* D. Don ex G. Don이 있다. 통조화와 마찬가지로 꽃송이 하나하나는 작지만 무더기로 꽃을 피우기 때문에 화려함이 돋보일 수밖에 없다. 게다가 마취목의 꽃은 개화 시기가 길어서 한 번 피어나면 거의 한 달 넘게 매달고 있다는 것도 천리포수목원의 명물로 꼽지 않을 수 없는 요인이다. 종류별로 개화 시기가 조금씩 다른데, 그 가운데에는 봄오기 전부터 꽃을 피우는 품종도 있다.

퓨리티마취목

천리포수목원에는 약 50종류의 다양한 마취목 품종이 수집돼 있다. 그중에 겨울정원에서 천리포 바다 쪽으로 나가는 출구 부분에서 볼 수 있는 퓨리티마취목*Pieris japonica* 'Purity'이 있다. 겨울을 지낸 겨울정원에 봄바람이 따스해졌음을 알려주는 신호라도 될 듯한 나무다.

본격적으로 마취목 종류를 한꺼번에 볼 수 있는 곳이 있다. 우드랜드 구역에서 민병갈기념관 쪽으로 낸 작은 오솔길을 내려가다 보면 길가 양쪽으로 마취목 종류를 집중해 심은 곳으로 흔히 마취목원, 혹은 이 나무의 학명인 피어리스원이라고 부르는 곳이다. 피어리스원에서는 꽃송이에 붉은 빛이 선명한 플라밍고마취목*Pieris japonica* 'Flamingo'을 비롯해 타이와넨시스마취목*Pieris taiwanensis* Hayata, 핑크마취목*Pieris japonica* 'Pink', 이아쿠스히멘시스마취목*Pieris japonica* var. *yakushimensis* T. Yamaz. 등을 한꺼번에 볼 수 있다. 얼핏 보면 모두가 같은 모습으로 보이지만, 가만히 살펴보면 꽃송이가 매달린 모습이나 꽃송이의 빛깔에서 미묘한 차이가 있음을 확인할 수 있다. 전문가적인 관찰이 아니더라도 구별할 수 있는 차이는 뚜렷하다. 순백의 하얀

▲ 분홍색 꽃을 피우는 마취목과 흰색 꽃을 피우는 마취목.

색으로 꽃을 피우는 종류에서부터 연한 분홍색, 진보라색, 심지어 빨간색의 꽃을 피우는 종류까지 있다.

일본이 고향인 마취목은 잎에 독을 품고 있다. 짐승들이 이 독성분을 먹게 되면 마비를 일으킨다고 한다. 해맑은 꽃을 피우는 나무의 이름이 마취목인 것은 그런 까닭에서다.

꽃 모양이 독특한 멸종위기 식물 히어리

히어리

통조화와 가장 많이 혼동하는 나무가 히어리*Corylopsis gotoana var. coreana* (Uyeki) T. Yamaz.다. 통조화가 흔히 보는 나무가 아닌 까닭에 더 그럴 것이다. 우리나라 특산종인 조록나무과의 히어리는 지리산 지역에서 자생하는 나무다. 처음에 조계산 송광사 부근에서 발견되었고, 꽃잎이 마치 밀랍처럼 생겼다해서 송광납판화라는 이름으로 불렸다. 히어리를 처음 발견한 사람이 일본의 식물학자 우에키였기에 학명에도 우에키라는 이름이 붙었다. 히어리라는 다소 이국적인 이름이 붙은 건 그로부터 한참 뒤인 1966년으로 알려졌다. 당시 식물학자 이창복 선생은 이 나무가 자생하는 순천에서 마을 사람들이 '시오리'라고 부른 것을 서울식으로 고쳐서 '히어리'라고 불렀다고 전한다. 당시 순천 사람들은 히어리가 십리에서 오리 정도 떨어져 듬성듬성 자라서 시오리라 불렀다고 한다. 그때에는 이 지역에서만 발견됐지만, 나중에 남해안 지역과 경기도 광교산, 강원도 백운산 등지에서 히어리 군락지가 발견됐다.

히어리는 높이 2미터 정도 자라는 그리 크지 않은 나무로, 무엇보다 봄에 피어나는 꽃 모양이 독특하다는 점에서 돋보인다. 연한 황록색으로 피

▲ 8~12개의 꽃이 종 모양으로 매달려 피는 히어리.

어나는 꽃은 대개 8~12개의 꽃이 줄줄이 종 모양으로 매달려 피어나는데, 하나의 꽃차례가 8센티미터 정도로 길쭉하게 늘어져 달린다. 우리의 자생 식물이지만, 현재 히어리는 개체 수가 줄어들어 환경부에서 멸종위기 식물로 지정해 보호하고 있다. 우리의 히어리와 같은 종류의 나무로 중국의 중서부 지방에 히어리보다 꽃차례가 좀 더 긴 중국히어리*Corylopsis sinensis* Hemsl.가 있다.

천리포수목원에도 여러 종류의 히어리가 있다. 개체 수가 적지 않게 수집된 상태이지만 히어리 종류는 안타깝게 개방 구역보다 비개방 구역에

▲ 일본에서 자라나 일본히어리라고도 불리는 도사물나무.

더 많이 심어져 있다. 설립자가 지난 50여 년 동안 천리포수목원을 운영하면서 일반 공개를 염두에 두지 않은 탓에 공개 구역에 집중적으로 나무를 식재하지 않은 결과다. 일반 공개 뒤에 관람객들에게 알려야 할 좋은 식물을 옮겨심기도 했지만 히어리의 경우는 아직 비공개 구역에 더 많이 남아 있다.

도사물나무

공개 구역에서 볼 수 있는 히어리 종류로는 도사물나무*Corylopsis spicata* Siebold & Zucc.가 있다. 도사물나무는 일본에서 자라는 나무라 해서 일본히어리로 부르기도 하고, 학명 그대로 스피카타 히어리라고 부르기도 한다. 우드랜드 구역의 대왕참나무와 부탄소나무를 만날 수 있는 오솔길 맞은편에 서 있는 도사물나무는 우리 토종의 히어리에 비해 꽃차례가 조금 짧다는 것과 나무의 키가 조금 더 크게 자란다는 정도만 다를 뿐, 한눈에도 히어리 종류임을 알아볼 수 있을 만큼 히어리의 특징을 고스란히 담고 있다.

도사물나무 외에도 천리포수목원의 비공개 구역에 심어 키우는 히어리 종류로는 베이트키아나히어리*Corylopsis veitchiana* Bean를 비롯해 칼벤스켄스중국히어리*Corylopsis sinensis* var. *calvescens* Rehder & E. H. Wilson 등이 있다. 특히 침엽수를 집중적으로 모아 심은 침엽수원은 히어리 종류들이 가장 드라마틱할 정도로 아름답게 피어나는 곳이다.

아카시아가 아니라 아까시나무

아까시나무

히어리, 통조화, 마취목처럼 꽃송이가 줄줄이 매달려 피어나는 꽃으로 가장 흔하게 보는 꽃이 바로 아까시나무*Robinia pseudoacacia* L.다. 아까시나무는 1960년대부터 1970년대에 이르는 동안 우리나라의 산림녹화 정책의 일환으로 산에 많이 심었다. 워낙 번식력이 강하고, 자람에 까탈을 부리지 않는 까닭에 벌거숭이산을 녹화하는 데 가장 효과적인 나무였다.

돌아보면 아까시나무만큼 우리네 삶에 그리 고마운 나무도 흔치 않다. 여러 고마움 가운데에 무엇보다 양봉업에 미치는 영향이 그렇다. 우리나라에서 생산하는 꿀 가운데 70퍼센트가 넘는 양을 바로 아까시나무 꽃에서 채취한다. 아카시아 꿀이 바로 아까시나무 꽃에서 채취한 꿀이다.

아까시나무에게 고마워해야 할 일은 그뿐이 아니다. 아까시나무의 뿌리에는 질소 고정 박테리아가 있어서 황폐한 땅을 비옥하게 하는 데 요긴하다. 우리나라에서도 전쟁 뒤 산림녹화 사업의 첨병 노릇을 한 대표적인

▲ 대표적 밀원식물인 아까시나무.

나무다. 아까시나무가 초기 산림녹화 사업에서는 요긴하게 쓰였지만, 요즘은 비교적 홀대받는 편이다. 실제 가치만큼 대접받지 못하는 나무 가운데 하나가 바로 아까시나무다. 어쩌면 잘 자라는 나무라는 이유가 홀대하는 이유이기도 하다. 어떻게 살리느냐보다 어떻게 죽이느냐는 질문이 더 많은 게 사실일 정도이다. 특히 묘지 근처에서 자라는 아까시나무가 무성하게 퍼져서 골칫거리라는 이야기를 자주 듣게 된다.

꽃아까시나무

아까시나무가 흔한 만큼 그 꽃도 잘 알려졌다. 그러나 아까시나무 꽃 가운데에 보랏빛을 띠는 꽃은 그리 흔치 않다. 꽃만으로는 아까시나무 꽃이라고 보기 어려울 것이다. 아까시나무의 한 종류인 꽃아까시나무*Robinia*

▲ 아까시나무와 비슷하나 보랏빛 꽃을 피우는 꽃아까시나무.

hispida L.가 그 나무다. 꽃은 빛깔만 다를 뿐, 생김새는 아까시나무 꽃과 다를 게 없다. 흔하디흔하게 보는 아까시나무 꽃이 이처럼 보랏빛 옷으로 갈아입고 나서니, 더 특이하고 예쁘다.

꽃아까시나무는 아까시나무와 같은 콩과에 속하는 나무다. 두 식물의 학명 '*Robinia*'를 보아도 알 수 있다. 기왕 이야기가 나왔으니, 아까시나무의 이름을 짚고 넘어가야겠다. 아까시나무를 흔히 아카시아라고 부르지만 이는 잘못이다. 아카시아*Acacia* 종류의 나무는 열대지방에서만 자란다. 온대 기후인 우리나라에서는 자랄 수 없다는 이야기다. 식물도감을 보면 아카시아나무는 꽃도 노란색이어서, 우리가 지금 말하는 아까시나무와 전혀 다른 나무임을 알 수 있다.

아까시나무의 잎이 아카시아나무의 잎을 닮았다고 해서 학명에 '*acacia*'가 붙은 것뿐인데, 우리나라에 처음 들어오면서 잘못 불려 지금까지 고쳐지지 않은 결과다. 주목해야 할 부분은 아까시나무의 학명에 들어 있는 '*pseudo*'의 뜻이다. 이는 가짜라는 뜻으로, 즉 이 나무가 '가짜 아카시아나무'라는 의미다. 학명에 '이 나무는 아카시아나무가 아니다'는 뜻이 새겨져 있는 셈인데, 거꾸로 우리는 아카시아나무로 부르는 것이다.

워낙 오랫동안 아카시아나무라 불러온 바람에 이제 와서 고치기가 참 어렵게 됐다. 하긴 어릴 때 흔히 부르던 동요 〈과수원 길〉의 '아카시아 꽃이 활짝 피었네'라는 노랫말을 '아까시나무 꽃이 활짝 피었네'라고 부르려니 어울리지도 않고 우스꽝스러워지기도 한다. 하지만 이는 분명한 잘못이라는 걸 알고 시간이 걸리더라도 차츰 바로잡았으면 좋겠다.

늘푸른나무 특유의 싱그러움이 한껏 느껴지는 꽃

붓순나무 | 스키미아 | 식나무

단정한 잎사귀가 매력적인 붓순나무와 스키미아

붓순나무

한창 동백과 목련에 눈길을 빼앗기던 때 아름다운 숲길에 붓순나무*Illicium anisatum* L.의 꽃이 피어난다. 별다를 것 없이 편안하게 생긴 늘푸른잎의 붓순나무는 4월 중순부터 꽃을 피운다. 붓순나무는 진도·완도·제주도 등 남해안의 해양성 기후에 어울리는 나무인데, 천리포의 기후가 비교적 그들 지역과 유사한 탓인지 천리포수목원에서도 잘 자란다.

대개의 상록성 나무와 마찬가지로 도톰한 혁질(革質)로 돋아나는 붓순나무의 잎사귀는 양끝이 뾰족하다. 새로 나는 순이 붓과 비슷하게 생겼다고 해서 붓순나무라는 이름이 붙은 것이라고 한다. 잎겨드랑이에서 피어나는 꽃은 노란빛을 은은히 띤 연두색이라 할 수 있다. 제가끔 1센티미터쯤 되는 12장의 꽃잎이 휘늘어지며 피어나고, 그 안쪽에 꽃술이 맺힌다. 화려하지는 않지만, 연둣빛 꽃과 함께 상록성 나무 특유의 싱그러움을 느낄 수 있다.

▲ 1센티미터쯤 되는 꽃잎 12장이 모여 하나의 꽃송이를 이루는 붓순나무.

물론 보는 사람에 따라 붓순나무의 꽃을 화려하다고 할 수는 있다. 여러 장의 꽃잎이 모여서 나기 때문이다. 그런데다 꽃송이를 이루는 12장의 꽃잎은 가느다랗고 길이 1센티미터 정도밖에 되지 않는 크기여서 여느 큼지막한 꽃에 비해 그리 화려하다 하기 어렵다. 특히 목련 꽃 화려한 천리포수목원에서는 더 그렇다. 붓순나무는 붓순나무과에 속하는 우리 토종의 나무인데, 붓순나무과에는 붓순나무 하나밖에 없다는 것도 알아두면 좋은 상식이다.

자포니카스키미아

붓순나무를 이야기하면서 함께 돌아볼 나무가 천리포수목원에서 흔히 볼 수 있는 자포니카스키미아*Skimmia japonica* Thunb.라는 식물이다. 자포니

▲ 작은 꽃송이가 한데 모여 피어나는 자포니카스키미아.

카를 빼고 그냥 속명인 스키미아로 부르는 경우가 더 많다. 아직은 우리말 이름을 갖지 않은 외래식물이다. 한 송이 한 송이는 작지만, 많은 꽃송이가 한데 모여 피어나는 꽃이어서 상큼하고도 풍요로운 분위기를 가진다. 이와 비슷하게 작은 꽃송이가 모여서 피어나는 나무로 조팝나무가 있지만, 그와 다른 풍요로움이 눈에 들어오는 게 스키미아다. 스키미아는 암나무와 수나무가 따로 있는 나무인데, 암나무에서 가을에 빨갛게 맺히는 열매도 아름다워 관상용으로 많이 심어 가꾼다.

히말라야에서부터 아시아 지역에 걸쳐 자라는 상록성의 스키미아는 대개 지름 1센티미터가 겨우 넘는 작은 꽃을 피운다. 5월에서 6월 사이에 꽃을 피우는데, 하나의 꽃송이에 4장에서 7장까지 꽃잎이 나온다. 각각의 꽃잎은 겨우 6밀리미터 정도의 크기로, 가늘게 갈라져 피어난다.

이 식물의 속명인 스키미아*Skimmia*는 일본어에서 나왔다. 시키미(シキミ)라는 일본어를 라틴어화한 표기다. 시키미는 우리말로 '붓순나무'를 가리키는데, 스키미아*Skimmia*가 붓순나무라는 이야기는 아니다. 붓순나무와 별 관계가 없는 나무인데, 일본 사람들이 '깊은 산에 사는 붓순나무'라고 부른 데에서 유래했을 뿐이다.

오블라타 자포니카스키미아

천리포수목원에는 스키미아 종류로 오블라타자포니카스키미아*Skimmia japonica* 'Oblata', 니만스자포니카스키미아*Skimmia japonica* 'Nymans', 피메일자포니카스키미아*Skimmia japonica* 'Female', 메일자포니카스키미아*Skimmia japonica* 'Male' 등 20여 종류가 있는데, 생김새가 비슷하여 전문가가 아니고서는 구별이 쉽지 않다.

스키미아는 자잘한 꽃보다 빨간 열매가 돋보이는 나무이지만, 꽃과 열매가 없는 계절이라 해도 사람들을 다정하게 끌어당기는 묘한 매력이 있다. 단정함이라고나 할까, 혹은 음전함이라고 해야 할까? 상록성 도톰한 잎사귀가 자아내는 매력이다. 규칙적으로 돋아난 스키미아의 늘푸른잎 때문에 스키미아 종류는 원예를 즐기는 애호가들이 좋아하는 나무다. 아직 우리나라에는 널리 퍼진 식물이 아니지만, 최근 들어 스키미아를 찾는 사람들이 차츰 늘어가는 추세다.

여러 종류의 스키미아를 천리포수목원의 곳곳에서 볼 수 있지만, 특히 게스트하우스 소사나무집 앞에서 언덕 위쪽으로 오르는 모퉁이 길 가장자리에 낮은 키로 서 있는 스키미아는 지나는 길에 저절로 만나게 된다. 나무 앞에 큼지막한 표찰도 잘 붙어 있어서 찾기 쉽다.

▲ 빨간 열매와 도톰한 잎사귀가 매력적인 오블라타자포니카스키미아.

다양한 식나무 품종

크로토니폴리아 식나무

스키미아 종류가 잎사귀의 단정함 때문에 매력적인 나무라면, 그 반대로 잎사귀 하나하나의 생김새가 지나치게 복잡해서 눈길을 끄는 나무가 있다. 식나무 종류의 하나인 크로토니폴리아식나무*Aucuba japonica* 'Crotonifolia'가 그렇다. 크로토니폴리아식나무의 잎사귀에는 매우 불규칙한 무늬가 무성하게 돋아나 있다. 상록성의 도톰한 초록 잎 위에 점점이 박힌 연둣빛 무늬의 크기가 제가끔 다른 탓에 다양성은 그야말로 무한정이다. 물론 식나무*Aucuba japonica* Thunb.가 원래 이처럼 무성한 무늬를 갖는 건 아니다. 이름에서

▲ 불규칙한 잎사귀 무늬가 인상적인 크로토니폴리아식나무와 금식나무.

짐작하듯이 크로토니폴리아식나무는 식나무를 원종으로 하여 잎에 무늬를 갖게 선발한 품종이다.

금식나무

층층나무과의 식나무는 울릉도와 외연도 이남 지역에서 자생하는 상록성 나무다. 잘 자라면 3미터까지 자라는 낮은키나무인데, 4월쯤에 꽃이 피고 10월쯤에 열매가 익는다. 열매는 작지만 빨간 빛깔이 유난히 눈에 띄는 아름다운 나무다. 식나무 종류 가운데 잎에 크로토니폴리아식나무처럼 노란색 반점이 총총히 나타나는 종류로 금식나무*Aucuba japonica* for *variegata* (Dombrain) Rehder도 있다. 크로토니폴리아식나무는 금식나무와 같이 잎에 무늬가 있는 품종이지만, 금식나무보다는 반점의 크기가 크고 화려하다.

참식나무

식나무를 이야기하면서 함께 참식나무*Neolitsea sericea* (Blume) Koidz. 를 이야기하지 않을 수 없다. 참식나무는 식나무 앞에 '참' 자가 붙어서 식나무와 가까운 관계이거나 식나무보다 여러 면에서 우월하게 여긴 나무로 생각하기 쉽다. 그러나 식나무와 참식나무는 식물학적으로 친근 관계가 전혀 없다. 식나무가 층층나무과의 나무인 것과 달리 참식나무는 후박나무*Machilus thunbergii* Siebold & Zucc., 월계수*Laurus nobilis* L. 등과 함께 녹나무과에 속하는 나무다.

참식나무와 식나무는 얼핏 보아 비슷하게 생겼다고 할 수도 있겠다. 굳이 비슷한 점을 찾자면 따로 떼어놓고 본 잎사귀 정도를 이야기할 수 있다. 그러나 잎사귀에도 실은 적잖은 차이가 있다. 식나무의 잎 가장자리에는 거치라고 부르는 톱니가 있지만, 참식나무는 잎 가장자리가 밋밋하다. 그 밖에도 두 나무가 모두 상록성 나무이기는 하지만 식나무는 3미터 정도 자라는 낮은키나무이고, 참식나무는 10미터 이상 자라는 큰키나무라는 점이 결정적 차이다.

참식나무도 식나무와 마찬가지로 울릉도에서 자라며, 남부지방에서도 볼 수 있다. 참식나무는 10월쯤에 황백색으로 꽃이 피어나고, 꽃이 진 뒤에 발갛게 맺히는 열매는 이듬해 10월쯤 새 꽃이 피어날 때 맺힌다.

꽃 피워 열매 맺고 씨앗 터뜨리는 식물의 한살이

베고니아 | 키위 | 블루베리

철 지난 꽃을 만나는 즐거움

천리포수목원의 숲을 걷다 보면 때를 벗어난 꽃을 만날 때가 종종 있다. 겨울정원에서 겨울 직전에 만나게 된 장미의 꽃도 철 지난 꽃이다. '가을에 피어난 장미'라는 말이 참 생경하면서도 삽상하게 다가온다. 천리포수목원에 그다지 흔하지 않은 식물 가운데 하나가 장미이기에 더 뜻밖의 반가움이다. 예쁜 꽃들을 관람용으로 전시하는 여느 식물원이라면 장미를 따로 모아 키우고 전시하는 장미원을 조성할 법도 하지만 애당초 관람을 목적으로 한 수목원이 아니다보니 천리포수목원에는 장미원이 따로 없다.

그런 장미를 여름도 아닌 깊어가는 가을, 천리포수목원 숲에서 만났다는 건 필경 흥미로운 일이다. 큰 나무 그늘 사이의 한줌 햇살을 받고 있는 낮은 키의 노란 장미는 쌀쌀한 가을바람을 견디기가 힘겨웠는지 외롭고 쓸쓸해 보인다. 자기의 때를 정확히 알고 그에 맞춰 살아가는 식물들이지만, 가끔은 가을의 장미처럼 뜻밖의 일이 벌어지기도 한다.

식물도감에는 각각의 식물마다 언제 꽃 피고 열매 맺는지를 일일이 명시해두었다. 대개의 식물은 그 원칙에서 크게 벗어나지 않는다. 그러나 자연은 예외를 허용하지 못할 만큼 융통성이 모자라지 않다. 언제든 원칙에서 벗어나는 경우는 일어난다. 한겨울에 만났던 매발톱의 꽃도 그런 경우다. 오월에서 유월 사이 봄에서 여름으로 넘어가는 길목에서 만나야 할 매발톱 꽃을 한 해를 마무리하는 겨울 들어서는 즈음에 만나는 경우도 있다. 철을 벗어나도 한참 어긋난 경우다.

가만히 생각해보면 이런 식물들의 생명력에 감탄하게 된다. 사람으로서는 그들이 왜 철을 벗어나 꽃을 피우는지 정확히 알 수 없다 해도 그들에게는 분명 나름대로의 이유가 있으리라. 예를 들면 공교롭게도 키 작은 식물인 매발톱이나 장미가 다른 큰 나무 그늘에 자리 잡는 바람에 광합성의 기본 요건 가운데 하나인 햇살을 충분히 받지 못했다는 것도 하나의 이유가 될 법하다.

식물이 광합성을 해서 양분을 만드는 건 자신의 생존을 위한 것이지, 다른 생명체의 양분을 위한 것은 아니다. 한 걸음 더 나아가 양분을 스스로 만들어 생존을 유지하는 건 자신의 자손을 늘리고, 생존 영역을 더 넓게 확보하려는 생명 그 자체의 본성이다. 즉 꽃을 피우고 열매를 맺어 씨앗을 널리 퍼뜨리는 게 본성이라는 이야기다.

결국 광합성을 통해 양분을 모으는 건 꽃을 피우려는 목적에 따른 작용이다. 그런데 어떤 조건에 의해서든 식물도감에 명시된 시기까지 꽃을 피울 만큼의 양분을 모으는 데에 실패하는 식물은 충분히 있을 수 있다. 그런 경우, 꽃 피울 시기를 놓친 식물은 그냥 자신의 생명을 포기할 수도 있다.

그러나 아니다. 식물은 어떠한 경우에도 스스로 자신의 생명을 포기하는 법이 없다. 그야말로 안간힘을 써서라도 자신에게 주어진 생명의 역할, 혹은 생명으로서의 책임을 포기하지 않는다. 꽃 피울 만큼의 양분을 모을 때까지 애면글면 살아남아서 마침내 꽃을 피우고야 만다. 얄궂게도 그때는 같은 종류의 다른 식물이 이미 꽃을 피우고 시들어 사라진 뒤일 수도 있다.

그들이 꽃을 피운 목적이 궁극적으로는 씨앗을 맺으려는 것이라면 그의 혼사인 꽃가루받이를 이뤄야 하는데, 그를 이뤄줄 수분 매개 곤충이 없는 때라는 것은 더 안타까운 일이다. 결국 그처럼 뒤늦게 피어난 꽃들은 꽃가루받이를 이루지 못한 채 그냥 스러지게 마련이다. 아무리 그런 얄궂은 상황이 전제돼 있다 하더라도 식물은 결코 자신의 역할을 스스로 포기하지 않는다. 신비롭고도 질긴 생명의 본성을 그처럼 철 지나 피어난 식물의 꽃에서 느끼게 된다.

세계 10대 속씨식물의 하나인 베고니아

그란디스베고니아

노란 장미 꽃을 바라보며 생명의 본성과 안타까움을 느껴야 하는 가을날, 때맞춰 피어나는 꽃이 있다. 얼핏 보면 '가을 아네모네'라고도 부르는 호북바람꽃의 꽃과 닮아 보인다. 연하게 붉은빛을 띠었다는 점이나 부드러운 꽃 모습이 그렇다. 그러나 실제로는 서로 다른 점이 많다. 우선 꽃잎의 숫자부터 다르다. 가을 아네모네가 5장의 꽃잎으로 피어나지만, 이 꽃은 4장으로 피어난다. 게다가 꽃송이 가운데에 돋아난 꽃술의 모습도 전혀 다르다. 그란디스베고니아*Begonia grandis* Otto ex A. DC.다. 베고니아는 우리나라에서 흔히 볼 수 있는 식물이 아니다. 세계적으로 베고니아에 속하는 식물이

▲ 꽃잎 2장은 크고 넓게, 다른 2장은 그보다 훨씬 작게 피어나는 그란디스베고니아.

많이 있지만 대개는 열대 기후에서 자란다. 전 세계 각지에서 약 900종류가 자란다고 도감에 기록돼 있으며, 지금도 많은 품종이 선발되고 있다. 꽃이 오래 핀다는 특징 때문에 관상용으로 많은 사람들이 심어 키우며 좋아하는 식물로, 세계 10대 속씨식물의 하나로 알려져 있다.

오래전에 우리나라에 이미 들어와 있던 베고니아과Begoniaceae의 베고니아속*Begonia* 식물에 사철베고니아*Begonia semperflorens* Link & Otto가 있다. '꽃베고니아'라고도 부르는 사철베고니아는 브라질에서 들어온 식물로, 이름처럼 사철 내내 꽃을 피운다는 점에서 화분에서 많이 키운다.

천리포수목원에서 가을이면 쉽게 보게 되는 그란디스베고니아는 중국에서 들어왔다. 대개의 베고니아속 식물이 열대와 아열대 기후에서 자라지만, 중국을 고향으로 하는 그란디스베고니아만큼은 비교적 추운 곳에서도 자라는 내한성 베고니아다. 겨울 추위를 잘 견디는 식물이다. 영어권에서 'Hardy Begonia'라고 부르는 것도 그런 까닭에서다.

가을이면 가지 끝에 서너 송이씩 모여서 피어나는 그란디스베고니아는 부드러운 분홍빛의 꽃잎 4장으로 피어나는데, 마주난 2장은 크고 넓고 그 안쪽에 직각으로 돋아난 다른 한 쌍은 그보다 훨씬 작다. 꽃잎 가운데에는 노란 꽃술이 모여 돋아나서 화려한 모양을 완성한다. 한번 만져보고 싶은 충동을 일으키는 꽃이다.

가을에서 겨울로 넘어가는 즈음, 천리포수목원의 숲은 눈에 띄게 빠른 변화를 보인다. 철에 맞게 꽃 피운 그란디스베고니아가 있는가 하면, 어느 곳에서는 철 놓친 식물들이 안간힘을 쓰며 꽃을 피운다. 모두가 제게 주어진 삶을 살아갈 뿐이다. 푸르던 잎에 울긋불긋한 단풍이 드는 것도, 또 쌀쌀한 바람에 우수수 낙엽을 떨어뜨리는 것도 식물로서는 긴 시간에 걸쳐 천천히 준비해온 과정이다. 조락(凋落)의 계절에 화사한 빛의 꽃을 피우는 것도 식물에게는 봄부터 준비해온 결과일 테다.

식탁에서도 환영받는 키위와 블루베리

키위

가을바람 소슬해지는 즈음이면 꽃보다 더 아름답고 풍요롭게 드러나는 건 바로 열매다. 워낙 다양한 식물이 자라는 곳이다 보니, 천리포수목원의 가을 숲에서는 다양한 빛깔과 모양으로 사람의 눈길을 사로잡는 열매를 만날 수 있다. 그 많은 열매 가운데에 꼭 기억해야 할 유실수가 있다. 식물로서만이 아니라 하나의 역사로 기억해야 할 나무로 양다래 혹은 참다래라 부르는 키위다. 물론 우리 땅에서 오래전부터 다래는 잘 자랐고, 지금도 산을 오르다 보면 쉽게 만날 수 있다. 그러나 다래의 한 종류인 재배식물 키위는 우리 농가에서 키우기 훨씬 전인 1970년대에 이미 천리포수목원에서 심어 키웠다.

지금 많은 사람들이 즐겨 찾는 키위가 모두 천리포수목원에서 분양된 나무로부터 시작된 열매는 아니지만, 우리 땅에 처음 뿌리를 내린 키위가 바로 천리포수목원의 키위인 것만큼은 사실이다. 이 나무는 지금도 다정큼 나무집 앞 마당 가장자리에서 잘 자라고 있다.

블루베리

그렇게 우리나라에 처음 들어온 나무 가운데 그저 식물로서만이 아니라, 사람과 더불어 살아가는 하나의 생명체로 기억될 기특한 나무가 있다. 최근 들어 건강식품으로 각광받는 블루베리다. 블루베리는 천리포수목원의 많은 식물 가운데 유일하게 사람이 먹기 위한 열매를 염두에 두고 심어 키운 나무다. 물론 과거형이다. 큰연못과 작은연못 사이에 여남은 그루를 심어 키웠지만, 몇 그루는 다른 곳에 옮겨 심어서 지금은 서너 그루만 서 있다.

처음에 이 나무를 심은 건 설립자 민병갈 원장님의 생각이었다. 고향을 떠나와 이역만리 타향에서 살아가는 그는 물론 한국 땅과 문화가 좋아 별다른 불편 없이 잘 살았지만, 고향에 대한 기억만큼은 끝내 내려놓지 못했다. 수목원의 식물을 바라보면서도 수시로 고향이 그리웠고, 어머니가 보고 싶었다. 그때 생각나는 것이 어린 시절에 어머니가 만들어주신 블루베리 잼이었다. 그래서 그는 손수 블루베리를 구해 수목원에 심었고 가을에 맺는 열매를 공들여 따서 잼을 만들곤 했다. 블루베리 열매를 새들이 어

▲ 보랏빛으로 익어가는 블루베리 열매. 천리포수목원의 블루베리는 우리나라에 처음 들어온 블루베리로 알려져 있다.

찌나 좋아하는지, 사람이 먹기 좋을 만큼 잘 익기를 기다리는 동안 새들이 죄다 따먹는 경우가 많았다. 그래서 그때는 블루베리 주위에 그물을 쳐서 열매를 보호했다. 공식적인 기록은 없지만 천리포수목원의 이 블루베리가 우리나라에 처음 들어온 블루베리로 알려져 있다.

천리포수목원의 블루베리는 설립자 민병갈 원장님의 바람을 따라 고향의 내음을 갖고 잘 자랐고, 해마다 풍성한 열매를 맺었다. 가을에 따낸 열매로 만들어낸 블루베리 잼은 민병갈 원장님의 향수를 달래주는 좋은 음식이 되었다. 그런데 2년여의 암 투병 끝에 민병갈 원장님이 세상을 떠난

2002년, 그토록 풍성하게 열매를 맺던 블루베리가 시들시들해졌다. 나무는 놀랍게도 그해 가을에 열매를 맺지 않았다. 마치 그의 열매를 아끼고 좋아하던 민병갈 원장님이 이제는 세상에 살아 있지 않다는 사실을 알았다는 듯이 나무는 그렇게 제 주인의 죽음을 슬퍼했다.

우리는 흔히 감은 '사람의 발소리를 들으며 익어가는 열매'라고 이야기한다. 허투루 하는 말이 아니었다. 식물이 시각과 후각 등 사람에 못지않은 감각을 가지고 있다는 사실을 이미 세계의 식물학계에서는 여러 정밀 실험을 통해 밝혀냈다. 게다가 기억력까지 존재한다는 게 확실히 밝혀졌다. 사람의 감각을 기준으로 이야기할 때, 청각만큼은 식물이 느끼지 못하는 감각이라는 게 정설이다. 좋은 음악을 들으면서 열매가 익어간다는 주장은 근거 없는 이야기라는 게 지금까지의 연구 결과다.

천리포수목원의 블루베리는 어쩌면 자신의 열매를 꼭 필요로 하고, 수시로 찾아와 익어가는 과정을 바라보았을 민병갈 원장님의 체취를 기억하고 있었던 것이다. 언젠가부터 그토록 자주 맡을 수 있던 한 사람의 체취가 느껴지지 않는다는 걸 나무는 알았을 것이다. 그리고 그가 곁을 떠났다는 걸 감지한 나무는 자신의 열매가 쓸모없게 됐음을 알아채고 열매를 맺지 않은 것이다.

사람과 더불어 살아온 나무가 보여준 신통한 기적 같은 이야기다. 그러나 자연이 이루어내는 숱하게 많은 이야기들을 어찌 과학만으로 해석할 수 있겠는가. 게다가 아직 과학으로 풀 수 있는 질문보다는 풀어낼 수 없는 질문이 훨씬 더 많은 것도 사실이고, 또 아직 채 질문조차 던져보지 못한 자연현상의 신비는 얼마나 많은가.

여름을 불러오는
하얀 빛깔의 싱그러움

말발도리 | 빈도리 | 때죽나무 | 채진목

다양한 종류의 말발도리

하얀 목련으로 시작한 천리포수목원의 봄 향연은 붉은빛 꽃을 피우는 목련을 거쳐 마침내 흔치 않은 노란 빛깔 목련 꽃과 함께 서서히 피날레를 장식한다. 노란색 목련 꽃잎이 한 잎 두 잎 떨어질 즈음에 여름을 불러오는 낮은 키의 나무들이 있다. 그 가운데 압권은 아무래도 말발도리 종류의 나무다.

말발도리

천리포 숲 이곳저곳의 낮은 곳에서 자라나는 말발도리*Deutzia parviflora* Bunge는 워낙 생명력이 강한 나무여서 우리나라 숲에서 흔히 발견된다. 종류도 여럿이다. 범의귀과 말발도리속에 속하며 식물 이름에 말발도리가 들어간 종류만으로도 매화말발도리*Deutzia uniflora* Shirai를 비롯해 털말발도리*Deutzia parviflora* var. *amurensis* Regel, 바위말발도리*Deutzia grandiflora* var. *baroniana* Diels, 꼬리말발도리*Deutzia paniculata* Nakai, 각시말발도리*Deutzia paniculata* 'Nikko', 애기말발도리*Deutzia gracilis* Siebold & Zucc.가 있다. 말발도리라는 이름을 가지지는 않았지만 유사한 식물로 빈도리*Deutzia crenata* Siebold & Zucc.와 만첩

▲ 5장의 하얀 꽃잎과 송송이 돋아난 꽃술이 잘 어우러진 로세아말발도리.

빈도리*Deutzia crenata* f. *plena* Schneid도 있다.

로세아말발도리

말발도리 종류의 나무는 대개 잘 자라야 2미터 정도 크기로 자라는 낮은 키의 잎 지는 나무다. 말발도리라는 이름은 열매 위쪽이 말발굽을 닮아서 붙은 것이며, 같은 종류인 빈도리는 나무줄기의 속이 비어 붙은 것이다. 천리포수목원에서 가장 눈에 띄는 종류는 이 가운데 로세아말발도리*Deutzia* x *rosea* Rechder 다. '장미말발도리' 혹은 '꽃말발도리'라는 이름을 혼용해 불러왔으나, 〈국가표준식물목록〉에서는 품종명인 로세아의 발음을 한글로 옮겨서 부르고 있다.

로세아말발도리도 우리 말발도리와 크게 다를 것 없다. 전체적인 크기도, 꽃송이의 생김새도 그렇다. 2미터까지 자란다고 돼 있지만, 천리포수목원의 로세아말발도리는 1미터 남짓한 크기로 자랐다. 뿌리 부분에서부터 여러 개의 줄기가 포개져 솟아 올라오면서 전체적으로 둥그런 수형을 갖추었는데, 봄바람에서 살풋 더위가 느껴질 5월 말쯤 되면 줄기 전체가 하얀 꽃으로 뒤덮인다.

5장의 하얀 꽃잎으로 피어나는 말발도리 꽃은 한 송이의 지름이 1.2센티미터 정도인데, 꽃송이 가운데에 송송이 돋아난 꽃술이 어우러져 화려함이 더해진다. 하나의 꽃송이에 암술 3개와 수술 10개가 모여 돋아난다. 하얀 꽃이 적어도 보름 가까이 싱그럽게 피어 있다는 점은 말발도리 종류가 원예용으로 사랑받는 요인이다. 더구나 겨울 추위도 잘 견디는 나무여서 정원에서 키우기에는 더없이 좋은 나무다. 아마도 초여름에 말발도리만큼 화려한 꽃을 피우는 나무는 없다고 해도 과언이 아니지 싶다. 꽃이 지고 가을 깊어지면 지름 5밀리미터쯤 되는 갈색의 열매가 맺히는데, 끝 부분은 별 모양으로 갈라졌으며 잘 여물면 5개로 갈라지면서 씨앗이 나온다. 대개는 겨울까지 가지에 매달려 있어서 열매만으로 말발도리 종류임을 구별할 수 있다.

무늬스카브라말발도리

관상용으로 환영받는 나무이다 보니, 자연스레 더 눈길을 끌 수 있는 종류로 선발된 품종도 있다. 특히 꽃이 없을 때에도 눈에 띄도록 잎사귀에 무늬를 넣은 무늬스카브라말발도리*Deutzia scabra* 'Variegata'를 천리포수목원에서 찾아볼 수 있다. 무늬스카브라말발도리는 잎사귀의 무늬가 선명한 까닭에 꽃이 피어나기 전에는 말발도리 종류로 생각하기 어려울 만큼 독특하여 돋보인다. 그러나 꽃송이 하나하나의 모양이 말발도리와 비슷할 뿐 아니라, 가지 끝에 모여서 피어나는 모습 또한 말발도리를 닮았기에 꽃이 피어 있을 때에는 금세 구분할 수 있다.

민병갈기념관 앞 화단 구역에서 5월부터 6월 사이에 작지만 화려한 꽃을 피우는 식물도 말발도리 종류의 나무다. 바로 니코애기말발도리 *Deutzia gracilis* 'Nikko'다. 고작해야 어른 무릎 높이를 조금 넘는 정도의 낮은키나무이지만, 단정하고 둥글게 자란 나뭇가지 전체에 하얀 꽃을 풍성하게 피워낸 모습은 이즈음 정원에서 가장 눈길을 끄는 꽃이라 할 만하다.

니코애기말발도리

같은 말발도리 종류이지만, 일본에서 들어온 나무로 빈도리도 눈길을 끈다. 작은연못을 돌아 소사나무집으로 올라가는 길 왼편의 뽕나무 아래쪽에 서 있는 빈도리는 수목원의 여느 말발도리 종류에 비해 키가 큰 편이다. 대략 2.5미터쯤 자란 빈도리는 로세아말발도리나 니코애기말발도리보다 훨씬 뒤에 꽃을 피운다. 로세아말발도리가 꽃을 피웠을 때 빈도리는 휘늘어진 가지 끝에 점점이 하얀 빛깔의 꽃봉오리를 무리 지어 피워올린다. 그리고 6월 들어서면 층층이 돋아난 꽃송이들이 일제히 꽃잎을 열고 화려한 모습을 드러낸다. 빈도리는 길가에서 조금 안쪽으로 들어선 곳에 자리 잡고 있기 때문에 가까이 다가서기는 어렵다. 하지만 늘어진 가지 끝마다 층층이 피어난 하얀 꽃은 멀리에서 바라보아도 그 자체로 훌륭한 정경이 아닐 수 없다. 말발도리보다 크게 3미터까지 자라는 빈도리는 일본이 고향이기에 '일본말발도리'라고도 부른다. 빈도리 종류 중에 꽃잎이 여러 겹으로 피어나는 나무는 만첩빈도리 *Deutzia crenata* f. *plena* Schneid다.

빈도리

빈도리의 특이한 점은 수술의 모양에 있다. 우리 토종의 말발도리와 달리 빈도리는 10개의 수술대에 돌기 형태의 날개가 돋아난다. 꽃송이 안쪽을 살펴보면 알 수 있다. 그런데 천리포수목원의 로세아말발도리, 무늬스카브라말발도리, 니코애기말발도리는 모두 빈도리와 마찬가지로 수술대

▲ 층층이 피어난 하얀 꽃이 인상적인 빈도리. 10개의 수술대에는 뾰족한 돌기 모양의 날개가 달려 있다.

에 날개를 갖고 있다. 그러니까 말발도리 종류는 대개 수술대에 날개가 돋아나고, 날개가 없는 우리 말발도리가 오히려 특별한 종류라 할 수 있다.

생김새처럼 이름도 귀여운 때죽나무

역시 하얀 빛깔로 봄에서 여름으로 가는 길목을 밝히는 꽃이 또 있다. 말발도리 종류와 달리 비교적 큰 키로 자라는 때죽나무*Styrax japonicus* Siebold & Zucc.가 그 나무다. 쌍시옷·쌍디귿·쌍지읒 같은 된소리가 들어간 우리말은 다소 천박해 보이기도 하지만, 귀여운 느낌을 내는 경우도 적지 않다. 외래어 표기법에서 된소리를 최대한 피하는 것은 우리말이 천박하게 쓰이는 걸 경계하기 때문이다. 이를테면 현지 발음이 분명히 된소리로 나는 프랑스어의 우리말 표기를 대개 거센소리로 표기하는 것도 그런 이유다.

때죽나무

때죽나무의 경우는 천박해 보이는 듯한 느낌과 귀여운 느낌의 아슬아슬한 경계에 있는 듯하다. 때죽나무라는 이름이 붙게 된 연유부터 그렇다. 때죽나무라는 이름은 열매가 마치 불가의 스님들이 무리 지어 서 있는 듯하다는 뜻에서 붙였다고도 하는데, 이때 스님이라 하지 않고 중이라는 낮춤말을 이용한 것이 그렇다. 하지만 꽃이나 열매의 생김새가 모두 귀엽게 생겼다는 점에서는 때죽나무라는 이름까지도 귀엽게 들릴 수밖에 없다.

때죽나무는 대개 5월 초순부터 꽃이 피어나지만, 천리포수목원에서는 그보다 늦은 6월 되어야 피어난다. 천리포 바다에서 불어오는 바람이 후텁지근하게 느껴질 즈음이어야 피어나는 셈이다. 때죽나무 꽃이야말로 천리포수목원에서 여름을 불러오는 대표적인 꽃이라 해도 지나치지 않는다.

말발도리 꽃 못지않게 싱그러운 하얀색으로 피어나는 때죽나무 꽃은 높지거니 자란 나무의 가지 위에서 길쭉한 꽃자루를 늘어뜨리고 그 아래에 5장의 꽃잎으로 피어나는데, 별 모양으로 활짝 펼친 꽃송이 가운데에는 여느 꽃들과 마찬가지로 꽃술이 자리했다. 1개의 암술과 그를 둘러싼 10개의

▲ 별 모양 꽃을 피우고 동그란 열매를 맺는 때죽나무.

노란 수술은 흰빛만의 단조로움을 피해준다. 지름 2~3센티미터 되는 꽃송이가 대개는 서너 송이씩 모여서 피어나는데, 모두가 3센티미터쯤 길이의 길쭉한 꽃자루에 매달려 땅을 바라보고 피어난다. 마치 나뭇가지 아래에서 꽃송이를 올려다보는 사람에게 무언가 조근조근 이야기를 들려주려는 듯한 분위기다. 열흘에서 보름 정도 피어 있던 꽃이 떨어지면 그 자리에는 길쭉한 녹회색의 열매가 맺히고, 차츰 은회색으로 변하며 익어간다. 이 열매의 모습이 마치 스님들의 박박 깎은 머리를 닮았다 해서 때중나무로 부르다가 때죽나무로 굳어진 것이라고 한다.

때죽나무 열매는 예로부터 천렵(냇물 고기잡이)에 쓰였다. 열매에 든 에고사포닌이라는 성분이 사람들에게는 약으로 쓰일 만큼 요긴한데, 물고기에게는 일시적으로 호흡을 마비시키는 독인 때문이다. 이 열매를 짓찧어서 개울에 풀어 넣으면 순식간에 물고기들이 물 위로 떠오른다는 것이다. 이 물고기들은 잠시 호흡이 정지된 상태인데, 이때를 이용해 물고기를 거둬들여서 물에 넣어두면 잠시 뒤에 물고기들은 다시 살아난다. 그야말로 싱싱한 채로 물고기를 잡을 수 있는 좋은 방법이다.

천리포수목원에는 게스트하우스인 소사나무집 뒤 언덕을 넘어서 호랑가시나무원으로 들어서는 길모퉁이에 때죽나무가 있다. 이 나무가 환하게 하얀 꽃을 피울 때면, 나무 근처에 온갖 벌들이 모여들어 윙윙 거리는 합창 소리를 들을 수 있다. 또 겨울정원에는 때죽나무의 품종인 카리용때죽나무 *Styrax japonicus* 'Carillon'가 있다. 때죽나무와 생김새가 흡사하여 전문가가 아니고서는 구별이 불가능하다.

준베리를 맺는 채진목

스톨로니페라채진목

바람이 후텁지근해지면 천리포 숲에서 예쁜 꽃을 피우는 나무 하나 더 소개한다. 스톨로니페라채진목*Amelanchier stolonifera* Wiegand이다. 우리나라의 제주도에서 자생하는 채진목*Amelanchier asiatica* (Siebold & Zucc.) Endl. ex Walp.과 같은 종류지만, 천리포수목원의 겨울정원에서 만나게 되는 채진목은 우리 토종의 채진목이 아니라 북미 지역에서 자생하는 나무다.

3밀리미터 폭의 가느다란 하얀 꽃잎 5장이 1센티미터 이상의 길이로 피어나는 꽃의 생김새는 비슷하지만, 스톨로니페라채진목의 꽃잎은 우리

▲ '북미 채진목'이라고도 부르는 스톨로니페라채진목. 하얀 꽃이 떨어지면 그 자리에 자줏빛 열매가 맺힌다.

채진목보다 조금 더 도톰하고 끝 부분이 뭉툭하다. 스톨로니페라채진목은 북미 지역에서 들어왔다 해서 천리포에서는 흔히 '북미 채진목'이라고 부르기도 한다. 스톨로니페라채진목의 하얀 꽃이 떨어지면 그 자리에서는 바라보기에도 예쁜 자줏빛 열매가 맺힌다. 이 열매는 달콤한 맛을 가지고 있어서 잼이나 파이를 만들어 먹기도 하며, 약용으로 쓰기도 한다. 이 열매를 서양에서는 준베리(June Berry)라고 부른다.

여느 나무와 마찬가지로 날씨에 따라서 해마다 개화 시기에 조금씩의 차이가 있지만, 대개의 경우 스톨로니페라채진목은 4월 말쯤부터 꽃을 피운다. 이 즈음에 겨울정원의 가장자리에서 가장 아름다운 자태를 뽐내는 나무다. 바로 옆에서 카리용때죽나무를 함께 볼 수 있다. 카리용때죽나무가 꽃을 피울 즈음이면, 스톨로니페라채진목은 꽃잎을 떨구고 차츰 준베리라 부르는 열매를 돋워낸다.

7월

장맛비를 뚫고 피어난 여름 꽃, 가까이에서 자세히 바라보기

태산목

태산처럼 우뚝 선 태산목

퍼붓는 빗줄기 굵은 여름날이면, 한 해를 기다려 애면글면 피어난 꽃들이 혹시라도 그냥 떨어지지나 않을까 걱정스럽다. 여름이면 놓치지 말고 꼭 봐야 할 꽃들이 있어 더 안절부절못하게 된다. 천리포수목원의 숲에서 한 여름에 놓칠 수 없는 꽃으로는 우선 빅토리아라는 이름을 가진 태산목의 꽃을 들 수 있다.

빅토리아태산목

빅토리아태산목*Magnolia grandiflora* 'Victoria'의 꽃송이는 목련과 매우 비슷하면서도 다르다. 어쩌면 백목련, 자목련 등 흔히 보았던 목련보다는 연못에서 이즈음에 꽃을 피우는 연꽃을 더 닮았다고 할 수 있다. 빅토리아태산목의 꽃송이는 특히 꽃받침 쪽에서부터 바깥쪽으로 넓게 벌어진 뒤 꽃잎 끝 부분이 안쪽으로 오므라들었다는 점에서 그렇다.

밀러가든 구역의 중심이랄 수 있는 민병갈기념관에서 겨울정원으로 오르는 길 오른편의 조붓한 오솔길로 들어서서 배롱나무를 지나면 숲 안쪽

▲ 상록성의 짙은 초록빛 잎사귀가 무성한 빅토리아태산목.

으로 보이는 빅토리아태산목은 키도 크고 나뭇가지도 꽤 넓게 펼친 큰 나무다. 겨울에도 떨어지지 않는 상록성의 짙은 초록빛 잎사귀도 꽤 큰 편이다. 상록성 나무들이 대부분 그렇듯이 두툼한 혁질의 잎사귀는 길이 23센티미터, 너비 10센티미터 정도까지 자란다. 그 큰 잎사귀가 나무 전체에 무성하게 피어 있을 때 풍겨나오는 나무의 장대함은 가히 천리포수목원의 대표 명물급에 속한다 해도 괜찮다.

전체적인 규모를 사진에 담는 건 어렵다. 다른 나무들과 촘촘히 어울려 서 있고, 또 이 큰 나무를 전체적으로 조망할 수 있는 자리가 없어서 그렇다. 천리포수목원의 빅토리아태산목은 얼핏 눈대중으로 보아 8미터 정

▲ 빅토리아태산목은 목련과 나무지만 꽃은 연꽃을 닮았다.

도의 크기로 자랐다. 굵은 줄기가 솟아올라 곳곳에서 가지를 넓게 펼치고, 가지마다 짙푸른 잎사귀가 돋아났다. 목련을 좋아하던 설립자 민병갈 원장님도 자랑스러워하던 나무다.

빅토리아태산목은 북아메리카 지역이 고향인 상록성 큰키나무로, 북아메리카 사람들이 다른 수식 없이 '목련'이라고 부르는 나무다. 꽃도 아름답지만 수형 자체가 장대하여 최근에는 우리나라에서도 조경수로 많이 심어 키운다. 하얀색으로 피어나는 꽃 한 송이는 지름 20센티미터 정도나 된다. 게다가 가까이 다가서서 그의 강한 향기를 느껴본다면, 나무에 대한 인상을 잊지 못할 것이다. 북아메리카 원주민들은 바로 이 향기를 불길하게 여기고 태산목 꽃그늘에서 낮잠에 들면 혼을 빼앗긴다고 했다. 혼을 빼앗길 만큼 매혹적인 향기에 대한 반발이지 않았을까 싶다.

향기가 강하다고 했지만, 같은 꽃에서도 향기가 강할 때가 있고, 덜할 때가 있다. 이를테면 비 그치고 얼마 지나지 않아서는 꽃송이 앞에 가까이 다가서도 짙은 향기를 맡을 수 없다. 꽃의 향기는 벌이나 나비를 부르기 위한 생존 전략인데, 벌이나 나비가 많지 않은 때까지 향기를 내느라 애쓸 필요가 없는 때문이지 싶다. 세상에 이유 없는 결과는 없다.

빅토리아태산목의 꽃은 넓게 벌어지며 피어나지만, 큰키나무의 높은 가지에서 피어나기 때문에 꽃잎 안쪽을 살피기는 쉽지 않다. 다행히 운이 좋으면 태산목 뒤쪽의 오솔길에서 꽃송이 안을 볼 수 있지만 여의치 않을 때가 많다.

빅토리아태산목의 꽃은 봄에 꽃을 피우는 목련들처럼 한꺼번에 피어나지 않고 듬성듬성 화려하게 피어난다. 하지만 전체적으로 개화 시기가 무척 짧아 아쉽다. 태산목을 관찰할 때마다 느끼는 가장 큰 아쉬움이 바로 개화기가 짧다는 것이다. 보통 꽃은 7월에 피어나는데, 8월쯤이면 이미 모든 개화를 마친다.

정원에서 키울 수 있는 태산목 품종

리틀젬태산목

태산목은 워낙 크게 자라다 보니 집안의 정원에서 키우기에는 좀 버겁기도 하다. 하지만 아메리카 원주민들과 달리 미국인들은 태산목을 좋아했다. 그래서 나무의 덩치가 좀 작고, 꽃도 오래볼 수 있으면 좋겠다고 생각한 모양이다. 그 요구가 새로운 품종 리틀젬태산목*Magnolia grandiflora* 'Little Gem'● 을 선발하게 했을 것이다. 학명에서 보듯이 리틀젬태산목은 태산목을 원종으로 하여 선발한 품종이다. 그런 까닭에 리틀젬태산목은 태산목과 여러 면에서 많이 닮았다. 똑같다고 해도 그리 틀릴 게 없다. 오로지 작다는 것만 다르다. 큰 차이는 개화 시기에 있다. 리틀젬태산목은 빅토리아태산목과 같이 7월에 개화를 시작하지만 빅토리아태산목이 개화를 마치고 더 이상 꽃을 피우지 않는 8월 이후에도 계속 꽃을 피운다는 게 결정적으로 다르다. 태산목을 보며 품었던 많은 사람들의 아쉬움을 풀어주는 것이다.

분명 목련과에 속하는 나무이지만, 빅토리아태산목이나 리틀젬태산목은 우리가 흔히 보았던 백목련과 다른 점이 많다. 대개의 목련이 낙엽성 나무인 데 비해 빅토리아태산목이나 리틀젬태산목은 상록성이다. 목련과이지만 겨울에도 초록 잎을 달고 있는 특별한 나무다. 또 하나의 차이는 앞에서 이야기한 것처럼 봄이 아니라 여름에 꽃을 피운다는 점이다. 특히 리틀젬태산목은 오래도록 꽃을 보여준다. 7월 들어서면서부터 꽃이 피어나기 시작해 찬바람 거세게 불어오는 11월까지 꽃을 피운다. 한 송이가 그리 오래가는 것이 아니라 한 송이가 피었다 지면 다른 꽃송이가 새로 꽃을 피우면서 오래오래 꽃을 피운다. 운이 좋으면 눈 내리는 12월에도 꽃을 볼 수 있다. '겨울에 피는 목련', 어감만으로도 참 상큼하다.

그러나 백목련에 익숙한 사람들에게 빅토리아태산목이나 리틀젬태산목도 그만큼 정겨울지는 의문스럽다. 한꺼번에 피어나는 백목련과 달리 이들은 초록 잎이 무성한 중에 한두 송이씩 꽃을 피우니 화려함에서는 백목

• 친척 관계로 보아 〈국가표준식물목록〉에서 표기한 리틀젬태산목이 적당한데, 그동안 천리포수목원에서 흔히 리틀젬 목련으로 불러왔기에 현장에서 헷갈릴 수 있다.

▲ 무성한 잎사귀 사이에 듬성듬성 흰 꽃을 피우는 리틀젬태산목.

련이나 자목련을 따를 수 없다. 물론 꽃 한 송이만으로는 백목련 못지않지만, 큼지막하고 도톰한 초록 잎사귀가 무성한 사이에 듬성듬성 한 송이씩 얼굴을 내미는 태산목 종류를 좋아하기는 쉽지 않다. 그나마 빅토리아태산목은 한꺼번에 꽃을 피우지만, 리틀젬태산목은 긴 시간 동안 천천히 한두 송이씩 꽃을 피우기 때문에 나무 전체에서 고작해야 한두 송이 정도를 보는 게 대부분이다. 다만 한여름에도 목련 꽃을 볼 수 있다는 정도에서 감탄할 수 있을 뿐이다.

짙푸른 잎사귀 사이에서 하얀 꽃을 피우는 리틀젬태산목이나 빅토리아태산목은 얼핏 보아서 목련 종류의 나무라고 알아보기 어렵다. 또 듬성

▲ 설립자 흉상 옆에 서 있는 리틀젬태산목. 빅토리아태산목에 비해 크기가 작아 정원수로 키우기 좋다.

듬성 피어 있는 흰 꽃도 그냥 스쳐 지나기 십상이다. 실제로 빅토리아태산목이나 리틀젬태산목 앞에 머물러 오래 관찰하는 관람객은 드문 편이다. 관람로를 따라가면 저절로 지나치게 되는 리틀젬태산목은 더 그렇다. 분명 꽃이 피어 있지만, 고개를 들어 나무를 관찰하는 관람객은 만나기 어렵다. 그러나 여름에서 초겨울까지 꽃을 피우는 이 나무가 목련과의 나무임을 알고 나면 다시 잊지 않게 될 만큼 인상적인 나무다.

리틀젬태산목은 최근 천리포수목원의 지킴이로서 중요한 이야기를 담게 됐다. 나무 앞에 조그마한 돌비석이 세워졌고, 나무 주변에서는 해마다 천리포수목원의 중요한 행사를 치르곤 한다. 바로 이 나무 아래에 설립자인 민병갈 원장님의 유해를 모셨기 때문이다.

민병갈 원장님은 살아 있는 동안 늘 “내가 죽으면 무덤 만들 자리에 나무 한 그루를 더 심으라”고 했다. 그러나 그의 죽음을 서러워한 친지들은 ‘그냥 보내드릴 수 없다’며 수목원 뒷동산에 소박한 산소를 마련했다. 그러다가 10주기가 되던 2012년 4월 그의 기일에 맞춰 바로 이 리틀젬태산목에 수목장을 치렀다. 나무 앞에는 그의 흉상을 함께 세우기도 했다.

리틀젬태산목 바로 앞에 마련한 민병갈 원장님의 흉상 자리는 전망이 좋은 곳이다. 돌아가신 뒤에도 그 자리에서 그가 가꾼 천리포수목원의 아름다운 식물을 바라볼 수 있도록 하려는 지킴이들의 배려였다.

정열의 상징으로 피어나는 배롱나무 붉은 꽃

배롱나무

여름을 대표하는 배롱나무

시각을 자극하는 강렬한 빨간색은 인상이 강한 이유에서 화려함과 정열의 상징이다. 계절로 치면 여름에 가장 잘 어울리는 색깔이라 하겠다. 그런데 나무들이 피워내는 꽃은 좀 다르다. 녹음 짙은 여름에 피어나는 꽃들 가운데에는 붉은색보다 흰색의 꽃이 훨씬 많다. 그건 벌이나 나비와 같은 수분 생물들이 짙은 녹음 사이에서 붉은 빛깔의 꽃을 찾아내는 게 어렵기 때문이다. 우거진 녹음 사이에서는 눈에 가장 쉽게 뜨이는 흰색으로 꽃을 피워야 다른 생물이 잘 찾아올 것임을 나무들이 알아챈 것이다.

배롱나무

물론 여름에 붉은 꽃을 피우는 나무가 없는 건 아니다. 무궁화와 함께 우리나라의 여름을 아름답게 하는 배롱나무*Lagerstroemia indica* L.가 그런 나무다. 7월 들어서면 배롱나무의 꽃봉오리는 조금씩 꼬무락거리기 시작해서 장마 즈음에 정열의 빨간 꽃을 피운다. 우리나라 남부지방에서 잘 자라는 배롱나무에 비해 천리포수목원의 배롱나무는 개화가 조금 늦은 편이어서

▲ 주름 진 6장의 꽃잎과 30~40개의 수술을 단 배롱나무 꽃. 7월부터 여름 내내 붉은 꽃을 피운다.

장마 지난 뒤에야 꽃봉오리를 연다. 그러고는 여름 내내 백일 동안 붉은 꽃을 피우면서 정열의 계절 여름을 상징한다. 제아무리 흰 꽃이 여름 녹음에 제격이라 해도 배롱나무 꽃의 붉은 정열 앞에서는 무너앉고 말 수밖에 없다.

배롱나무는 추위에 약해 남부지방에서 자라는 나무이지만, 따뜻해진 최근의 기후에서는 수도권 부근의 중부지방에서도 충분히 키울 수 있다. 배롱나무는 꽃도 좋지만, 그리 크지 않은 키에 옆으로 넓게 퍼지는 수형이 아름다워 계절과 무관하게 정원수로 사랑받는 나무다.

여름이 시작되는 7월부터 백일 동안 붉은 꽃을 피운다 해서 백일홍나무라고 부르다가, 소리 나는 대로 적어 배기롱나무가 됐다가 배롱나무라는 예쁜 이름으로 바뀌었다. 멕시코가 고향인 국화과의 초본식물 백일홍과 이름은 같지만 전혀 다른 식물이다. 목백일홍, 나무백일홍이라고 부르는 것도 초본 백일홍과 구별하기 위해서다.

물론 하나의 꽃송이가 백일 동안 피어 있는 것은 아니다. 가지 끝에서 고깔 모양으로 피어나는 배롱나무의 꽃차례에는 많은 꽃봉오리가 모여서 돋아나는데, 하나의 꽃차례가 피었다 지면 곁에서 다른 꽃차례가 피어나면서 여름의 불볕 햇살에 맞서 정열을 쏟아낸다. 새빨간 구름처럼 뭉게뭉게 피어나는 꽃은 주름투성이로 된 6장의 꽃잎으로 이루어져 있다. 꽃잎의 붉은색 가운데에는 노란색의 꽃밥을 단 수술이 30~40개 돋아나는데, 그중 가장자리의 6개가 유난히 길다.

흰배롱나무

대개의 배롱나무 꽃은 진한 분홍색으로 피어나지만 생육 조건에 따라서 연한 분홍색에서부터 짙은 자주색까지 다양한 빛깔이 있다. 드물게 흰색으로 피어나는 배롱나무도 있는데, 이는 따로 흰배롱나무*Lagerstroemia indica* f. *alba* (W. A. Nicholson) Rehder로 나누어 부른다. 흰배롱나무는 붉은 꽃의 배롱나무만큼 화려하지 않으나, 붉은빛 배롱나무와 똑같이 생긴 꽃잎은 생김새만으로도 충분히 화려하다 할 수 있다.

배롱나무는 가지를 넓게 옆으로 펼치고 자라면서 가지 끝에 붉은 꽃을 매달아서 여름의 화려함을 가장 잘 상징하는 나무 아닌가 싶다. 꽃이 피어났을 때 더없이 화려하지만, 꽃이 없을 때에도 줄기의 매끈거리는 표면이 아름다워서 정원에 심어 키우기 좋은 나무다. 나무의 키보다 훨씬 넓게 펼치는 가지도 그렇다.

매끈한 나무줄기 표면

여인의 말간 피부처럼 매끈한 나무줄기 표면은 배롱나무의 중요한 특징이다. 잎 떨어진 겨울에도 사람들의 눈길을 모으는 이유다. 연하게 붉은색이 도는 갈색 바탕에 얼룩무늬가 곱게 번져나는 줄기 표면은 매끄럽다. 마치 간지럼을 참기 힘든 얇은 피부처럼 여려 보인다. 충청도 일부 지방에서 '간지럼나무'라고 부르는 것이나, 제주도에서 부르는 '저금하는 낭'이라는 이름 역시 이 같은 줄기의 특징에 기댄 것이다. 마찬가지 이유에서 일본 사람들은 '원숭이 미끄럼 나무'라는 우스꽝스러운 이름으로 부른다.

배롱나무를 찾아볼 때에 가만히 줄기에 간지럼을 태워보라는 이야기를 하곤 한다. 또 나뭇가지 끝을 보면 나무가 간지러워서 가지 끝을 살랑살랑 흔들 것이라고 덧붙인다. 그러면 정말로 줄기를 간질이면서 가지 끝을 바라보는 사람들이 있다. 어김없이 배롱나무는 간지러워 못 배기겠다는 듯 가지를 흔들곤 한다. 정말로 배롱나무 가지가 흔들리는 건 맞다. 하지만 그게 간지럼 때문이 아니라는 건 누구나 짐작할 수 있다. 배롱나무는 키보다 가지를 넓게 펼치기 때문에 쉴 새 없이 흔들거리는 나무다. 그런데 얼핏 보거나 유심히 바라보지 않았을 때에는 그 흔들거림을 잘 느끼지 못한다. 그러다가 줄기를 간질이면서 자세히 볼 때에야 비로소 가지가 흔들리는 게 눈에 들어오고, 그게 마치 자신이 간지럼을 태우는 바람에 일어나는 현상

▲ 배롱나무집 앞마당에 서 있는 배롱나무. 키보다 넓게 가지를 펼치고 자랐으며, 얼룩무늬를 드리운 줄기 표면이 매끈하다.

인 것처럼 생각하게 되는 것이다.

천리포수목원에는 몇 그루의 배롱나무가 있지만, 그 가운데 가장 크고도 잘생긴 배롱나무는 천리포 바다 쪽으로 난 천리포수목원의 후문 곁 배롱나무집 앞마당 가운데에 서 있는 나무다. 원래 이 집의 이름은 감탕나무집이었다. 그 집 앞에 감탕나무가 여럿 있었기 때문에 붙였던 이름이다. 그런데 지금은 그 많던 감탕나무들을 다른 곳으로 옮겨 심어서 감탕나무집이라는 이름이 무색해졌다. 결국 이 집을 상징할 수 있는 나무는 툇마루 앞마당에 우뚝 서 있는 한 그루의 배롱나무일 수밖에 없다. 그래서 최근에 배롱나무집이라고 이름을 바꾸었지만, 바꾸기를 잘 했다 싶을 정도로 마당의 배롱나무가 근사한 집이다.

그 밖에도 잘 자란 배롱나무는 민병갈기념관에서 겨울정원으로 오르는 길 오른편의 다정큼나무집으로 이어지는 조붓한 오솔길에도 있다. 역시 줄기 껍질이 미끈한 나무 본연의 특징을 잘 보여주는 아름다운 나무다.

까치발로 서서 피어오르는 매 발톱을 닮은 여름 꽃

매발톱

매의 발톱을 닮은 꽃

매발톱

매발톱이라는 섬뜩한 이름이 붙은 화려한 식물이 있다. 여러 종류가 있지만, 천리포수목원에서 자라는 매발톱*Aquilegia buergeriana* var. *oxysepala* (Trautv. & Meyer) Kitam.• 종류의 식물은 대개 5월 중순경에 피어나기 시작해서 6월까지 남다른 모습의 꽃을 피운다.

매발톱은 키우기가 그리 까다롭지 않다. 대개는 높은 산의 습한 곳에서 잘 자라지만 집에서도 잘 키울 수 있다. 넓은 정원이 있다면 매발톱이

• 〈국가표준식물목록〉에는 식물 이름에 꽃을 빼고 매발톱으로 표기했지만, 이창복 《대한식물도감》에는 매발톱꽃으로 등록돼 있다. 그러나 〈국가표준식물목록〉에는 매발톱*Aquilegia buergeriana* var. *oxysepala* (Trautv. & Meyer) Kitam., 노랑매발톱*Aquilegia buergeriana* var. *oxysepala* f. *pallidiflora* (Nakai) M. K. Park, 하늘매발톱*Aquilegia japonica* Nakai & H. Hara을 제외한 같은 속에 속하는 모든 식물에 꽃을 붙였다. 또 이 식물의 속명 또한 매발톱속이 아니라, 매발톱꽃속이라고 표기했다. 위의 세 종류 식물을 제외한 고산매발톱꽃*Aquilegia alpina* L., 플라벨라타매발톱꽃*Aquilegia flabellata* Siebold & Zucc., 캐나다매발톱꽃*Aquilegia canadensis* L., 로제아하늘매발톱꽃*Aquilegia flabellata* var. *pumila* 'Rosea' 등과 같은 방식이어서 다소 헷갈릴 수 있다.

▲ 키카 커서 다른 들풀들 위로 꽃을 피우는 매발톱.

자연스럽게 번식하는 걸 보는 즐거움도 줄 만큼 잘 자라는 식물에 속한다. 또 교잡이 잘 이루어지기 때문에 꽃의 변화도 즐길 수 있는 흥미로운 꽃이라고 할 수 있다.

정원 가꾸기를 좋아했던 독일의 문호 헤르만 헤세도 매발톱을 자신의 정원에서 키웠던 모양이다. 그는 매발톱이 피어났을 때의 모습을 그의 책 《정원 일의 즐거움》에서 인상적으로 묘사했다. "매발톱은 까치발로 서서는 종 모양의 네 겹 여름 꽃을 피워 올렸다." 절묘한 표현이다. 이 식물은 키가 큰 편이어서, 마치 까치발로 몸을 돋운 것처럼 다른 들풀들 위로 불쑥 솟아오른 채 꽃을 피운다. 꽃대가 다른 들풀 위로 살짝 올라와 고개를 쭉 밀어내고, 그 위에서 고개 숙인 채 피운 꽃의 모습을 근사하게 묘사한 표현이다.

헤세의 글 중에 나오는 '네 겹'이라는 표현은 좀 애매하다. 매발톱 종류의 식물 가운데에 겹꽃으로 피우는 종류가 있긴 하다. 물론 헤세가 매발톱 가운데 네 겹으로 피어나는 매발톱의 겹꽃 종류를 보고 이야기했을 수도 있다. 하지만 굳이 전형적인 매발톱은 그냥 두고 겹으로 피어난 꽃을 앞세워 이야기하지는 않았을 것이다. 이는 필경 꽃송이마다 네 개의 부리를 가진 것으로 헤세가 쓴 것을 우리말로 옮기는 과정에서 잘못된 것 아닌가 싶다. 사실 식물에 관한 번역서 가운데에는 이뿐 아니라, 식물 이름까지 잘못 번역하는 경우가 자주 있다.

매발톱의 꽃이 다른 꽃들과 결정적으로 다른 부분이 바로 꽃 뒤쪽으로 뾰족하게 솟아난 부분이다. 가느다란 관이 삐죽이 솟아났는데, 그 길이가 꽃의 크기를 압도한다. 식물학에서 '거(距)' 혹은 '꽃뿔'이라고 부르는 부분이다. 이 부분은 뾰족한 대롱 모양으로 발달했는데, 끝 부분이 마치 새의 날카로운 발톱이나 부리처럼 꼬부라졌다.

옛사람들도 이 꽃의 뒤로 돋아난 대롱 모양을 보면서 '매발톱'을 연상해 이 화려한 꽃에 알맞춤한 이름을 붙였지 싶다. 서양 사람들도 이 꽃을 보고 매와 같은 맹금(猛禽)류의 부리나 발톱을 연상한 모양인지 독수리를 뜻하는 그리스어 '*Aquilegia*'를 속명으로 썼다.

매발톱의 전체적인 분위기에서 매나 독수리처럼 사나운 짐승의 카리스마가 느껴지는 건 아니다. 그냥 강한 빛깔을 가진 가녀린 들풀로만 여겨질 뿐이다. 다만 '거'의 생김새가 사나운 새들의 발톱이나 부리를 닮아 보일 뿐이다. 바로 이 거 부분에 꿀이 고여 있다. 꿀의 위치가 깊다 보니, 주둥이가 긴 곤충들만 이 꽃의 꿀을 딸 수 있다. 가끔은 꿀의 냄새를 맡은 곤

▲ 꽃 뒤쪽으로 뾰족하게 솟아난 '거'라는 관은 매발톱 종류의 특징이다.

충이 바깥에서 구멍을 뚫고 꿀을 따기도 하지만, 대부분의 곤충은 꽃 안쪽으로 깊숙이 들어가 꿀을 따면서 동시에 꽃의 존재 목적인 꽃가루받이를 성사시켜 준다.

우리나라에서 자생하는 미나리아재비과에 속하는 매발톱속 식물로는 하늘매발톱*Aquilegia japonica* Nakai & H. Hara, 노랑매발톱*Aquilegia buergeriana var. oxysepala* f. *pallidiflora* (Nakai) M.K.Park 등이 있다.

다양한 품종의 매발톱

세계적으로 매발톱속에는 약 70종류가 있다. 꽃의 색깔은 거의 푸르다 해도 될 법한 짙은 보라색에서부터 흰색·노란색·분홍색·자색 등이 있고, 때로는 하나의 꽃에 노란색과 푸른색이 섞여 돋아나기도 한다. 어떤 색깔을 띠든 생김새가 독특하기는 매한가지다. 푸른빛의 짙은 색 꽃이 화려하기는 하지만 순백으로 피어나는 꽃 또한 색다른 화려함을 보여준다.

매카나그룹매발톱꽃

다른 꽃의 경우도 그렇다. 이를테면 우리가 흔히 보는 철쭉은 보랏빛을 위시한 붉은색 계통이 많다. 그런 붉은 색깔의 철쭉을 한참 보다가 하얗게 피어난 철쭉이 있다면 자연스레 그 맑고 투명한 아름다움에 눈길을 빼앗기게 마련이다. 마찬가지로 흰빛으로 피어나는 매카나그룹매발톱꽃*Aquilegia Mckana* Group의 꽃은 매발톱속 식물 가운데에 유난히 눈길을 끈다.

같은 매카나그룹매발톱꽃이면서도 꽃의 빛깔이 다른 꽃을 피우는 경우도 있다. 이를테면 보랏빛이 선명하면서도 안쪽에는 우윳빛이 배어나는 경우다. 색깔과 분위기는 다르지만 꽃송이의 생김새는 똑같다. 매발톱 종류의 식물은 이처럼 같은 품종에서도 꽃의 색깔이 다양하게 나타나는 경우가 종종 있다.

알비플로라
플라벨라타매발톱꽃

키타이벨리매발톱꽃

알비플로라플라벨라타매발톱꽃*Aquilegia flabellata* for. *albiflora*은 살포시 고개를 숙이고 피어난 꽃의 안쪽에 짙은 보랏빛과 우윳빛이 어우러져 묘한 분위기를 자아낸다. 비슷한 분위기이지만, 우윳빛 대신 하얀색이 묻어나는 꽃으로 키타이벨리매발톱꽃*Aquilegia kitaibelii* Schott도 눈길을 끈다. 종류는 다양하지만 워낙 독특하여 한번 보면 그 이름과 함께 잊히지 않을 꽃 가운데 하나가 바로 매발톱속 식물 아닌가 싶다.

▲ 흰색으로 피어나는 매카나그룹매발톱꽃.

옛날에 매발톱이 남자들의 최음제로 쓰였다는 건 좀 특이한 사실이다. 아메리카 원주민들이 그랬다고 한다. 원주민들은 이 꽃을 다른 몇 가지 재료와 섞어서 '사랑의 묘약'을 만들기도 했다는 이야기가 오랫동안 전해왔다. 유럽에서도 매발톱을 약재로 썼다는 재미있는 이야기가 있다. 빗자루를 타고 하늘을 날아오르는 마녀들은 매발톱의 씨앗으로 만든 연고를 빗자루에 발라야 안전하게 높이 오래 날 수 있었다는 동화 이야기다. 모두가 매발톱이 약용으로 효과가 뛰어난 식물이었다는 증거다. 여러 약효 가운데에는 다혈질인 사람의 화를 다스리는 데 명약이라는 이야기도 있다. 그러나 현대 약리학에서는 매발톱에 함유된 성분의 구조가 완전히 파악되지 않아

▲ 보라색과 흰색이 잘 어우러진 알비플로라플라벨라타매발톱꽃과 키타이벨리매발톱꽃.

유독할 수도 있다며 사용을 금지하고 있다.

옛날부터 모든 식물은 약으로 요긴했다. 특별한 과학적 지식이 없던 시절에 사람의 병을 다스릴 수 있는 수단으로 식물을 이용하는 것만큼 쉽고도 효과적인 게 없었다. 현대에도 약품 원료의 상당 부분을 식물에서 채취하는 게 사실이다. 식물은 그렇게 몸과 마음의 병을 고쳐주는 매우 중요한 역할을 하며, 우리와 함께 우리 곁에서 살아왔다.

병든 몸과 마음을 낫게 하는 식물들에 기대어

모란 | 작약

부귀의 상징 모란과 약재로 각광받은 작약

모란

서양에 '꽃 중의 꽃' 장미가 있다면 동양에는 '꽃 중의 왕〔花中王〕' 모란*Paeonia suffruticosa* Andrews이 있다. '목단(牧丹)'에서 우리말로 바뀐 모란은 예로부터 부귀의 상징으로 여겨지며 동양의 정원에서 사랑받는 식물 가운데 하나다. 우리나라에는 신라 진평왕 때 중국에서 처음 들어와 풍류를 즐기는 선비들의 사랑을 받아왔다. 농염하게 피어나는 모란의 꽃은 곧잘 성장한 여인에 비유해왔으며, 옛 시와 그림에도 자주 등장한다.

모란 꽃은 5월에 붉은 꽃잎 8장이 지름 15센티미터 크기로 탐스럽게 피어난다. 붉은 꽃잎과 노란 꽃술의 선명한 대비는 화려함의 극치라 할 만하다. 관상용으로 선발한 여러 품종 가운데에는 여러 장의 꽃잎이 겹으로 피는 꽃도 있고, 흰색으로 피는 꽃도 있다. 천리포수목원에는 모란의 품종 20여 종류를 수집해서 민병갈기념관 앞 낮은 화단과 뒤쪽의 무늬층층나무 그늘 삽상한 자리에 심어 키우고 있지만, 나무의 생육 상태와 조건에 따라

▲ 탐스러운 흰색 꽃을 피운 모란. 모란은 작약속에 속하지만 작약과 달리 목본식물이다.

옮겨심기도 한다.

작약

키 작은 나무 모란이 봄의 꼬리에 간당간당 매달려 화려한 꽃을 피우면 곧이어 여름의 들머리를 알리려 피어나는 꽃이 있다. 모란만큼 화려하고도 복스러운 꽃을 피우는 작약*Paeonia lactiflora* Pall.이다. 모란과 작약은 모두 작약속에 속하는 식물이다. 작약속에 속하는 식물 가운데 작약이라는 이름을 가진 식물로는 백작약*Paeonia japonica* (Makino) Miyabe & Takeda과 산작약*Paeonia obovata* Maxim., 참작약*Paeonia lactiflora* var. *trichocarpa* (Bunge) Stern, 호작약*Paeonia lactiflora* f. *pilosella* Nakai 등이 있다. 또 모란이라는 이름을 가진 식물로는 델라바이모란*Paeonia delavayi* Franch., 루돌로위모란*Paeonia ludlowii* (Stern & G. Taylor)

D. Y. Hong 등이 있다. 또 꽃이 워낙 화려한 탓에 원예종을 다양하게 선발하여 그보다 많은 품종이 있다.

작약과 작약속의 여러해살이풀인 작약의 학명 중 '*Paeonia*'는 그리스 신화의 파에온(Paeon)에서 나온 말이다. 파에온은 아폴론이나 아스클레피오스 같은 의술과 관련된 신을 가리키는 별명처럼 쓰인 이름이다. 파에온이라는 이름을 작약에 붙인 것은 작약의 뿌리가 약재로써 살림살이의 소용에 닿았기 때문이다.

처음에야 그렇게 쓰임새에 맞는다는 점에 관심을 갖고 키웠겠지만, 시간이 지나면서 차츰 탐스럽게 피어나는 작약의 꽃에 마음을 주지 않을 수 없었을 게다. 여전히 뿌리를 한방에서 약재로 쓰고 있지만, 이제 작약은 화려하면서도 복스러운 꽃을 보기 위해 관상용으로 키우는 대표적인 원예식물이 됐다.

천리포수목원에서도 여름 시작될 무렵이라면 단연 관람객의 눈길을 끄는 꽃이다. 흰색이나 붉은색이나 모두 화려하기는 마찬가지다. 꽃잎 안쪽에 헤아릴 수 없이 많은 수로 돋아난 노란색의 꽃술은 작약 꽃의 화려함을 더해준다. 꽃이 예뻐서 다양한 품종이 선발됐는데, 그 가운데에는 꽃잎이 만첩으로 피어나는 종류도 있다.

생김새가 제각각이지만, 여름 초입에 만나게 되는 작약 꽃의 인상은 매우 강렬하다. 제대로 피어나면 지름 10센티미터 정도까지 벌어지는데, 꽃잎이 활짝 펴지지 않고 대개 끝 부분이 둥그렇게 말려든 상태이다. 어쩌면 그런 둥그런 모습이 더 복스러워 보이는 건지 모르겠다.

천리포수목원에서는 100종류가 넘는 작약 품종을 수집해 가꾸고 있다. 모두가 작약 특유의 화려함을 갖추고 한꺼번에 꽃 피운다. 아마도 작

▲ 다양한 작약 꽃. 작약은 관상용으로 선발한 품종이 매우 다양하다.

약 꽃이 피어나는 무렵에는 작약 꽃 한 종류에만 매달려 시간을 보낸다 해도 천리포수목원 관람의 보람이 있을 것이다. 여러 곳에 나누어 키우던 작약 종류를 최근에 작약원이라는 이름의 조붓한 구역을 조성하여 한곳에 모았다. 민병갈기념관에서 겨울정원으로 오르는 돌계단 왼쪽의 화단이다. 또 최근에는 새로 지은 온실 앞 암석원 가장자리에 더 많은 작약 종류를 볼 수 있는 작약원을 조성했다.

코랄선셋작약

작약원에 들면 자주색 꽃이 화려한 코랄참작약*Paeonia* 'Coral Charm'을 비롯해 흰 꽃으로 화려한 리안타이작약*Paeonia* 'Lian-tai', 얀지디안유작약*Paeonia* 'Yan-zhi-dian-yu' 등 여러 종류의 작약을 한꺼번에 볼 수 있다. 이 가운데 주홍빛에 가까운 꽃잎이 화려한 코랄선셋작약*Paeonia* 'Coral Sunset'이 단연 압권이다. 꽃잎의 색깔이 도드라질 뿐 아니라, 꽃송이의 지름이 거의 20센티미터에 이르는 탐스러운 코랄선셋작약의 꽃송이는 한번 보면 다시 잊기 어려운 꽃임에 틀림없다.

모란과 작약 구별법

모란과 작약은 얼핏 보아서 그 생김새가 비슷해서 헷갈리기 쉬운 식물이다. 개화 시기부터 그렇다. 약간의 차이는 있지만, 거의 같은 시기에 피어나기 때문에 천리포수목원에서는 모란 꽃과 작약 꽃을 함께 볼 수 있다. 모란을 작약이라 하고, 작약을 모란이라 하기 십상이다. 물론 꼼꼼히 살피면 그 차이를 알 수 있겠지만, 실제로 현장에서 보면 헷갈리게 마련이다. 학명에 '*Paeonia*'가 들어 있는 것까지 같다. 둘 다 작약과의 식물로 생김새뿐 아니라 여러 면에서 비슷한 식물이다. 작약 꽃이 모란 꽃보다 조금 늦게 피고 꽃의 크기도 좀 작다는 차이야 있지만, 구별은 만만치 않다. 유치할 만큼 선명한 원색이나, 꽃송이 안쪽에 다닥다닥 돋아나는 꽃술까지 모란과 작약은 빼어 닮았다. 모란의 고향인 중국에서조차 모란을 목작약, 즉 '나무작약'이라고 했을 정도다.

모란과 작약을 구별하기 위해서는 먼저 나무와 풀의 차이를 알아야 한다. 식물은 크게 나무(목본식물)와 풀(초본식물)로 나눈다. 그 가운데 나무는 잎 나고 꽃 피고 열매 맺는 한해살이를 무사히 마친 뒤에도 땅 윗부분인 줄기가 그대로 남아 있는 식물이다. 줄기에는 해를 넘길 때마다 나이테가 쌓인다. 그러나 풀은 한해살이를 마치고 나면 땅 위에 솟아 있던 줄기 부분이 흔적도 없이 사라진다. 겨울에 뿌리가 남아 있는 여러해살이풀이라 해도 땅 위 줄기가 사라지는 건 마찬가지다.

모란과 작약의 차이는 나무냐, 풀이냐에 있다. 모란은 가을에 잎을 떨어뜨리고 줄기는 그대로 남은 채 겨울을 나지만, 작약은 한해살이를 마친 겨울에 줄기가 시들어 없어지는 풀이다. 여러해살이풀인 작약은 땅속에서 뿌리로 겨울을 난 뒤 이듬해 봄에 다시 새싹을 솟아 올리고, 봄 깊어지면 붉고 화려한 꽃을 피운다. 겉모양은 비슷하지만 근본에서는 큰 차이가 있다.

꽃을 감상하기 위해 선발해내는 관상용 품종이 끊임없이 새로 나오는 식물이어서 모란과 작약의 구별은 점점 더 어려워진다. 그러나 나무와 풀이라는 근본만큼은 바꿀 수 없다. 겉모습만으로 판단할 수 없는 건 살아 있는 모든 생명체에 공통된 이야기이지 싶다.

삼복 무더위 속에서 피어난 신비로운 생명의 환희

도라지

화려한 빛깔로 피어나는 우리 꽃 도라지

해 뜨고 지고, 삼백 예순 날을 돌고 돌면 숲에 자리 잡은 식물은 다시 또 한 해 전의 아름다운 꽃을 피운다. 지난해에 피었던 나리 꽃이 다시 피었구나 생각하면 그냥 별 거 아니라고 지나칠 수 있다. 그러다가 지천으로 흐드러진 나리 꽃을 바라보며 지난 한 해도 잘 버텨주어 참 고맙다는 생각에 이르면 꽃들은 금세 환하게 웃으며 바라보는 사람을 맞이한다. 사람이라고 크게 다를 것 없겠지만, 식물들은 자기를 알아봐주는 걸 어쩌면 그리 잘 알아채는지 모르겠다.

초복, 중복 지나고 말복을 앞둔 무렵이면 천리포수목원에서는 언제나처럼 원추리와 나리 꽃이 한창이다. 어린아이 머리만큼 커다랗게 피어 조금은 징그럽게 느껴지는 꽃송이에서부터 규칙적으로 돋아난 이파리 위쪽에서 꽃잎을 완전히 뒤로 젖히고 환하게 깔깔거리며 피어난 꽃에 이르기까지 크기도 생김새도 제가끔이다. 빛깔도 그렇다. 흰색에서부터 짙은 붉은

▲ 하얀 꽃을 피운 백도라지. 도라지 종류는 자가수분을 피하기 위해 독특한 방식으로 암술머리를 키운다.

빛까지 헤아리기 어려울 정도로 다양한 꽃들이 한창 삼복더위를 희롱한다.

도라지

이즈음에 함께 화려한 빛깔로 피어나는 우리 꽃으로 도라지*Platycodon grandiflorus* (Jacq.) A. DC.가 있다. 우리 산과 들에 지천으로 널린 식물 가운데 하나다. 꽃송이만으로도 사람의 관심을 집중시킬 만큼 매혹적인 식물이지만, 약효가 뛰어나 약재로도 환영받는 식물이다.

백도라지

겹도라지

흰겹도라지

도라지 꽃은 짙은 남보랏빛과 하얀빛의 꽃이 있다. 그 가운데 흰 꽃이 피어나는 종류는 백도라지*Platycodon grandiflorus* f. *albiflorum* (Honda) H. Hara라고 부른다. 옛 노래에서 '도라지 도라지 백도라지'라며 부르는 바로 그 백도라지다. 백도라지 외에 도라지에 속하는 식물에는 몇 종류가 더 있다. 그중에 겹꽃이 피어나는 종류를 겹도라지*Platycodon grandiflorum* var. *duplex* Makino라고 한다. 또 겹도라지이면서 꽃 색깔이 흰 것을 흰겹도라지*Platycodon grandiflorum* var. *duplex* f. *leucanthum* H. Hara라고 부른다. 흰겹도라지는 흔하지 않은 편이다.

하코네화이트도라지

천리포수목원에서도 몇 가지 품종의 도라지를 볼 수 있는데, 우리 토종의 도라지와는 조금 다르다. 약용으로가 아니라 꽃을 감상하기 위해 키우는 원예 품종의 하나로 보아야 한다. 우선 민병갈기념관 앞 측백나무집 쪽 화단 가장자리에서 하얗게 피어난 도라지 꽃을 볼 수 있다. 약간의 거리를 두고 한쪽에서는 순결한 흰색의 도라지 꽃이, 다른 한쪽에서는 찬란하게 하얀 흰겹도라지 꽃이 피어난다. 앞에서 이야기한 것처럼 꽃을 보기 위해 키우는 원예 품종의 도라지다. 이 가운데 특히 겹꽃으로 하얗게 피어나는 하코네화이트도라지*Platycodon grandiflorus* 'Hakone White'는 꽃송이의 독특함 때문에 눈길을 사로잡는다.

하코네블루도라지

햇살이 비친 하얀빛의 별 모양 꽃잎만으로도 이즈음에 피어나는 풀꽃의 화려함을 압도할 만한데, 그 하얀 꽃잎이 겹으로 피어나서 바라보는 사람의 마음에 기쁨을 불어넣는다. 반가우면서도 독특한 꽃이어서 최근 하코네화이트도라지를 수목원 관람로의 맨 마지막 코스인 퇴장로 부근의 화단에도 심었다. 하코네화이트도라지는 그와 똑같은 모습이지만 파란색으로 피어나는 하코네블루도라지*Platycodon grandiflorus* 'Hakone Blue'와 한 쌍을 이루는데, 하코네블루도라지는 개체 수가 많지 않아 별로 눈에 띄지 않는다. 시

▲ 흰색 꽃을 피우는 하코네화이트도라지.

골길을 가다가 흔히 만나게 되는 도라지 밭에는 남보랏빛 꽃과 하얀 꽃이 함께 어우러져 자라는 게 대부분인데, 천리포수목원에는 화단에 두어 그루만 듬성듬성 하얀 꽃을 피운다.

도라지 꽃은 흰 꽃이나 파란 꽃이 모두 화려하다. 특히 하얀 도라지꽃은 마치 잘 만든 조화처럼 꽃잎의 가장자리 선이나 전체적인 생김새가 고르게 균형 잡힌 모습이어서 더 좋다. 노래에서처럼 심심산천은 아니지만, 천리포수목원에서 만난 백도라지 품종의 꽃은 아마 가을 지나서까지도 오래 기억에 남을 것이다.

경상북도 봉화 청량산에서 자연의 흐름에 몸을 맡기고 사는 스님이 도라지 씨앗을 뿌리던 모습이 불현듯 떠오른다. 어느 해 이른 봄에 찾아뵈었을 때, 스님은 암자 앞 오솔길 주위에 도라지 씨앗을 뿌리고 있었다. 손수 농사를 지어 먹을거리를 마련하는 분이어서, 도라지도 그런 뜻에서 뿌리는 건가 했다. 하지만 스님은 도라지는 꽃을 보기 위해서 뿌린다고 했다. 그해 여름, 스님의 암자 앞 길섶에는 흰빛과 남보라 빛의 도라지 꽃이 흐드러지게 피어나 지나는 사람들을 즐겁게 했다.

도라지 꽃은 꽃잎의 끝이 5개로 갈라지면서 마치 하늘의 별처럼 예쁘게 피어난다. 그 안에 5개의 수술과 1개의 암술이 돋아나는데, 처음에는 꽃술이 서로 붙어서 모여 있다가 조금 지나면 수술이 벌어진 뒤에 암술이 수술보다 크게 자란다. 그러고는 꽃 피어나듯이 암술이 다시 5개로 갈라지면서 열린다. 이는 더 좋은 종을 번식시키려는 식물이 더 나은 유전자를 가진 자손을 얻기 위해 자가수분을 피하려는 전략 가운데 하나다. 하나의 꽃송이에서 돋아난 수술의 꽃가루가 그 꽃송이의 암술머리에 닿는 자가수분은 다양한 유전자를 만들지 못하기 때문이다. 그래서 도라지 꽃은 암술이 채 자라지 않아 수술의 꽃가루가 닿기 쉬울 때에는 암술머리를 굳게 닫고 있다가 키를 키운 뒤에야 비로소 입을 열어 수분 준비를 마치는 것이다.

도라지의 이용

약으로 많이 쓰는 도라지는 특히 기관지 계통에 좋은 효과를 가지고 있다. 감기 중에서도 기침이 심한 감기에는 도라지만큼 좋은 게 없다. 천식으로 고생하는 사람이라면 상비약으로 꼭 갖춰두기를 권할 만한다. 또 강의를 많이 하는 사람들이나 이야기를 많이 하는 아나운서 같은 직업인에게도 도라지는 유용할 것이다.

도라지를 약으로 쉽게 복용하기 위해서 최근에는 도라지의 뿌리를 농축한 진액이나 환으로 만들어 판매하기도 한다. 한방에서 길경(桔梗)이라고 부르는 도라지 뿌리에는 사포닌이 많이 함유돼 있는데 바로 이 사포닌이 기관지 계통에 좋은 약효를 가진다. 도라지 뿌리는 기관지 계통뿐 아니라, 배앓이나 열을 내리는 데에도 좋은 것으로 알려져 있으며 최근에는 항암 효과까지 밝혀졌다고 한다.

백 년 묵은 도라지 뿌리는 산삼만큼 훌륭한 보약으로 알려졌다. 얼마 전에는 경상북도 영양의 일월산에서 약초를 캐는 사람이 100~150년 된 도라지 뿌리를 찾아내 화제가 되기도 했다. 뿌리의 크기도 엄청났다. 뇌두가 3개인데, 둘레가 20센티미터인 굵기에 길이는 170센티미터나 됐다. 사진만으로도 헉 소리가 저절로 나는 크기였다. 또 2009년에는 강원도 양구 지역에서 길이 151센티미터의 백 년 묵은 도라지를 캐낸 일도 있다.

'숨은 꽃'을 피우는 나무의 특별한 생식 방법

무화과나무 | 천선과나무 | 아그배나무

무화과나무는 무화과가 아니라 은화과

무화과나무

'꽃 없는 열매'라는 난데없는 이름을 가진 무화과나무*Ficus carica* L.가 있다. 실제로 무화과나무에서는 당최 꽃을 찾아볼 수 없다. 그러나 세상의 어떤 식물도 꽃을 피우지 않고는 열매를 맺지 않는다.

무화과는 은화과(隱花果)라고도 부른다. 은화과의 '은(隱)'은 숨는다는 뜻으로 여기에 무화과나무 꽃의 비밀이 담겨 있다. 무화과가 '꽃이 없는 열매'라면 은화과는 '꽃이 숨어 피는 열매'다. 무화과나무의 특징을 정확히 알려주는 표현이지 싶다. 즉 무화과나무에는 꽃이 없는〔無〕 게 아니라 숨어〔隱〕 있다. 사람의 눈에 뜨이지 않는 곳에 숨어서 피어날 뿐, 분명히 피어난다는 이야기다.

무화과나무의 꽃은 봄부터 여름에 걸쳐 피어난다. 꽃이라고는 했지만, 한눈에 꽃이라고 보기는 어려운 모양의 꽃이다. 봄 햇살이 따스해지면 무화과나무의 잎겨드랑이에서는 동그란 꽃턱이 돋아난다. 꽃턱은 화탁(花托)

이라고도 부르는 속씨식물 꽃의 한 부분으로 꽃자루의 맨 끝, 즉 평범한 꽃을 기준으로 하면 꽃잎이 돋아나는 부분의 볼록한 부분을 가리킨다. 이 꽃턱은 지름 1센티미터도 채 되지 않지만, 꽃의 다른 부분이 드러나지 않아 크다고 할 수 있다. 꽃의 다른 부분이 바로 이 꽃턱 안에 숨어서 피어난다. 그래서 어린이용 식물도감에서는 '발달한 꽃턱'이라 하지 않고 종종 꽃주머니라고 표시한다. 무화과나무의 경우 정확한 표현이라고 할 수 있다.

꽃턱의 맨 끝 부분에는 아주 가느다란 구멍이 뚫려 있고, 이 구멍으로 작은 곤충이 드나들며 꽃가루받이를 이루어준다. 워낙 작은 구멍이지만, 무화과나무 꽃이 품은 풍성한 꿀을 따기 위해 작은 곤충이 묘기 부리듯 드나든다. 무화과나무의 숨은 꽃을 찾아 꽃가루받이를 이뤄주는 고마운 곤충은 무화과좀벌이라는 작은 날벌레다.

고작해야 1밀리미터도 채 되지 않을 만큼 작은 무화과좀벌은 무화과나무의 꽃이 '꽃주머니'에 갇힌 채 피어나 퍼뜨리는 향기를 알아채고, 무화과나무 꽃에 다가가 작은 구멍을 통해서 꽃에 접근한다. 작은 구멍을 드나든다고 하지만 구멍이 워낙 작아 꽃주머니 안으로 들어가다가 내장이 파열되는 경우도 쉽게 벌어진다. 무화과나무 꽃을 찾아 날아다니는 무화과좀벌은 모두 암컷이다. 수컷은 암컷과 달리 날개도 없고, 몸집도 더 작다. 수컷은 무화과나무 열매 안에서 태어나 함께 태어나는 암컷과 수정을 이룬 뒤 곧바로 열매 안에서 짧은 생을 마친다. 수정을 이룬 무화과좀벌의 암컷은 무화과나무 꽃 수술의 꽃가루를 가슴에 안고 꽃주머니를 빠져나와 새로운 무화과나무를 찾아 다시 꽃주머니의 작은 구멍을 비집고 들어가 가슴에 품고 온 꽃가루를 암술머리에 내려놓고 생을 마친다.

그렇게 꽃가루받이를 마치면 무화과나무의 꽃턱은 처음 모습보다 조

▲ 둥그런 모양의 무화과나무 꽃턱. 꽃턱 끝 구멍을 통해 무화과좀벌이 드나들며 꽃가루받이를 한다.

금 큰 형태로 익어가면서 차츰 색깔을 바꾸어간다. 꽃 상태일 때 초록색이던 꽃턱은 열매로 커지면서 차츰 검은 자주색이나 황록색으로 바뀐다. 그러나 모양에는 변화가 없다. 꽃턱일 때 동그랗던 구슬 모양이 열매가 되면서 달걀을 거꾸로 세운 모양으로 달라지는 정도다. 그 바람에 꽃턱과 열매의 구조를 상세히 알지 못했던 옛사람들은 꽃턱이 곧 열매인 줄로만 알았다. 그래서 꽃은 피지도 않았는데 열매부터 맺는다고 생각해 무화과나무, 즉 꽃 없이 열매를 맺는 나무라고 불렀던 것이다.

천리포수목원에도 잘 자란 무화과나무가 한 그루 있다. 설립자 민병갈 원장님의 흉상이 세워진 작은연못 옆의 동산 가장자리를 따라 소사나무집으로 오르는 길가에 서 있는데, 이 나무 역시 봄이면 가지 위에 동글동글한 꽃턱이 돋아난다. 그 꽃턱 끝의 미세한 구멍 안으로 어떤 곤충이 들락거리는지를 관찰하기는 힘들지만, 해마다 꽃 피고 지는 건 여느 식물과 다를 게 없다.

무화과나무처럼 분명히 피어나기는 하지만 겉으로 드러내지 않고 숨은 채 피어나는 꽃을 피우는 은화과 형태의 열매를 맺는 나무로 천리포수목원에는 무화과나무 외에 천선과나무*Ficus erecta* Thunb.와 모람*Ficus oxyphylla* Miq. ex Zoll.도 있다.

천선과나무

모람

천선과나무의 한 종류인 좁은잎천선과*Ficus erecta* var. *Sieboldii* (Miq.) King는 무화과나무가 서 있는 오솔길에서 작은연못 쪽 맞은편에 있는데, 무화과나무보다 훨씬 큰 키로 잘 자랐다. 나무의 이름인 천선과(天仙果)는 하늘의 선녀들이 내려와 먹는 열매라는 뜻으로, 그만큼 귀한 나무라는 상징으로 붙인 이름이다. 무화과나무나 천선과나무는 그처럼 하늘의 선녀들에게 줄 좋은 열매를 더 많이 맺기 위해 꽃송이조차 꼭꼭 숨겨놓고 조심조심 살아가는 것인지 모르겠다.

열매보다는 꽃으로 사랑받는 나무

꽃사과나무

꽃도 보이지 않는 무화과나무가 열매 때문에 사람들의 사랑을 받았다면, 원래는 열매를 풍부히 맺는 나무이지만, 열매보다는 꽃이 아름다워 사람들의 사랑을 이끌어내는 나무도 있다. 이를테면 꽃사과나무*Malus floribunda* Siebold ex Van Houtte가 그렇다. 꽃사과나무는 사과나무의 재배 품종으로 꽃이 아름다운 나무다. 꽃은 사과 꽃과 크게 다르지 않지만, 꽃송이가 사과나무보다 크고 화려하다. 물론 사과를 닮은 열매를 맺는데, 사과에 비해 훨씬 작고 맛이나 영양분이 떨어져 식용으로는 큰 가치가 없다.

꽃아그배나무

아그배나무

돌배나무

꽃아그배나무라고 불리는 품종이 그런 나무다. 꽃아그배나무를 이야기하기 전에 먼저 아그배나무*Malus sieboldii* (Regel) Rehder를 이야기하는 게 맞겠다. 장미과의 사과나무속에 속하는 아그배나무는 봄에 배 꽃 혹은 사과 꽃을 닮은 하얀 꽃을 온 가지에 가득 피우는 아름다운 나무다. 꽃이 아름답기 때문에 산과 들에서 야생으로 자라는 나무를 찾기보다는 공원이나 정원에서 찾기가 더 쉽다. 꽃뿐 아니라, 붉은색이나 노란색으로 익는 열매도 아름답기는 매한가지다. 그러나 아그배나무의 열매는 맛도 그리 좋지 않고, 과육이 적어 식용으로의 가치는 높지 않다. 마치 배나무의 야생 토종인 돌배나무*Pyrus pyrifolia* (Burm. f.) Nakai와 같다. 열매인 아그배의 생김새 역시 돌배나무의 열매인 돌배와 그리 다르지 않다. 열매를 모아 술을 담그면 빛깔도 좋고 배 향이 짙은 과실주를 얻을 수 있다는 것도 돌배나무와 아그배나무의 공통적 특징이다.

아그배나무에 얽힌 재미있는 사실이 있다. 1992년 리우데자네이루에서 열린 지구환경회의, 이른바 리우회의 때의 이야기다. 당시 회의에서는 지구를 살릴 수 있는 최후의 보루를 나무라고 결론짓고 나라마다 한 가지씩 생명의 나무를 지정했는데 우리나라에는 아그배나무가 지정됐다.

아그배나무 열매의 쓰임새가 그리 많은 건 아니지만, 아예 열매보다 꽃을 보기 위해 선발한 품종이 있다. 그게 바로 꽃아그배나무다. 공식적인 식물 이름은 아니지만, 순전히 꽃을 보기 위해 선발한 품종이어서 그리 부른다. 꽃아그배나무로 불리는 나무도 여러 종류가 있다. 아그배나무의 꽃이 하얀색인 것과 달리 꽃아그배나무 품종은 대부분 분홍이나 보랏빛의 강렬한 빛깔로 피어난다.

프로퓨전꽃사과

천리포수목원의 큰연못 가장자리에 서 있는 프로퓨전꽃사과*Malus* x *moerlandsii* 'profusion'•에서 피어난 분홍빛 꽃은 얼핏 보아도 대단한 나무, 대단한 꽃이라는 생각이 든다. 5월 중순쯤에 나뭇가지 전체에 온통 붉은 꽃을 화려하게 터뜨린다. 게다가 붉은빛이 영롱하거나 투명한 맑은 빛이 아니라, 붉은 벨벳 천의 깊은 느낌을 가졌다. 5장의 붉은 꽃잎이나 화려한 꽃술, 삐죽이 돋아난 꽃자루까지 아그배나무와 다를 게 없는데 꽃잎의 빛깔이 놀랄 정도로 화려하다. 꽃잎은 얄따랗지만, 그 빛깔은 그윽한 깊이를 가졌다. 맑으면 맑은 대로, 탁하면 탁한 대로 꽃은 그렇게 자기만의 아름다움을 갖추고 있다.

프로퓨전꽃사과의 꽃을 한참 바라보다가 처음에는 수첩에 자홍색이라고 쓰려 했지만, 조금 더 바라다보고 있으면 짙은 분홍빛이라고 쓰고 싶어

• 〈천리포수목원 식물명 국명화 기준안〉이 마련되기 전까지 천리포수목원에서는 이 나무를 꽃아그배나무 '프로퓨전'이라고 표기했다. 그러나 새 기준안에서는 이 나무를 같은 종류를 대표하는 나무로 통칭되는 이름을 선택하여, 프로퓨전꽃사과라고 표기했다.

▲ 붉은 벨벳의 깊은 느낌을 자아내는 프로퓨전꽃사과 꽃.

진다. 그러다 다시 한 번 더 바라보면 다시 마음이 바뀌어 다홍빛이라고 쓰고 싶어지기도 한다. 나무 옆에 서 있는 큰키나무들 사이로 햇살을 살금살금 들여보내는 해님이 조금씩 자리를 바꾸면서 지어내는 빛의 요술이라 할 수도 있을 듯하고, 꽃송이 스스로가 신비로운 색깔의 요술을 부리는 때문이라고 할 수도 있다.

꽃을 볼 수 없어도 열매가 좋아 키우는 무화과나무, 그리고 정반대로 무수히 맺는 열매는 쓸모없지만 꽃이 좋아 키우는 꽃아그배나무. 세상에 존재하는 모든 것들 가운데 의미 없는 생명은 하나도 없다는 평범한 진리를 다시 떠올리지 않을 수 없다.

바닷가 모래밭에서 자라는 강인한 생명력의 나무

해당화 | 자귀나무

여름을 알리는 해당화

세상의 모든 자연 사물이 그러하듯, 제가끔 자기 자리가 있는 법이다. 어떤 식물은 숲 깊은 곳에, 어떤 식물은 사람 사는 마을 한가운데에, 또 다른 식물은 바닷가에 있어야만 한다는 생각이 그런 것이다. 자연 사물의 경우, 더 잘 어울리는 자리가 있는 건 사실이다. 그러나 꼭 그림처럼 잘 어울린다고 해서, 그 자리를 벗어나서는 자랄 수 없다는 이야기는 결코 아니다.

식물은 더 그렇다. 이를테면 바닷가에서 자라는 소나무여서 해송(海松)이라고도 부르는 곰솔은 바닷가 방풍림으로 잘 어울리는 나무다. 그러나 곰솔은 바닷가가 아니라 해도 질긴 생명력에 의해 잘 자란다. 식물이 있어야 할 자리를 생각하는 건 식물 생육의 특징을 반영한 결과이지만, 어린 시절의 경험에 의해 이루어진 선입견이 작용하는 경우도 있다.

이즈음 중년의 나이를 지내는 분들에게 해당화*Rosa rugosa* Thunb.가 그런 나무 가운데 하나일 것이다. 해당화는 반드시 바닷가, 그중에서도 섬 마을

해당화

▲ 생명력이 강해서 바닷가에서나 뭍에서나 잘 자라는 해당화.

에서 자라야 한다고 생각하기 십상이다. 해당화가 바닷가에서 자생하는 나무인 까닭도 있지만, 그보다는 40~50년 전쯤 거의 모두가 즐겨 부르던 대중가요인 '해당화 피고 지는 섬 마을에'로 시작하는 이미자의 노래가 워낙 인상적이었던 까닭 아닐까 싶다.

해당화로 유명한 장소는 대개 바닷가 모래사장이다. 그중에 함경도 원산의 해안인 명사십리는 대표적일 게다. 명사십리는 해당화가 아니라 해도 맑고 고운 모래로 유명하지만, 이 바닷가의 해당화는 고전문학을 비롯해 현대문학에까지 자주 인용된다.

바닷가에 접한 천리포수목원에도 여러 종류의 해당화가 있다. 오랫동

▲ 지름 2~2.5센티미터 크기의 해당화 열매.

안 우리 땅에서 자란 해당화는 물론이고, 해당화와 친척 관계를 이루는 몇 가지 해당화도 함께 심어 키운다. 해당화 종류는 물가가 제격인 탓에 큰연못 가장자리에 모아 키우면서 해당화원이라고도 부르지만 사실 개체 수가 그리 많은 건 아니다. 그러나 해당화가 피어날 즈음에는 선명한 빨간빛의 해당화 꽃이 모여 있어서 눈에 들어온다.

밤송이해당화

큰연못 가장자리로 난 오솔길 한 귀퉁이에는 밤송이해당화*Rosa roxburghii* f. *normalis* Rehder & E. H. Wilson•가 있다. 밤송이해당화는 우리 해당화의 꽃과 크게 다를 것이 없지만, 해당화에 비해 규모가 크다는 점이 다르다. 또 우리 해당화보다 조금 늦게 피어나서 해당화 꽃 지고 난 뒤에도 꽃을 볼

▲ 여느 해당화와 다르게 흰색 꽃을 피우는 흰해당화.

수 있다는 특징이 있다.

흰해당화

해당화 종류 가운데에 하얀 꽃을 피우는 품종이 있다. 흰해당화*Rosa rugona* 'Alba'다. 천리포수목원에서 심어 키우는 해당화 종류는 거의 큰연못 가장자리에서 볼 수 있는데, 흰해당화는 조금 떨어져 있다. 우드랜드 언덕을 넘어 암석원의 작은연못으로 내려가는 비탈길의 나무 계단참에 서 있는 나

• 〈국가표준식물목록〉에서는 노르말리스장미라고 표기했다. 천리포수목원에서는 그동안 중국해당화로 표기했으나 최근에 정리한 〈천리포수목원 식물명 국명화 기준안〉에 따라 밤송이처럼 열매에 가시가 돋는 특징을 이름에 내세웠다.

무인데, 아직은 그리 크지 않아 존재감이 별로 없다. 꽃송이의 생김새는 해당화와 다를 게 없지만, 빛깔이 하얀색이어서 남다른 느낌을 자아낸다. 그리 풍성하게 자란 나무는 아니지만, 좀 더 자라면 천리포수목원의 흰해당화도 필경 눈길을 사로잡을 특별한 나무가 될 것이다.

해당화 종류는 원래 우리나라의 어디에서나 잘 자라는 낙엽성 낮은키 나무로 기껏해야 높이 1미터 정도로 자란다. 앞에서도 이야기한 것처럼 흔히 바닷가의 소금기 머금은 바람 불어오는 자리에서 자라는데, 바닷가 모래밭이 아닌 뭍에서도 잘 자라는 생명력이 강한 나무다.

꽃술만으로 화려한 왕자귀나무와 자귀나무

왕자귀나무

자귀나무

해당화 피고 지는 즈음에 천리포수목원을 방문한다면 놓치기 아까운 나무로 왕자귀나무*Albizzia kalkora* Prain를 들 수 있다. 이름에서 짐작할 수 있듯이 7월 들어서면서부터 신비로운 꽃을 풍성하게 피우는 자귀나무*Albizzia julibrissin* Durazz와 가까운 친척 관계를 이루는 콩과의 나무다. 왕자귀나무는 우리 가까이에서 쉽게 만날 수 있는 나무가 아니어서 생소할 수 있지만, 자귀나무는 그에 비해 비교적 친근한 나무다.

자귀나무는 무엇보다 여느 꽃들에 비해 남다른 모습으로 피어나는 신비로운 꽃이 특징인 나무다. 공작새의 머리 깃처럼 돋아나는 자귀나무의 꽃은 꽃술만으로도 여느 화려한 꽃 못지않게 아름답다. 5~6밀리미터 정도의 암록색 꽃잎 5장이 있지만 눈에 잘 띄지 않고, 그 가운데에 3센티미터 정도 길이의 수술이 돋아난다. 꽃술만으로 피어난 꽃이 마치 공작의 벼슬, 혹은 공작새가 날개를 활짝 폈을 때의 모습을 떠올릴 만큼 화려하다.

꽃송이뿐 아니라 자귀나무는 잎사귀도 독특하다. 자귀나무의 잎은 하나의 잎자루에 40~60장의 작은 잎이 모여 나는 이른바 겹잎이다. 겹잎의 잎자루에 촘촘히 돋아나는 작은 잎들은 서로 한 쌍의 짝을 이루어 돋아나는데, 작은 잎 한 장은 너비 3밀리미터 정도로 좁다. 0.6~1.5센티미터까지의 길이로 약간의 차이를 이루며 규칙적으로 돋아나는 작은 잎은 마치 들풀 미모사를 닮았다.

이 자잘한 잎은 낮에 활짝 펼쳐서 광합성을 하고, 해 저문 뒤에는 맞은편의 작은 잎을 향해 서로 마주 닿을 만큼 몸을 접는다. 이는 마치 살짝이라도 건드리면 잎을 접는 미모사와 같은 방식이지만, 미모사와 달리 자귀나무 잎사귀는 외부의 자극과 무관하고 빛의 양에 따라 저절로 오므렸다 펼쳤다를 반복한다. 이처럼 해 저물면 잎을 닫는 모양이 마치 밤이 되면 서로 부둥켜안고 잠드는 부부의 모습을 닮았다 해서 옛사람들은 이 나무를 야합수(夜合樹), 합환수(合歡樹) 등으로 부르기까지 했다. 우리말 이름인 자귀나무의 어원은 밤이 되면 '잠을 자는 귀신 나무'라는 데에서 온 것으로 볼 수 있지 싶다. 정다운 연인 혹은 부부의 금실을 상징하는 나무라고 여겨 온 탓에 옛날에는 신혼부부의 창가에 심어놓고 바라보면서 부부의 금실을 쌓았다고도 한다.

왕자귀나무는 바로 이 자귀나무와 가까운 친척 관계의 나무다. 꽃잎이 퇴화하고 꽃술만 발달한 꽃 모양은 자귀나무와 똑같다. 그러나 자귀나무 꽃이 옅은 보랏빛인 것과 달리 왕자귀나무는 흰빛이 강하게 드러난다. 도감에는 그냥 흰색으로 나오지만, 유백색 정도로 이야기하는 게 정확하다. 또한 자귀나무가 높이 5미터 정도까지 크는 것과 달리 왕자귀나무는 10미터 가깝게 자란다는 점에서 분위기부터 다른 느낌을 준다. 천리포수목원의

▲ 옅은 보랏빛인 자귀나무 꽃과 달리 유백색이 강한 왕자귀나무 꽃.

왕자귀나무도 거의 10미터쯤 컸다. 잎사귀도 자귀나무와 왕자귀나무는 서로 다르다. 자귀나무의 잎은 앞에서 이야기한 것처럼 자잘한 작은 잎이 돋아난다고 했는데, 왕자귀나무 역시 겹잎이지만 아까시나무 잎처럼 크게 돋아나서 꽃을 보지 않고서는 자귀나무의 친척이라고 생각하기 어렵다.

왕자귀나무는 목포 유달산 지역에서 자라는 특산식물로 알려져 있었다. 최근에는 일본과 중국 등지에서도 발견되었다고 하지만 여전히 희귀한 식물이다. 중부지방에서 자라기는 쉽지 않은 나무인데, 천리포수목원에서는 한 그루의 왕자귀나무가 잘 자라서 여름 들어서는 길목에서 환상적인 꽃을 피운다.

8월

땅의 특징과 시간의 흐름에 따라 빛깔을 바꾸는 화려한 꽃

수국

화려한 헛꽃으로 곤충을 불러들이는 수국

수국

천리포수목원의 여름은 수국*Hydrangea macrophylla* (Thunb.) Ser.이 불러온다. 봄의 꼬리를 물고 피어나기 시작해서 여름 내내 탐스러운 꽃을 피어내는 수국은 아마도 여름을 가장 화려하게 물들이는 꽃이다. 가지 끝에서 둥글게 모여서 피어나는 탐스러운 꽃무리는 여름 화려함의 백미다. 수국은 워낙 종류가 많은 나무로, 천리포수목원에 심어 키우는 수국만도 무려 100종류 가까이 된다.

수국 종류의 나무는 대개 아시아 동부와 아메리카 지역에서 자란다. 품종 이름에 'White'나 'Snow'가 붙어 하얀색의 꽃을 피우는 종류에서부터 'Bluebird'라는 이름을 가지는 게 당연하다 싶을 만큼 청초한 푸른색의 꽃을 피우는 종류까지 수국의 꽃 색깔은 다양하다. 이 모든 종류의 수국이 큼지막한 꽃을 피운다는 점은 공통적이다.

꽃이 탐스럽다고 했지만, 한 송이 한 송이가 큰 것은 아니고 여러 송이

▲ 공 모양 꽃 뭉치가 주렁주렁 매달린 수국.

의 꽃이 한데 모여서 커다란 공 모양을 이룬 것이다. 꽃 뭉치가 큰 경우에는 조금 과장하자면 거의 핸드볼 공의 크기에 버금갈 정도다. 그런 꽃 뭉치가 키 작은 수국 나무 전체에 주렁주렁 매달려 피어나기 때문에 무척 화려하다. 게다가 초록의 이파리들에 비해 선명하게 눈에 띄는 색깔이기까지 하다.

꽃 뭉치 모양 때문에 수국의 한자 이름은 수구화(繡毬花)이다. '비단 수(繡)'와 '공 모양 구(毬)'이다. 비단처럼 고운 천으로 빚은 공 모양의 꽃을 피우는 나무라는 이야기다. 자잘하게 모여 피어 있는 수국 꽃 뭉치는 보는 것처럼 비단 느낌이 든다 해도 될 만큼 곱다. 수국 종류의 나무는 탐스럽고

▲ 수국 꽃에서 꽃잎처럼 보이는 부분은 꽃받침잎이다. 꽃받침잎 색깔은 시간과 환경에 따라 변한다.

고운 꽃이 피어 있는 상태 그대로 여름을 난다. 심지어 찬바람 드는 가을 초입까지 꽃이 남아 있는 수국을 볼 수도 있다.

비단처럼 곱게 보이는 부분이 꽃잎으로 보이기는 하지만 실은 꽃을 둘러싼 꽃받침잎이다. 이처럼 꽃받침잎이 크게 발달한 경우는 다른 식물에서도 볼 수 있다. 이를테면 '크리스마스 로즈' 혹은 '사순절의 장미'로도 불리는 헬레보루스나 으아리 종류가 그런 경우다. 작은 꽃만으로는 벌과 나비를 불러들이기 어려운 까닭에 꽃을 드러내 보이기 위해 선택한 생존 전략이다. 꽃받침잎도 꽃의 한 부분이니, 저 꽃 뭉치를 꽃이라 부른다고 해서 틀린 건 아니다. 또 꽃받침잎과 꽃잎을 정확히 구분해내지 않는다고 해서 달라질 건 없지만 정확히 알아두자는 것이다.

꽃받침잎의 다양한 색깔이 시간 흐르면서 변한다는 것도 수국 꽃의 특징이다. 때로는 수국이 뿌리내린 땅의 성질에 따라 빛깔을 바꾸기도 한다. 구체적으로 이야기하면 안토시아닌 색소의 농도, Ph 조건, 개화 진행 등 다양한 원인에 따라 붉은빛에서 푸른빛의 다양한 색을 드러낸다. 수국이 자리 잡은 땅의 알칼리 성분이 강하면 분홍색이 진해지고, 반대로 산성이 강하면 파란색이 더 강해진다. 빛깔이 변화하는 특징 때문인지 수국의 꽃말은 '변심(變心)'이다.

수국의 다른 학명으로는 ① *Hydrangea otaksa* Siebold & Zucc. ② *Hydrangea hortensis* var. *otaksa* (Siebold & Zucc.) A. Gray ③ *Hydrangea macrophylla* subsp. *typica* f. *otaksa* (Siebold & Zucc.) Makino & Nemoto 등 다양하다. 〈국가표준식물목록〉을 찾아보면 '이명'으로 병기한 항목에서 나타나는 이름이다.

이름에는 공통적으로 'otaksa'라는 이름이 붙어 있다. 이는 수국의 꽃 색깔이 변한다는 사실과 관련이 있어 흥미롭다. 네덜란드의 식물학자가 일본에 식물을 조사하러 왔다가 한 기생과 사랑을 나누었는데, 얼마 뒤 그녀가 마음을 바꾸어 다른 남자에게로 갔다. 그 기생의 이름이 바로 오타키였고, 식물학자 주카르니(Zuccarnii)는 변심한 기생의 이름을 나무의 이름에 넣었다는 이야기다.

꽃받침잎이 테두리에만 피어나는 산수국

산수국

수국의 많은 종류 가운데 꽃받침잎이 꽃무더기의 바깥 송이에만 피어나는 종류도 있다. 얼핏 보아서는 다른 종류의 수국 꽃과 다르다 생각하게 되는데, 그건 산수국*Hydrangea serrata f. acuminata* (Siebold & Zucc.) E. H. Wilson에 속하는 종류의 꽃이다. 수국 가운데 우리 산에서 자라는 종류의 나무다.

수미다노하나비수국

산수국은 꽃 뭉치의 가운데에 돋아난 꽃들이 작은 꽃송이만으로 이루어지고, 바깥 테두리 부분에만 꽃받침잎이 발달하는 방식으로 꽃을 피운다. 수미다노하나비수국*Hydrangea macrophylla* 'Sumida-no-hanabi'이라는 품종의 꽃도 우리의 산수국과 비슷한 구조를 갖고 있다.

가운데에 올망졸망 피어나는 꽃송이와 바깥쪽으로 빙 둘러서 피어난 꽃송이의 모습이 확연히 다르다. 안쪽에 올망졸망한 꽃송이를 잘 보면, 푸른빛의 작은 꽃잎과 안쪽에 꽃술도 보인다. 더 자세히 보면 초록의 꽃받침도 볼 수 있다. 이 꽃송이를 유성화(有性花)라고 한다. 그런데 바깥쪽의 흰 꽃송이에서는 다른 부분이 보이지 않는다. 꽃받침잎만이 겹으로 돋은 게 보인다. 이 꽃송이를 무성화(無性花)라고 부른다.

유성화는 나중에 열매를 맺는 부분이고, 무성화는 열매를 맺지 않는 헛꽃에 불과하다. 유성화가 워낙 작아서 눈에 띄지 않으니, 벌과 나비를 불러 모으기 위해 꽃 주위로 커다란 꽃받침잎의 무성화를 피워 스스로를 화려하게 분장한 것이다. 이 무성화를 가짜 꽃이라고 하여 '위화(僞花, pseudanthium)'라고도 부른다. 꽃이라 할 수는 없지만, 수국 꽃에 없어서는 안 될 중요한 부분이다.

어떤 시인은 이 무성화를 '허화(虛花)'라고 표현하기도 했다. 〈허화들의 밥상〉이라는 제목으로 노래한 박라연 시인의 작품이 그렇다. 실제 식물학 용어 중에 위화라는 표현은 있어도 허화라는 표현은 없다. 그러나 허화는 시적으로 수국 꽃의 특징을 이야기하기에 알맞춤한 표현이라는 생각이

▲ 수미다노하나비수국. 산수국처럼 꽃 바깥 테두리에만 꽃받침잎이 피어난다.

다. 그 시를 보다가 짤막하게 덧붙인 글이 있어 여기에 그대로 옮긴다.

수국은 가짜 꽃을 피운다. 진짜 꽃보다 예쁘다. 새파란 진짜 꽃난으로는 생식의 환희를 누릴 수 없어서다. 생식을 위해 피우는 꽃이 가짜 꽃, 허화다. 진짜 꽃은 너무 작아서 벌 나비를 부르지 못한다. 허화를 피워서 벌 나비의 눈에 들어야 한다. 허화는 진짜에게 모자란 1퍼센트를 위해 스스로의 목을 조르고, 번식의 쾌락을 내려놓아야 한다. 다 버리고 오직 아름다워야 한다. 스스로 태어날 수도 죽을 수도 없다. 생존 자체가 가짜인 탓이다. 환희가 배제된 아름다움은 고통이다. 고통으로 태어난 허화의 생이 서럽다. 허화는 가짜 꽃이지만 진짜를 진짜로 키운다. 생을 대신 완성하는 진짜 꽃이다.

– 고규홍, 《나무가 말하였네 2》 중에서.

산수국 종류에서 위화의 생김새와 빛깔은 변화무쌍하다. 색깔만으로도 흰빛에서부터 푸른빛까지 천차만별이다. 빛깔이 하나로 고정되어 있지 않고, 시간의 흐름에 따라 조금씩 변화하기 때문에 색깔로 특징을 정리하기는 쉽지 않다.

생김새도 다양하긴 마찬가지다. 3장짜리 위화에서부터 5장짜리가 있는가 하면, 겹으로 돋아나는 경우도 있다. 역할은 똑같지만, 빛깔과 모양이 서로 다른 것이다. 다양한 종류의 수국을 수목원 곳곳에 심어두었는데, 무엇보다도 작은연못 가장자리에서는 한꺼번에 다양한 수국을 여럿 볼 수 있어 좋다.

꽃차례가 독특한 떡갈잎수국과 나무수국

떡갈잎수국

분명히 수국 종류에 속하는 나무이지만, 꽃차례가 여느 수국과 다른 나무도 있다. 떡갈잎수국*Hydrangea quercifolia* W. Bartram 종류의 나무다. 떡갈잎수국은 미국의 플로리다를 비롯한 남동부 지역에서 자라는 나무로 영문으로는 참나무잎(Oak-leaf)수국으로 불리는 종류다. 그러나 아메리카 지역에서 참나무로 부르는 대표적인 나무가 떡갈나무인 까닭에 우리말로 옮기는 과정에서 떡갈잎수국으로 부르게 된 나무다.

떡갈잎수국은 낮은 키로 자라는 여느 수국과 달리 8미터까지 자라는 나무로, 관목으로 분류하는 낮은키나무 가운데에는 비교적 큰 키의 나무에

▲ 떡갈나무 잎을 닮은 널찍한 잎사귀를 펼친 스노플레이크떡갈잎수국과 하모니떡갈잎수국.

속한다. 천리포수목원의 떡갈잎수국들 역시 키나 가지 퍼짐에서 다른 수국 종류에 비해 훨씬 크다. 떡갈나무의 잎을 닮았다고 표시한 잎의 이름에서 이미 짐작할 수 있듯이 떡갈잎수국의 가장 큰 특징은 잎에 있다. 대개의 수국 잎은 가장자리가 패지 않고 거치라고 부르는 톱니만 자잘하게 나 있을 뿐인데, 떡갈잎수국은 잎 가장자리에 깊은 결각이 나타난다.

스노플레이크 떡갈잎수국

하모니떡갈잎수국

민병갈기념관과 다정큼나무집 사이의 화단 한쪽에 서 있는 스노플레이크떡갈잎수국*Hydrangea quercifolia* 'Snow Flake'의 잎 가장자리는 4개의 깊은 결각이 생겨서 잎이 다섯 갈래로 나누어진다. 같은 떡갈잎수국 종류이지만, 하모니떡갈잎수국*Hydrangea quercifolia* 'Harmony'의 잎에 나타나는 결각은 스노플레이크떡갈잎수국보다 많은 편이라 조금 더 화려해 보인다.

떡갈잎수국 종류의 잎은 가을에 벽돌색에 가까운 짙은 갈색에서부터 보라색과 빨간색까지 다양한 빛깔의 단풍을 보여준다는 점도 조경수로 환

▲ 떡갈잎수국처럼 원추형 꽃차례를 피우는 나무수국.

영받는 요인 가운데 하나다.

떡갈잎수국이 여느 수국과 분명하게 다른 또 하나의 특징은 꽃차례의 생김새에 있다. 수국 종류의 꽃차례가 앞에서 이야기한 것처럼 크건 작건 공 모양으로 둥글게 피어나는데, 떡갈잎수국은 끝 부분이 뭉툭한 원뿔형으로 피어난다. 또 꽃받침잎이 여러 겹으로 피어난다는 것도 다르다.

나무수국

수국 종류를 이야기하면서 덧붙여야 할 식물은 나무수국*Hydrangea paniculata* Siebold이다. 일본이 고향인 나무수국도 떡갈잎수국과 마찬가지로 꽃차례가 원뿔형으로 피어나는데, 바깥쪽을 향한 꽃차례의 끝 부분이 뾰족하다는 점에서 약간의 차이가 있다. 나무수국은 다른 수국 종류의 식물보다 조금 늦게 피어나는 편이다. 천리포수목원에서는 관람로 초입의 큰연못 가장자리에서 나무수국 한 그루를 만날 수 있다. 2.5미터 높이로 자란 나뭇가지 끝에 원뿔형의 하얀 꽃차례를 한가득 매달고 피어나는 나무수국의 풍경은 여름 수목원 연못가에서 볼 수 있는 아름다운 풍경 가운데 하나다.

빛깔보다 향기가 더 아름다운 멀구슬나무의 추억

멀구슬나무

진한 향기가 매력인 멀구슬나무

식물의 움직임을 놓치지 않으려 애쓰지만, 계절의 흐름을 온몸으로 받아안는 식물의 흐름을 따라가는 일은 결코 쉽지 않다. 일쑤 식물의 변화를 알아채지 못하고 그냥 지나치곤 하는 게 사람살이 아닌가 싶다.

멀구슬나무*Melia azedarach* L.가 그렇다. 유월에 짙은 보랏빛으로 조그마하게 피어나는 멀구슬나무의 예쁜 꽃은 워낙 인상적이어서 해마다 놓치지 말고 찾아보겠다고 벼르지만 하릴없이 놓치는 경우가 많다. 심지어 천리포수목원에서 생활하는 지킴이들조차 멀구슬나무의 꽃을 보지 못하고 가을을 맞이하는 경우도 있다.

멀구슬나무

'본다'고 했지만, 사실 멀구슬나무의 꽃은 최소한 본다라기보다 '맡는다' 혹은 '느낀다'고 해야 맞다. 멀구슬나무 꽃은 생김새나 빛깔보다 향기가 훨씬 강렬한 인상을 남기는 꽃이기에 하는 말이다.

잘 자라면 15미터까지 자라는 낙엽성 큰키나무인 멀구슬나무는 곧은

▲ 매혹적인 향기의 꽃을 피우는 멀구슬나무. 높이 15미터까지 자라며 가지를 사방으로 펼쳐 넓은 그늘을 이루어 정자나무로 알맞춤하다.

줄기가 솟아오른 뒤에 가지를 사방으로 펼쳐 넓은 그늘을 이루는 나무여서, 집 근처의 정자나무로 쓰기에도 알맞춤하다.

새로 난 가지 끝에서 피어나는 멀구슬나무의 꽃은 5개의 꽃받침과 꽃잎을 갖고 있다. 가느다랗게 활짝 펼친 5장의 연보랏빛 꽃잎 바깥쪽으로 조그마한 꽃받침이 있는데, 꽃송이 바깥으로 살짝 보인다. 꽃잎 안쪽으로는 짙은 보랏빛으로 돋아난 10개의 수술이 하나의 통처럼 모여서 곧추 서 있다. 그 가운데에 하나의 암술이 있다. 이 꽃이 가지 끝에 무성하게 모여서 꽃차례를 이룬다.

멀구슬나무는 화려한 보랏빛의 꽃 모양만으로도 충분히 인상적이다. 그러나 더 인상적인 것은 그 작은 꽃들이 풍기는 짙은 향기다. 생각만 해도 코끝이 알싸해지는 강한 향기다. 멀구슬나무 꽃의 향기는 마치 여인들의 몸치장에 쓰는 향수가 뿜어내는 향기를 닮았다. 향수 중에도 기품 있는 향기다. 궂은 냄새를 가리려고 마구 뿌려댄 천박한 향수 따위와는 비교할 수 없이 그윽하면서도 강한 향기다.

향기가 강한 꽃이 지고 나면 지름 1.5센티미터쯤 크기의 작은 타원형의 열매를 맺는다. 열매는 가을바람 불어올 즈음 초록색으로 돋아나 차츰 연한 노란색으로 익어가면서 표면이 쭈글쭈글해지며 겨울을 난다. 이른 봄이면 열매가 저절로 떨어져 멀구슬나무 주변에 귀엽고 앙증맞은 열매들이 굴러다닌다. 이 열매는 이뇨·하열 및 구충제로 사용했다.

멀구슬나무는 구주목, 말구슬나무, 고롱굴나무라는 다른 이름도 가지고 있다. 제주도에서는 머쿠슬낭, 머쿠실낭이라고도 부른다. '구슬'이라는 표현이 들어간 건 가을에 맺히는 열매가 구슬처럼 귀엽고 인상적이기 때문이다.

▲ 멀구슬나무의 꽃과 열매. 보랏빛 꽃은 진한 향기를 내뿜고, 꽃이 진 후에는 초록색 타원형 열매가 돋아난다.

여러 우리말 이름을 가지고 있다는 건 우리 곁에서 오래전부터 자란 나무라는 증거겠지만 멀구슬나무의 고향은 일본이다. 오래전에 일본에서 들어와 자란 것이라고 보면 된다. 《동의보감》이나 조선시대 선비들의 시에도 멀구슬나무는 등장한다.

멀구슬나무는 일본과 우리나라를 비롯해 타이완 등 서남아시아의 따뜻한 지역에서 자라는 나무다. 현재 우리나라에서는 일본에서 가까운 제주도와 경상남도, 그리고 전라도에서 자라지만 자생지는 발견되지 않았다. 그래도 이처럼 오래도록 우리 곁에서 자라온 나무이니, 우리 나무라 해도 틀린 건 아니다. 2009년 9월 16일 전라북도 고창군청 마당에서 자라는 한 그루가 우리나라에서 가장 큰 나무로 확인되면서 '고창 교촌리 멀구슬나무'라는 이름으로 천연기념물 제503호에 지정되기도 했다.

멀구슬나무의 다양한 쓰임새

꽃향기가 아니라 해도 멀구슬나무에는 특이한 점이 많다. 무엇보다 살충 효과다. 멀구슬나무는 나무줄기에 살충 효과를 보이는 성분을 갖고 있는 것으로 알려졌다. 그래서 멀구슬나무 근처에는 모기나 개미와 같은 벌레들이 찾아오지 않는다. 또 옛날에는 나무줄기나 가지를 뒷간에 두어 구더기나 해충을 방제하기도 했다. 줄기와 가지뿐 아니라 열매도 살충 효과가 뛰어나기는 마찬가지다. 구슬처럼 맺히는 열매를 옷장 안에 넣어두면 나프탈렌 같은 효과를 볼 수 있다. 소독 효과가 뛰어나다는 이야기다. 한방에서 기생충 제거용으로 쓰는 이유도 이 같은 효과 때문이다. 또 한방에서는 열매를 해열제로, 뿌리는 구충제로 쓰기도 한다. 같은 이유에서 옛날에는 낙태를 위해 멀구슬나무의 열매를 이용하기도 했다고 한다.

실제로 멀구슬나무의 줄기와 뿌리의 껍질에는 카테킨(Catechin)과 마르고신(Margosin), 바닐릭산(Vanillic acid) 등의 성분이 함유되어 있다고 하는데 이 성분들이 살충·해열·이뇨의 효능을 보이며 피부의 습기를 제거해주는 기능을 가진다고 알려졌다.

멀구슬나무과의 나무 가운데에 우리나라에서 자라는 나무로는 참죽나무*Cedrela sinensis* Juss.가 있다. 줄기가 멋지게 쭉 뻗어 오른 뒤에 가지가 넓게 퍼지는 다소 이국적인 분위기의 나무다. 같은 과의 나무지만 우리나라에서

참죽나무
인도멀구슬나무

▲ 멀구슬나무 줄기 표면. 나무줄기에 살충 효과를 가지는 성분이 있어 개미 등이 찾아오지 않는다고 한다.

자라지 않는 나무로 인도멀구슬나무*Azadirachta indica* A. Juss.로 불리는 나무도 있다. 가을이면 잎 지는 우리의 멀구슬나무와 달리 상록성 나무인 인도멀구슬나무는 멀구슬나무와 비슷하지만 다른 나무다. 꽃만 해도 그렇다. 인도멀구슬나무 꽃은 멀구슬나무의 꽃과 생김새도 다르고 색깔도 다르다. 꽃을 보면 단박에 다른 나무임을 알 수 있다.

인도멀구슬나무는 산스크리트어로 '님(영문으로는 nim 혹은 neem으로 표기)'이라고 부른다. 그래서 흔히 인도멀구슬나무를 님트리 혹은 님나무라고도 한다. 최근 친환경 살충제의 원료로 쓰는 님오일은 바로 이 인도멀구슬나무에서 추출한 것이다. 종종 우리 멀구슬나무와 인도멀구슬나무를 혼용하지만 두 나무는 전혀 다르다. 물론 살충제의 원료로 쓰이는 것처럼 살충과 소독 효과가 뛰어난 성분을 갖고 있는 것까지 닮았지만, 다른 건 다른 것이다. 님트리도 옛날부터 인도에서 '마을 약국'이라고 부르면서 갖가지 약재로 써왔다고 한다.

모진 비바람에도 결실을 준비하는 식물의 약동

삼백초 | 약모밀

세 가지가 하얀 삼백초

삼백초

수련이 한창 화려한 꽃을 피울 즈음이면 천리포수목원의 암석원 연못 가장자리에서는 삼백초(三白草) *Saururus chinensis* (Lour.) Baill.가 하얀 꽃을 피운다. 삼백초는 약초로 많이 쓰이는 식물이어서 실제 보기는 쉽지 않아도 이름만큼은 많이 듣게 된다. 천리포수목원에서는 잘 가꾸고 있지만, 삼백초는 환경부 지정 멸종위기 야생 동식물 2급으로 분류된 희귀식물의 하나다. 제주도 서남쪽 바닷가에서만 자생지를 발견할 수 있는 상태다.

최근에는 천리포수목원을 비롯한 몇몇 식물원에서 잘 보존하고 있어 삼백초를 볼 수 있는 기회가 그나마 조금 늘었지만, 여전히 잘 보존해야 하는 희귀식물이다. 삼백초는 물을 좋아하는 여러해살이풀이다. 잘 자라면 50~100센티미터까지 자라는데, 천리포수목원의 삼백초는 60센티미터쯤 자란다.

삼백초는 여러 질병에 큰 효과를 보이는 성분을 많이 함유하고 있다.

플라보노이드의 일종인 케르세틴(quercetin), 케르시트린(quercitrin)이 삼백초의 주요 성분인데, 이는 고혈압·동맥경화 등에 효과가 탁월하고 간의 해독 작용에도 뛰어난 효과를 보이는 것으로 알려져 있다. 또 염증을 완화하고 항암 작용까지도 보이는 등 좋은 약효를 가지는 약초다. 옛날 진시황이 찾던 불로초가 바로 삼백초 아니었을까 하는 짐작 섞인 이야기를 하는 사람도 있다.

삼백초라는 이름은 세 가지가 하얗기 때문에 붙은 이름이다. 뿌리와 꽃, 그리고 이파리가 흰색이다. 하얀색의 꽃을 특이하다고 할 수야 없다. 게다가 하얀 뿌리는 캐보기 전에 드러나는 게 아니어서 역시 별나다 하기 어렵다. 무엇보다 특이한 것은 하얀 잎이다. 모든 잎이 하얀 것은 아니고, 꽃이 피어나는 줄기 끝의 잎 두세 장이 하얀색이다. 다른 잎에 비해 마치 흰색 페인트가 묻은 듯한 인공적인 느낌이 나서 특이하다. 꽃 옆의 3장의 잎이 하얗기 때문에 삼백초라는 이름이 붙었다고도 한다.

삼백초의 이름에 얽힌 이야기가 있다. 중국에서 전해오는 이야기다. 옛날 어느 한여름에 산길을 걷던 한 신선이 피로에 지쳐서 갑자기 심한 두통에 시달려야 했다. 하릴없이 잠시 멈춰 다리쉼을 하던 중에 어디에선가 묘한 냄새가 날아왔다. 냄새를 맡는 순간, 신선의 두통은 씻은 듯 사라졌고 피곤에 찌든 몸에도 금세 활력이 넘쳐났다. 신선이 야릇한 냄새를 내뿜는 풀을 찾아보았더니 새 하얀 잎사귀를 석 장씩 달고 있는 풀이 있었다. 석 장의 하얀 잎을 가진 풀, 신선은 그 풀의 이름을 삼백초라고 했다는 이야기다.

이야기는 재미있지만, 모든 삼백초가 규칙적으로 석 장의 하얀 잎을 달고 있는 건 아니다. 어떤 개체에서는 하얀 잎을 한 장도 찾아볼 수 없고, 어떤 개체는 겨우 한 장의 하얀 잎을 달고 있기도 하다. 평균적으로 두세

▲ 삼백초의 이름은 뿌리, 꽃, 잎이 흰색이기 때문에 붙었다. 꽃 옆의 잎 3장이 하얗기 때문이라고도 하는데, 실제로는 그렇지 않은 경우가 많다.

장 달고 있는데, 실제 천리포수목원 삼백초들은 하얀 잎을 한 장 달고 있는 것과 한 장도 달지 않은 것이 석 장의 하얀 잎을 단 개체보다 많다.

중국의 신선 전설에서는 삼백초에서 묘한 향기가 난다고 했는데, 그리 좋은 냄새는 아니다. 이 냄새를 송장 썩는 냄새라 하여 삼백초를 '송장풀'이라고 부르기도 한다. 또 전설에서처럼 냄새가 멀리까지 진동하는 건 아니다.

꼬리 모양으로 피어나는 삼백초의 꽃은 끝 부분을 아래로 숙이는 이삭 꽃차례가 휜 상태로 피어나지만, 다 피어나면 곧추 서는 모양으로 바뀐다.

하나의 길이가 약 15센티미터 크기로 피어난다. 예뻐서라기보다는 약으로 쓰기 위해서 오래전부터 많은 사람들의 입에 오르내린 탓에 유명세를 치르면서 이제는 우리 곁에서 영영 사라질지도 모를 위기에 처한 우리 식물이다.

약으로 쓰인 모밀, 약모밀

약모밀

희귀식물임에도 불구하고 삼백초라는 이름으로 많이 팔리는 식물이 있지만, 이 가운데에는 삼백초와 같은 과에 속하는 식물도 있다. 어성초(魚腥草)라고도 부르는 약모밀*Houttuynia cordata* Thunb.이 그것이다. 약모밀과 삼백초는 삼백초과Saururaceae의 식물로 가까운 친척 관계이지만 분명히 다른 식물이다. 삼백초과에 속하는 우리 식물로는 삼백초와 약모밀 둘밖에 없다. 두 식물 모두 약재로 많이 쓰지만, 약효가 서로 다르기 때문에 약으로 쓸 때에는 세심하게 주의해야 한다.

메밀

약모밀은 여러 이름을 갖고 있다. 우선 메밀의 다른 이름인 모밀이라 한 건 약모밀의 잎사귀가 메밀*Fagopyrum esculentum* Moench의 잎을 닮았다는 데에서 비롯됐다. 메밀은 마디풀과Polygonaceae의 한해살이풀이고, 약모밀은 삼백초과의 여러해살이풀이니 두 식물 사이에는 별다른 관계가 없다. 그러나 생김새, 특히 심장형의 잎사귀는 구별이 쉽지 않을 정도로 닮았다. 그래서 메밀 중에 약으로 쓰는 메밀이라는 뜻에서 약모밀이라 한 것이다. 약메밀이 아니라 약모밀인 이유는 예전에 메밀을 모밀로 불렀던 때문이다.

약모밀은 민간에 어성초라는 이름으로 더 알려졌다. 여기에서 '성(腥)'은 비리다는 뜻을 가진 한자다. 그러니 이름을 풀어보면 물고기 비린내가

▲ 항생 효과가 뛰어난 약모밀. 잎사귀가 메밀과 매우 닮았고, 4장의 하얀 포가 꽃잎처럼 보인다.

나는 풀이라고 해야겠다. 실제로 약모밀은 잎이나 줄기를 손으로 한참 비비면 강한 비린내가 난다. 냄새가 워낙 강하다 보니 이를 특징으로 삼아 민간에서 어성초라는 이름이 많이 쓰였다. 어성초와 비슷하게 우리나라 남부 일부 지방에서는 어성채라고도 부르고, 북한에서는 즙채라는 이름으로 부른다. 역시 강한 비린내를 내는 특징에 기댄 이름이다. 또 하나의 이름으로 십자풀이라는 게 있다. 이건 약모밀의 꽃을 보면 알 수 있다. 약모밀의 꽃에는 산딸나무나 수국 꽃과 마찬가지로 꽃잎이 따로 없는 대신 4장의 하얀 '포'가 있다. 그 포가 열십 자 방향으로 났다는 특징을 이름으로 삼은 것이다.

그늘지고 축축한 곳에서 자라는 약모밀은 삼백초처럼 약효가 뛰어난 식물이다. 특히 항생 효과가 탁월한데다 생명력도 신비로울 정도로 대단하다. 가장 상징적인 이야기가 일본 히로시마 원자폭탄과 관련한 이야기다. 히로시마는 제2차세계대전 때 원자폭탄이 떨어진 곳이다. 원자폭탄 투하 후 많은 과학자들이 현장을 찾아가 조사한 뒤 생명체의 존재 가능성을 0퍼센트라고 결론 내렸다.

그러나 현대과학이 알지 못한 생명의 신비가 있었다. 먼저 은행나무였다. 이듬해 봄이 되자 이 지역에 있는 여덟 그루의 은행나무에서 새잎이 돋아났다. 은행나무와 함께 폐허의 땅을 뚫고 솟아오른 풀도 있었다. 그게 바로 약모밀이었다고 한다. 약모밀의 항생 효과가 다른 식물의 4만 배나 된다는 걸 알게 된 것도 그때의 연구 결과였다. 그 뒤로 약모밀은 삼백초와 함께 탁월한 약효를 가진 약초로 많이 알려지게 됐다.

천리포수목원에서 약모밀 꽃을 인상적으로 볼 수 있는 곳은 암석원에서 게스트하우스 벚나무집을 끼고 언덕을 오르는 좁다란 오솔길 위쪽이다. 길을 따라 오르면 옛 온실 자리가 나오고, 새로 놓은 데크 길 왼쪽 경사면을 올라가면 오른편에 약모밀이 군락을 이뤄 자란다. 꽃이 피는 6월쯤에는 한꺼번에 무더기로 약모밀의 하얀 꽃을 볼 수 있다.

불볕 무더위를 반기는 여름 노래

달맞이꽃

자디잔 달맞이꽃 종류

분홍달맞이

달맞이꽃*Oenothera biennis* L.과 같은 과에 속하는 풀꽃인 분홍달맞이*Oenothera rosea* Aiton를 만나게 된 것은 행운이었다. 높이 10센티미터도 되지 않는 낮은 키의 초본식물인 분홍달맞이는 꽃 한 송이의 크기가 7~8밀리미터밖에 되지 않는 앙증맞은 꽃을 피우는데, 천리포수목원 생태교육관 옆 온실 앞 길가에 아무렇게나 피어 있다. 온실 담당 지킴이가 따로 알려주지 않았다면 굳이 그 자리를 살피지 않았을 것이고, 혹 살펴보는 일이 있었다 해도 이 작은 꽃은 보지 못하고 그냥 스쳐 지났을 공산이 크다.

경배하듯 무릎을 꿇고 앉아 고개를 땅바닥에 처박고서야 겨우 이 작은 달맞이꽃의 꽃송이와 눈을 맞출 수 있다. 가느다란 줄기 끝에 한 송이씩 연보랏빛으로 피어난 작은 꽃송이는 건듯 불어오는 바람에도 사정없이 하늘거리는 탓에 눈을 맞추기가 어렵다. 옆에서 커다란 책을 펼쳐서 바람을 막아준 친구가 아니었다면 사진 한 장 담는 건 엄두도 내지 못할 만큼 작은

▲ 약 10센티미터 높이로 자라 분홍색 꽃을 피우는 분홍달맞이.

꽃이다.

이 작은 꽃도 분명 달맞이꽃의 한 종류이지만, 우리가 이야기하는 달맞이꽃과는 생김새나 생태적 특성이 조금 다르다. 식물도감에는 달맞이꽃에 속하는 식물에 125종류가 있다고 돼 있다. 우리가 잘 아는 노란색 꽃을 피우는 종류에서부터 흰색, 핑크색까지 다양하다. 흰색으로 피었다가 시들어지면서 붉은색으로 변하여 떨어지는 애기달맞이꽃*Oenothera laciniata* Hill이라는 이름의 우리 식물도 있다.

애기달맞이꽃

식물을 찾아다니면서 가끔 우리 생각의 폭에 대해 돌아보곤 한다. 우리가 갖고 있는 선입견이 대개는 불확실한 사실을 바탕으로 한 것 아닌가

▲ 앙증맞은 노란색 꽃을 피운 달맞이꽃.

하는 생각이다. 그럼에도 불구하고 선입견이 실제 생활에서 큰 영향을 미친다는 게 문제다. 이런 특별한 식물을 만날 때 그런 생각은 더 깊어진다. 만일 평소에 달맞이꽃을 유심히 관찰해서 정확한 정보를 알고 있었다면, 색깔이 달라도 똑같은 생김새를 가진 꽃을 보고 달맞이꽃과 같은 종류에 속하는 풀꽃이라는 최소한의 짐작은 할 수 있을 것이다. 그러나 노란색이라는 데에만 얽매인 달맞이꽃에 대한 선입견이 생각을 지배한 탓에 궁금증에 안달하게 된다.

비슷한 경우가 또 있다. 역시 달맞이꽃의 한 종류이다. 로제아스페키오사달맞이*Oenothera speciosa* 'Rosea'는 품종 이름에 달맞이꽃의 학명을 담았지만, 다른 식물이다. 천리포수목원의 암석원 지역에 흔하게 피어나는 꽃이다. 달맞이꽃이라 하면 그저 노란색의 달맞이꽃만 떠올려야 하는 어설픈 선입견이 문제였던 것이다. 그래서 식물의 이름을 아는 것보다 오래 관찰해서 그 모양과 특징을 정확히 알아두는 것이 더 중요하다는 생각을 다시 한 번 되새기게 된다.

로제아스페키오사달맞이

흰 바탕의 꽃잎에서 분홍빛이 살짝 번져나오는 이 꽃도 달맞이꽃 종류다. 그런데 이 꽃을 달맞이꽃이라고 부르기에는 무리가 있다. 우리가 '달맞이꽃'이라 이름 붙인 식물은 달을 마중 나오듯 해 지고 나서 피어나기 때문이지만, 로제아스페키오사달맞이는 한낮에 피어나기 때문에 달맞이꽃이라고 부르기가 어색하다.

그러나 4장의 꽃잎이 둥근 컵 모양으로 피어나고, 꽃술 가운데 암술머리가 넷으로 갈라지며 피어나는 모습은 영락없이 달맞이꽃이다. 아직 암술머리가 벌어지기 전에는 넷으로 갈라진 것을 볼 수 없지만, 나중에 다른 달맞이꽃 종류의 꽃처럼 넷으로 갈라진다.

▲ 한낮에 꽃을 피우는 로제아스페키오사달맞이 꽃.

달맞이꽃 종류는 모두 암술머리가 넷으로 갈라진다. 크기도 다르고 빛깔도 다르지만, 생김새가 매우 닮았다. 삐죽 솟아 올라와 넷으로 갈라진 암술뿐 아니라 암술보다 작게 둘러선 수술이 8개인 것까지 똑같다.

달맞이꽃의 영어 이름은 '밤에 피는 앵초(Evening Primrose)'다. 우리가 달맞이꽃이라 부르는 것과 통하는 이름이다. 예쁜 이름 때문에 우리 토종

식물인 것처럼 생각하기 쉽지만, 달맞이꽃은 남아메리카 칠레에서 들어온 대표적인 귀화식물이다. 처음 우리에게 들어왔을 때 영어 이름을 참고하고, 또 달이 떠오를 때 피어난다는 특징에 기대어 우리가 붙인 이름이다. 달맞이꽃은 번식력이 뛰어나 때로는 같은 사구 지역에서 자라는 우리 토종식물의 생태를 망가뜨리기도 한다. 그래서 특히 사구식물 보존과 관련한 일을 하는 사람들에게는 골칫거리인 식물이기도 하다.

비 내리는 숲,
작아서 더 예쁘게 피어난 꽃들

금꿩의다리

가느다란 줄기로 하늘거리는 금꿩의 다리

금꿩의다리

꽃송이가 작아서 더 예쁜 식물, 게다가 예쁜 우리말 이름을 가진 식물을 이야기하자면 금꿩의다리*Thalictrum rochebrunianum* var. *grandisepalum* (H. Lev.) Nakai를 첫손에 꼽아야 할 것이다. 사진으로든 글로든 그가 얼마나 예쁜지를 다 표현할 수 있으면 좋겠다는 생각으로 한창 피어난 금꿩의다리 꽃 앞에 한참을 머무르지만, 그의 앙증맞은 아름다움을 고스란히 표현하기는 어렵다.

금꿩의다리는 가느다란 줄기로 높이 자란다. 식물도감에는 줄기가 70~100센티미터로 자란다고 돼 있지만, 대개의 경우는 그보다 훨씬 큰 키로 자란다. 언제나 어른 키보다 높이 솟아오른다. 눈대중으로 보아 2미터가 조금 넘는 크기로 보는 게 맞지 싶다. 이만큼 크게 자라지만 금꿩의다리는 나무가 아니라 미나리아재비과의 여러해살이풀이다. 한해살이를 마치고는 땅 위로 돋아나 있던 잎이나 줄기가 모두 사라진다.

금꿩의다리의 줄기가 가느다랗다보니 가늣한 바람에도 끊임없이 살랑

▲ 가느다란 줄기로 2미터 정도 자라는 금꿩의다리.

거릴 수밖에 없다. 약간의 과장을 보태면 가까이에 다가서서 금꿩의다리가 피워낸 앙증맞은 꽃을 바라보다가 큰 숨만 내쉬거나 들이쉬어도 그 숨결을 따라 꽃을 포함한 줄기까지 흔들거릴 정도다. 그런 탓에 아무리 숨을 죽이고 몸을 고정한 채 바라보아도 좋은 사진을 만들기는 쉽지 않다. 옆의 큰 나무들이 짙은 그늘을 드리운 어두운 자리에 있다는 것도 어려운 또 하나의 이유일 수 있다. 하늘거리는 꽃 앞에 머물러야 하는 시간은 길어질 수밖에 없지만, 작은 꽃송이들의 재잘거림에 귀 기울이는 기쁨은 시간의 길이만큼 깊다.

솟아올라 하늘거리는 가느다란 줄기 끝에 오순도순 모여 피어나는 꽃송이는 1센티미터가 조금 넘는 정도로 작다. 물론 활짝 피어난 꽃이 예쁘기도 하지만 꽃잎 열기 전에 5밀리미터쯤 되는 작은 구슬 모양으로 동그랗게 맺히는 꽃봉오리는 꽃 못지않게 예쁘다. 마치 어린아이들이 좋아하는 '구슬 아이스크림' 같다. 빛깔까지 꼭 닮았다. 그 조그마한 구슬이 드디어 자기가 좋아하는 햇살을 받으면 4장의 꽃받침, 즉 화피(花被)로 예쁘게 피어난다. 가운데에 무수하게 돋아난 노란 꽃술은 또 얼마나 화려한 모습인가.

금꿩의다리라는 이름이 붙은 건 바로 이 노란 꽃술 때문이다. 우리 식물 가운데에는 꿩의다리라는 이름을 가진 식물이 꽤 있다. 일테면 꿩의다리*Thalictrum aquilegifolium* var. *sibiricum* Regel & Tiling, 긴잎꿩의다리*Thalictrum simlex* var. *brevipes* Hara, 꽃꿩의다리*Thalictrum petaloideum* L., 산꿩의다리*Thalictrum filamentosum* var. *tenerum* (Huth) Ohwi, 그늘꿩의다리*Thalictrum osmorhizoides* Nakai 등이 그런 식물들이다.

그중에 특별히 '금'을 붙인 게 바로 노란 꽃술 때문이다. 꿩의 다리라 한 것도 재미있다. 가느다란 줄기로 높다랗게 자란 모습이 마치 가느다란 다리로 큰 몸뚱어리를 버티고 뒤뚱거리는 꿩을 닮았다고 생각한 때문이다.

금꿩의다리 꽃은 특히 한데 모여서 피어나지 않고 여러 송이가 뿔뿔이 흩어지며 보랏빛 점을 숲의 초록 풍경에 점점이 새겨놓은 듯, 은은한 아름다움을 갖췄다. 흔치 않은 독특함이다. 금꿩의다리는 우리나라의 중북부지방의 산지에서 자라는 식물이라고 알려져 있지만, 요즘은 남부지방에서도

▲ 노란 꽃술과 보랏빛 꽃봉오리가 유난히 돋보이는 금꿩의다리 꽃.

잘 자란다. 보면 볼수록 사랑하지 않을 수 없는 아름다운 우리 토종식물이다. 꽃은 7월 초부터 피어 경우에 따라서는 9월 초까지 계속 피어난다. 개화 시기가 무척 긴 편이다.

햇살 밝은 한나절에
전 생애를 걸고 피어나는 꽃

닭의장풀

청초한 푸른색 꽃을 피우는 닭의장풀

닭의장풀

천리포수목원에서 흔하게 만나는 작은 꽃으로 닭의장풀*Commelina communis* L. 꽃도 돌아보게 된다. 닭의장풀은 굳이 천리포수목원이 아니라 우리나라 어디에서라도 흔히 볼 수 있는 풀꽃이다. 하도 흔해서 잘 돌아보지 않게 되는 꽃이지만, 한국인이 가장 좋아하는 색인 파란색의 꽃은 들여다볼수록 아름답다.

대개는 땅에 납작 붙어 있지만, 때로는 50센티미터 이상 자라기도 한다. 대나무처럼 줄기가 쭉쭉 뻗어 오르다가 줄기 끝에서 파란색의 청초한 꽃을 여름 내내 피운다. 흔한 까닭에 눈길을 끌지 못하는 게 사실이지만, 꽃만큼은 여느 꽃 못지않게 화려하다. 특히 파란색 꽃이 흔치 않아서, 닭의장풀 꽃은 돋보일 수밖에 없다. 꽃 피어 있는 시간이 짧다는 것을 빼면 더없이 좋은 꽃이다.

작지만 볼 때마다 많은 이야기를 들려주는 풀꽃이다. 청초한 푸른색

▲ 파란색의 작은 꽃을 피운 닭의장풀. 우리의 산과 들에서 흔히 볼 수 있는 풀꽃으로, 꽃이 피어 있는 시간이 한나절도 안 될 만큼 짧다.

꽃이 더없이 예쁘지만, 지천으로 깔린 탓인지 돌아보는 이는 별로 없다. 닭의장풀 꽃이 흔하다 했지만, 꽃이 피어 있는 시간은 매우 짧다. 피었다 싶으면 곧 지고 마는 그야말로 순간의 꽃이라 할 수 있다. 그래서 닭의장풀 꽃을 하루살이 꽃, 영어로도 'Dayflower'라고 부르지만, 하루는커녕 고작해야 해 드는 낮 몇 시간이 그가 살아 있는 전 생애다. 이 예쁜 꽃이 일찍 시드는 데에는 까닭이 있다.

세상의 모든 꽃은 오직 단 한 가지의 목적, 즉 씨앗을 맺기 위해 피어난다. 그래서 거개의 꽃은 씨를 맺기 위한 꽃가루받이를 마치면 시들게 마련이다. 그런데 닭의장풀은 꽃이 피어나는 순간 이미 꽃가루받이를 마친 경우가 무려 90퍼센트를 넘는다. 꽃봉오리 안에서 서둘러 꽃으로서의 목적을 이룬 것이다. 목적을 이룬 꽃이 오래 살아야 할 까닭은 없다. 한나절조차도 닭의장풀 꽃에는 불필요한 시간인 셈이다. 하지만 닭의장풀 꽃은 곤충을 유인하고도 남을 만큼 화려하다. 꽃송이의 선명한 파란색은 물론이고, 꽃송이 안쪽의 노란색 꽃술도 그렇다. 화려하게 꽃을 피워 곤충을 끌어들여야 할 까닭이 전혀 없음에도 닭의장풀은 애면글면 꽃을 피운다.

허무하게 지는 꽃이 왜 이리 화려하게 피어나는가. 꽃 중에 가장 드물다 싶은 파란색부터 범상치 않다. 파란색은 우리나라 사람들이 가장 좋아하는 색이라고 한다. 실제로 초록이 짙은 숲 속의 길섶에 피어난 닭의장풀 꽃의 푸른색은 언제라도 그 화려함에 눈길을 모은다.

6개로 이루어진 수술이 맡은 각각의 역할을 살펴보기에 이르면 이 꽃이 피어난 목적은 더 아리송해진다. 위쪽의 수술 4개는 노란색 머리를 가졌지만 꽃가루가 없는 헛수술이다. 꽃가루는 나비의 더듬이처럼 길게 뻗은 아래쪽의 수술 2개만 갖고 있다. 벌이나 나비가 찾아와 착륙하게 되는 자리다. 자연스레 곤충의 다리에 꽃가루가 들러붙게 돼 다른 꽃으로 날아가면 꽃가루받이가 이루어진다. 꽃가루받이를 이루기에 알맞춤한 역할 분담이다.

꽃가루받이가 더 이상 필요 없을 뿐 아니라, 곧 시들어 떨어져도 아쉬울 게 없도록 진화한 꽃이거늘 닭의장풀은 진화 이전 시대로부터 물려받은 유전자에 남은 희미한 옛 기억을 떠올리고 화려했던 옛 모습을 드러내는 것이다. 채 한나절도 살지 못하고 지는 꽃이지만, 끝없이 눈길을 끄는 닭의장풀 꽃이 기특하고 고마운 까닭이다.

▲ 6개의 수술과 1개의 암술로 이루어진 닭의장풀 꽃. 위쪽 4개의 수술은 모두 꽃가루가 없는 헛수술이다.

옛날에는 닭의장풀을 나물로 무쳐 먹기도 했다. 또 여느 풀들처럼 약재로도 쓰였으며 푸른 색깔 때문에 천연염색의 재료로 쓰이기도 했다. 닭의장풀이라는 이름보다는 '달개비'라는 이름으로 더 친근한 풀이기도 하다. 닭의 벼슬을 닮아서 달개비라 하고 닭장 근처에서 자라기 때문에 닭의장풀이라고 부른다지만, 닭장 없는 곳이어도 여름부터 초가을까지 지천으로 피어난다.

꽃 모양이 특이하지만 내용을 알고 보면 더 재미있다. 이 꽃은 꽃받침과 꽃잎이 나눠지지 않았다. 그냥 꽃덮이 혹은 화피라고 부르는 부분 가운데 우리 눈에 들어오는 건 2장이다. 그러나 사실 닭의장풀 꽃은 3장의 꽃덮이로 이루어졌다. 파란색으로 피어난 2장의 꽃덮이 아래쪽으로는 흰색 혹은 반투명한 꽃덮이가 1장 더 있다. 굳이 있어야 할 까닭을 찾기 어려운 1장의 꽃덮이다.

이 꽃에 학명을 처음 붙인 린네도 이런 특징을 학명에 반영했다. 옛날에 코멜린(Commelin)이라는 이름을 가진 식물학자가 세 명이 있었다고 한다. 그들 가운데 두 명은 활동과 업적이 뛰어났지만, 같은 이름을 가진 다른 한 명은 있는 듯 없는 듯 존재감이 없었다고 한다. 린네는 닭의장풀 꽃의 꽃덮이 석 장을 보면서 그들을 떠올리고 학명을 '*Commelina*'라고 했다.

중국의 옛 시인 두보가 닭의장풀을 '꽃이 피는 대나무'라며 아꼈다는 건 이 풀과 관련해 잘 알려진 이야기다. 작은 꽃 속내에 담아둔 이야기는 많고 많다. 가만히 고개를 수그리고 쪼그려 앉아 파랗게 피어난 닭의장풀 꽃을 들여다보면 그 많은 이야기가 하나둘 살갑게 들려온다. 가을 깊어지기 전에 우리 곁에서 피어난 닭의장풀, 달개비 꽃 다시 한번 바라봐야겠다.

세상의 모든 사랑에는 비교급이 없다

초령목 | 누리장나무

귀신을 부르는 초령목

초령목

대부분의 목련 꽃이 떨어질 즈음에 천리포수목원에서 향기로는 첫손 꼽히는 목련과의 나무가 꽃을 피운다. 개체 수가 그리 많지는 않지만, 수목원 지킴이들이 매우 아끼고 사랑하는 나무, 초령목(招靈木)*Michelia compressa* (Maxim.) Sarg.이다.

초령목은 목련과의 나무인데, 한자 이름에서 짐작할 수 있듯이 영혼 혹은 귀신을 불러오는 신령한 나무다. 그래서 아예 '귀신나무'라고 부르기도 한다. 목련과에 속한다고 해서 모두 목련이라고 부를 수야 없다. 이를테면 백합나무나 오미자 역시 목련과에 속하지만, 목련이라고 부르지 않는 것도 그렇다.

초령목은 오래전에 일본에서 들어온 나무로 알려지기도 했다. 그러나 제주도에서도 자생하는 초령목이 발견된 적이 있고, 또 흑산도에서는 300년 된 초령목 노거수가 발견되기도 했으니, 꼭 일본에서 들어온 나무라고 할 수 없다. 그 가운데 흑산도 진리에서 자라던 초령목은 300년 넘게 그 자리를 지켜온 노거수로 천연기념물이었으나 안타깝게 고사하여 2001년 천연기념물에서 해제되었다.

하지만 진리의 초령목 노거수가 있던 당산 숲에서는 죽은 초령목의 자손목이라고 할 나무들의 싹이 터서 자라고 있다는 소식도 있어 관심을 갖고 잘 지켜야겠다. 또 제주도의 초령목도 잘 자라고 있고, 관련 연구자들이 자생하는 초령목의 종자를 받아내 연구소에서도 잘 보존하고 있다는 소식도 들려온다.

천리포수목원에는 우리 토종의 초령목과 올스파이스초령목*Michelia* 'All-spice'을 비롯해 스키네리아나초령목*Michelia skinneriana* Dunn, 포베올라타초령목*Magnolia foveolata* (Merr. ex Dandy) Figlar, 운남초령목*Magnolia yunnanensis* (He & Cheng) Noot.을 포함해 30여 종류의 초령목이 있다. 제가끔 약간의 차이는 있지만, 꽃의 생김새가 비슷비슷하고 또 향기가 강하다는 점은 똑같다.

초령목 꽃의 향기는 참으로 독특하고도 강하다. 마치 맛난 과자나 사탕의 향기와 비슷한 달콤한 향을 뿜어내는데, 강한 향이어서 멀리에서도 느낄 수 있다. 옛사람들은 초령목의 강한 향기는 땅속이나 하늘의 귀신에게까지 충분히 전달된다고 했다. 특히 초령목의 향기를 귀하게 여긴 일본 사람들은 초령목의 가지를 제사상에 올린다고 한다. 조상을 섬기는 자신들의 마음을 초령목의 향기에 담아 하늘의 조상에게까지 전해드리겠다는 의도다.

초령목의 꽃은 3~4센티미터 길이로 크지 않은데, 유백색으로 피어난 꽃잎 안쪽의 꽃술은 다른 목련과 비슷하다. 초령목은 상록성 나무여서 겨울에도 잎을 떨어뜨리지 않는데, 잎은 그리 크지 않으며 단정한 모습이어

▲ 초령목 품종인 올스파이스초령목도 대개의 초령목 종류들과 마찬가지로 귀신을 불러오는 나무라고 할 만큼 매우 강렬한 향기를 가졌다.

서 꽃이 피지 않아도 단아한 아름다움이 눈길을 끈다.

천리포수목원에서 자라는 초령목 종류의 나무들은 화려하게 꽃을 피우는 다른 목련들의 꽃잎이 다 떨어지고 햇살 따사로워지는 5월 들어서면서부터 서서히 피어나기 시작한다. 한꺼번에 피어나는 화려함보다는 작은 꽃송이들이 서서히 피어나 단아한 아름다움을 보여준다. 역시 초령목은 눈을 감고 코로 감상해야 하는 나무다.

향기가 다른 누리장나무와 꽃누리장나무

누리장나무

코로 감상해야 한다고 표현하기에는 머뭇거려지는 식물이 있다. 향기가 강한 것은 분명하지만 구태여 코를 큼큼대며 향기를 맡아보라고 권하기가 머뭇거려지는 데에는 이유가 있다. 초령목 꽃처럼 달큰한 향기가 아니라 그리 유쾌하지 않은 냄새를 갖고 있기 때문이다. 누리장나무*Clerodendrum trichotomum* Thunb.가 그런 나무다.

우리나라의 중부 이남 지역에서 저절로 자라는 누리장나무는 여름 들어서면서부터 우윳빛 꽃을 피운다. 천리포수목원에서는 대략 7월 들어서면 피어난다. 한 송이의 꽃이 대략 지름 3센티미터 정도인데, 5개로 나누어진 꽃잎 조각은 가늘고 길쭉하다. 꽃송이 가운데에서는 꽃술이 길쭉하게 솟아나와 하늘거린다. 누리장나무의 가장 큰 특징은 아무래도 꽃의 향기에 있다. 한마디로 하면 누린내라고 할 수 있는 향기다. 짐승에게서 나는 동물성의 역한 냄새를 말하는 누린내는 특히 고기를 구울 때 나는 냄새와 비슷하다. 물론 누리장나무 꽃에서 나는 누린내가 고기 타는 냄새만큼 역겨운 것은 아니지만, 예쁜 꽃에서 나는 냄새치고는 결코 환영할 만하지 않은 게 사실이다.

하얗게 피어난 꽃이 예뻐서 가까이 다가서면 풍겨오는 고약한 냄새의 정체에 놀라게 된다. 때로는 구토가 날 만큼 심한 경우도 있다. 가장 냄새가 고약할 때는 나무에 잎이 나고 물이 오르는 봄이다. 잎을 만지거나 문지르면 더더욱 냄새가 심하게 느껴진다. 누린내라고 할 만한 이 냄새 때문에 '누리장나무'라는 이름이 붙었다.

나무나 꽃에서 나는 향은 대부분 사람들이 좋아하지만, 누리장나무처럼 역겨운 냄새를 풍기는 나무가 종종 있다. 식물학 교과서에서 이야기하는 세상에서 가장 큰 꽃인 타이탄아룸*Amorphophallus titanum* (Becc.) Becc.의 꽃에서도 역겨운 냄새가 나서 방독마스크를 착용하고 관찰해야만 한다고 말한다.

향기의 기억은 참 오래간다. 특히 예쁜 꽃에 어울리지 않는 나쁜 냄새라면 더 심하다. 어린 시절, 집에서 키우던 제라늄 잎사귀에서 풍기는 냄새에 놀랐던 기억이 오래도록 남아 있는 것도 그런 이유에서다. 누리장나무의 냄새도 그렇다. 그래서 가능하면 누리장나무는 건드리지 않고 가만히 눈으로만 보는 게 좋다.

그러나 나무를 보면서 굳이 동물성 냄새를 떠올리지 않는다면, 마치 '세상'을 뜻하는 우리말인 '누리'를 먼저 떠올리게 되고, 그래서 이름의 연유와 무관하게 좋은 이름의 나무라고 착각하게도 된다. 그다지 화려한 생김새는 아니어도 초여름에 피어나는 하얀 꽃에서 불쾌한 냄새를 떠올리기 어려운 때문이다.

천리포수목원에서는 바닷가에 자리 잡은 위성류집 뒷동산에서 누리장나무를 볼 수 있는데, 산책로에서 조금 떨어진 탓에 찾기는 쉽지 않다. 우리 산과 들에 흔한 누리장나무보다는 그와 같은 종류이면서 원예종으로 선발한 누리장나무 종류를 찾아보는 게 훨씬 즐거울 수 있다.

꽃누리장나무

아직 우리말 이름을 갖지 않은 이 나무를 천리포수목원 지킴이들은 편의상 꽃누리장나무*Clerodendrum bungei* Steud.● 라고 부른다. 꽃을 보기 위해 선발한 원예종 나무에 붙이는 명명법을 따른 것이다. 서양에서 들어온 누리장나무라 해서 서양누리장나무라고 부르기도 하는데, 영어권에서는 '영광

● 〈국가표준식물목록〉에서는 붕게이클레로덴드룸이라고 표기했다.

▲ 수국처럼 공 모양으로 피어나는 꽃누리장나무 꽃. 꽃송이의 모습은 누리장나무와 비슷하지만 빛깔이 분홍색이며, 향기가 좋다.

의 꽃(Glory flower)'이라고도 부른다.

꽃누리장나무는 누리장나무와 꽃과 색깔, 생김새가 모두 다르다. 꽃누리장나무의 꽃은 수국처럼 가지 끝에서 소담한 공 모양으로 둥글게 모여 피어나는데, 꽃송이 하나하나는 수국 꽃이 아니라 영락없이 누리장나무의 꽃을 닮았다. 5개로 깊이 갈라진 꽃송이의 모습이나 가느다란 꽃술이 길쭉하게 휘늘어진 것까지 똑같다. 흰색의 누리장나무 꽃과 달리 짙은 분홍색이라는 점만이 도드라진 차이점이다.

누리장나무와의 또 다른 차이가 하나 더 있다. 누리장나무의 특징인 향기가 다르다. 즉 꽃누리장나무의 잎사귀에서는 누리장나무와 마찬가지로 역겨운 냄새가 나지만, 꽃송이에서는 그와 달리 매우 좋은 향기가 난다. 그리고 역겨운 냄새가 나는 잎사귀도 굳이 비벼서 짓이기지 않으면 불쾌한 냄새는 맡아지지 않는다.

대저 꽃이라는 게 사람의 구미를 맞추기 위한 것이 아니다 보니, 꽃의 향기도 사람의 취향을 따르라는 법이 없다. 꽃송이의 빛깔과 향기는 나무마다 자기만의 방식으로 드러내는 생존 방식일 뿐이다.

보랏빛 작은 꽃을 가지 끝에 조롱조롱 매달아

황금 | 골무꽃 | 용머리 | 디기탈리스펜스테몬

헷갈리기 쉬운 황금과 골무꽃

황금

천리포수목원의 식물 가운데에는 다른 식물들이 열매 맺기에 바쁜 가을에 꽃을 피우는 종류가 여럿 있다. 짙은 보랏빛의 자그마한 꽃을 가지 끝에 조롱조롱 매단 황금*Scutellaria baicalensis* Georgi이라는 이름의 식물도 그렇다.

황금은 중국이 고향이지만 우리나라에서도 잘 자라는 여러해살이풀이다. 발음만으로는 황금(黃金)을 떠올리게 되는 이름이다. 하지만 황금의 금은 풀을 뜻하는 글자[艸]를 머리 위에 이고 있는 '풀이름 금(芩)'이니 황금과는 관계가 없다. 진한 노란빛을 띠는 뿌리에서 비롯된 이름이다.

우리나라에는 약용식물로 처음 들어왔지만, 지금은 전국 각지에서 잘 자란다. 일부에서는 약용으로 재배하기도 한다. 황금의 어린 순은 나물로 무쳐먹고, 뿌리는 해열·이뇨·항염·항균 효능이 좋아서 급성폐렴이나 기관지염 등에 처방한다. 또 혈압을 내리는 데에도 약재로 쓰인다.

햇살 뜨거운 7~8월에 보랏빛으로 피어나는 황금의 꽃은 생김새가 독

▲ 뿌리줄기가 노란색을 띠어 이름 붙은 황금. 7~8월에 가지 끝에서 보라색 꽃이 한쪽 방향을 향해 피어난다.

특하다. 대개 원줄기 끝과 가지 끝에서 피어나는데, 가지 끝 부분의 잎겨드랑이 부분에서 한 송이씩 돋아난다. 길이 3센티미터가 채 되지 않는 가늘고 길쭉한 통 모양이며, 통의 끝 부분은 잔뜩 오므린 입술 모양이다.

민간에서는 황금을 '골무꽃'이라고 부른다. 그러고 보니 골무라는 표현이 낯설다. 요즘 보기 어려운 풍경 가운데 하나가 백열등 불빛 아래에서 바느질하는 어머니의 모습이다. 예전에는 어느 집이나 어머니들이 정성껏 만든 반짇고리가 꼭 있었고, 그 안에는 어김없이 몇 개의 골무가 들어 있었다. 이제는 찾아보기 어려운 사물이 됐지만, 그래도 옛 골무 모습이 선명하게 떠오른다. 황금의 꽃이 마치 손가락 끝에 골무를 끼운 듯한 느낌을 주기

▲ 황금과 생김새가 비슷한 골무꽃. 60센티미터로 자라는 황금에 비해 골무꽃은 20~40센티미터로 자란다.

때문에 골무꽃이라 부르는 것이다.

골무꽃

혼란스러운 것은 아예 골무꽃*Scutellaria indica* L.이라는 이름을 가진 식물이 있다는 사실이다. 골무꽃은 황금과 마찬가지로 같은 꿀풀과의 식물이어서 비슷하지만, 결정적으로 그의 몸 크기가 다르다. 황금이 60센티미터까지 자라는데, 골무꽃은 20~40센티미터까지 자란다. 또 골무꽃의 꽃은 황금과 같은 시기인 한여름에 피어나고 생김새도 비슷하지만 황금에 비해 작아서, 골무 모습은 오히려 황금이 더 가깝다. 그러나 골무꽃이나 황금 모두 골무를 손가락에 끼운 모습인 건 똑같다. 골무꽃이라는 이름을 가진 식물로 애기골무꽃*Scutellaria dependens* Maxim., 다발골무꽃*Scutellaria asperiflora* Nakai,

참골무꽃*Scutellaria strigillosa* Hemsl., 광릉골무꽃*Scutellaria insignis* Nakai, 그늘골무꽃*Scutellaria fauriei* H.Lev. & Vaniot, 구슬골무꽃*Scutellaria moniliorhiza* Kom., 산골무꽃*Scutellaria pekinensis* var. *transitra* (Makino) Hara 등이 있다. 모두 꽃의 생김새는 비슷한데, 색깔이나 크기에서 약간의 차이를 갖고 피어난다.

나팔 모양의 용머리와 디기탈리스펜스테몬 꽃

용머리

골무꽃이나 황금과 꽃 모양이 비슷한 식물로 용머리*Dracocephalum argunense* Fisch. ex Link가 있다. 꽃송이 생김새의 유형은 골무꽃과 황금을 닮았고, 빛깔은 황금을 닮은 우리 식물이다. 하지만 꽃송이의 크기가 사뭇 달라 유심히 관찰하면 금세 구별할 수 있다. 특히 용머리 꽃의 통 부분은 황금과 골무꽃보다 통통하게 부풀어 오른 형태라는 차이가 있다.

용머리는 황금이나 골무꽃보다 이른 6월부터 꽃이 피어나는데, 개화 시기가 비교적 길어서 황금이나 골무꽃이 질 즈음까지 함께 볼 수 있다. 특히 천리포수목원에서는 입구에서 큰연못 쪽으로 이어지는 잔디밭 옆 화단에서 풍성하게 만날 수 있다. 같은 생김새의 하얀 꽃이 피어나는 종류도 있어서 따로 흰용머리*Dracocephalum argunense* f. *alba* T. B. Lee로 나누어 부른다.

디기탈리스펜스테몬

용머리가 활짝 피어 있는 자리 근처에서 또 하나의 비슷한 꽃을 찾아볼 수 있다. 우리나라의 산과 들에서 자라는 식물은 아니어서 아직 우리 이름을 가지지 않은 외국의 초본식물인 디기탈리스펜스테몬*Penstemon digitalis* Nutt. ex Sims이다. 디기탈리스펜스테몬은 주로 흰색의 꽃을 피우지만, 용머리보다 옅은 보라색을 띤 꽃을 피우는 종류도 있다. 질경이과의 여러해살이풀인 디기탈리스펜스테몬은 용머리에 비해 큰 키인 60~80센티미터까

▲ 용머리 꽃은 황금이나 골무꽃과 비슷하나, 꽃의 통 부분이 통통하게 부풀어 오른 형태다.

지 자라지만, 꽃송이는 용머리에 비해 작다. 또 용머리 꽃의 끝 부분이 약간 오므린 채 피어나는 것과 달리 끝 부분을 활짝 벌리고 피어나는 점도 다르다. 다만 길쭉한 통 모양 혹은 부드러운 나팔 모양으로 피어난다는 점이 비슷할 뿐이다.

이름에 디기탈리스가 들어 있어서 이즈음에 함께 피어나는 디기탈리스 종류와 밀접한 관계가 있으리라 짐작하기 쉽다. 꽃의 크기는 다르지만 생김새가 비슷한 것도 혼동스럽게 하는 요인이다. 그러나 디기탈리스는 현삼과의 식물이고, 디기탈리스펜스테몬은 질경이과의 식물이므로 친밀도는

▲ 끝 부분을 활짝 연 채 흰색이나 옅은 보라색으로 피어나는 디기탈리스펜스테몬의 꽃.

이름만큼 가까운 게 아니다.

천리포수목원의 관람로에 따르면 용머리와 디기탈리스펜스테몬을 한 곳에서 볼 수 있는 화단은 입구보다 출구라 해야 맞을 것이다. 수목원을 모두 돌아보고 큰연못 옆으로 돌아나오는 길에 만날 수 있는 여름의 흥미로운 꽃이다. 대개의 용머리 꽃이 낮은 땅에 고개를 숙인 채 피어난다면, 디기탈리스펜스테몬은 꼿꼿한 줄기와 가지에 관람객과 시선을 맞추려는 듯 꽃송이 안쪽을 훤히 드러내며 옹알거리는 듯한 모습이다.

한 송이 여름 꽃을 피우려 봄부터 꿈틀거린 생명

원추리 | 나리

화려한 여름 꽃을 피우는 원추리

봄은 빛깔로 다가온다. 천리포수목원의 봄도 완연히 달라지는 흙 빛깔에서부터 드러난다. 잿빛 겨울 빛을 벗어내고 땅 깊은 곳에서 물을 끌어올려 보드라운 촉감을 느끼게 하는 흙빛이 바람결보다 먼저 따사롭다.

원추리

연둣빛 새싹이 그 흙을 뚫고 가만히 고개를 내민다. 원추리*Hemerocallis fulva* (L.) L.다. 봄 되면 자연스레 돋아나는 새싹이지만, 언제나 이즈음 앙증맞게 돋아나는 새싹은 큰 감동을 준다. 아무것도 없는 듯 고요했던 땅 깊은 곳에서 원추리는 겨울을 어떻게 견뎌냈을까 궁금하다.

화려한 여름 꽃을 피우려는 찬란한 꿈을 안고 원추리의 새잎이 올라온다. 그래봐야 고작 2~3센티미터밖에 되지 않는 어린 새싹이다. 초록빛조차 제대로 담지 못한 여린 잎이 얼핏 비쳐 든 햇살을 받아 그가 품은 꿈처럼 찬란한 빛을 띤다. 작은 새싹 곁의 땅 밑에서 또 다른 잎들이 꼼지락대며 솟아오를 준비를 하고 있으니 더 가까이 다가서지 않는 게 좋다.

▲ 봄 햇살에 싹을 틔운 원추리. 원추리의 어린잎은 나물로 무쳐 먹는다.

원추리는 우리와 가까운 식물이다. 새봄에 나는 어린잎은 나물로 무쳐 먹고, 꽃이나 뿌리까지 약용 또는 식용으로 요긴하게 쓰이는 식물이다. 꽃에는 비타민이 풍부하게 들어 있고, 뿌리에는 아스파라긴 등이 들어 있다고 알려져 한방에서 많이 쓰인다.

원추리 종류는 한국·중국·일본 등 동아시아 지역에서 자생하는 식물이지만, 워낙 꽃이 화려한 까닭에 전 세계 각지에서 관상용으로 많이 심어 키운다. 애호가들이 많다 보니 오랜 세월에 걸쳐 다양한 원예 품종을 선발해 현재 세계적으로 6만 종류가 넘는 품종이 있다. 요즘도 해마다 100여 종류의 새로운 품종이 등록되고 있다.

천리포수목원에는 이 많은 품종 가운데 약 150종류의 원추리를 수집해 키운다. 하나같이 크고 화려한 꽃을 피운다는 점에서 비슷하지만 꽃송이 하나하나의 생김새와 빛깔은 제가끔 다르다. 원추리 종류가 피우는 꽃은 빨강, 자주, 노랑, 주황, 녹색 등 매우 다양하다.

대개의 원추리 종류는 이른 봄에 언 땅을 뚫고 새싹을 밀어올린 뒤 부지런히 광합성을 해서 양분을 모아 한여름에 화려한 꽃을 피운다. 원추리 꽃이 피어날 즈음이면 천리포수목원의 큰연못 가장자리에서 다양한 종류의 원추리를 넉넉하게 볼 수 있다. 각각의 꽃송이들이 뽐내는 다양한 모습과 빛깔을 하나하나 들여다보려면 한나절은 족히 넘을 만큼 많은 종류의 꽃송이가 여름 햇살을 열정적으로 불태우는 모습을 보여준다.

우리 토종의 원추리는 노란색 꽃을 피우는데 잎 위로 불쑥 솟아난 꽃대 끝에서 예닐곱 송이가 한꺼번에 난다. 꽃 피어나는 모습은 원추리 종류의 다양한 품종들이 대략 비슷하다.

우리 토종 원추리의 꽃과 마찬가지로 노란색으로 피어나는 빅스마일원추리*Hemerocallis* 'Big Smile'를 비롯하여 연한 핑크빛 바탕에 꽃송이 안쪽으로는 짙은 자줏빛의 무늬를 가진 버피스돌원추리*Hemerocallis* 'Buffy's Doll', 해맑은 상아색 꽃을 피우는 룰라비베이비원추리*Hemerocallis* 'Lullaby Baby', 핑크빛 꽃잎에 조금 더 짙은 보랏빛 무늬를 가진 밀드레드미첼원추리*Hemerocallis* 'Mildred Mitchell', 짙은 자줏빛과 꽃잎 안쪽의 노란빛이 잘 어우러진 퍼플워터스원추리*Hemerocallis* 'Purple Waters', 밝은 빨강으로 꽃 피우는 로지리턴스원추리*Hemerocallis* 'Rosy Returns', 밝은 빨강 꽃잎 안쪽에 노란색 무늬가 돋보이는 실로암톰섬원추리*Hemerocallis* 'Siloam Tom Thumb' 등 일일이 종류를 헤아리기가 어렵다. 모두가 큼지막하고 화려한 꽃이다.

▲ 상아색 꽃을 피우는 룰라비베이비원추리.

우리 산과 들에서 자라는 왕원추리*Hemerocallis fulva f. kwanso* (Regel) Kitam., 큰원추리*Hemerocallis middendorffii* Trautv. & C. A. Mey., 애기원추리*Hemerocallis minor* Mill.도 함께 찾아볼 수 있지만 워낙 많은 종류의 품종들 사이에서 한두 송이의 우리 원추리를 찾아 구별한다는 게 어려울 정도다.

꽃은 예쁘지만 오래가지 않는 건 아쉬운 점이다. 대개의 원추리 꽃은 하루 정도 피어 있다가 곧 지고 만다. 원추리를 영어 문화권에서 'Daylily' 라고 부르는 것도 그런 아쉬움의 표현이다. 원추리의 학명 역시 이 같은 특징을 반영한 것이다. '*Hemerocallis*'는 하루를 뜻하는 그리스어 'Hemera'와 아름답다는 뜻의 'Callos'를 이어 붙여서 지은 이름이다.

▲ 1 빅스마일원추리, 2 버피스돌원추리, 3 밀드레드미첼원추리, 4 퍼플워터스원추리, 5 로지리턴스원추리, 6 실로암톰섬원추리.

천리포수목원에서 심어 키우는 원추리 원예 품종들은 이 같은 아쉬움 탓에 개화 기간을 늘려서 더 오래 꽃을 볼 수 있도록 선발한 게 대부분이다. 우리 토종 원추리 꽃의 상큼함도 좋지만, 천리포수목원에서 볼 수 있는 화려한 원추리 종류의 꽃들도 놓치지 말고 감상해야 할 식물이다.

원추리 꽃이 그렇게 빠르게 피었다가 지고 나면 이어서 피어나는 화려한 꽃으로 나리 종류가 있다. 앞에서 이야기한 원추리 종류와 마찬가지로 나리 종류 역시 일일이 헤아리며 그들의 이름을 기억하기 어려울 정도로 다양하다.

게다가 같은 백합과에 속하는 식물인 원추리와 나리 종류의 꽃은 크기나 생김새가 비슷하다. 이들을 구별하기 위해서는 꽃이 아니라, 잎의 생김새를 보는 게 훨씬 빠르다. 원추리의 잎은 뿌리 부분에서 여러 장의 길쭉한 잎이 모여서 돋아나고 그 가운데에서 줄기 같은 꽃대가 솟아올라 그 끝에서 꽃이 피어난다. 그와 달리 나리 종류는 하나의 길쭉한 줄기가 솟아오르고 그 줄기 곁에 촘촘히 잎이 달린다. 꽃은 줄기 끝에서 피어난다. 글로는 이해하기 어려울 수 있으나, 실제로 원추리와 나리의 잎을 보면 금세 구분할 수 있다. 그러나 잎을 떼어놓고 꽃송이만 봐서는 일쑤 헷갈리게 된다.

나리 종류 가운데에 우리나라에서 오래전부터 자라던 토종식물도 적지 않다. 이를테면 꽃송이가 하늘을 향해 피어나는 하늘말나리*Lilium tsingtauense* Gilg와 키가 1미터 넘게 훌쩍 솟아오르는 참나리*Lilium lancifolium* Thunb.를 비롯해 땅나리*Lilium callosum* Siebold & Zucc., 중나리*Lilium leichtlinii var. maximowiczii* (Regel) Baker 등이 있다. 천리포수목원에는 우리 토종 나리는 물론 원예용으로 선발한 나리 종류가 많이 있다. 모두가 화려한 꽃을 피운다는 점에서 원예가들의 사랑을 독차지하는 꽃이다.

여기에서 나리라고 썼지만, 식물도감에서 나리라는 식물은 찾을 수 없다. 나리를 포함한 이름을 가진 종류가 많을 뿐이다. 우리 토종식물 가운데

▲ 원추리와 나리. 원추리는 여러 장의 길쭉한 잎이 모여서 돋아나고, 나리는 비교적 짧은 잎이 줄기에 촘촘히 달린다.

에도 나리를 이름에 포함한 식물은 여럿 있다. 모두가 백합과의 나리속 식물이다. 달리 말하면 나리는 이 종류 식물의 속명이다.

나리 종류의 들풀은 알뿌리와 같은 비늘줄기를 갖는 여러해살이풀이다. 알뿌리를 닮은 비늘줄기에서 굵은 줄기가 올라와 그 위에서 화려한 꽃을 피우는 것이다. 원예 품종을 포함해 다양한 종류가 있지만, 대개는 원추리 꽃이 질 즈음인 7~8월에 한 줄기에서 작게는 서너 송이 많게는 열 송이까지 피어난다. 그러나 천리포수목원의 다양한 원추리 종류 가운데에는 나리 종류의 꽃이 진 뒤에 피어나는 품종도 있다.

나리 종류의 가장 큰 특징은 바로 이 꽃에 있다. 얼핏 보아 나리 꽃송이는 원추리와 비슷하지만 다르다. 원추리 꽃이 3장의 꽃잎과 꽃잎만큼 크고 빛깔도 비슷한 꽃받침잎 3장으로 이루어진 것과 달리, 나리 종류의 꽃은 하나의 통꽃이 여섯 개로 깊이 갈라진 채 피어난다. 마치 6장인 것처럼

▲ 나리 꽃의 꽃잎은 6장처럼 보이지만, 꽃잎 안쪽부터 6개로 갈라진 통꽃이다. 꽃잎에 까만 반점이 있는 것도 특징이다.

보이는 꽃잎은 대개 고개를 살짝 숙이고 피어나며 뒤로 활짝 젖혀진다. 꽃잎에는 대부분 까만 반점이 촘촘히 붙어 있어서 얼룩얼룩하다는 것도 나리 종류 꽃의 특징이라 할 수 있다. 활짝 젖힌 꽃잎 가운데에서는 6개의 수술과 암술이 꽃잎만큼 길게 뻗는다. 특히 수술 끝에는 고동색 꽃가루를 잔뜩 머금은 수술머리가 돋보여 화려함을 더한다.

나리 종류에는 크기와 빛깔에서 약간씩 차이를 가지는 원예 품종이 많이 있는데, 천리포수목원에서는 그 가운데 약 70종류를 심어 키우고 있다. 원추리 종류와 함께 많은 원예 품종을 가진 식물이라 할 수 있다.

이처럼 많은 품종을 가지는 원추리나 나리 종류의 식물을 만나게 될 때 대개는 그 이름부터 확인하고 싶어한다. 당연한 노릇이지만, 사실 식물 전문가라 하더라도 이 품종의 이름까지 온전히 기록 정리하는 건 까다롭고 어려운 일이다. 이름을 살펴보고 외우려는 노력보다는 조금이라도 더 긴 시간 동안 식물 앞에 머물러 그들이 드러내는 신묘한 아름다움에 오래 빠져드는 것이 더 중요하지 싶다.

아사달·아사녀에서 사임당·산처녀·첫사랑까지

무궁화

천리포수목원의 무궁화

무궁화

천리포수목원에 무궁화원을 조성한 건 그리 오래되지 않은 일이다. 처음엔 묘포장 형태로 무궁화*Hibiscus syriacus* L.를 품종별로 나누어 식재했고, 2013년 여름에는 따로 생태교육관 앞을 무궁화 동산으로 조성했다. 처음 묘포장을 조성한 것도 겨우 10년 남짓 지난 일이기에 대부분의 무궁화는 아직 크지 않다.

적당한 크기의 나무들이 줄지어 서 있는 무궁화원을 돌아보려면 한숨을 몇 번이나 내쉬게 된다. 한곳에 무려 200여 종류의 무궁화 종류가 줄지어 서 있는데, 도대체 그들의 미묘한 차이를 짚어본다는 건 언감생심이고 이름조차 제대로 기억하기 어려운 때문이다. 꽃들의 차이를 찾아보려고 몇 차례나 나무 사이를 오가며 애면글면하지만 어려운 일이 아닐 수 없다.

수원시 오목천동에 있는 산림청 임업연구원에서 연 무궁화 축제에서도 그랬다. 2001년이었다. 당시 임업연구원에는 160종류의 무궁화가 수집

▲ 우리의 나라꽃 무궁화. 천리포수목원 무궁화원에는 200여 종류의 무궁화가 자라고 있다.

돼 있었는데, 이 나무들을 하나하나 보며 그 꽃들의 차이를 살펴본다는 게 얼마나 어려운 일인지는 그때 이미 알아챘다.

하릴없이 나중에 더 공부할 요량으로 일일이 사진을 찍어두고 돌아와서는 그걸 하나하나 분류하면서 익히고자 했지만 여전히 쉽지 않은 일이다. 당시 임업연구원에서 사진에 담아온 무궁화 꽃만도 100종류가 넘는다. 사진을 색깔별로 나누고, 다시 생김새별로 나누면서 무궁화와 가까워졌던 기억이 있다.

그때의 경험이 없었다면 천리포수목원의 무궁화 관찰은 더 힘들고 지루했을 것이다. 그렇다고 해서 꽃만으로 동정(同定, identification)할 수 있을 만큼 외고 있는 건 많지 않지만, 그나마 기억에 남는 인상적인 이름들이 꽤 있는 탓에 기억 속의 무궁화 품종 이름을 하나하나 끄집어내면서 흥미롭게 시간을 보낼 수 있었다.

다양한 품종

무궁화는 우리의 나라꽃이지만, 품종 이름은 대부분 영어로 돼 있다. 우리나라에서 선발한 품종이 그리 많지 않은 까닭이다. 심지어는 우리 토종식물조차도 외국의 식물학자가 먼저 학명을 붙이면서 일본어나 영어로 작명된 게 있을 정도다.

그래도 순수 우리말 이름을 가진 품종이 적지 않다. 우선 '제주 1' '경북 3' '전남 1' '전북 1' '서울 1' '안동' '남원'처럼 지역 이름을 붙인 경우다. 지명이 붙은 품종 중에 '경남' '전남' '강원' '서울'처럼 광역자치단체 이름이 붙은 품종도 있지만, 시·군·구와 같은 기초자치단체의 이름이 붙은 경우도 있다. 대표적인 게 '안동'과 '남원'이다. 안동과 남원은 얼마 전에 꽃가루 교배를 통해 새 품종 '삼천리'를 선발하며 유명해진 품종이다. 그중 안동은 안동의 예안향교 경내에서 오래된 고목을 볼 수 있었는데 안타깝게도 최근 고사했다.

천리포수목원의 무궁화원에는 지역 이름이 붙은 품종의 무궁화들을 한쪽에 모아두었다. 그 사잇길을 지날 때에는 마치 순식간에 우리나라의 각 지역을 여행하는 즐거운 착각에 빠질 수도 있고, 나무 앞에 잠시 머물러 꽃송이에 취하노라면 각 지역의 미인들과 사랑에 빠진 듯한 아름다운 환상에 빠져들기도 한다.

▲ 지역 이름을 붙인 제주 1과 경북 3

나무를 보며 가까운 벗을 떠올리는 재미라고 하면 어떨까? 적지 않은 시간 동안 나무를 보러 이곳저곳을 돌아다니다 보니 그런 버릇이 들었다. 어디에 가서 어떤 나무를 보면서 누군가를 떠올리는 식이다. 이를테면 어느 들판에 홀로 서 있는 느티나무를 볼 때는 꼭 청년 시절을 치열하게 살아낸 오래된 벗을 떠올리고, 또 어느 절집 마당 가장자리에 오도카니 솟아오른 작은 동백을 볼 때는 유난히 맑은 눈동자를 가진 스무 살의 어느 여학생이 떠오르는 식이다.

지역 이름이 붙은 무궁화를 볼 때에도 비슷한 느낌이 있다. 일테면 경남이라는 이름의 무궁화를 보면 그 지역에서 기자 노릇을 하고 있는 친구가 떠오르고, 전남을 보면 그곳 출신으로 지금은 먼 이국땅에 나가 있는 한 사내가 떠오르는 식이다. 다른 지역 이름의 무궁화를 볼 때도 그 지역에 살거나 그 지역과 연관이 있는 사람을 떠올리면서 그의 특징과 이 꽃의 특징

▲ 옛사람의 이름을 붙인 춘향과 사임당.

을 연관 지어 보게 된다.

지역 이름이 아니라 낭만적이고 멋스런 이름들을 발견할 때는 그 같은 기쁨이 배가한다. '춘향' '사임당' 같은 이름의 무궁화를 만나면, 그 사람들의 어떤 특징에 기대어 이름을 붙였을까를 가만히 생각하게 된다. 춘향은 예뻐서이고, 사임당은 너그러워서일까? 이 꽃의 생김새에서 그런 너그러움이 느껴지는가? 때로는 꽃송이에서 춘향의 절개, 사임당의 넉넉함을 온전히 느낄 때까지 가만히 머무르게 된다는 사실이 흥미롭다.

'아사달' '아사녀' '처용'이라는 이름의 무궁화도 있다. 그러면 잊었던 옛 전설을 가만가만 끄집어내게 된다. '산처녀' '첫사랑' '내사랑' '늘사랑' '한사랑'도 그렇다. 그냥 처녀가 아니고, 산처녀라면 어떤 특징이 있을까? 첫사랑 앞에 서면 내 첫사랑은 어땠고 지금은 어떻지? 생각은 꼬리를 물고 계속 이어진다.

▲ 천리포수목원에서 선발한 천리포1과 CLP1

'옥토끼' '파랑새'는 또 어떻고, '고주몽' '선덕' '원술랑' '아랑'은 어떤가? '눈뫼' '눈보라' '태양' '신태양' 등도 그렇다. '소월'이라는 무궁화를 보면 시인 김소월의 시 한 소절을 읊조리게 된다. '평화' '통일' '배달' 같은 이름은 식물 이름에 그리 어울리지 않는다 싶기도 하지만 그 역시 나름대로 의미가 있어 보인다.

그렇게 하나하나 꽃의 생김새와 그 꽃에 붙은 이름을 비교하면서 관찰하다 보면, 조금씩 아하! 이건 조금 촌스러운 듯하지만 청초한 아름다움 때문에 산처녀라 이름을 붙인 거구나. 혹은 심지는 굳어 보이지만 왠지 가냘파 보인다는 까닭에 첫사랑이라는 이름을 붙였나 보다, 또 한 점 티 없이 맑은 하얀 색깔이면서도 널찍한 꽃잎이 너그러워 보여서 사임당이라는 이름을 붙였구나 식으로 생각하게 된다.

무궁화 품종 이름 가운데에는 '천리포'라는 이름이 붙은 품종도 있다.

천리포수목원에서 선발한 품종이다. '천리포1', 'Chollipo' 'CLP1'이 그런 품종들이다.

이름과 학명

다양한 우리말 품종 이름을 갖고 있는 무궁화의 학명은 '*Hibiscus syriacus* L.'이다. 히비스쿠스는 고대 이집트의 신인 히비스(Hibis)와 비슷하다는 뜻의 그리스어 이스코(isco)의 복합어로, 무궁화의 꽃이 고대 이집트의 아름다운 신 히비스를 닮았다는 뜻으로 붙인 것이다. 서양 사람들도 무궁화를 아름다운 꽃으로 여겨왔고, 이 아름다운 꽃에 가장 잘 어울리는 이름으로 고대 이집트의 신 히비스를 떠올린 것이다.

동양의 문헌에서도 무궁화를 아름다운 꽃으로 칭송한 경우는 쉽게 찾아볼 수 있다. 중국의 어느 시에는 '유녀동차 안녀순화(有女同車 顔女舜華)'라는 시구(詩句)가 있다. 아리따운 여인과 마차를 함께 탔는데, 그 여인의 아름다운 얼굴이 마치 무궁화 꽃과 같더라는 이야기다. 이 시구를 놓고 무궁화를 중국에서는 아예 '순화(舜花)'라고 부르기도 한다.

무궁화의 한자 이름은 다양하다. 한자 근(槿)은 '무궁화 근'으로 돼 있는데, 이를 바탕으로 무궁화를 '목근(木槿)'이라고도 부른다. 이건 일제 식민지 시대 때 김소운 선생이 남긴 유명한 수필 〈목근통신〉을 통해 잘 알려진 이름이기도 하다. 그 밖에도 목근화(木槿花), 근화(槿花), 순화(舜華), 목금(木錦), 부용수(芙蓉樹), 백근화(白槿花), 고송화(苦松花) 등 여러 이름이 있다.

한자로 무궁화를 쓸 때에는 대개 '無窮花'라고 쓴다. 그런데 조선시대

▲ 분홍색 꽃이 아름다운 고주몽. 서양에서도 무궁화를 아름다운 꽃으로 여겨 아름다운 신 히비스의 이름을 학명으로 붙였다.

의 대표적 농서인 《산림경제(山林經濟)》에서는 '無宮花'라고 썼다. 그건 중국 당나라 때 현종에 얽힌 전설을 바탕으로 한 표기가 아닌가 싶다.

그때 현종은 양귀비의 환심을 얻기 위해 많은 나무를 궁궐에 심었다. 그 많은 나무들이 모두 꽃을 피워 궁궐은 꽃 대궐을 이뤘는데, 유독 무궁화만 꽃을 피우지 않았다고 한다. 그러자 현종은 화가 나서 이 꽃을 모두 뽑아 궁궐 밖으로 내보냈다고 한다. 이때부터 궁궐 안에서 무궁화는 찾아볼 수 없었다고 한다. 이 이야기를 바탕으로 해서 궁궐에 없는 꽃이라는 뜻으로 '無宮花'라고 썼다는 이야기다.

전설은 전설대로 흥미롭지만, 아무래도 여름 내내 무궁무진하게 꽃을 피우는 무궁화의 생태를 보면 '無宮花'보다는 '無窮花'로 쓰는 게 더 알맞지 않을까 생각된다.

무궁화 꽃은 동서양을 막론하고 옛날부터 아름다운 꽃으로 많은 사람들이 칭송해왔다. 그러나 사실 무궁화 꽃의 참 멋은 단박에 느껴지지 않는다. 바람의 소리가 귓전을 간질이는 느낌을 얻을 만큼 꽃송이 앞에 가만히 서서 한참 들여다보아야 이 꽃이 정말 아름답다는 걸 알 수 있다.

무궁화의 특징

무궁화는 '나라꽃'이라는 허울을 쓰고 있는 바람에 우리가 그 아름다움을 곧이곧대로 받아들이지 못할 수도 있다. 그저 국경일 행사 때나 국가기관의 건물 앞뜰에서나 보는 의례적인 꽃 정도로 생각하는 건 아닌지 모르겠다. 하지만 가만히 살펴보면 다른 꽃들 못지않게 무궁화 꽃은 참 예쁜 꽃이다. 게다가 꽃이 그리 많지 않은 여름 내내 꽃을 피우기 때문에 더 돋보이기는 꽃이기도 하다. 무궁화가 우리의 나라꽃이 된 것도 실은 어떤 특별한 까닭이 있어서라기보다는 우리나라에서 많이 자라고 있고, 한여름 내내 피어나면서 우리나라를 대표할 만하다 해서 저절로 나라꽃이 된 것이다. 애국가의 한 소절도 그렇지만, 우리의 산하를 그냥 '무궁화 삼천리'라고 이야기하기도 할 정도이니 말이다.

무궁화는 우리나라의 여름을 대표하는 꽃이다. 여름이 시작되는 7월께 처음 꽃을 피우기 시작해서 늦게는 10월 초까지 무궁무진하게 꽃을 피우는 게 무궁화다. 아침에 피어난 꽃이 저녁 되어 지고 나면 이튿날 아침에

▲ 활짝 핀 안동. 무궁화는 우리나라뿐 아니라 중국, 인도 등지에서 잘 자라며, 한여름 내내 꽃이 핀다.

더 아름다운 꽃이 피어나면서 우리의 여름을 아름답게 한다.

무궁화는 한 그루에서 무려 일천 송이의 꽃이 피어나는데, 많은 경우에는 삼천 송이까지 꽃을 피운다. 그야말로 '무궁화'라는 이름이 알맞은 나무다. 대개의 무궁화에서는 하루에 20송이에서 30송이의 꽃이 백일 동안 지속적으로 피어난다. 결국 한 그루에서 무려 삼천 송이의 꽃을 피우는 셈이다.

대개의 무궁화가 아침에 피었다가 저녁에 지곤 하는데, 천리포수목원의 무궁화 가운데에는 특별히 한 번 피어나면 서른여섯 시간 동안 지지 않고 계속 피어 있는 무궁화가 있다. '심산'이라는 품종의 무궁화다. 심산은 심경구 성균관대학교 조경학과 명예교수(무궁화와 나리연구소 대표)가 1995년 무렵에 선발한 품종이다. 무궁화 품종 중 '우정'과 '한사랑'을 교배하여 선발한 심산은 한밤중에도 꽃을 볼 수 있는데, 하얀 꽃잎을 가졌으며 꽃송이 안쪽에 붉은색이 선명하게 드러나는 백단심계 품종이다.

무궁화는 처음 나는 어린 가지에 털이 많이 돋지만 자라나면서 차츰 사라진다. 잎사귀의 가장자리에는 불규칙한 톱니가 나 있는데, 이게 워낙 불규칙해서 조금은 어지러워 보인다고 생각할 수도 있다. 단정한 걸 좋아하는 사람이라면 그 모습을 그리 좋아하지 않을 것이다.

무궁화에는 곤충들이 필요로 하는 영양분이 많다. 진딧물이 많이 찾아오는 원인이다. 진딧물은 무궁화의 어린 가지에 많이 달라붙는다. 까닭에 무궁화를 기르려면 먼저 진딧물을 어떻게 처리할지에 대해 생각해두어야 한다. 여름 내내 아름다운 꽃을 보기 위해서 그 정도의 수고는 필요하다. 그래도 무궁화는 키우기 쉬운 나무에 속한다. 씨앗이나 꺾꽂이로 어렵지 않게 번식시킬 수 있으며 물이 잘 빠지고 햇빛이 적당히 드는 곳이라면 긴 가뭄이나 오랜 장마도 끄떡없이 견뎌내는 생명력이 질긴 나무다.

무궁화는 우리나라는 물론이고 중국, 인도, 서아시아 등지에서도 잘 자란다. 그 밖에 추위가 극심한 한대지방을 제외하고는 대부분의 지역에서 잘 자라는 나무다. 또 겨울 추위를 잘 견디는 나무여서 우리나라처럼 사철 기후의 변화가 심한 곳에서도 무리 없이 잘 자란다. 무궁화는 보기에 좋은 나무일 뿐 아니라 쓰임새가 다양한 나무이기도 하다. 뿌리는 물론이고 줄기에서부터 잎, 열매, 꽃에 이르기까지 모두가 귀한 약재로 사용된다.

《본초강목》과 《동의보감》에 무궁화의 쓰임새를 강조한 기록이 있다. 《동의보감》에는 "무궁화의 약성(藥性)은 순하고 독이 없으며, 장풍(腸風)과

▲ 무궁화에는 곤충들이 필요로 하는 영양분이 풍부하여 진딧물이 많다.

사혈(瀉血)을 멎게 하고, 설사한 후 갈증이 심할 때 달여 마시면 효과가 있는데 졸음이 온다"며 약재로의 쓰임새를 강조했다. 《본초강목》에서도 약효가 높은 식물로 무궁화를 들었다. 여인들의 대하증과 종기의 통증을 멎게 하는 진통제로 쓰이며, 무궁화를 달인 물로 눈을 씻으면 눈이 밝아진다고도 했다. 또 껍질과 꽃은 혈액순환을 도우며, 잎을 달인 물로 치질 부위를 찜질하고 씻으면 통증이 잘 멎는다고 했다.

무궁화의 종류

아쉬운 점은 지금 우리나라에서 무궁화의 자생지를 찾아볼 수 없다는 사실이다. 무궁화는 단군 시대부터 우리나라에서 흔하게 자라던 나무인데, 이상하게도 그 많던 자생지가 지금은 한 곳도 남지 않았다.

무궁화는 세계적으로 약 300종류의 품종이 있다. 그 가운데 천리포수목원에서 수집해 키우고 있는 품종은 200종류가 훨씬 넘는다. 그러니까 대부분의 무궁화를 수집한 것이라고 보아도 틀리지 않는다.

오래전부터 무궁화는 우리 곁에서 자랐지만, 개나리나 쥐똥나무처럼 생울타리로 쓰이며 그냥 평범하게 살아왔다. 특별히 보호하지도 않았고, 종 보존을 위한 별다른 작업도 이루어지지 않았다. 겨우 1960년대 후반 들어 학계에서 새로운 품종을 선발하기 시작했다. 1972년에 처음 열린 무궁화 전시회가 아마도 우리가 본격적으로 무궁화의 가치를 알리고 보전하는 작업의 시작이라고 봐야 할 것이다. 이때부터 새 품종에 우리 식 이름을 붙이고 적극적인 종 보존 사업을 벌였다. 이때 붙인 무궁화 이름에는 민족 고유의 심성과 정서를 나타내는 낱말들을 썼다.

춘향·사임당·선덕·아사달·아사녀·향단·소월 등 우리에게 익숙한 사람 이름을 붙이기도 했고, 설악·안동·남원 같은 지역 이름을 이용하기도 했다. 그뿐만 아니라 우리 민족 정서를 상징하는 배달 또는 한얼 등을 붙이기도 했고, 서정적인 낱말로 첫사랑·한사랑·늘사랑·산처녀·파랑새 등도 붙였다. 그 밖에 서울·강원·경기·경남·전남 등 지방자치단체 이름을 붙이기도 했다.

이후 1985년에는 한국무궁화연구회가 결성되면서 무궁화의 품종명

▲ 선덕 꽃. 무궁화의 품종 선발이 활발해지면서 우리 민족을 상징하는 인명, 지명 등이 무궁화 이름으로 사용되고 있다.

명명 작업에 보다 정밀한 전문성을 꾀했고, 외국 도입 품종과 우리 품종의 비교 연구 등이 활발하게 진행됐다. 아울러 무궁화 종 보존 사업도 적극적으로 추진됐다.

자라나는 모습도 참 여러 가지지만, 기본적으로 나뭇가지는 위로 쭉쭉 뻗어 가는 성질을 갖고 있다. 줄기 아랫부분부터 여러 가지로 나누어지며 자라나는 게 대부분이지만, 하나의 굵은 줄기가 쭉 뻗어 오른 뒤 줄기 중간쯤에서 가지를 여럿으로 펼치는 품종도 있다. 꽃송이의 크기에도 차이가 있다. 대부분의 식물도감에서는 꽃의 지름이 6~10센티미터라고 하지만,

어떤 품종은 5센티미터도 채 되지 않는 작은 꽃이 있는가 하면, 어떤 품종은 15센티미터나 되는 큰 것도 있다.

크기뿐 아니라 생김새에서도 뚜렷한 차이를 보인다. 이를 놓고 크게 홑꽃, 반겹꽃, 겹꽃으로 나누어볼 수 있다. 홑꽃은 꽃잎 5장이 다소곳이 피어나고, 안쪽에 하나의 암술과 20~40개의 수술이 있는 꽃으로 무궁화 꽃의 가장 기본적인 모습이다. '춘향' '원술랑' 'Minerva' 등이 여기에 속한다.

겹꽃은 다른 식물에서와 마찬가지로 꽃잎이 겹으로 나는 경우를 가리킨다. 겹꽃의 경우 꽃잎이 40장에서 무려 90장이 넘는 경우까지 찾아볼 수 있다. '눈보라' '순정' '새한' 등이 여기에 해당한다.

특이한 것은 반겹꽃이다. 이는 수술의 일부가 꽃잎으로 변화한 경우인데, 꽃잎의 수가 30장에서 때로는 50장이 넘는 경우까지 있다. 수술의 일부가 꽃잎으로 변한 꽃을 반겹꽃이라 하고, 암술과 수술이 함께 꽃잎으로 변한 꽃송이를 겹꽃이라고 부르는 차이가 있다. 그러나 이 둘을 구분하는 게 그리 쉬운 건 아니다. 이 경우 꽃송이 안쪽의 암술이 온전히 드러나게 보인다면 반겹꽃이다. 천리포수목원에서 볼 수 있는 반겹꽃 무궁화로는 사임당을 비롯해 '눈뫼' '경남 10' 'Single Red' '파랑새' 'Elegantissimus' 등이 있다. 반겹꽃이나 겹꽃은 흔치 않아서 독특한 멋을 느끼게 한다.

꽃의 색깔에도 큰 차이가 있다. 크게 흰색과 희지 않은 색으로 나눈다. 굳이 희지 않은 색이라 한 것은 연보랏빛에서부터 푸른빛이 도는 짙은 보랏빛까지 다양하지만 그 차이를 뚜렷이 구별하기가 애매한 까닭이다.

무궁화는 대부분 꽃 가운데에 꽃잎의 전체적인 색깔보다 훨씬 진한 붉은빛을 가진다. 이 특징을 놓고 단심(丹心)이라고 부른다. 무궁화 꽃 가운데에는 단심을 가지지 않는 나무가 있다. 단심이 없는 무궁화를 배달계로 분류한다. 단심이 없는 무궁화는 모두가 흰색이다. 흰색이 아닌 무궁화 꽃은 거의 단심이 드러난다. 물론 겹꽃의 경우, 꽃잎이 무성하여 단심 부분이 온전히 드러나지 않지만 세심히 살펴보면 확인할 수 있다. 단심을 가지는 무궁화를 단심계라고 이야기하는데, 이를 다시 꽃잎의 색깔에 따라 백단심·홍단심·청단심·자단심으로 나눈다. 단심이 선명하게 드러나는데 꽃잎이 흰색이면 백단심, 붉은색이면 홍단심, 푸른색이 든 보랏빛이면 청단심이라 하고, 홍단심 가운데 보라색에 가까운 종류와 청단심 가운데 붉은색에 가까운 종류를 다시 따로 모아 자단심으로 나눈다.

꽃 생김새와 빛깔에 따른 다양한 분류를 일일이 새겨둔다는 게 복잡하다. 이 가운데 분홍 꽃잎 가운데에 붉은 단심이 선명한 홍단심과 같은 단심이면서 꽃잎이 하얀 꽃을 나라꽃의 표준으로 삼는다는 정도는 알아두어야 하겠다.

나라꽃의 수난

무궁화는 왕실을 상징하는 꽃이 아니라 우리 백성을 상징하는 꽃이다. 조선시대 왕실을 상징하는 꽃은 이화였다. 배나무 꽃을 가리키는 '이화(梨花)'가 아니라, 오얏나무 꽃을 가리키는 '이화(李花)'다. 오얏나무는 자두나무의 순우리말 이름이다.

조선 왕실의 상징이 이화였음에도 불구하고 대한제국 말부터 우리나라 꽃을 백성들의 꽃인 무궁화로 자연스레 정하게 됐다는 것도 의미 있는 일 아닌가 싶다. 대부분의 다른 나라들이 왕실이나 귀족의 상징인 꽃을 나중에 나라꽃으로 삼은 것과 비교되는 일이다. 우리 민족의 상징이 된 무궁

▲ 겹꽃을 피우는 눈보라와 반겹꽃을 피우는 눈뫼.

화는 일제 식민지 시대를 지나는 동안 큰 수난을 겪었다.

정치적 이유로 나무를 탄압한 예는 아마 인류 역사를 통틀어 무궁화가 유일하지 싶다. 일제 식민지 지배자들은 독립투사들이 무궁화를 우리나라의 상징으로 여긴다면서 애꿎은 무궁화를 탄압했다. 일제 침략자들은 수단과 방법을 가리지 않고 무궁화의 가치를 폄하하기에 나섰다. 일테면 보기만 해도 눈에 핏발이 선다고 하여 '눈에피꽃'이라는 얼토당토않은 별명을 붙이는가 하면, 손에 닿기만 해도 부스럼이 생긴다고 해서 '부스럼꽃'이라는 이름을 붙이면서까지 무궁화를 가까이 하지 말아야 할 꽃이라고 선전했다.

하지만 비정상적인 탄압은 거꾸로 그 탄압에 맞선 연민과 애정을 불러일으키게 마련이다. 식민지 시대의 우리 선조들은 침략자들의 탄압에 맞서 무궁화를 더 아꼈다. 죄 없는 무궁화를 탄압하면 할수록 선조들의 무궁화에 대한 애정은 더 커졌다. 탄압과 애정이 교차하면서 무궁화는 우리 땅에서 끈질긴 생명력으로 살아남았다.

그러나 식민지 시대 일본인들의 침략 행위는 참으로 끝없이 계속됐다. 일제 침략자들의 무궁화 탄압은 '무궁화 동산 사건'이라는 터무니없는 사건에서 극에 이르렀다. 남강 이승훈 선생이 창립하고 고당 조만식 선생이 교장으로 있던 오산학교에서 벌어진 사건이다. 당시 조선 독립의 기개가 높았던 오산학교의 교정에는 민족의 상징인 무궁화를 심어 키우는 동산이 있었다. 일본인들은 이 동산을 우리의 독립운동 정신을 키우려는 의도에서 조성된 동산이라며 철거를 지시했다.

그러나 학생들은 지시를 따르지 않았다. 그러자 일본인들은 무궁화 동산에 불을 질러 무궁화를 모두 태워버렸다. 이때 일본인 경찰들이 불에 태운 학교 안의 무궁화는 무려 8만 그루나 되었다고 한다. 그게 바로 무궁화 동산 사건이다. 그야말로 천인공노할 얼토당토않은 일이다.

당시 일제의 무궁화 탄압에 맞서 남궁억 선생은 무궁화를 살리기 위해 남달리 애썼다고 알려졌다. 선생은 묘목을 길러 전국에 나눠주며 무궁화를 심고 키우는 일에 앞장섰다. 학생들을 가르칠 때도 우리나라 지도에 무궁화를 수놓게 하는 등 널리 알리려 했다고 한다. 강원도 홍천의 보리울학교 교사였던 남궁억 선생은 일본인들이 좋아하는 벚꽃은 금세 떨어지지만, 무궁화는 오래도록 피어나는 꽃이라며 우리 역사가 면면히 흐를 것임을 강조했다.

그 뒤로도 일본인들의 무궁화 탄압은 잔인하게 이어졌다. 한반도 지도에 무궁화를 그려넣는 건 물론이고, 신문의 상징이나 학생의 교복과 모자에도 무궁화를 넣지 못하게 했다. 이 같은 탄압에도 불구하고 무궁화 사랑은 그치지 않았다. 무궁화에 대한 자연스러운 사랑은 정치적 탄압으로 막을 수 있는 일시적 충동 성격의 사랑은 결코 아니었다.

중국 고대의 지리서인 《산해경》에는 우리나라를 "무궁화가 많은 나라"라고 했으며, 그 밖에 여러 기록에서도 우리나라를 흔히 '근역(槿域)' 즉 '무궁화의 나라'로 표시했다. 현존하는 사료 가운데에는 고려시대에 중국으로 보내는 국서(國書)에 우리나라를 '근화향(槿花鄕)'이라고 쓴 것이 최초다. 근대에 이르러서는 1896년 독립문 정초식(定礎式) 때 우리나라를 '무궁화 삼천리 화려강산'이라 한 것이 공식적 기록이다. 그야말로 민족의 삶과 궤를 같이한 나무임에 틀림없다. 일제가 물러가자 자연스레 '나라꽃'으로 지정된 것은 자연스러운 일이 아닐 수 없다.

하지만 그 후에도 무궁화의 수난은 끊이지 않았다. '나라꽃 논쟁'이 그것이다. 무궁화가 나라꽃으로 적당하지 않다는 문제 제기가 있었던 것이다. 문제를 제기한 사람들은 무궁화의 원산지가 우리나라가 아닌 인도이며, 황해도 이북에서는 자라지 못하고 진딧물 같은 해충이 많은 나무라는 걸 근거로 삼았다. 논쟁은 치열하게 진행됐지만 무궁화는 우리 민족의 특성과 닮아 있고, 또 법령으로 무궁화를 나라꽃으로 지정하지 않았다고 해도 나라 안팎에서 무궁화를 우리나라의 상징처럼 받아들이고 있는 만큼 우리가 이 나무를 잘 가꾸어야 한다는 수준에서 마무리됐다.

일제의 무궁화 탄압과 나라꽃 논쟁 등을 겪으며 무궁화에 대한 이미지가 다소 경직된 것은 사실이다. 그런 까닭에 무궁화 꽃을 있는 그대로 바라보기보다는 그 꽃에 씌워진 외적인 이미지가 더 도드라질 수 있다. 그러나 무궁화 꽃은 보면 볼수록 참 아름다운 꽃이다.

무궁화에 얽힌 전설

무궁화가 우리 곁에 오래 살아온 탓에 전설도 여럿 있다. 그 가운데에는 우리나라에서 오랫동안 살아왔다는 사실에 위배되는 이야기도 있다. 우선 중국 한나라 때부터 전해오는 전설이다. 어느 마을에 절세 미인이 있었다고 한다. 그이는 옛 여인들이 갖추어야 할 미덕 가운데 하나인 시(詩)와 문(文)이 뛰어났다. 뿐만 아니라 노래도 잘 불렀다. 그야말로 모자란 게 없는 절색(絶色)이었다. 여인의 남편은 앞 못 보는 장님이었다. 부부의 살림살이는 늘 쪼들렸지만 금실은 좋았다. 여인이 남의 집 일을 거들며 겨우겨우 살림을 꾸려나갔는데 워낙 절색인 여인에게는 적잖은 유혹이 있었다. 하지만 여인은 마을 사람들의 온갖 유혹도 뿌리치고 불편한 남편을 정성껏 보살피며 잘 살았다.

그런데 마을에 포악한 성주(城主)가 새로 부임해오면서부터 부부의 단란한 삶에 먹구름이 끼어들었다. 성주는 마을을 둘러보다가 그 여인을 보고는 곧바로 혼을 빼앗기고 말았다. 성주는 비단이며 곡식을 내어주며 가난한 여인의 마음을 사로잡고자 애썼다. 하지만 여인은 가난한 처지에도 불구하고 재물의 유혹에 넘어가지 않았다. 여인을 꾀다 못한 성주는 신하들을 시켜 여인을 강제로 보쌈해 성안으로 잡아갔다. 여인은 그러나 끝끝내 못된 성주의 수청을 들지 않았다. 화가 난 성주는 여인의 목을 베고 그 시체를 장님 남편에게 보냈다.

장님 남편은 싸늘한 주검으로 돌아온 아내를 부여안은 채 "성주의 수청을 들었다면 오래오래 편안하게 살 수 있었을 것을 어찌하여 못난 남편 하나 때문에 죽음을 택했느냐"면서 하염없이 슬피 울었다. 장님 남편의 눈에서는 눈물이 마르지 않았다. 남편은 아내의 주검을 마당 한가운데에 고이 묻은 뒤 무덤 주위를 떠나지 않고 눈물을 떨어뜨리며 울기만 했다. 그러기를 얼마 뒤, 장님 남편의 눈물이 떨어진 자리에서 나무들이 솟아올랐다. 마침내 장님의 집 울타리는 온통 새로운 나무로 가득 찼다. 그 나무에서 생전의 아내처럼 고운 살결을 한 아름다운 꽃이 피어났다.

이 꽃이 바로 지금 우리 앞에 화려하게 피어난 무궁화 꽃이라고 한다. 마치 여인의 정절이 죽어서까지 장님 남편을 향한 일편단심으로 피어난 듯한 아름다운 꽃이다. 슬프지만 한 여인의 아름다운 정절이 귀하게 여겨지는 이야기다.

무궁화에 얽힌 전설로 고려 때부터 옌볜에서 전해오는 이야기도 있다. 고려의 사신이 나랏일을 위해 송나라에 갔을 때의 일이다. 사신은 숙소였던 공관 앞에서 아름다운 꽃이 무리 지어 피어 있는 모습을 보게 됐다. 당시에는 이름 없는 꽃이었다. 사신은 그 꽃이 좋아 겨를이 생기는 대로 꽃을 들여다보곤 했다.

그러던 중 사신이 일을 마치고 고려로 돌아오는 날이 됐다. 여장을 챙기던 한밤중에 방문이 스르르 열리더니 연보랏빛의 아름다운 옷을 입은 한 여인이 허락도 없이 방 안으로 들어섰다. 여인은 사신 앞으로 사뿐사뿐 다가와 엎드려 절을 올리고 나서 말을 꺼냈다.

"사신께서는 내일 아침 일찍 고려로 돌아가실 터인데, 원컨대 소녀도 함께 데려가 주시옵소서."

여인의 출현에 깜짝 놀란 사신은 놀란 가슴을 진정하고 가만히 그 난처한 상황을 짚어봤다. 그는 여인이 사신인 나와 고려를 망신시키기 위해 수작을 부리는 것이라고 생각했다. 그렇지 않고서야 난데없이 송나라의 여

▲ 아사녀와 원술랑. 오랫동안 우리 민족과 함께한 꽃이기에 무궁화와 관련된 전설 또한 많다.

인이 고려로 가야 할 까닭이 없었던 것이다. 사신은 여인을 꾸짖었다.

"요망한 계집! 공연히 수작 부리지 말고 썩 물러나거라."

여인은 한동안 아무 소리 없이 그 자리에 꿇어앉아 사신에게 매달렸지만, 그럴수록 사신은 더 큰 소리로 엄하게 여인을 꾸짖었다. 하릴없이 여인은 한숨을 내쉬며 물러났다.

이튿날 아침 사신은 귀국 길에 오르기 위해 송나라 황제에게 인사를 하러 갔다. 그때 송나라 황제는 사신에게 금은보화를 선물했다. 그러나 사신은 정중하게 사양하며 "나랏일을 수행한 제가 어이해서 이토록 귀한 선물을 받아가겠습니까?"라며 "굳이 선물을 주시려거든 공관 문어귀에 아름다운 꽃을 피운 나무 몇 포기를 주신다면 기꺼이 받겠습니다"라고 했다.

송나라 황제는 개인적인 욕심을 챙기지 않는 사신의 깨끗한 정신을 칭찬하며 이름 없이 무더기로 피어 있는 나무를 선물로 주었다. 좋아하는 나무를 선물로 받은 사신은 송나라 황제에게 감사의 뜻을 표시한 뒤 화분을 잘 갈무리하여 고국으로 돌아오는 먼 여행길에 올랐다.

고려로 돌아오는 길은 멀기도 하지만 오랑캐들이 진을 치고 있는 험한 길이었다. 그 길에서 사신 일행은 도적떼를 만났다. 우왕좌왕하던 중에 사신은 선물로 받은 이름 없는 나무의 화분을 죄다 잃어버렸다. 안타까움이야 컸지만 목숨을 건진 것만으로도 다행이라 생각하며 무사히 돌아왔다. 어렵사리 고려에 도착하는 순간, 사신 일행의 뒤쪽에서 한 여인의 목소리가 들려왔다.

"사신님, 참으로 멀고 험한 길, 고생 많으셨습니다."

바로 송나라에서의 마지막 밤에 나타났던 여인이었다. 여인은 계속해 이야기했다.

"중원이 살기 좋다지만 그래도 저는 산 좋고 물 맑고 인심 좋은 고려국에 나와 살고 싶었습니다. 그래서 몰래 사신님을 따라오다가 길에서 난데없는 도적떼를 만나 버림을 받게 됐지요. 하지만 저는 기필코 고려에 이르기 위해 넋이 되어 사신님 일행을 따라오게 됐습니다."

말을 마치고 여인은 곧 사라졌다. 놀란 사신 일행은 한동안 그곳을 뚫어져라 쳐다보았다. 놀랍게도 여인이 꿇어앉았던 자리에서는 아름다운 꽃 한 송이가 피어났다. 바로 사신이 송나라에서 그토록 경탄하며 아끼던 이름 없는 꽃나무였다.

사신은 고려의 임금에게 나무에 얽힌 이야기를 자세히 전했다. 임금은 신비로우면서도 아름다운 일이라며 나무를 어화원에 옮겨 심으라고 했다. 그리고 그 나무를 두 나라의 무궁한 우의를 상징하는 꽃이라 하여 '무궁화'라 이름 지어 부르게 했다고 한다.

▲ 첫사랑 군락. 여름 내내 꽃을 피우는 무궁화는 일편단심의 이미지를 가지고 있다.

이 이야기에 따르면 무궁화는 고려 때 중국으로부터 들어온 것이어야 한다. 하지만 옛 문헌에는 단군 때부터 우리나라에서 흔하게 키우던 나무라고 되어 있다. 이 이야기는 아무래도 중국 쪽에서 전해오는 이야기여서 중국 중심으로 꾸며진 것이 아닌가 싶다.

서로서로 다른 이야기들이지만 앞의 두 가지 이야기에는 공통점이 있다. 이야기의 주인공들이 모두 목숨을 버릴 만큼 '임 향한 일편단심'으로 일관했다는 것이다. 비가 오나 바람이 부나 변함없이 여름 내내 붉은 꽃을 하염없이 피우는 무궁화의 이미지가 바로 그런 일편단심 이미지로 비추었던 것이지 싶다.

태풍과 함께 쓰러진 나무들,
더 그리워지겠지요

금송 | 가래나무

이제는 볼 수 없는 나무들

천리포수목원의 그 많은 식물들을 하루가 멀다 하고 마치 가까운 벗처럼 찾아보곤 하지만 나무가 있을 때는 그의 존재감을 제대로 느끼지 못하는 경우가 많다. 나무들이 그저 아무 말 없이 제자리를 지키고 직수굿하게 자신에게 주어진 일만 열심히 하는 탓이다. 나무가 좋은 것도 그처럼 부담스럽지 않기 때문이다. 그런 우리 곁의 나무, 사라지고 나서야 그의 존재감을 느낄 수 있다는 게 아쉬울 뿐이다.

큰물이나 태풍 등 자연재해는 천리포수목원도 피해갈 수 없다. 태풍이 오면 적잖은 피해를 겪을 수밖에 없다. 쓰러지거나 비스듬하게 기울어진 나무는 물론이고, 아예 뿌리째 뽑혀 다시 살리는 게 불가능해진 나무도 여러 그루 나타난다. 참담한 모습으로 쓰러진 천리포수목원의 여러 나무 가운데 금송*Sciadopitys verticillata* (Thunb.) Siebold & Zucc.이 있다. 살아 있을 때에는 천리포수목원에서 볼 수 있는 대표적인 조경수 가운데 하나였지만 안타깝

금송

▲ 잎 표면은 짙은 녹색, 뒷면은 연한 녹색과 황백색을 띠는 금송. 세계적인 정원수로 손꼽힌다.

게도 태풍을 이겨내지 못하고 무참히 뿌리째 뽑혀 나갔다.

그렇게 태풍에 쓰러진 여러 그루의 나무 가운데 유독 가래나무*Juglans mandshurica* Maxim.가 안타깝게 떠오른다. 가래나무와 지나치게 친했던 탓일까? 왜 그가 살아 있을 때에는 사진 한 장 제대로 담아두지 않았는지 아쉬울 따름이다. 아마도 다른 울긋불긋 피어난 다른 꽃들에 눈이 팔려 소박한 자태로 묵묵히 서 있는 가래나무에 눈길을 제대로 주지 않았던 모양이다.

가래나무

지나칠 때마다 다음에 더 근사한 모습으로 사진에 담아둬야지 하고 하루 이틀 미뤘다. 그가 쓰러진 뒤에 부리나케 사진첩을 샅샅이 뒤졌지만, 아무리 뒤져봐야 정성껏 담아둔 가래나무 사진은 몇 장 찾을 수 없다. 작은연못 돌아 소사나무집으로 오르는 길에서 마주치고 싶지 않아도 저절로 마주치게 되는 나무이니 오죽하겠는가. 그 나무가 뿌리째 뽑혀 마침내 다시는 어떤 인사도 나눌 수 없게 됐다. 나뭇가지 위를 통통거리며 뛰어다니는 청설모를 유난히 많이 볼 수 있던 나무다. 앞으로 시간 많이 지날수록 그가 정말 그리워질 게다. 이 가래나무는 몇 차례의 태풍도 잘 버텨낸 나무다. 하지만 끝내 큰 태풍을 이겨내지 못하고 뿌리를 드러냈다. 쓰러지기 전 가래나무의 높은 가지 위에 맺힌 열매를 꼼꼼히 바라보던 게 이 나무와 나눈 마지막 인사였다.

천리포수목원의 가래나무는 꽤 크게 잘 자란 나무였다. 지금의 기억으로 12미터쯤 되었다. 게다가 더 큰 아쉬움은 천리포수목원에 적당히 자란 가래나무가 이 나무 한 그루뿐이었다는 것이다. 물론 주변을 잘 찾아보면 이 큰 나무의 씨앗에서부터 실생으로 자라난 작은 나무들이 있긴 할 것이다. 하는 수 없이 실생의 나무들을 찾아서 키워야겠지만 아쉬움은 크기만 하다.

▲ 가래나무 열매. 하나씩 달리는 호두나무 열매와 달리 여러 개가 한데 뭉쳐 있다.

청설모도 쓰러진 가래나무를 무척이나 아쉬워했다. 쓰러진 나무를 치우기 쉽게 잘라내서 하나둘 정리하자 늘 이 가래나무 위에서 뛰놀던 청설모들이 허망한 표정을 짓고 주변을 배회했다. 갑자기 뻥 뚫려 텅 빈 하늘이 청설모에게도 낯설었을 것이다. 집도 놀이터도 한꺼번에 잃었을 뿐 아니라, 열매가 잘 익기만 기다렸을 청설모에게 역시 큰 아픔이었던 게다.

가래나무는 같은 가래나무과의 호두나무와 비슷하다. 나무의 생김새도 비슷하고, 열매까지 비슷해서 자주 혼동하게 되는 나무다. 가래나무의 열매인 가래의 씨앗도 호두처럼 딱딱한 껍데기에 싸여 있지만, 호두의 씨앗이 조금 작은 탁구공처럼 동그란 것과 달리 가래는 길쭉해서 구별하기는 쉽다. 또 호두가 하나씩 달리는 것과 달리 가래는 여러 개가 한데 붙어서 달리는 것도 다른 점이다.

차츰 익어가기를 기다리던 날들이 한순간에 허무하게 스러졌다. 언제나 그 자리에 그대로 잘 있으리라고 생각했던 나무이건만, 나무 역시 사람이 그런 것처럼 휘몰아치는 생로병사의 흐름에서 예외일 수 없다. 늘 입에 달고 사는 이야기이지만, 워낙 뜸직한 모습으로 서 있는 나무를 보면서는 까먹는 생각이다. 있을 때는 특별히 바라보지도 않았고, 고작해야 나뭇가지 위를 오가는 청설모를 바라보느라 가지 위를 쳐다보기만 했던 가래나무의 뒤늦은 존재감이 가슴을 아프게 한다.

수목원에서는 떠나보냈지만, 마음속에서는 아마 오랫동안 떠나보낼 수 없을 것이다. 자연과 더불어 살면서 자연의 흐름을 피할 수야 없지만, 제발 살아 있는 모든 생명에게 갑작스런 일만큼은 없었으면 좋겠다. 날이 가고 해가 갈수록 점점 더 사나워지는 비와 눈, 바람 이 모든 것들 앞에서 누구 탓을 할 수도 없지만, 그렇다고 이렇게 허망하게 생명을 잃는 일만큼은 다시 벌어지지 않기를 바랄 뿐이다. 더 풍요로운 가을을 맞이하기 위해 우리가 반드시 다잡아야 할 마음가짐이다.

관람 전에 준비할 것들

천리포수목원을 더 풍요롭게 즐길 수 있는 방법은 없을까. 하긴 즐거움을 느끼는 데 무슨 원칙이 있겠으며 특별한 방법이 있겠는가. 즐거움이라는 건 본디 자기만의 느낌이다. 그렇다 해도 천리포수목원이라는 특별한 곳을 더 평화롭고 즐거운 마음으로 둘러보기 위해서는 몇 가지 필요한 일이 있다.

수목원을 방문하기 위해서는 사전에 그 수목원에 관한 정보를 알아두는 게 좋다. 수목원마다 나름의 특징이 있기 때문이다. 지역에 따라 식물이 자랄 수 있는 한계도 있고, 많은 식물을 한 곳에서 키우는 것이 불가능하기 때문에 수목원에서는 그 지역 환경에 맞추어 식물을 키우고 전시한다. 따라서 수목원이나 식물원의 홈페이지를 통해 그곳의 특징을 미리 알아두고 준비하는 게 좋다.

허브 식물 위주의 식물원이 있는가 하면, 토종식물 위주의 식물원도 있다. 또 인공 정원 형태로 조성한 곳이 있는가 하면, 자연 그대로의 상태로 키워 전시하는 곳도 있다. 또 지역의 기후 특징만 하더라도 일반 상식으로 예단해서는 안 된다. 같은 중부 지역이라 해도 지형이나 위치에 따라서 더 추운 지역이 있고, 더 따뜻한 지역이 있다. 사전 정보를 통해 그 수목원에서 집중적으로 볼 수 있는 식물의 특징을 미리 알아두면 효과적으로 관람할 수 있다.

또한 방문하려는 수목원을 대표하는 식물이 무엇이고, 그 식물은 언제 꽃을 피우는지, 혹은 언제 단풍 드는지 등 대표적 식물이 가장 아름다운 때가 언제인지도 알아보아야 한다. 계절에 따라 제가끔 다른 멋을 가지는 식물의 아름다운 모습을 볼 수 있는 요령이다. 이를테면 꽃이 아름다운 식물이 많은 식물원이라면 꽃이 피어나는 봄에 찾아야 하고, 단풍이 아름다운 나무가 많은 수목원이라면 단풍 드는 가을에 찾아야 즐거움이 크다. 대개의 경우, 식물원이나 수목원의 홈페이지에서 계절에 살펴볼 수 있는 식물의 특징을 보여주고 있으니 참고하면 좋다.

관람 시기 정하기

천리포수목원을 찾아오는 관람객도 언제 찾아오는 게 가장 좋으냐는 질문을 자주 한다. 사시사철 언제라도 모두 좋다고 대답하곤 하지만, 목련 꽃 피어나는 봄이 가장 아름답다는 게 일반인의 생각이다. 그런데 목련 꽃이 피어나는 시기도 지역에 따라 차이가 있다. 이를테면 천리포수목원의 목련은 서울에서 꽃이 떨어지기 시작할 즈음인 4월 중순에서 말경에 가장 화려하게 피어난다.

게다가 400여 종류나 되는 목련은 제가끔 개화 시기가 다르다. 흰빛의 목련이 대략 4월 초순에 피어나기 시작해 4월 말쯤에 절정을 이룬다. 그러나 그때는 아직 붉은빛의 목련은 덜 피어난다. 붉은빛을 가진 목련 꽃은 하야 목련 꽃이 시들 무렵에 피어나고, 다시 그보다 며칠 더 지나야 노란빛의 목련 꽃이 피어난다. 어떤 목련을 더 좋아하느냐에 따라 관람 시기가 달라질 수 있다.

이처럼 시기에 관한 구체적인 정보를 확인하는 건 반드시 필요하다. 수목원을 자주 찾을 수 있다면 이거저거 따지지 않아도 된다. 식물은 꽃뿐 아니라 낙화와 단풍으로 또 낙엽의 모습으로 아름다움을 갖고 있으므로 언제든 묘미를 느낄 수 있다. 하지만 모처럼 시간 내서 찾는 경우라면 자신의 취향에 가장 맞춤한 때를 찾는 게 좋다.

물론 수목원의 모든 식물 상황을 일일이 홈페이지에 게시하지 않기 때문에 세밀한 정보까지 확인하는 건 쉽지 않다. 그럴 때는 전화로라도 정보를 확인하면 좋다. 방문 일정이 정해졌을 때에도 마찬가지다. 그날은 어떤 식물이 아름다울지를 사전에 알아보고 중요 관람 포인트로 삼으면 좋다.

관람 시 주의 사항

당연한 이야기이겠지만 모든 수목원에서 취사는 물론이고 흡연이 금지돼 있다. 이 지당한 금지 사항을 어기는 관람객을 만날 수 있다는 건 참으로 아쉬운 일이다. 실제로 천리포수목원 경내에서 담배를 피우는 관람객을 마주칠 때가 가끔 있다. 담뱃불의 작은 불씨는 수십 년 동안 공들여 키운 수목원 숲을 한순간에 잿더미로 만들 수 있다. 매우 위험한 행위다. 같은 이유로 인화성 물질을 지참하는 것도 금지하고 있다.

식물을 사랑하는 관람객에게는 그야말로 사족인 이야기를 하나 덧붙인다. 수목원에서는 씨앗이나 열매, 혹은 낙엽 하나까지도 반출이 허용되지 않는다. 나 하나쯤이야 하는 생각으로 숲 속에 흩어진 씨앗이나 잎사귀를 반출하는 일이 때로는 숲 속 생태계에 적잖은 악영향을 미칠 수 있다. 수목원까지 와서 식물을 굴취하는 사람들이 있겠는가 싶지만, 실제로 천리포수목원에서는 해마다 식물 굴취와 관련한 사건이 벌어진다. 몇 해 전에는 동강할미꽃을 비롯한 몇 종의 희귀식물이 뿌리째 사라졌을 뿐 아니라, 아예 큰 가방과 호미 등 도구를 들고 와 반출하려던 사람도 있었다.

약간의 차이는 있지만, 식물을 키우고 전시하는 대부분의 수목원이나 식물원을 관람하기 위해서는 반드시 지켜야 할 일들이 있다. 그냥 놔두기만 해도 잘 자란다는 흔한 생각과 달리 식물을 제대로 키우기 위해서는 생각보다 많은 사람의 노동이 필요하다. 그 노동의 결과로 지어낸 수목원의 식물과 환경을 최대한 지켜주어야 한다.

찾아보기

ㄱ

ㄴ

ㄷ

ㄹ

ㅁ

ㅂ

ㅅ

ㅇ

ㅈ

ㅊ

ㅋ

ㅌ

ㅍ

ㅎ

천리포수목원의 사계 **봄·여름 편**

지은이 | 고규홍

1판 1쇄 발행일 2014년 10월 6일
1판 2쇄 발행일 2018년 6월 18일

발행인 | 김학원
편집주간 | 김민기 황서현
기획 | 문성환 박상경 임은선 김보희 최윤영 전두현 최인영 이보람 정민애 이문경 임재희 이효온
디자인 | 김태형 유주현 구현석 박인규 한예슬
마케팅 | 이한주 김창규 김한밀 윤민영 김규빈 송희진
저자·독자서비스 | 조다영 윤경희 이현주 이령은(humanist@humanistbooks.com)
스캔·출력 | 이희수 com.
용지 | 화인페이퍼
인쇄 | 청아문화사
제본 | 정민문화사

발행처 | (주) 휴머니스트 출판그룹
출판등록 | 제313-2007-000007호(2007년 1월 5일)
주소 | (03991) 서울시 마포구 동교로23길 76(연남동)
전화 | 02-335-4422 팩스 | 02-334-3427
홈페이지 | www.humanistbooks.com

ISBN 978-89-5862-729-6 04480
978-89-5862-728-9 (세트)

• 이 도서의 국립중앙도서관 출판시도서목록(CIP)은 e-CIP홈페이지(http://www/nl.go.kr/ecip)와 국가자료공동목록시스템(http://www.nl.go.kr/kolisnet)에서 이용하실 수 있습니다.(CIP제어번호: CIP2014027674)

만든 사람들

편집주간 | 황서현
기획 | 전두현(jdh2001@humanistbooks.com) 정다이
편집 | 배전미
디자인 | 유주현